교과서 기본과 응용 문제를
한 번에 잡는 **교과서 기본+응용**

BOOK 1
본책

5-1

구성과 특징

BOOK 1 본책

① 단원 도입

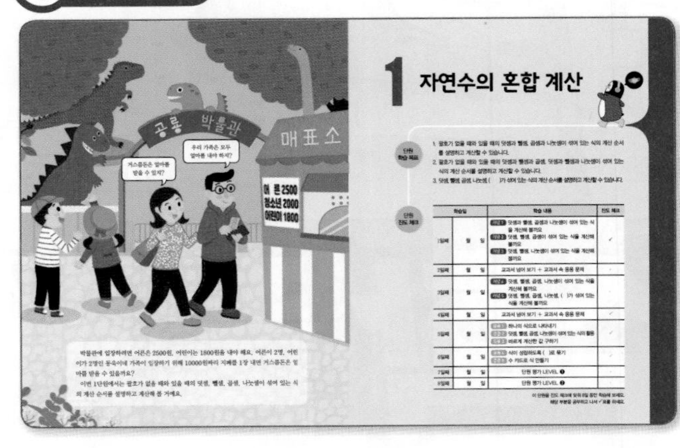

단원을 시작할 때 주어진 그림과 글을 읽으면 공부할 내용에 대해 흥미를 갖게 됩니다.

② 교과서 개념 다지기

주제별로 교과서 개념을 공부하는 단계입니다.
다양한 예와 그림을 통해 핵심 개념을 쉽게 익힙니다.

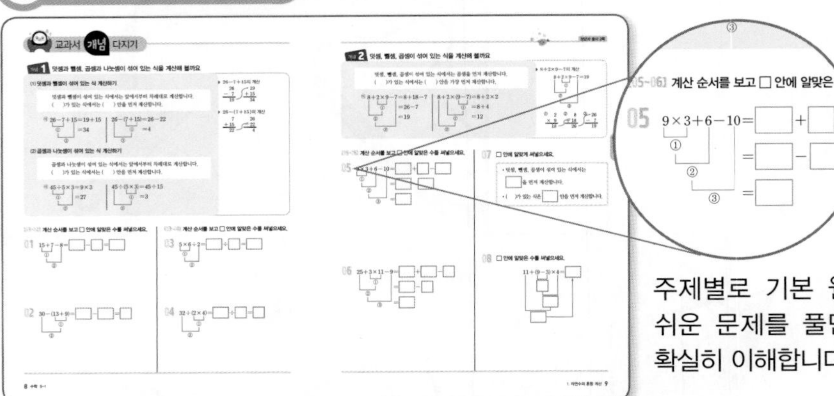

주제별로 기본 원리 수준의 쉬운 문제를 풀면서 개념을 확실히 이해합니다.

③ 교과서 넘어 보기

교과서와 익힘책의 기본+응용 문제를 풀면서 수학의 기본기를 다지고 문제 해결력을 키웁니다.

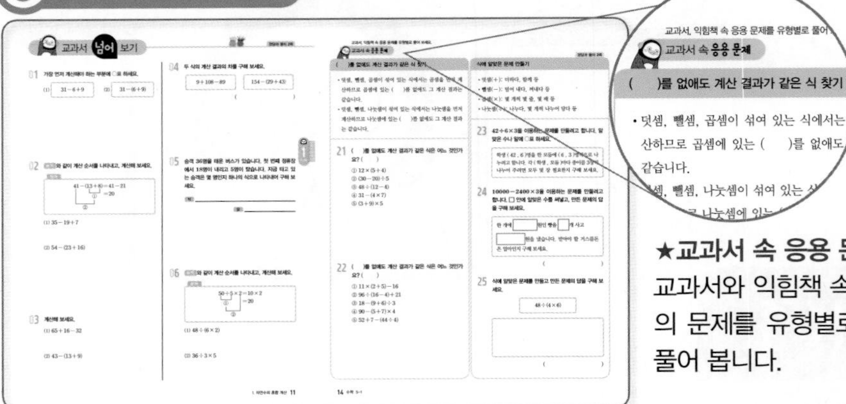

★교과서 속 응용 문제
교과서와 익힘책 속 응용 수준의 문제를 유형별로 정리하여 풀어 봅니다.

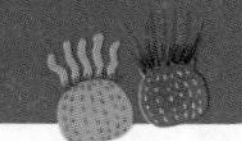

4 응용력 높이기

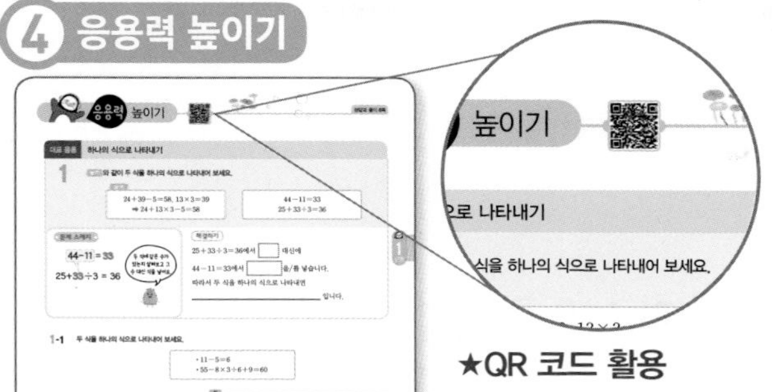

단원별 대표 응용 문제와 쌍둥이 문제를 풀어 보며 실력을 완성합니다.

★QR 코드 활용
제공된 QR 코드를 스마트폰에 인식시키면 EBS 선생님의 문제 풀이 동영상을 무료로 학습할 수 있습니다.

5 단원 평가 LEVEL1, LEVEL2

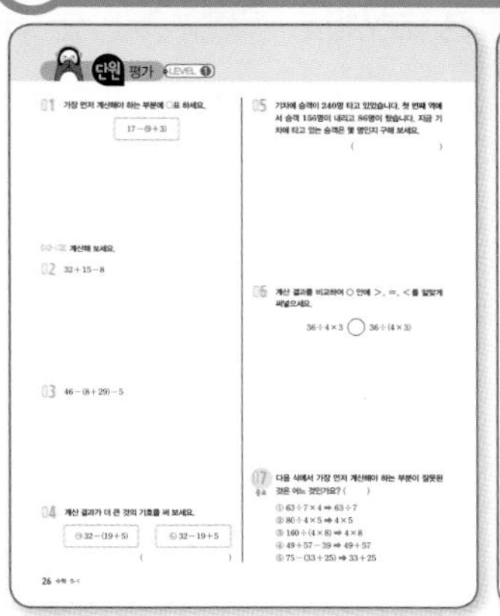

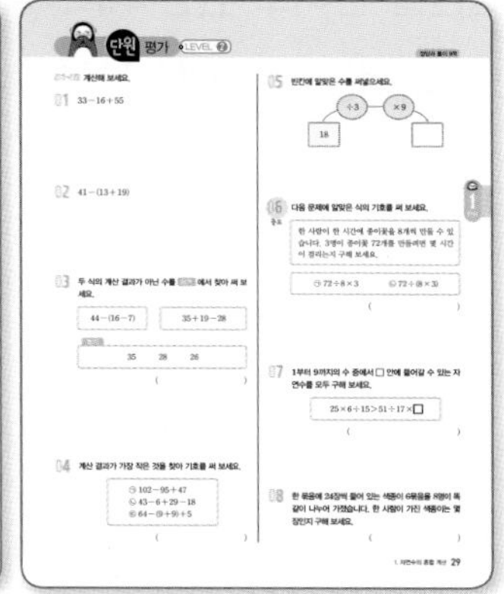

학교 단원 평가에 대비하여 단원에서 공부한 내용을 마무리 하는 문제를 풀어 봅니다. 틀린 문제, 실수했던 문제는 반드시 개념을 다시 확인합니다.

BOOK 2 복습책

1 기본 문제 복습 2 응용 문제 복습

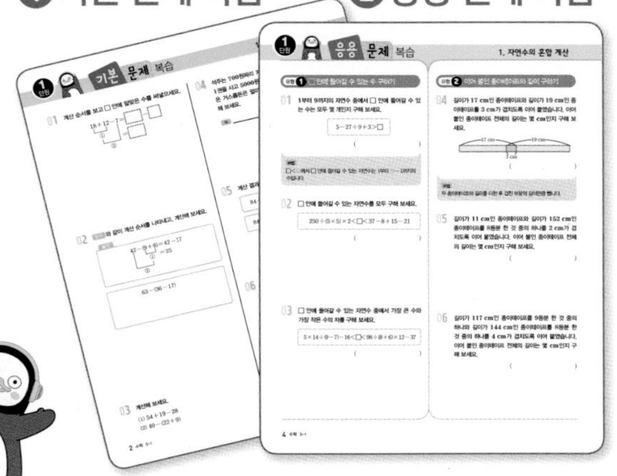

기본 문제를 통해 학습한 내용을 복습하고, 응용 문제를 통해 다양한 유형을 연습합니다.

3 서술형 수행 평가

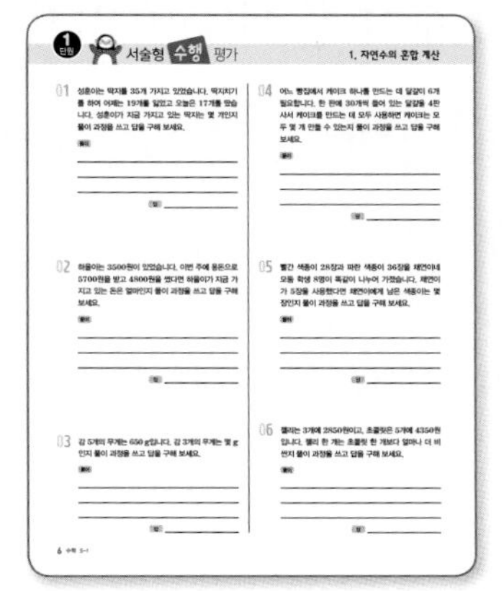

서술형 문제를 심층적으로 연습함으로써 강화되는 서술형 수행 평가에 대비합니다.

4 단원 평가

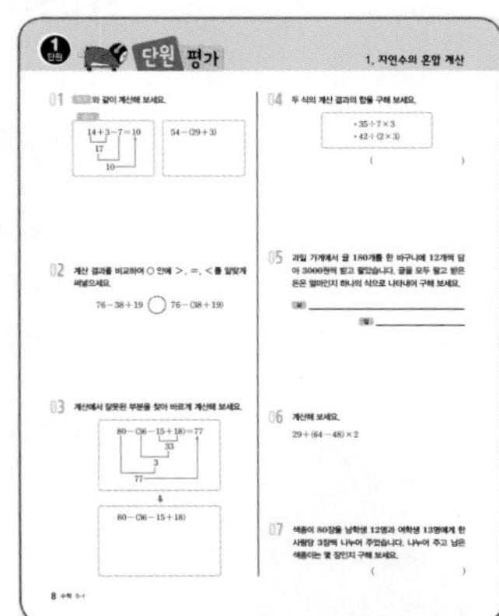

시험 직전에 단원 평가를 풀어 보면서 학교 시험에 철저히 대비합니다.

만점왕 수학 플러스로 기본과 응용을 모두 잡는 공부 비법

만점왕 수학 플러스를 효과적으로 공부하려면?

교재 200% 활용하기

각 단원이 시작될 때마다 나와 있는 **단원 진도 체크**를 참고하여 공부하면 보다 효과적으로 수학 실력을 쑥쑥 올릴 수 있어요!

응용력 높이기 에서 단원별 난이도 높은 대표 응용 문제를 문제 스케치 를 보면서 문제 해결의 포인트를 찾아보세요. 어려운 문제에 이미지 해법을 활용하면 문제를 훨씬 쉽게 해결할 수 있을 거예요!

교재로 혼자 공부했는데, 잘 모르는 부분이 있나요? 만점왕 수학 플러스 강의가 있으니 걱정 마세요!

QR 코드 강의 또는 인터넷(TV) 강의로 공부하기

응용력 높이기 코너의 QR 코드를 스마트폰에 인식시키면 EBS 선생님의 문제 풀이 동영상을 무료로 학습할 수 있어요. 만점왕 수학 플러스 전체 강의는 TV를 통해 시청하거나 EBS 초등사이트를 통해 언제 어디서든 이용할 수 있습니다.

• 방송 시간 : EBS 홈페이지 편성표 참조
• EBS 초등사이트 : primary.ebs.co.kr

BOOK 1 차례

박물관에 입장하려면 어른은 2500원, 어린이는 1800원을 내야 해요. 어른이 2명, 어린이가 2명인 동욱이네 가족이 입장하기 위해 10000원짜리 지폐를 1장 내면 거스름돈은 얼마를 받을 수 있을까요?

이번 1단원에서는 괄호가 없을 때와 있을 때의 덧셈, 뺄셈, 곱셈, 나눗셈이 섞여 있는 식의 계산 순서를 설명하고 계산해 볼 거예요.

1 자연수의 혼합 계산

단원 학습 목표

1. 괄호가 없을 때와 있을 때의 덧셈과 뺄셈, 곱셈과 나눗셈이 섞여 있는 식의 계산 순서를 설명하고 계산할 수 있습니다.
2. 괄호가 없을 때와 있을 때의 덧셈과 뺄셈과 곱셈, 덧셈과 뺄셈과 나눗셈이 섞여 있는 식의 계산 순서를 설명하고 계산할 수 있습니다.
3. 덧셈, 뺄셈, 곱셈, 나눗셈, (　)가 섞여 있는 식의 계산 순서를 설명하고 계산할 수 있습니다.

단원 진도 체크

학습일		학습 내용	진도 체크
1일째	월　일	개념 1 덧셈과 뺄셈, 곱셈과 나눗셈이 섞여 있는 식을 계산해 볼까요 개념 2 덧셈, 뺄셈, 곱셈이 섞여 있는 식을 계산해 볼까요 개념 3 덧셈, 뺄셈, 나눗셈이 섞여 있는 식을 계산해 볼까요	✓
2일째	월　일	교과서 넘어 보기 + 교과서 속 응용 문제	✓
3일째	월　일	개념 4 덧셈, 뺄셈, 곱셈, 나눗셈이 섞여 있는 식을 계산해 볼까요 개념 5 덧셈, 뺄셈, 곱셈, 나눗셈, (　)가 섞여 있는 식을 계산해 볼까요	✓
4일째	월　일	교과서 넘어 보기 + 교과서 속 응용 문제	✓
5일째	월　일	응용 1 하나의 식으로 나타내기 응용 2 덧셈, 뺄셈, 곱셈, 나눗셈이 섞여 있는 식의 활용 응용 3 바르게 계산한 값 구하기	✓
6일째	월　일	응용 4 식이 성립하도록 (　)로 묶기 응용 5 수 카드로 식 만들기	✓
7일째	월　일	단원 평가 LEVEL ❶	✓
8일째	월　일	단원 평가 LEVEL ❷	✓

이 단원을 진도 체크에 맞춰 8일 동안 학습해 보세요.
해당 부분을 공부하고 나서 ✓표를 하세요.

개념 1 덧셈과 뺄셈, 곱셈과 나눗셈이 섞여 있는 식을 계산해 볼까요

(1) 덧셈과 뺄셈이 섞여 있는 식 계산하기

덧셈과 뺄셈이 섞여 있는 식에서는 앞에서부터 차례대로 계산합니다.
(　　)가 있는 식에서는 (　　) 안을 먼저 계산합니다.

예 $26-7+15=19+15=34$ (① $26-7$, ② $19+15$)

$26-(7+15)=26-22=4$ (① $7+15$, ② $26-22$)

(2) 곱셈과 나눗셈이 섞여 있는 식 계산하기

곱셈과 나눗셈이 섞여 있는 식에서는 앞에서부터 차례대로 계산합니다.
(　　)가 있는 식에서는 (　　) 안을 먼저 계산합니다.

예 $45\div5\times3=9\times3=27$ (① $45\div5$, ② 9×3)

$45\div(5\times3)=45\div15=3$ (① 5×3, ② $45\div15$)

▸ $26-7+15$의 계산

$26-7=19$ → $19+15=34$

▸ $26-(7+15)$의 계산

$7+15=22$ → $26-22=4$

[01~02] 계산 순서를 보고 □ 안에 알맞은 수를 써넣으세요.

01 $15+7-8=$ □ $-$ □ $=$ □ (① $15+7$, ② -8)

02 $30-(13+9)=$ □ $-$ □ $=$ □ (① $13+9$, ② $30-$)

[03~04] 계산 순서를 보고 □ 안에 알맞은 수를 써넣으세요.

03 $5\times6\div2=$ □ $\div$ □ $=$ □ (① 5×6, ② $\div2$)

04 $32\div(2\times4)=$ □ $\div$ □ $=$ □ (① 2×4, ② $32\div$)

개념 2 덧셈, 뺄셈, 곱셈이 섞여 있는 식을 계산해 볼까요

덧셈, 뺄셈, 곱셈이 섞여 있는 식에서는 곱셈을 먼저 계산합니다.
( )가 있는 식에서는 ( ) 안을 가장 먼저 계산합니다.

예 $8+2\times9-7=8+18-7$
$=26-7$
$=19$

$8+2\times(9-7)=8+2\times2$
$=8+4$
$=12$

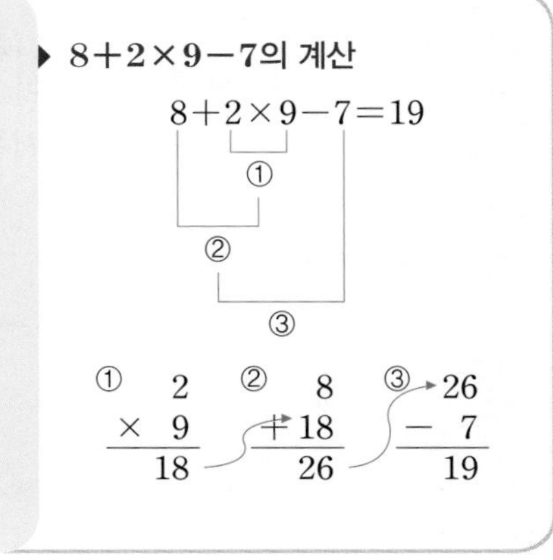

1 단원

[05~06] 계산 순서를 보고 □ 안에 알맞은 수를 써넣으세요.

05 $9\times3+6-10=$ □ $+$ □ $-$ □
$=$ □ $-$ □
$=$ □

06 $25+3\times11-9=$ □ $+$ □ $-$ □
$=$ □ $-$ □
$=$ □

07 □ 안에 알맞게 써넣으세요.

- 덧셈, 뺄셈, 곱셈이 섞여 있는 식에서는 □을 먼저 계산합니다.
- ( )가 있는 식은 □ 안을 먼저 계산합니다.

08 □ 안에 알맞은 수를 써넣으세요.

$11+(9-3)\times4=$ □

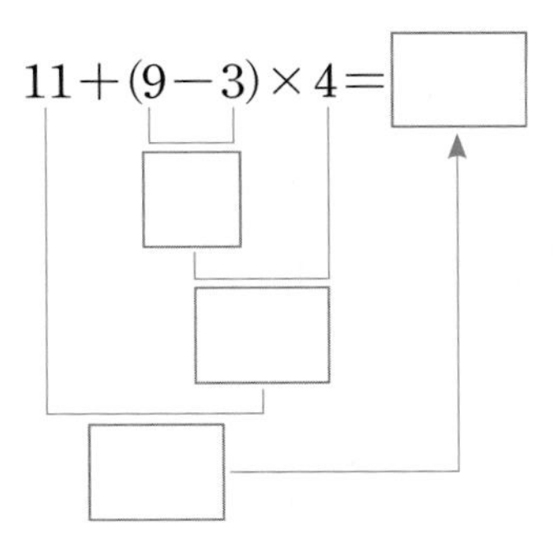

개념 3 덧셈, 뺄셈, 나눗셈이 섞여 있는 식을 계산해 볼까요

덧셈, 뺄셈, 나눗셈이 섞여 있는 식에서는 나눗셈을 먼저 계산합니다.
(　　)가 있는 식에서는 (　　) 안을 가장 먼저 계산합니다.

예 $30+120\div6-2=30+20-2$
$=50-2$
$=48$
(① $120\div6$, ② $30+20$, ③ $50-2$)

$30+120\div(6-2)=30+120\div4$
$=30+30$
$=60$
(① $6-2$, ② $120\div4$, ③ $30+30$)

▶ 계산 순서와 계산 결과
계산 순서가 달라지면 계산 결과도 다르고, 계산할 수 없는 경우도 생길 수 있습니다.
예 $40-45\div5+7$
$45\div5$를 먼저 계산해야 하는데 $40-45$를 먼저 계산하게 되면 계산할 수 없습니다.

09 바르게 계산한 것에 ○표 하세요.

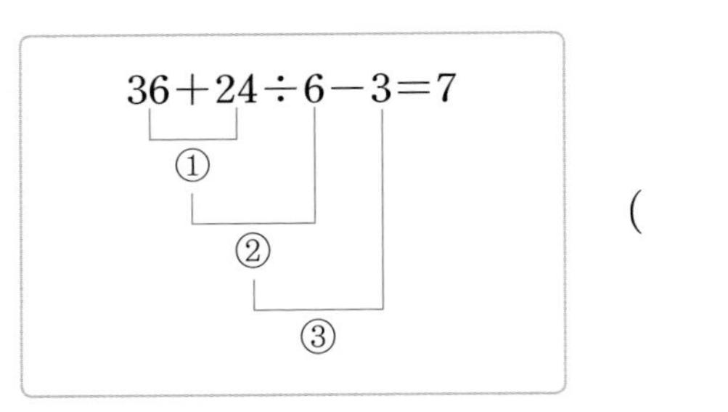

(　　)

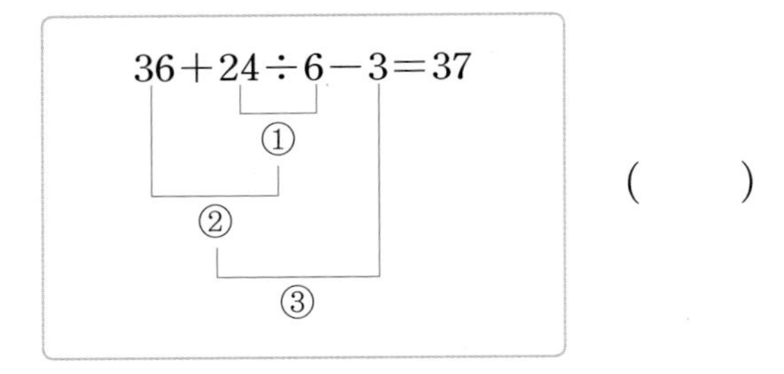

(　　)

10 계산 순서를 보고 □ 안에 알맞은 수를 써넣으세요.

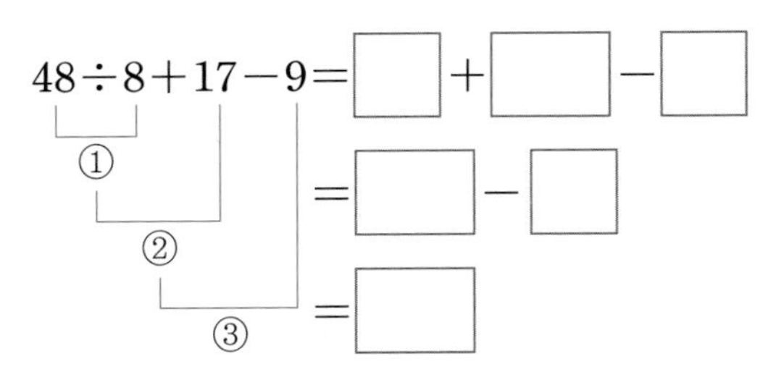

11 □ 안에 알맞은 수를 써넣으세요.

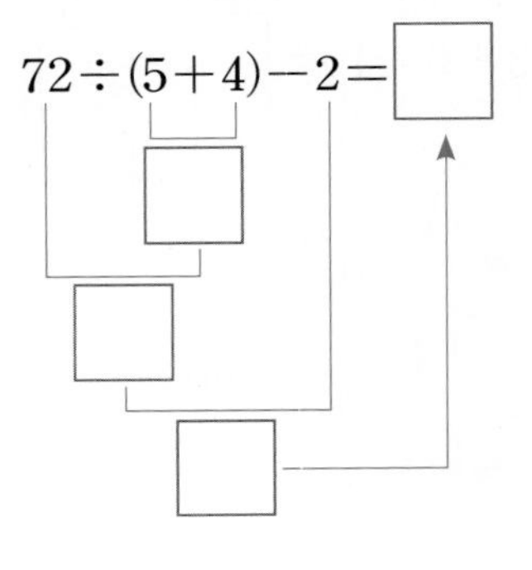

12 계산 순서를 보고 계산해 보세요.

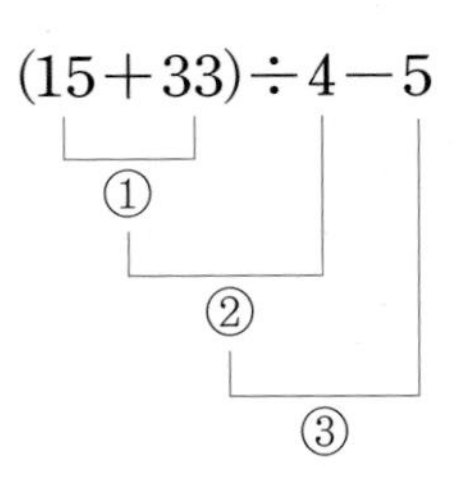

01 가장 먼저 계산해야 하는 부분에 ○표 하세요.

(1) $31-6+9$　　(2) $31-(6+9)$

02 보기 와 같이 계산 순서를 나타내고, 계산해 보세요.

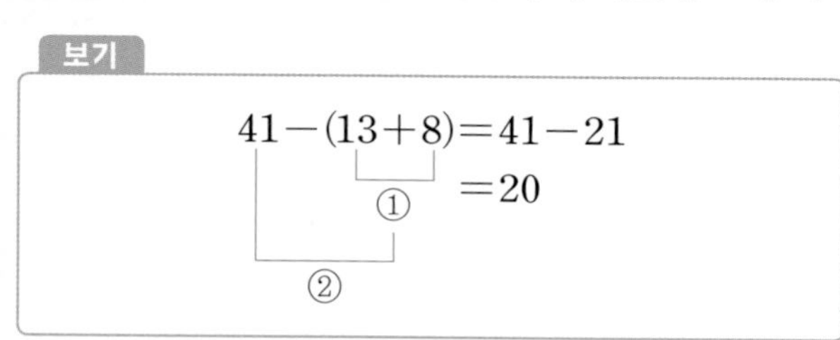

(1) $35-19+7$

(2) $54-(23+16)$

03 계산해 보세요.

(1) $65+16-32$

(2) $43-(13+9)$

04 두 식의 계산 결과의 차를 구해 보세요.

$9+108-89$　　$154-(29+43)$

(　　　　　　　)

05 승객 36명을 태운 버스가 있습니다. 첫 번째 정류장에서 18명이 내리고 5명이 탔습니다. 지금 타고 있는 승객은 몇 명인지 하나의 식으로 나타내어 구해 보세요.

식 ______________________

답 ______________

06 보기 와 같이 계산 순서를 나타내고, 계산해 보세요.

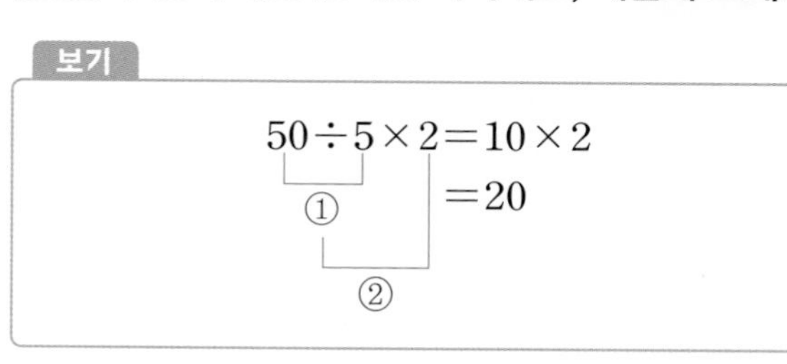

(1) $48\div(6\times2)$

(2) $36\div3\times5$

07 보기 의 수 중에서 가장 큰 수를 ㉠에 넣어 계산해 보세요.

보기

24　32　16　20

㉠

$4\times\square\div8=\square$

08 계산에서 잘못된 부분을 찾아 바르게 계산해 보세요.

$96\div4\times12=96\div48$
$=2$

⬇

$96\div4\times12$

09 계산 결과가 가장 큰 것을 찾아 기호를 써 보세요.

㉠ $13\times4\div2$
㉡ $8\times(72\div18)$
㉢ $216\div(3\times4)$

(　　　　　　　　)

10 복숭아가 한 상자에 6개씩 들어 있습니다. 복숭아를 16상자 사서 8명에게 똑같이 나누어 주면 한 사람이 몇 개를 가지는지 하나의 식으로 나타내어 구해 보세요.

식 ______________________

답 ______________

11 계산 결과를 찾아 이어 보세요.

$16+8\times5-3$ ·	· 32
$(16+8)\times5-3$ ·	· 117
$16+8\times(5-3)$ ·	· 53

12 계산 결과를 비교하여 ○ 안에 >, =, <를 알맞게 써넣으세요.

$91-(8-4)\times7$ ○ $4\times(28-19)+15$

13 중요 앞에서부터 차례대로 계산하면 답이 틀리는 것을 찾아 기호를 써 보세요.

㉠ $12\times3-24+5$
㉡ $30-3\times6+7$
㉢ $18\times2+8-12$

(　　　　　　　　)

14 채소 가게에서 한 개에 600원 하는 오이 1개와 한 개에 750원 하는 당근 3개를 사고 3000원을 냈습니다. 거스름돈은 얼마인지 하나의 식으로 나타내어 구해 보세요.

식 ______________________

답 ____________

15 가장 먼저 계산해야 하는 부분에 ○표 하세요.

(1) $84 \div (18-12)+11$

(2) $28-35 \div 7+19$

16 계산해 보세요.

$42-28 \div 4+11$

17 중요 계산 결과가 다른 하나를 찾아 기호를 써 보세요.

㉠ $16+20 \div 4-9$
㉡ $88 \div 8+21-20$
㉢ $56 \div (25-18)+4$
㉣ $(5+28) \div 3+7$

( )

18 계산 결과가 큰 것부터 차례로 기호를 써 보세요.

㉠ $56-48 \div 4+7$
㉡ $30 \div 5+15-9$
㉢ $91 \div 7+12-5$

( )

19 성환이는 12자루에 3600원인 연필 한 자루와 230원짜리 지우개 한 개를 샀습니다. 1000원을 냈다면 거스름돈은 얼마인지 하나의 식으로 나타내어 구해 보세요.

식 ______________________

답 ____________

수 카드 [1], [3], [7]을 □ 안에 한 번씩 넣어 아래와 같이 식을 만들려고 합니다. 계산 결과가 가장 클 때와 가장 작을 때를 각각 구해 보세요.

$36 \div (\square-\square)+\square$

가장 클 때 ( )
가장 작을 때 ( )

교과서 속 **응용 문제**

정답과 풀이 2쪽

(　　)를 없애도 계산 결과가 같은 식 찾기

- 덧셈, 뺄셈, 곱셈이 섞여 있는 식에서는 곱셈을 먼저 계산하므로 곱셈에 있는 (　　)를 없애도 그 계산 결과는 같습니다.
- 덧셈, 뺄셈, 나눗셈이 섞여 있는 식에서는 나눗셈을 먼저 계산하므로 나눗셈에 있는 (　　)를 없애도 그 계산 결과는 같습니다.

21 (　　)를 없애도 계산 결과가 같은 식은 어느 것인가요? (　　　)

① $12\times(5+4)$
② $(30-20)\div5$
③ $48\div(12-4)$
④ $31-(4\times7)$
⑤ $(3+9)\times5$

22 (　　)를 없애도 계산 결과가 같은 식은 어느 것인가요? (　　　)

① $11\times(2+5)-16$
② $96\div(16-4)+21$
③ $18-(9+6)\div3$
④ $90-(5+7)\times4$
⑤ $52+7-(44\div4)$

식에 알맞은 문제 만들기

- 덧셈(+): 더하다, 함께 등
- 뺄셈(−): 덜어 내다, 꺼내다 등
- 곱셈(×): 몇 개씩 몇 줄, 몇 배 등
- 나눗셈(÷): 나누다, 몇 개씩 나누어 담다 등

23 $42\div6\times3$을 이용하는 문제를 만들려고 합니다. 알맞은 수나 말에 ○표 하세요.

> 학생 (42 , 6)명을 한 모둠에 (6 , 3)명씩으로 나누려고 합니다. 각 (학생 , 모둠)마다 종이를 3장씩 나누어 주려면 모두 몇 장 필요한지 구해 보세요.

24 $10000-2400\times3$을 이용하는 문제를 만들려고 합니다. □ 안에 알맞은 수를 써넣고, 만든 문제의 답을 구해 보세요.

> 한 개에 □원인 빵을 □개 사고 □원을 냈습니다. 받아야 할 거스름돈은 얼마인지 구해 보세요.

(　　　　　　　　　)

25 식에 알맞은 문제를 만들고 만든 문제의 답을 구해 보세요.

$48\div(4\times6)$

(　　　　　　　　　)

정답과 풀이 4쪽

개념 4 덧셈, 뺄셈, 곱셈, 나눗셈이 섞여 있는 식을 계산해 볼까요

덧셈, 뺄셈, 곱셈, 나눗셈이 섞여 있는 식에서는 곱셈과 나눗셈을 먼저 계산합니다.

예 $12+9\times2-35\div7=12+18-35\div7$
$=12+18-5$
$=30-5$
$=25$

(① 9×2, ② $35\div7$, ③ $12+18$, ④ $30-5$)

▶ 덧셈, 뺄셈, 곱셈, 나눗셈이 섞여 있는 식의 계산 순서

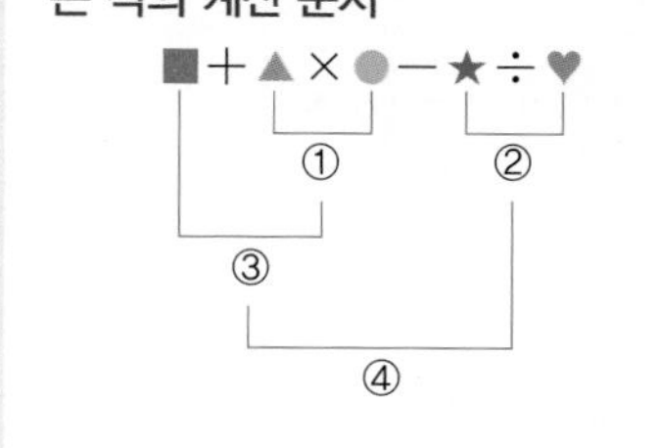

01 계산 순서에 맞게 기호를 써 보세요.

$35+18\div9-3\times7$
(㉠ +, ㉡ ÷, ㉢ −, ㉣ ×)

(　　　　　　　　　　)

02 계산 순서를 보고 □ 안에 알맞은 수를 써넣으세요.

$4\times5+16-27\div9=\square+\square-27\div9$
$=\square+\square-\square$
$=\square-\square$
$=\square$

(① 4×5, ② $27\div9$, ③, ④)

03 □ 안에 알맞은 수를 써넣으세요.

$6\times7-58\div2+8=\square$

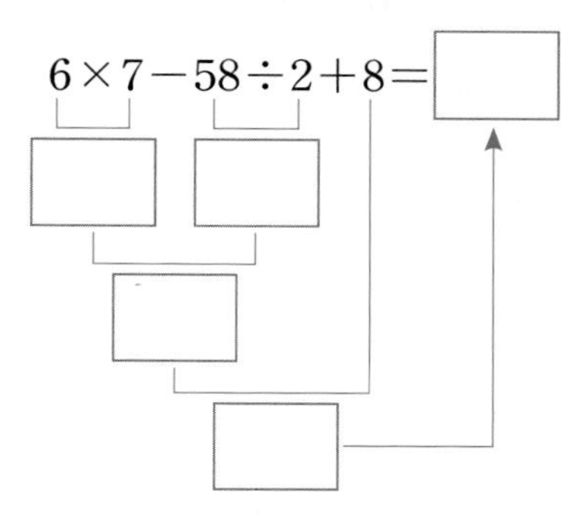

04 □ 안에 알맞은 수를 써넣으세요.

$53-4\times8+42\div14$
$=\square-\square+\square\div\square$
$=\square-\square+\square$
$=\square+\square$
$=\square$

개념 5 덧셈, 뺄셈, 곱셈, 나눗셈, ( )가 섞여 있는 식을 계산해 볼까요

덧셈, 뺄셈, 곱셈, 나눗셈이 섞여 있고 ( )가 있는 식에서는 ( ) 안을 가장 먼저 계산하고 곱셈과 나눗셈, 덧셈과 뺄셈 순서로 계산합니다.

예 $(12+9)\times2-35\div7=21\times2-35\div7$

①: $(12+9)$, ②: $\times 2$, ③: $35\div7$, ④: $-$

$=42-35\div7$

$=42-5$

$=37$

▸ ( )가 있는 식의 계산 순서

( ) ➡ ×, ÷ ➡ +, −

05 계산 순서에 맞게 기호를 써 보세요.

$85-42\div7\times(12-3)$

↑㉠ ↑㉡ ↑㉢ ↑㉣

( )

06 바르게 계산한 것에 ○표 하세요.

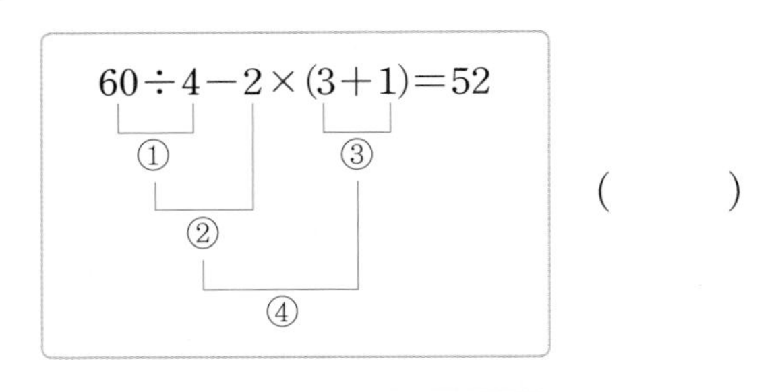

( )

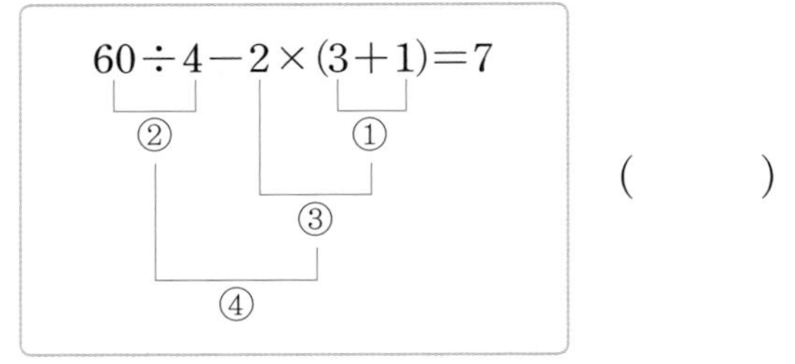

( )

07 계산 순서를 보고 □ 안에 알맞은 수를 써넣으세요.

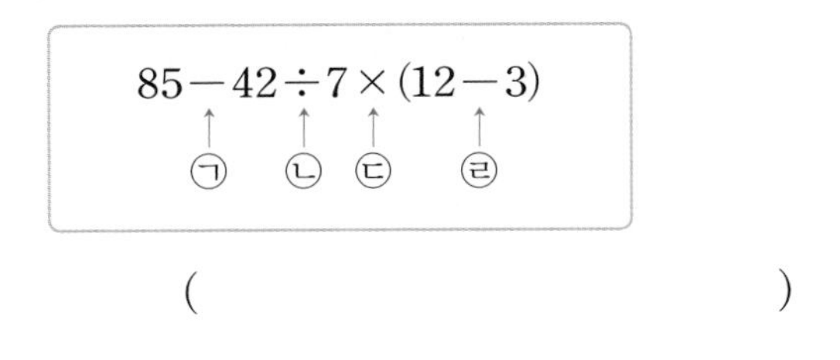

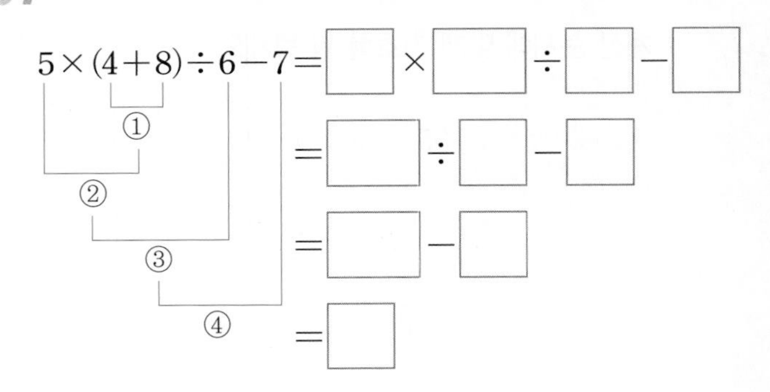

$5\times(4+8)\div6-7=\square\times\square\div\square-\square$

$=\square\div\square-\square$

$=\square-\square$

$=\square$

08 □ 안에 알맞은 수를 써넣으세요.

$3\times(25-9)+91\div7$

$=\square\times\square+\square\div\square$

$=\square+\square\div\square$

$=\square+\square$

$=\square$

26 다음 식에서 가장 먼저 계산해야 하는 부분을 찾아 기호를 써 보세요.

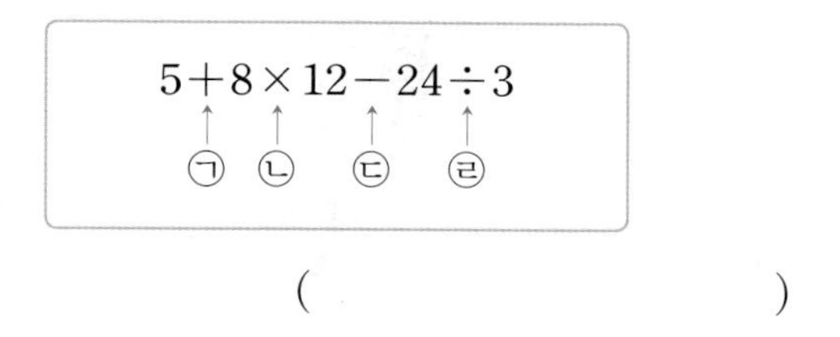

( )

27 ㉠, ㉡, ㉢, ㉣에 알맞은 수를 써넣으세요.

$35-64\div8\times1+7=35-$ ㉠ $\times1+7$
$=35-$ ㉡ $+7$
$=$ ㉢ $+7$
$=$ ㉣

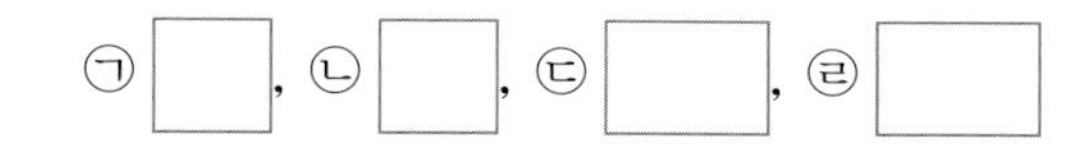

[28~29] 계산 순서를 나타내고, 계산해 보세요.

28 $26+84\div6-3\times4$

29 $26+84\div(6-3)\times4$

30 계산 순서에 맞게 ○ 안에 1, 2, 3, 4, 5를 써넣고, 계산 결과를 구해 보세요.

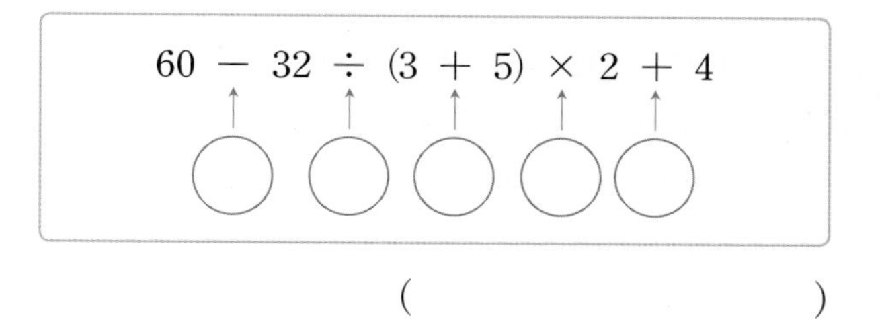

( )

31 ①~⑤에 알맞은 수가 아닌 수는 어느 것인가요?

( )

$17-4\times3\div6+15=17-$ ① $\div$ ② $+15$
$=17-$ ③ $+15$
$=$ ④ $+15$
$=$ ⑤

① 12 ② 6 ③ 18
④ 15 ⑤ 30

32 왼쪽은 성현이가 문제를 푼 것입니다. 성현이의 풀이가 잘못된 이유를 쓰고, 바르게 계산해 보세요.

$52-12\div4+7\times2$ $=40\div4+7\times2$ $=10+7\times2$ $=17\times2$ $=34$	$52-12\div4+7\times2$

이유 ______________________

33 중요 **$90 \div (5 \times 3) + 4$의 계산에 대해 바르게 설명한 친구를 모두 찾아 이름을 써 보세요.**

영우: $90 \div 5$를 가장 먼저 계산합니다.
민재: 5×3을 가장 먼저 계산합니다.
재희: $90 \div 5 \times 3 + 4$와 계산 결과가 같습니다.
태은: 계산 결과는 58입니다.
정원: 계산 결과는 10입니다.

( )

34 **다음 식에서 가장 먼저 계산해야 하는 부분은 어느 것인가요? ( )**

$27 + 15 \times (13 - 6) \div 3 - 2$

① $27 + 15$
② 15×13
③ $13 - 6$
④ $6 \div 3$
⑤ $3 - 2$

35 **다음은 가장 먼저 계산해야 하는 부분에 ◯표 한 것입니다. 잘못 표시한 사람을 찾아 이름을 써 보세요.**

민서: $(56 \div 4) + 5 \times 9 - 14$
희진: $28 - 16 \div (8 \times 4) + 21$
상우: $35 \div ((9 - 2)) + 3 \times 15$

( )

36 **다음 식의 계산 과정에서 처음으로 잘못된 부분을 찾아 기호를 써 보세요.**

$12 \div (13 - 7) \times 2 + 12$
$= 12 \div 6 \times 2 + 12$ … ㉠
$= 12 \div 12 + 12$ … ㉡
$= 1 + 12$ … ㉢
$= 13$ … ㉣

( )

37 **계산해 보세요.**

$73 - 54 \div 9 \times (22 - 11)$

38 **두 식의 계산 결과의 차를 구해 보세요.**

$6 \times 9 \div 2 + 14$ $72 \div 9 \times (35 - 27)$

( )

39 **계산 결과를 비교하여 ○ 안에 $>$, $=$, $<$를 알맞게 써넣으세요.**

$(42 - 29) \times 3 + 28 \div 7$ ○ $15 + (18 - 2) \times 3 \div 6$

40 중요 계산 결과를 찾아 이어 보세요.

$8\times3+(41-5)\div6$	• •	28
$50-(4+5)\times3\div9$	• •	47
$60\div5+(11-7)\times4$	• •	30

41 계산 결과가 다른 하나를 찾아 기호를 써 보세요.

㉠ $6\times2-(41+4)\div9$
㉡ $17-3\times(7+4)\div11$
㉢ $2\times3+(31-16)\div15$

( )

42 계산 결과가 가장 큰 값과 가장 작은 값의 합을 구해 보세요.

- $81\div(9-6)+2\times7$
- $4\times16-(13+8)\div7$
- $65-7\times(12-8)\div2$

( )

43 다음 식이 성립하도록 ○ 안에 +, −, ×, ÷를 알맞게 써넣으세요.

$15+(15-7)\times6$ ○ $12=19$

44 온도를 나타내는 단위에는 섭씨(℃)와 화씨(℉)가 있습니다. 대화를 보고 현재 기온을 섭씨로 나타내면 몇 도(℃)인지 구해 보세요.

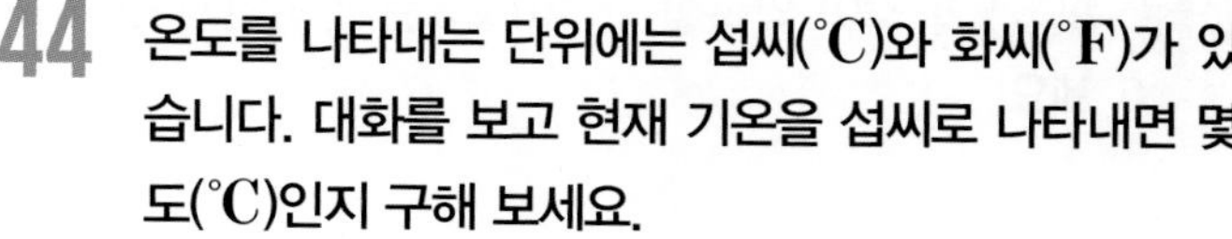

경민: 현재 기온이 59도야.

수하: 네가 본 것은 화씨온도계야. 화씨온도에서 32를 뺀 수에 10을 곱하고 18로 나누면 우리가 알고 있는 섭씨온도가 되는 거지.

( )

45 어려운 문제 볶음밥 4인분을 만들려고 합니다. 10000원으로 필요한 채소를 사고 남은 돈은 얼마인지 하나의 식으로 나타내어 구해 보세요.

감자(4인분)	양파(2인분)	당근(8인분)
2200원	600원	5400원

식 ____________________

답 ____________________

약속된 기호에 따라 계산하기

예 보기 와 같이 약속할 때 18◆2는 얼마인지 구해 보세요.

보기

㉮◆㉯=(㉮+㉯)×㉯−㉮÷㉯

$18◆2=(18+2)\times2-18\div2$
$=20\times2-18\div2$
$=40-9=31$

46 보기 와 같이 약속할 때 20●5는 얼마인지 구해 보세요.

보기

㉮●㉯=㉮+(㉮−㉯)×㉮÷㉯

(　　　　　　)

47 보기 와 같이 약속할 때 (15★3)−(9♥3)은 얼마인지 구해 보세요.

보기

㉮★㉯=㉮÷㉯+㉮×㉯−㉯
㉮♥㉯=㉮×㉯−(㉮−㉯)÷㉯

(　　　　　　)

덧셈, 뺄셈, 곱셈, 나눗셈, (　　)가 섞여 있는 식의 활용

예 윤주는 위인전 240쪽을 5일 동안 매일 같은 쪽수만큼 읽기로 했습니다. 첫째 날 14쪽씩 3번 읽었다면 하루에 읽으려고 했던 쪽수 중 첫째 날 읽지 못한 쪽수는 몇 쪽인지 하나의 식으로 나타내어 구해 보세요.

하루에 읽으려고 했던 쪽수: $240\div5$

첫째 날 읽은 쪽수: 14×3

➡ (첫째 날 읽지 못한 쪽수)$=240\div5-14\times3$
$=48-14\times3$
$=48-42=6$(쪽)

48 서준이는 독후감을 쓰기 위해 동화책 350쪽을 일주일 동안 매일 같은 쪽수만큼 읽기로 했습니다. 첫째 날 17쪽씩 2번 읽었다면 하루에 읽으려고 했던 쪽수 중 첫째 날 읽지 못한 쪽수는 몇 쪽인지 하나의 식으로 나타내어 구해 보세요.

식 ______________________

답 ______________

49 어린이날에 마트에서 공책 450권을 2일 동안 하루에 같은 수만큼 학생들에게 나누어 주려고 합니다. 첫째 날 남학생 35명과 여학생 40명이 공책을 2권씩 받아 갔다면 첫째 날 나누어 주려고 한 공책 중 남은 공책은 몇 권인지 하나의 식으로 나타내어 구해 보세요.

식 ______________________

답 ______________

정답과 풀이 6쪽

대표 응용 하나의 식으로 나타내기

1 보기 와 같이 두 식을 하나의 식으로 나타내어 보세요.

보기

$24+39-5=58$, $13\times3=39$
➡ $24+13\times3-5=58$

$44-11=33$
$25+33\div3=36$

문제 스케치

$44-11=33$
$25+33\div3=36$

두 식에 같은 수가 있는지 살펴보고 그 수 대신 식을 넣어요.

해결하기

$25+33\div3=36$에서 ☐ 대신에

$44-11=33$에서 ☐을/를 넣습니다.

따라서 두 식을 하나의 식으로 나타내면

________________ 입니다.

1-1 두 식을 하나의 식으로 나타내어 보세요.

- $11-5=6$
- $55-8\times3\div6+9=60$

식 ________________

1-2 세 식을 하나의 식으로 나타내어 보세요.

- $6+5=11$
- $63\div21=3$
- $9\times11-3\times4=87$

식 ________________

1 단원

대표 응용 덧셈, 뺄셈, 곱셈, 나눗셈이 섞여 있는 식의 활용

2 아영이는 한 상자에 8개씩 들어 있는 초콜릿 5상자를 똑같이 4묶음으로 나누어 한 묶음을 가졌습니다. 그중에서 5개를 친구에게 주었다면 아영이가 가지고 있는 초콜릿은 몇 개인지 하나의 식으로 나타내어 구해 보세요.

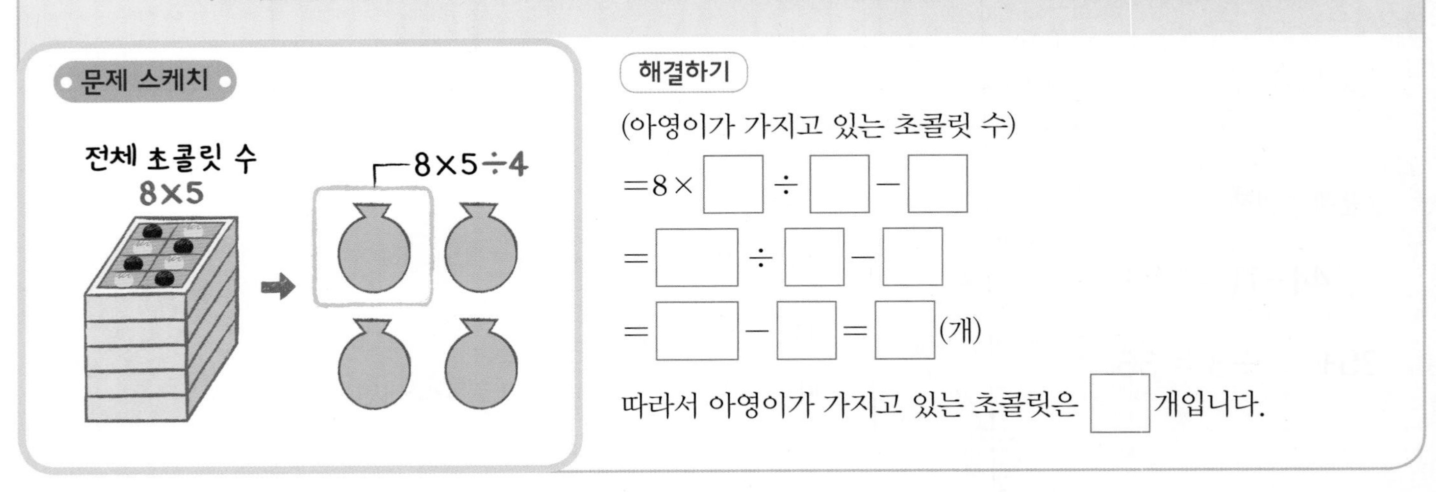

2-1 미나는 한 상자에 12개씩 들어 있는 구슬 4상자를 똑같이 6묶음으로 나누어 한 묶음을 가졌습니다. 동생에게서 구슬 3개를 받았다면 미나가 가지고 있는 구슬은 몇 개인지 하나의 식으로 나타내어 구해 보세요.

식 __________

답 __________

2-2 위인전 한 권의 무게는 420 g이고 동화책 3권의 무게는 480 g입니다. 백과사전 한 권의 무게가 위인전 3권의 무게와 동화책 5권의 무게의 합보다 300 g 더 가볍다면 백과사전 한 권의 무게는 몇 g인지 하나의 식으로 나타내어 구해 보세요.

식 __________

답 __________

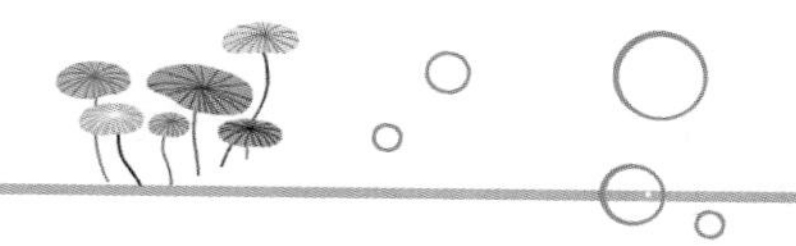

대표 응용 바르게 계산한 값 구하기

3 어떤 수에서 6을 뺀 다음 25를 곱해야 할 것을 잘못하여 6을 곱한 다음 25를 뺐더니 41이 되었습니다. 바르게 계산한 값은 얼마인지 구해 보세요.

문제 스케치

$\square \times 6 - 25 = 41$

└ $41 + 25 = \bullet$

➡ $\square \times 6 = \bullet$

└ $\bullet \div 6$

해결하기

어떤 수를 ■라 하면 잘못 계산한 식은

■ × $\square$ − $\square$ = 41입니다.

■ × $\square$ = 41 + $\square$ = $\square$,

■ = $\square$ ÷ $\square$ = $\square$ 입니다.

따라서 바르게 계산하면 ($\square$ − $\square$) × $\square$ = $\square$ 입니다.

3-1 어떤 수에 25를 더한 다음 5로 나누어야 할 것을 잘못하여 5를 곱한 다음 25를 더하였더니 100이 되었습니다. 바르게 계산한 값은 얼마인지 구해 보세요.

(　　　　　　　　)

3-2 민지는 영수의 말을 듣고 (　　)를 사용한 식을 세웠습니다. 이 식에서 잘못하여 (　　)를 지우고 계산하였더니 46이 나왔습니다. 바르게 계산한 값은 얼마인지 구해 보세요.

너가 생각한 수에 7을 더한 다음 8을 곱하고 15를 빼.

(　　　　　　　　)

대표 응용 식이 성립하도록 (   )로 묶기

4 다음 식이 성립하도록 (   )로 묶어 보세요.

$$120 \div 5 \times 6 + 7 = 11$$

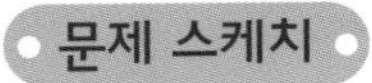

$(120 \div 5) \times 6 + 7$

$120 \div (5 \times 6) + 7$

$120 \div 5 \times (6 + 7)$

해결하기

- $(120 \div 5) \times 6 + 7 = \square \times 6 + 7$
  $= \square + 7 = \square$
- $120 \div (5 \times 6) + 7 = 120 \div \square + 7$
  $= \square + 7 = \square$
- $120 \div 5 \times (6 + 7) = 120 \div 5 \times \square$
  $= \square \times \square = \square$

(   )로 묶기 ➡ $120 \div 5 \times 6 + 7 = 11$

4-1 다음 식이 성립하도록 (   )로 묶어 보세요.

$$96 \div 4 + 8 - 3 = 5$$

4-2 다음 식이 성립하도록 (   )로 묶어 보세요.

$$6 \times 25 - 14 + 12 \div 3 = 70$$

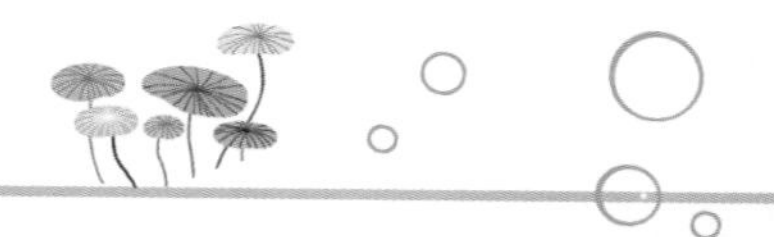

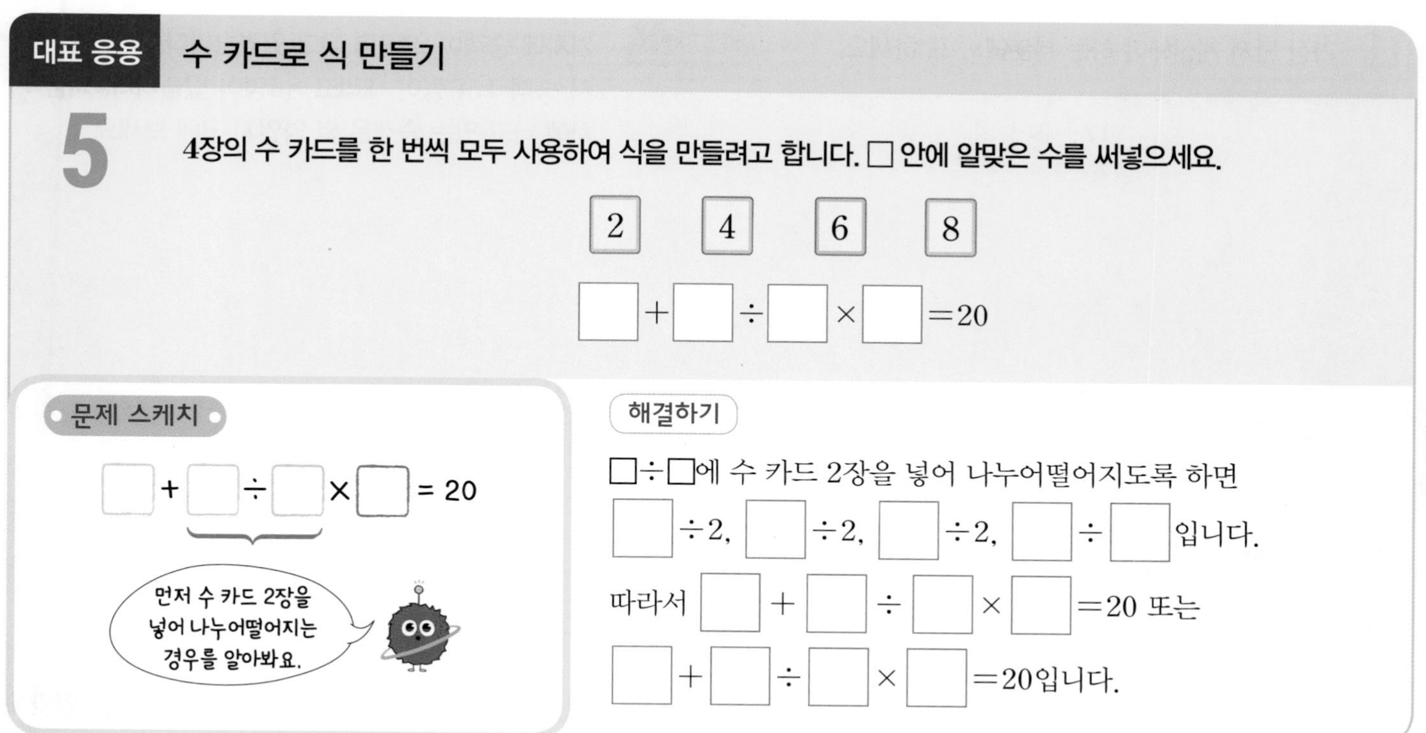

대표 응용 수 카드로 식 만들기

5 4장의 수 카드를 한 번씩 모두 사용하여 식을 만들려고 합니다. □ 안에 알맞은 수를 써넣으세요.

2 4 6 8

$\square+\square\div\square\times\square=20$

문제 스케치

$\square+\square\div\square\times\square=20$

해결하기

□÷□에 수 카드 2장을 넣어 나누어떨어지도록 하면

$\square\div2$, $\square\div2$, $\square\div2$, $\square\div\square$입니다.

따라서 $\square+\square\div\square\times\square=20$ 또는

$\square+\square\div\square\times\square=20$입니다.

5-1 4장의 수 카드를 한 번씩 모두 사용하여 식을 만들려고 합니다. □ 안에 알맞은 수를 써넣으세요.

1 4 8 9

$\square-\square\div\square+\square=8$

5-2 4장의 수 카드를 한 번씩 모두 사용하여 계산 결과가 가장 크게 되도록 □ 안에 알맞은 수를 써넣고, 계산 결과를 구해 보세요.

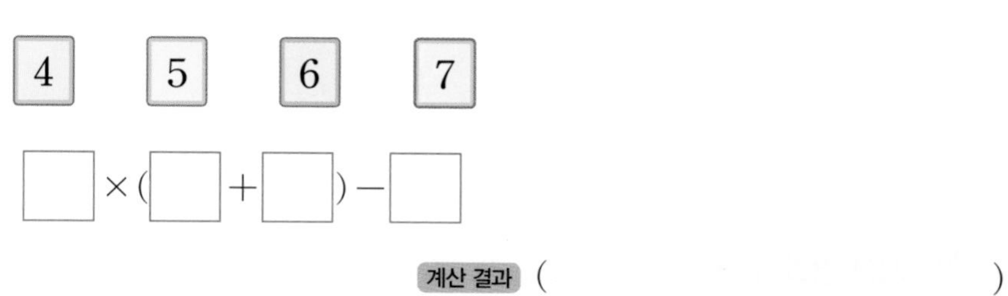

4 5 6 7

$\square\times(\square+\square)-\square$

계산 결과 (　　　　　　　　)

단원 평가 LEVEL 1

01 가장 먼저 계산해야 하는 부분에 ○표 하세요.

$17-(9+3)$

[02~03] 계산해 보세요.

02 $32+15-8$

03 $46-(8+29)-5$

04 계산 결과가 더 큰 것의 기호를 써 보세요.

㉠ $32-(19+5)$　　㉡ $32-19+5$

(　　　　　)

05 기차에 승객이 240명 타고 있었습니다. 첫 번째 역에서 승객 156명이 내리고 86명이 탔습니다. 지금 기차에 타고 있는 승객은 몇 명인지 구해 보세요.

(　　　　　)

06 계산 결과를 비교하여 ○ 안에 >, =, <를 알맞게 써넣으세요.

$36\div4\times3$ ○ $36\div(4\times3)$

07 중요 다음 식에서 가장 먼저 계산해야 하는 부분이 잘못된 것은 어느 것인가요? (　　　)

① $63\div7\times4$ ➡ $63\div7$

② $80\div4\times5$ ➡ 4×5

③ $160\div(4\times8)$ ➡ 4×8

④ $49+57-39$ ➡ $49+57$

⑤ $75-(33+25)$ ➡ $33+25$

08 학생 24명을 한 모둠에 4명씩으로 나누어 미술 수업을 하려고 합니다. 한 모둠에 도화지를 3장씩 주려고 할 때 준비해야 할 도화지는 몇 장인지 구해 보세요.

(　　　　　　　　　　)

09 중요 계산에서 잘못된 부분을 찾아 바르게 계산해 보세요.

$38+4\times9=42\times9$
$=378$

10 계산해 보세요.

$(28-7)\times6+10$

11 계산 결과를 찾아 이어 보세요.

$25+8\times5-2$	163
$(25+8)\times5-2$	63
$25+8\times(5-2)$	49

12 앞에서부터 계산하면 틀리는 식을 찾아 기호를 써 보세요.

㉠ $25\div5+17$
㉡ $52-3\times7$
㉢ $(4+5)\times12$

(　　　　　　　　　　)

13 □ 안에 알맞은 수를 써넣으세요.

$26+(8-2)\div3=26+\square\div\square$
$=26+\square$
$=\square$

14 두 식의 계산 결과의 차를 구해 보세요.

• $50-8+12\div2$
• $50-(8+12)\div2$

(　　　　　　　　　　)

15 계산 순서에 맞게 기호를 써 보세요.

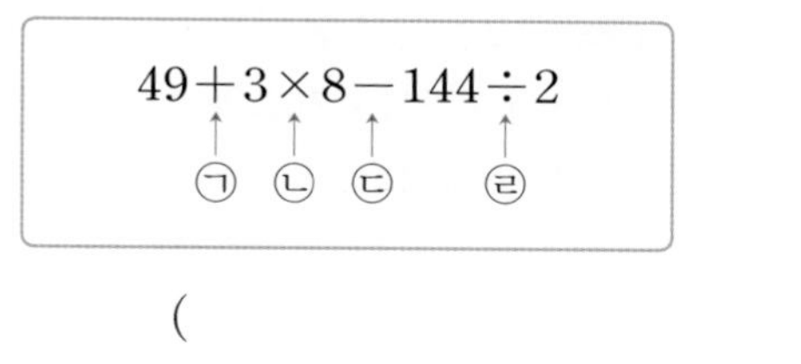

(　　　　　　　　　　)

1 단원

16 계산 결과가 더 작은 식에 ○표 하세요.

$51-(8+3)\times 6\div 3$ (　　　)

$7\times 2+(47-12)\div 5$ (　　　)

17 계산 순서를 나타내고, 계산해 보세요.

$1+14\div(19-12)\times 6$

18 지호 어머니의 나이는 몇 살인지 구해 보세요.

어려운 문제

지호는 12살이고 동생은 9살입니다.
어머니의 나이는 지호와 동생 나이를 합한 것의 2배보다 6을 2로 나눈 몫만큼 적습니다.

(　　　　　　　　)

서술형 문제

19 철사로 한 변의 길이가 4 cm인 정삼각형과 한 변의 길이가 8 cm인 정사각형을 만들려고 합니다. 철사는 적어도 몇 cm 필요한지 하나의 식으로 나타내어 구하려고 합니다. 풀이 과정을 쓰고 답을 구해 보세요.

풀이

답

20 색종이가 30장 있습니다. 여학생 2명과 남학생 3명에게 각각 4장씩 나누어 주려고 합니다. 나누어 주고 남는 색종이는 몇 장인지 하나의 식으로 나타내어 구하려고 합니다. 풀이 과정을 쓰고 답을 구해 보세요.

풀이

답

정답과 풀이 9쪽

[01~02] 계산해 보세요.

01 $33-16+55$

02 $41-(13+19)$

03 두 식의 계산 결과가 아닌 수를 보기 에서 찾아 써 보세요.

$44-(16-7)$	$35+19-28$

보기

35 28 26

( )

04 계산 결과가 가장 작은 것을 찾아 기호를 써 보세요.

㉠ $102-95+47$
㉡ $43-6+29-18$
㉢ $64-(9+9)+5$

( )

05 빈칸에 알맞은 수를 써넣으세요.

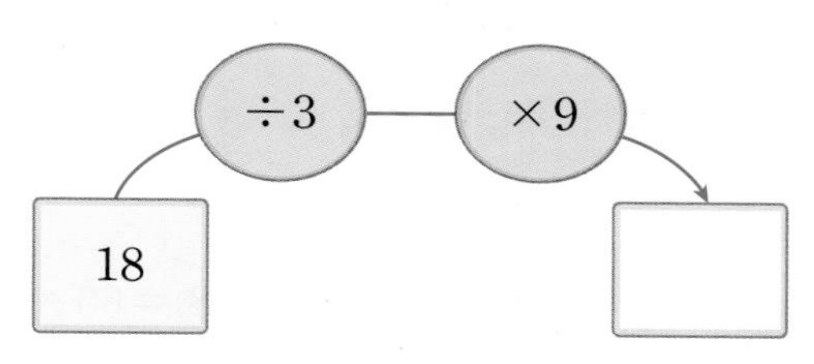

06 중요 다음 문제에 알맞은 식의 기호를 써 보세요.

한 사람이 한 시간에 종이꽃을 8개씩 만들 수 있습니다. 3명이 종이꽃 72개를 만들려면 몇 시간이 걸리는지 구해 보세요.

㉠ $72\div8\times3$ ㉡ $72\div(8\times3)$

( )

07 1부터 9까지의 수 중에서 □ 안에 들어갈 수 있는 자연수를 모두 구해 보세요.

$25\times6\div15>51\div17\times\square$

( )

08 한 묶음에 24장씩 들어 있는 색종이 6묶음을 8명이 똑같이 나누어 가졌습니다. 한 사람이 가진 색종이는 몇 장인지 구해 보세요.

( )

09 바르게 계산한 사람의 이름을 써 보세요.

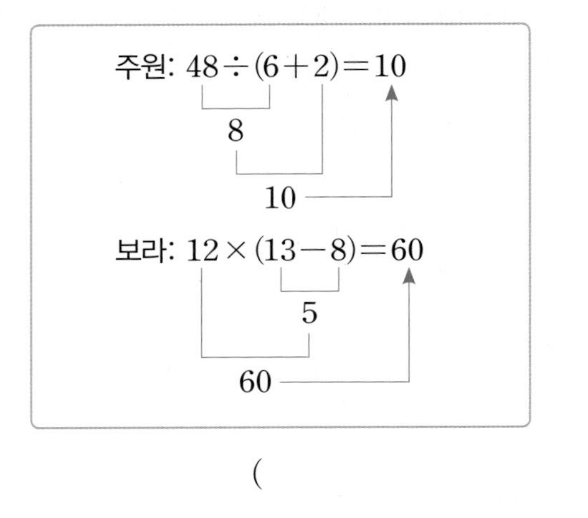

( )

10 계산 결과를 찾아 이어 보세요.

$21+84\div7-25$	8
$15+12\times3-47$	6
	4

11 ( )를 없애도 계산 결과가 같은 식은 어느 것인가요? ( )

① $(85-51)\div17$
② $15\times(4+9)$
③ $(6+21)\div3$
④ $72\div(12-6)$
⑤ $67-(9\times5)$

12 다음 식이 성립하도록 ( )로 묶어 보세요.

$$64 \div 3 + 5 - 2 = 6$$

[13~14] 계산해 보세요.

13 $16+18\times3-64\div16$

14 $60\div12+(8-2)\times13$

15 중요 두 식을 하나의 식으로 나타내어 보세요.

- $12+6=18$
- $24+3\times18\div9-3=27$

식 ____________________

16 보기 와 같은 방법으로 $8◎5$를 계산해 보세요.

보기

㉠◎㉡=(㉠+㉡)×㉠−(㉠−㉡)×㉡

(   )

17 □ 안에 들어갈 수 있는 가장 작은 자연수를 구해 보세요.

$36 \div (18-15) \times 5 + 9 < \square$

(   )

18 어려운 문제

다음 식이 성립하도록 ○ 안에 +, −, ×, ÷를 알맞게 써넣으세요.

$15 + 24 \div (19 \bigcirc 15) = 21$

서술형 문제

19 열량이란 체내에서 발생하는 에너지의 양을 말합니다. 간식의 열량을 나타낸 표를 보고 서원이가 점심 때 먹은 간식의 열량은 몇 킬로칼로리인지 하나의 식으로 나타내어 구하려고 합니다. 풀이 과정을 쓰고 답을 구해 보세요.

간식	열량(킬로칼로리)
초코우유(1잔)	140
딸기(100 g)	38
단팥빵(1개)	284

서원이가 점심 때 먹은 간식

초코우유 1잔, 딸기 200 g, 단팥빵 반 개

풀이

답

20 은영이는 270쪽짜리 책을 일주일 동안 모두 읽으려고 합니다. 첫째 날과 둘째 날은 30쪽씩 읽었다면 셋째 날부터는 하루에 몇 쪽씩 읽어야 하는지 하나의 식으로 나타내어 구하려고 합니다. 풀이 과정을 쓰고 답을 구해 보세요.

풀이

답

1 단원

승환이는 친구들과 생일 잔치를 하고 있어요. 승환이는 사탕 18개와 초콜릿 30개를 최대한 많은 친구에게 똑같이 나누어 주려고 해요. 몇 명의 친구에게 나누어 줄 수 있을까요?

이번 2단원에서는 약수와 배수를 이해하고 약수와 배수 사이의 관계를 알아볼 거예요. 또한 공약수와 최대공약수, 공배수와 최소공배수를 이해하고, 최대공약수와 최소공배수를 구하는 방법을 알아볼 거예요.

2 약수와 배수

단원 학습 목표

1. 약수와 배수의 의미를 알고 구할 수 있습니다.
2. 곱을 이용하여 약수와 배수의 관계를 이해할 수 있습니다.
3. 공약수와 최대공약수의 의미를 알고 구할 수 있습니다.
4. 공배수와 최소공배수의 의미를 알고 구할 수 있습니다.
5. 최대공약수와 최소공배수를 여러 가지 방법으로 구할 수 있습니다.

단원 진도 체크

학습일		학습 내용	진도 체크
1일째	월 일	개념 1 약수와 배수를 알아볼까요 개념 2 약수와 배수의 관계를 알아볼까요	✓
2일째	월 일	교과서 넘어 보기 + 교과서 속 응용 문제	✓
3일째	월 일	개념 3 공약수와 최대공약수를 알아볼까요 개념 4 최대공약수를 구해 볼까요	✓
4일째	월 일	교과서 넘어 보기 + 교과서 속 응용 문제	✓
5일째	월 일	개념 5 공배수와 최소공배수를 알아볼까요 개념 6 최소공배수를 구해 볼까요	✓
6일째	월 일	교과서 넘어 보기 + 교과서 속 응용 문제	✓
7일째	월 일	응용 1 곱셈식을 보고 약수 구하기 응용 2 최소공배수를 이용하여 어떤 수 구하기 응용 3 직사각형을 가장 큰 정사각형으로 자르기	✓
8일째	월 일	응용 4 직사각형을 붙여 가장 작은 정사각형 만들기 응용 5 최대공약수와 최소공배수를 이용하여 수 구하기	✓
9일째	월 일	단원 평가 LEVEL ❶	✓
10일째	월 일	단원 평가 LEVEL ❷	✓

이 단원을 진도 체크에 맞춰 10일 동안 학습해 보세요.
해당 부분을 공부하고 나서 ✓표를 하세요.

교과서 개념 다지기

개념 1 약수와 배수를 알아볼까요

(1) 약수 알아보기

어떤 수를 나누어떨어지게 하는 수를 그 수의 약수라고 합니다.

예 나눗셈식을 이용하여 20의 약수 구하기

$20 \div 1 = 20$　$20 \div 2 = 10$　$20 \div 4 = 5$

$20 \div 5 = 4$　$20 \div 10 = 2$　$20 \div 20 = 1$

➡ 1, 2, 4, 5, 10, 20은 20의 약수입니다.

(2) 배수 알아보기

어떤 수를 1배, 2배, 3배, ... 한 수를 그 수의 배수라고 합니다.

예 곱셈식을 이용하여 8의 배수 구하기

8을 1배 한 수: $8 \times 1 = 8$　8을 2배 한 수: $8 \times 2 = 16$

8을 3배 한 수: $8 \times 3 = 24$　8을 4배 한 수: $8 \times 4 = 32$

➡ 8, 16, 24, 32, ...는 8의 배수입니다.

▶ 약수 중 가장 작은 수와 가장 큰 수
1은 모든 수의 약수이고 약수 중에서 가장 작은 수는 1, 가장 큰 수는 자기 자신입니다.
예 20의 약수 중
가장 작은 수는 1,
가장 큰 수는 20입니다.

▶ 배수 중 가장 작은 수
■의 배수 중에서 가장 작은 수는 ■입니다.

01 12를 나누어떨어지게 하는 수를 모두 찾아 ○표 하세요.

1	2	3	4	5	6
7	8	9	10	11	12

02 □ 안에 알맞은 수를 써넣고 8의 약수를 모두 구해 보세요.

$8 \div 1 = 8$, $8 \div \square = 4$,

$8 \div \square = 2$, $8 \div \square = 1$

➡ 8의 약수 (　　　　　　　　)

03 배수를 가장 작은 수부터 3개 쓰려고 합니다. □ 안에 알맞은 수를 써넣으세요.

(1) 2의 배수 ➡ 2, 4, □

(2) 5의 배수 ➡ 5, □, □

04 오른쪽 수가 왼쪽 수의 배수인 것에 ○표 하세요.

7	36

(　　)

6	42

(　　)

개념 2 약수와 배수의 관계를 알아볼까요

(1) **두 수의 곱으로 나타내어 약수와 배수의 관계 알아보기**

예 $10=1\times10$　　$10=2\times5$

➡ 10은 1, 2, 5, 10의 배수입니다.
　 1, 2, 5, 10은 10의 약수입니다.

(2) **여러 수의 곱으로 나타내어 약수와 배수의 관계 알아보기**

예 $12=1\times12$, $12=2\times6$, $12=3\times4$, $12=2\times2\times3$

➡ 12는 1, 2, 3, 4, 6, 12의 배수입니다.
　 1, 2, 3, 4, 6, 12는 12의 약수입니다.

■=▲×● ➡ ■는 ▲와 ●의 배수입니다.
　　　　　 ▲와 ●는 ■의 약수입니다.

▶ **12의 약수**
$12=2\times2\times3$에서
2, 3, $4(2\times2)$, $6(2\times3)$, $12(2\times2\times3)$는 모두 12를 나누어 떨어지게 하므로 12의 약수가 됩니다.

2 단원

05 식을 보고 □ 안에 알맞은 말을 써넣으세요.

$9=1\times9$　　$9=3\times3$

• 9는 1, 3, 9의 □ 입니다.

• 1, 3, 9는 9의 □ 입니다.

06 식을 보고 □ 안에 알맞은 수를 써넣으세요.

$14=1\times14$　　$14=2\times7$

• 14는 □, □, □, □ 의 배수입니다.

• □, □, □, □ 은/는 14의 약수입니다.

07 15를 두 수의 곱으로 나타내고 약수와 배수의 관계를 써 보세요.

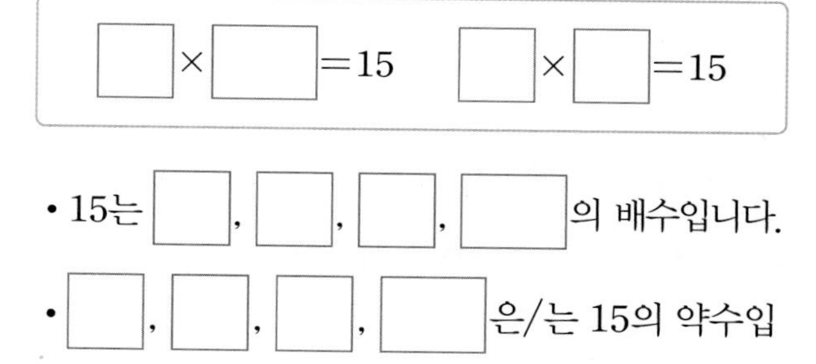

□×□=15　　□×□=15

• 15는 □, □, □, □ 의 배수입니다.

• □, □, □, □ 은/는 15의 약수입니다.

08 두 수가 약수와 배수의 관계인 것에 ○표 하세요.

13	39

(　　　)

11	23

(　　　)

01 식을 보고 □ 안에 알맞은 수를 써넣으세요.

$$2\times3=6$$

□, □은/는 □의 약수입니다.

02 약수를 모두 구해 보세요.

(1) 4 ➡ (　　　　　　　　　　)

(2) 18 ➡ (　　　　　　　　　　)

03 왼쪽 수가 오른쪽 수의 약수인 것에 ○표, 아닌 것에 ×표 하세요.

13	65	6	40	9	81

(　　)　(　　)　(　　)

04 15를 어떤 수로 나누었더니 나누어떨어졌습니다. 어떤 수가 될 수 있는 자연수는 모두 몇 개인지 구해 보세요.

(　　　　　　)

05 24의 약수는 모두 몇 개인지 구해 보세요.

(　　　　　　)

06 중요 다음 중 약수가 가장 많은 수는 어느 것인가요? (　　)

① 5　② 12　③ 14
④ 26　⑤ 49

07 30의 약수 중에서 홀수의 합을 구해 보세요.

(　　　　　　)

08 각 수의 배수를 가장 작은 수부터 3개 써 보세요.

(1) 4의 배수 ➡ ☐, ☐, ☐

(2) 7의 배수 ➡ ☐, ☐, ☐

09 8의 배수를 수직선에 나타내어 보세요.

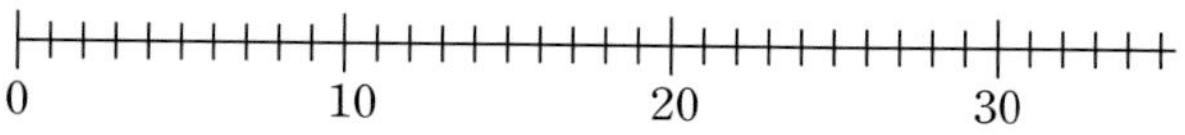

(수직선: 0, 10, 20, 30)

10 9의 배수 중에서 20보다 크고 30보다 작은 수를 구해 보세요.

(　　　　　　)

11 두 수가 약수와 배수의 관계인 것에 모두 ○표 하세요.

24	4

(　　)

10	15

(　　)

7	49

(　　)

12 중요 식을 보고 잘못 설명한 것을 찾아 기호를 써 보세요.

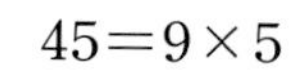

$45 = 9 \times 5$

㉠ 45는 5의 배수입니다.
㉡ 9는 45의 약수입니다.
㉢ 45는 9와 5의 약수입니다.

(　　　　　　)

13 어려운 문제 재희와 민재는 주사위 놀이를 하고 있습니다. 재희가 던져 나온 주사위 눈의 수는 6입니다. 민재가 던져 나온 눈의 수와 재희가 던져 나온 눈의 수가 약수와 배수의 관계일 때 민재의 주사위 눈의 수가 될 수 있는 수를 모두 써 보세요.

(　　　　　　)

교과서 속 **응용 문제**

정답과 풀이 10쪽

약수의 개수 구하기

어떤 수를 나누어떨어지게 하는 수를 그 수의 약수라고 합니다.

㉮ 6의 약수: 1, 2, 3, 6

6의 약수의 개수: 4개

14 **36의 약수는 모두 몇 개인지 구해 보세요.**

(　　　　　　)

15 **다음 중 약수의 개수가 가장 많은 수를 찾아 써 보세요.**

12	25	34	48

(　　　　　　)

16 **다음 중 약수의 개수가 다른 하나를 찾아 써 보세요.**

8	10	26	49

(　　　　　　)

범위가 주어질 때 배수 구하기

예 10보다 크고 20보다 작은 4의 배수 구하기

$4\times1=4$, $4\times2=8$, $4\times3=12$, $4\times4=16$

$4\times5=20$, ...

➡ 10보다 크고 20보다 작은 4의 배수: 12, 16

17 **30보다 크고 60보다 작은 7의 배수를 모두 구해 보세요.**

(　　　　　　)

18 **20보다 크고 50보다 작은 8의 배수는 모두 몇 개인지 구해 보세요.**

(　　　　　　)

19 **18의 배수 중에서 200에 가장 가까운 수를 구해 보세요.**

(　　　　　　)

정답과 풀이 11쪽

개념 3 공약수와 최대공약수를 알아볼까요

(1) 공약수와 최대공약수 알아보기

두 수의 공통된 약수를 공약수라고 합니다.
공약수 중에서 가장 큰 수를 최대공약수라고 합니다.

예 12와 18의 공약수와 최대공약수

- 12의 약수: 1, 2, 3, 4, 6, 12
- 18의 약수: 1, 2, 3, 6, 9, 18

➡ 12와 18의 공약수: 1, 2, 3, 6 / 12와 18의 최대공약수: 6

(2) 공약수와 최대공약수의 관계 알아보기

두 수의 최대공약수의 약수는 두 수의 공약수와 같습니다.

예
- 12와 18의 공약수: 1, 2, 3, 6
- 12와 18의 최대공약수: 6
- 12와 18의 최대공약수인 6의 약수: 1, 2, 3, 6

→ 같습니다.

▶ 가장 작은 공약수
두 수의 공약수 중 가장 작은 공약수는 1입니다.

▶ 두 수의 최대공약수
두 수를 나눌 수 있는 수 중에서 가장 큰 수가 두 수의 최대공약수입니다.

2 단원

01 6과 8의 공약수와 최대공약수를 구해 보세요.

6의 약수: 1, 2, 3, 6
8의 약수: 1, 2, 4, 8

- 6과 8의 공약수: ☐, ☐
- 6과 8의 최대공약수: ☐

[02~03] 10과 15의 최대공약수를 구하려고 합니다. 물음에 답하세요.

02 10의 약수에 ○표 하고, 15의 약수에 △표 하세요.

1	2	3	4	5	6	7	8
9	10	11	12	13	14	15	

03 02에서 10과 15의 공통된 약수 중 가장 큰 수를 구해 보세요.

( )

04 두 수의 공약수와 최대공약수를 구해 보세요.

21　　35

- 21과 35의 공약수: ☐, ☐
- 21과 35의 최대공약수: ☐

정답과 풀이 11쪽

개념 4 최대공약수를 구해 볼까요

예 **12와 18의 최대공약수 구하기**

방법 1 여러 수의 곱으로 나타낸 곱셈식을 이용하여 최대공약수 구하기

공통으로 들어 있는 곱셈식을 찾습니다.

$12=2\times3\times2$ ($2\times3=6$) $18=2\times3\times3$ ($2\times3=6$)

➡ 12와 18의 최대공약수: 6

방법 2 두 수의 공약수를 이용하여 최대공약수 구하기

나눈 공약수의 곱이 두 수의 최대공약수가 됩니다.

12와 18의 공약수 → 2) 12 18
6과 9의 공약수 → 3) 6 9
2 3

➡ 12와 18의 최대공약수: $2\times3=6$

▶ 최대공약수를 구해야 하는 상황
일정한 양을 '최대한', '될 수 있는 대로 많은(큰)', '가장 많은(큰)' 수로 나누어 준다는 말이 들어가면 최대공약수를 구합니다.

▶ 공약수를 이용하여 최대공약수를 구하는 방법
① 1 이외의 공약수로 두 수를 나누고 각각의 몫을 밑에 씁니다.
② 1 이외의 공약수가 없을 때까지 나눗셈을 계속 합니다.
③ 공약수를 모두 곱합니다.

[05~06] 16과 24를 여러 수의 곱으로 나타낸 곱셈식을 보고 물음에 답하세요.

$16=2\times8$	$16=4\times4$	$16=2\times2\times4$
$24=2\times12$	$24=3\times8$	$24=2\times3\times4$

05 **16과 24의 최대공약수를 구하기 위한 두 수의 곱셈식을 완성하고, 최대공약수를 구해 보세요.**

$16=2\times\square$ $24=\square\times\square$

➡ 16과 24의 최대공약수 ( )

06 **16과 24의 최대공약수를 구하기 위한 여러 수의 곱셈식을 완성하고, 최대공약수를 구해 보세요.**

$16=2\times\square\times\square$

$24=\square\times\square\times\square$

➡ 16과 24의 최대공약수 ( )

07 **20과 36의 최대공약수를 구하려고 합니다. □ 안에 알맞은 수를 써넣으세요.**

2) 20 36
2) 10 18
5 9

➡ 20과 36의 최대공약수: $\square\times\square=\square$

08 **18과 30의 최대공약수를 구하려고 합니다. □ 안에 알맞은 수를 써넣으세요.**

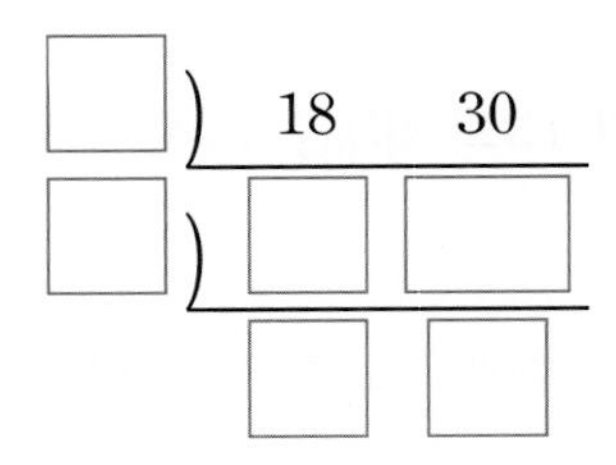

➡ 18과 30의 최대공약수: $\square\times\square=\square$

20 **24와 32의 공약수를 모두 구해 보세요.**

> 24의 약수: 1, 2, 3, 4, 6, 8, 12, 24
> 32의 약수: 1, 2, 4, 8, 16, 32

(　　　　　　　　　　　　　　)

21 **대화를 읽고 잘못 말한 친구를 찾아 이름을 써 보세요.**

준영: 4와 8의 공약수 중에서 가장 작은 수는 1이야.

성현: 4와 8의 공약수는 두 수를 모두 나누어떨어지게 할 수 있어.

지아: 4와 8의 공약수 중에서 가장 큰 수는 8이야.

(　　　　　　　　　　　　　　)

22 **12와 30의 약수를 보고 잘못 설명한 것은 어느 것인가요? (　　　)**

> • 12의 약수: 1, 2, 3, 4, □, 12
> • 30의 약수: 1, 2, 3, 5, □, 10, 15, 30

① □ 안에 알맞은 수는 6입니다.
② 12와 30의 공약수는 1, 2, 3, 6입니다.
③ 12와 30의 최대공약수는 6입니다.
④ 12와 30의 최대공약수인 6의 약수는 1, 2, 3, 6입니다.
⑤ 12와 30의 공약수는 12와 30의 최대공약수의 약수와 같지 않습니다.

23 **28과 42를 동시에 나누어떨어지게 하는 수를 모두 구해 보세요.**

(　　　　　　　　　　　　　　)

24 **20과 30의 공약수의 합을 구해 보세요.**

(　　　　　　　　　　　　　　)

2 단원

25 중요 **27과 18의 최대공약수를 구하려고 합니다. □ 안에 알맞은 수를 써넣으세요.**

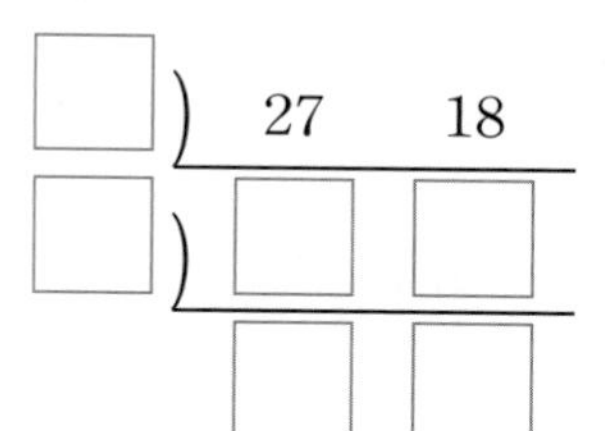

➡ 최대공약수: □ × □ = □

26 **㉠과 ㉡의 최대공약수를 구해 보세요.**

> ㉠$=3\times3\times4$
> ㉡$=7\times3\times3$

(　　　　　　　　　　　　　　)

27 30과 70의 최대공약수를 구해 보세요.

) 30　70

최대공약수 (　　　　)

28 중요
24와 28을 여러 수의 곱셈식으로 나타내어 두 수의 최대공약수를 구해 보세요.

$24=2\times\square\times\square\times\square$

$28=2\times\square\times\square$

최대공약수 (　　　　)

29 최대공약수를 바르게 구한 것에 ○표 하세요.

14	63
최대공약수: 9	

(　　)

15	25
최대공약수: 5	

(　　)

30 두 수의 최대공약수를 찾아 이어 보세요.

40　32 •　　• 6

12　30 •　　• 7

　　　　　　• 8

31 두 수의 최대공약수가 다른 것을 찾아 기호를 써 보세요.

㉠ 10　15　　㉡ 24　18　　㉢ 20　45

(　　　　)

32 어려운 문제
보기 와 같이 약속할 때 (24★60)★8을 구해 보세요.

보기

㉮★㉯=㉮와 ㉯의 최대공약수

(　　　　)

정답과 풀이 11쪽

공약수와 최대공약수의 관계

• 두 수의 최대공약수의 약수는 두 수의 공약수와 같습니다.

㉠ 21과 35의 공약수: 1, 7

21과 35의 최대공약수: 7

21과 35의 최대공약수인 7의 약수: 1, 7

33 어떤 두 수의 최대공약수가 24일 때 두 수의 공약수를 모두 구해 보세요.

(　　　　　　　　　　)

34 어떤 두 수의 최대공약수가 33일 때 두 수의 공약수를 모두 구해 보세요.

(　　　　　　　　　　)

35 어떤 두 수의 최대공약수가 15일 때 두 수의 공약수의 합을 구해 보세요.

(　　　　　　　　　　)

최대공약수의 활용

예 흰색 바둑돌 24개와 검은색 바둑돌 30개를 최대한 많은 친구에게 남김없이 똑같이 나누어 주려고 합니다. 최대 몇 명의 친구에게 나누어 줄 수 있는지 구해 보세요.

➡ 24와 30의 최대공약수가 6이므로 최대 6명의 친구에게 나누어 줄 수 있습니다.

36 연필 32자루와 색연필 28자루를 최대한 많은 친구에게 남김없이 똑같이 나누어 주려고 합니다. 최대 몇 명의 친구에게 나누어 줄 수 있는지 구해 보세요.

(　　　　　　　　　　)

37 사탕 60개와 초콜릿 105개를 최대한 많은 상자에 남김없이 똑같이 나누어 담으려고 합니다. 최대 몇 상자에 나누어 담을 수 있는지 구해 보세요.

(　　　　　　　　　　)

38 딸기 18개와 귤 30개를 최대한 많은 친구에게 남김없이 똑같이 나누어 주려고 합니다. 한 명이 딸기와 귤을 각각 몇 개씩 받을 수 있는지 구해 보세요.

딸기 (　　　　　　　　　　)

귤 (　　　　　　　　　　)

개념 5 공배수와 최소공배수를 알아볼까요

(1) 공배수와 최소공배수 알아보기

두 수의 공통된 배수를 공배수라고 합니다.
공배수 중에서 가장 작은 수를 최소공배수라고 합니다.

예 2와 3의 공배수와 최소공배수

- 2의 배수: 2, 4, 6, 8, 10, 12, 14, 16, 18, 20, 22, 24, ...
- 3의 배수: 3, 6, 9, 12, 15, 18, 21, 24, ...

➡ 2와 3의 공배수: 6, 12, 18, 24, ... / 2와 3의 최소공배수: 6

(2) 공배수와 최소공배수의 관계 알아보기

두 수의 최소공배수의 배수는 두 수의 공배수와 같습니다.

예
- 2와 3의 공배수: 6, 12, 18, 24, ...
- 2와 3의 최소공배수: 6
- 2와 3의 최소공배수인 6의 배수: 6, 12, 18, 24, ...

→ 같습니다.

▶ 가장 큰 공배수
두 수의 공배수 중 가장 큰 수는 구할 수 없습니다.

▶ 두 수의 최소공배수
두 수로 나눌 수 있는 수 중에서 가장 작은 수가 두 수의 최소공배수입니다.

01 4와 6의 공배수와 최소공배수를 구해 보세요.

4의 배수: 4, 8, 12, 16, 20, 24, 28, 32, 36, ...
6의 배수: 6, 12, 18, 24, 30, 36, 42, 48, 54, ...

- 4와 6의 공배수: ☐, ☐, ☐, ...
- 4와 6의 최소공배수: ☐

[02~03] 6과 8의 최소공배수를 구하려고 합니다. 물음에 답하세요.

02 6과 8의 배수를 가장 작은 수부터 8개씩 써 보세요.

6의 배수	
8의 배수	

03 02의 표에서 6과 8의 공배수를 모두 찾아 ○표 하고, 최소공배수를 구해 보세요.

( )

04 두 수의 공배수를 가장 작은 수부터 3개 쓰고 최소공배수를 구해 보세요.

8 10

- 8과 10의 공배수: ☐, ☐, ☐
- 8과 10의 최소공배수: ☐

개념 6 최소공배수를 구해 볼까요

예 **12와 16의 최소공배수 구하기**

방법 1 여러 수의 곱으로 나타낸 곱셈식을 이용하여 최소공배수 구하기

공통으로 들어 있는 곱셈식을 찾아 공통인 수와 남은 수를 곱합니다.

$12=2\times2\times3$, $16=2\times2\times4$

➡ 12와 16의 최소공배수: $2\times2\times3\times4=48$

방법 2 두 수의 공약수를 이용하여 최소공배수 구하기

나눈 공약수와 밑에 남은 몫을 모두 곱합니다.

12와 16의 공약수 → 2) 12 16

6과 8의 공약수 → 2) 6 8

3 4

➡ 12와 16의 최소공배수: $2\times2\times3\times4=48$

▶ 최소공배수를 구해야 하는 상황
'될 수 있는 대로 적은(작은)', '동시에'라는 말이 들어가면 최소공배수를 구합니다.

▶ 약수와 배수의 관계인 두 수의 최소공배수 구하기
두 수가 약수와 배수의 관계이면 두 수 중 큰 수가 최소공배수입니다.
예 5와 10의 최소공배수: 10

[05~06] 8과 20을 여러 수의 곱으로 나타낸 곱셈식을 보고 물음에 답하세요.

$8=2\times4$ $8=2\times2\times2$
$20=2\times10$ $20=4\times5$ $20=2\times2\times5$

05 8과 20의 최소공배수를 구하기 위한 두 수의 곱셈식을 완성하고, 최소공배수를 구해 보세요.

$8=2\times$ □ $20=$ □ $\times$ □

➡ 8과 20의 최소공배수 ( )

06 8과 20의 최소공배수를 구하기 위한 여러 수의 곱셈식을 완성하고, 최소공배수를 구해 보세요.

$8=2\times$ □ $\times$ □

$20=$ □ $\times$ □ $\times$ □

➡ 8과 20의 최소공배수 ( )

07 42와 30의 최소공배수를 구하려고 합니다. □ 안에 알맞은 수를 써넣으세요.

2) 42 30
3) 21 15
7 5

➡ 42와 30의 최소공배수:

$2\times3\times$ □ $\times$ □ $=$ □

08 28과 60의 최소공배수를 구하려고 합니다. □ 안에 알맞은 수를 써넣으세요.

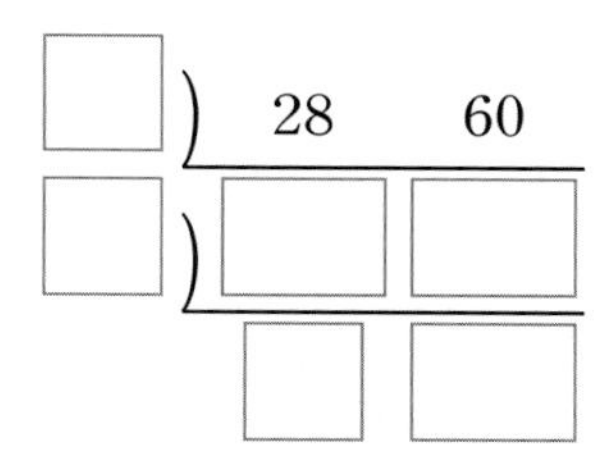

➡ 28과 60의 최소공배수:

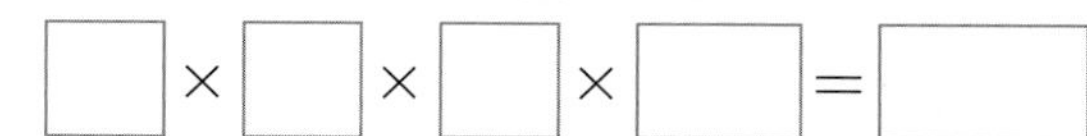

39 **3의 배수에 ○표, 4의 배수에 △표 하고, 3과 4의 공배수를 찾아 써 보세요.**

1	2	3	4	5	6
7	8	9	10	11	12

( )

40 **2와 5의 공배수를 가장 작은 수부터 2개 써 보세요.**

( )

41 **6의 배수이면서 8의 배수인 수는 어느 것인가요?**

( )

① 6　② 8　③ 18
④ 24　⑤ 40

42 **12와 16의 공배수를 모두 찾아 써 보세요.**

30	48	60	72	96

( )

43 **10과 20의 공배수를 가장 작은 수부터 3개 쓰고, 두 수의 최소공배수를 구해 보세요.**

10과 20의 공배수 ( )
10과 20의 최소공배수 ( )

44 중요 **공배수와 최소공배수의 관계를 알아보려고 합니다. 물음에 답하세요.**

(1) 6과 15의 공배수를 가장 작은 수부터 3개 써 보세요.
( )

(2) 6과 15의 최소공배수를 구해 보세요.
( )

(3) 6과 15의 최소공배수의 배수를 가장 작은 수부터 3개 써 보세요.
( )

(4) 6과 15의 공배수는 6과 15의 최소공배수의 배수와 같은가요?
( )

45 어려운 문제 **다음을 만족하는 수를 구해 보세요.**

- 6과 4의 공배수입니다.
- 10보다 크고 50보다 작습니다.
- 십의 자리 숫자와 일의 자리 숫자의 합은 9입니다.

( )

46 28과 42의 최소공배수를 구하려고 합니다. □ 안에 알맞은 수를 써넣으세요.

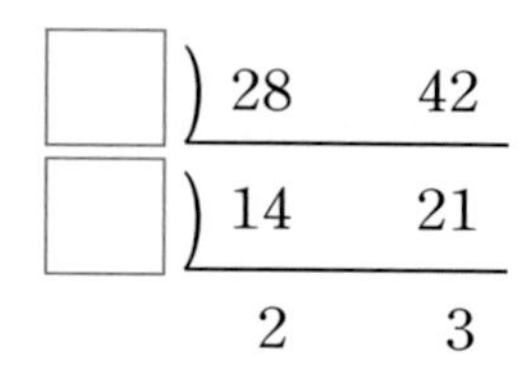

➡ 최소공배수: □ × □ × 2 × 3 = □

47 중요 곱셈식을 보고 20과 30의 최소공배수를 구해 보세요.

• $20=2\times2\times5$
• $30=2\times3\times5$

( )

48 두 수의 최소공배수를 구해 보세요.

(1)) 24 60

최소공배수 ( )

(2)) 32 48

최소공배수 ( )

49 18과 60의 최소공배수를 구하려고 합니다. 보기 에서 □ 안에 알맞은 수가 아닌 수를 찾아 써 보세요.

보기

2 3 5 7

$18=$ □ × □ × □
$60=$ □ × □ × □ × □
➡ 18과 60의 최소공배수:
□ × □ × □ × □ × □

( )

50 두 수의 최소공배수의 크기를 비교하여 ○ 안에 >, =, <를 알맞게 써넣으세요.

9 15	○	10 35

51 두 수의 최소공배수가 큰 것부터 차례로 기호를 써 보세요.

㉠ 15 10 ㉡ 24 18 ㉢ 20 45

( )

공배수와 최소공배수의 관계

- 두 수의 최소공배수의 배수는 두 수의 공배수와 같습니다.

  예 4와 6의 공배수: 12, 24, 36, ...

  4와 6의 최소공배수: 12

  4와 6의 최소공배수인 12의 배수: 12, 24, 36, ...

52 어떤 두 수의 최소공배수가 16일 때 두 수의 공배수를 가장 작은 수부터 3개 써 보세요.

(　　　　　　　　)

53 어떤 두 수의 최소공배수가 27일 때 두 수의 공배수 중에서 80보다 크고 100보다 작은 수를 써 보세요.

(　　　　　　　　)

54 다음을 만족하는 수를 모두 구해 보세요.

- 8로도 나누어떨어지고, 10으로도 나누어떨어집니다.
- 100보다 작습니다.

(　　　　　　　　)

최소공배수의 활용

예 민수는 3일마다 피아노 학원에 가고, 4일마다 태권도장에 갑니다. 오늘 피아노 학원과 태권도장에 갔다면 다음번에 동시에 가는 날은 며칠 후인지 구해 보세요.

➡ 3과 4의 최소공배수가 12이므로 다음번에 동시에 가는 날은 12일 후입니다.

55 가 신호등은 4분마다, 나 신호등은 8분마다 초록색 불이 켜집니다. 10시에 두 신호등이 동시에 초록색 불이 켜졌다면 다음번에 두 신호등이 동시에 초록색 불이 켜지는 시각은 몇 시 몇 분인지 구해 보세요.

(　　　　　　　　)

56 가은이네 가족은 3주마다, 민재네 가족은 5주마다 봉사 활동을 합니다. 이번 주 토요일에 두 가족이 함께 봉사 활동을 했다면 다음번에 두 가족이 함께 봉사 활동을 하는 때는 몇 주 후인지 구해 보세요.

(　　　　　　　　)

57 김밥 가게는 6일에 한 번씩, 햄버거 가게는 9일에 한 번씩 쉽니다. 4월 7일에 두 가게가 동시에 쉬었다면 다음번에 두 가게가 동시에 쉬는 날은 몇 월 며칠인지 구해 보세요.

(　　　　　　　　)

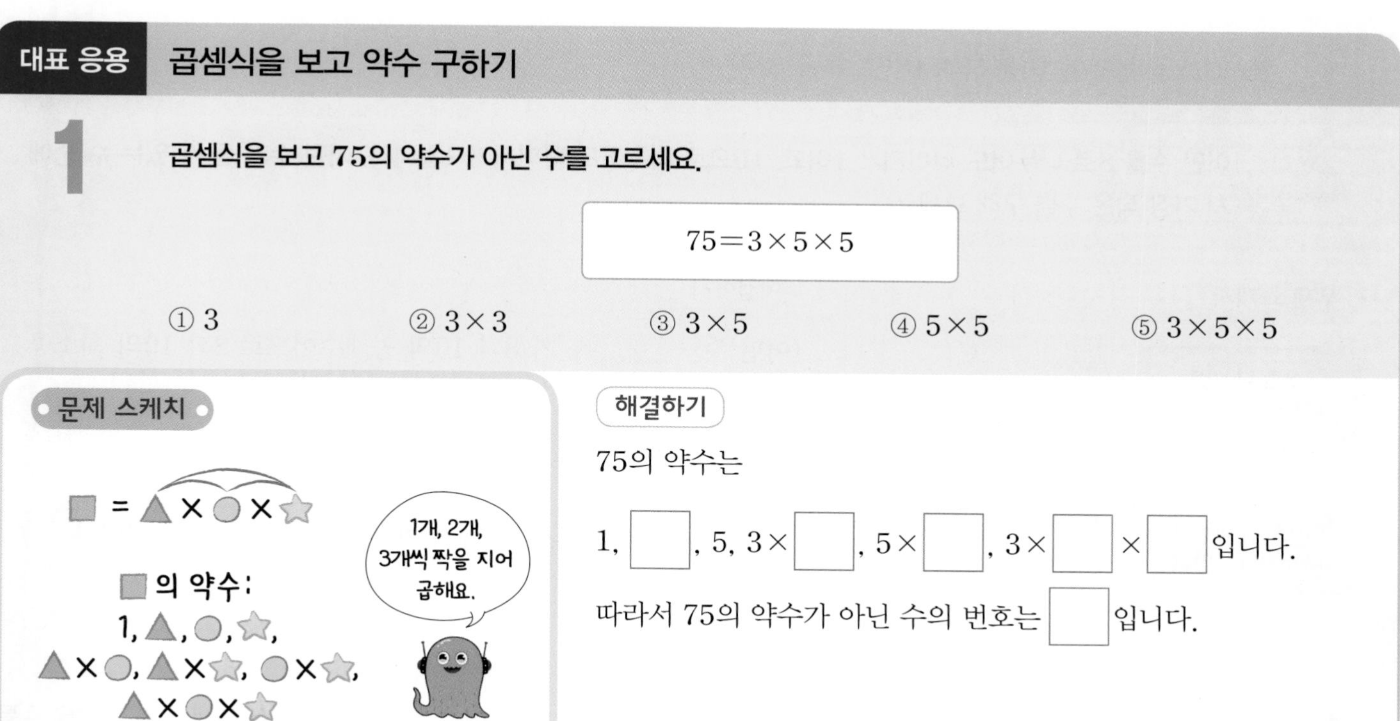

대표 응용 곱셈식을 보고 약수 구하기

1 곱셈식을 보고 75의 약수가 아닌 수를 고르세요.

$75=3\times5\times5$

① 3 ② 3×3 ③ 3×5 ④ 5×5 ⑤ $3\times5\times5$

문제 스케치

해결하기

75의 약수는

1, □, 5, 3×□, 5×□, 3×□×□입니다.

따라서 75의 약수가 아닌 수의 번호는 □입니다.

1-1 곱셈식을 보고 42의 약수가 아닌 수를 고르세요. (　　　)

$42=2\times3\times7$

① 2 ② 3 ③ 2×3 ④ 3×7 ⑤ $2\times3\times3\times7$

1-2 곱셈식을 보고 36의 약수가 아닌 수를 고르세요. (　　　)

$36=2\times2\times3\times3$

① 2 ② 3 ③ 2×3 ④ $2\times2\times2$ ⑤ $2\times3\times3$

대표 응용 최소공배수를 이용하여 어떤 수 구하기

2 어떤 수를 8로 나누어도 나머지가 1이고, 10으로 나누어도 나머지가 1입니다. 어떤 수가 될 수 있는 수 중에서 가장 작은 수를 구해 보세요.

문제 스케치

8로 나누면 나머지가 1인 수

10으로 나누면 나머지가 1인 수

→ 8과 10의 공배수보다 1 큰 수

해결하기

(어떤 수)−□이/가 8과 10의 공배수이므로 8과 10의 최소공배수를 알아봅니다.

8과 10의 최소공배수가 □이므로

어떤 수가 될 수 있는 수 중에서 가장 작은 수는 □입니다.

2-1 어떤 수를 16으로 나누어도 3이 남고 24로 나누어도 3이 남습니다. 어떤 수가 될 수 있는 수 중에서 가장 작은 수를 구해 보세요.

(　　　　　　　)

2-2 서준이네 학교 5학년 학생들을 버스 한 대에 20명씩 태워도 2명이 남고 24명씩 태워도 2명이 남습니다. 5학년 학생 수가 200명보다 많고 300명보다 적을 때 학생 수는 몇 명인지 구해 보세요.

(　　　　　　　)

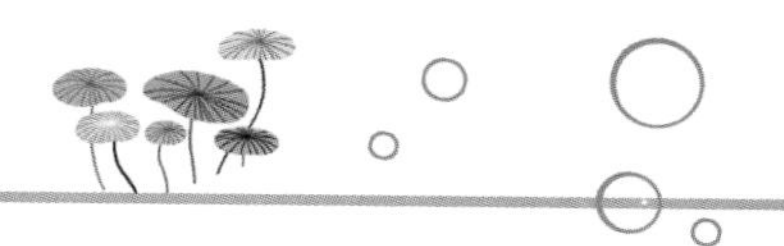

대표 응용 직사각형을 가장 큰 정사각형으로 자르기

3 오른쪽과 같은 직사각형 모양의 종이를 크기가 같은 정사각형 모양으로 남는 부분 없이 자르려고 합니다. 자를 수 있는 가장 큰 정사각형의 한 변의 길이는 몇 cm인지 구해 보세요.

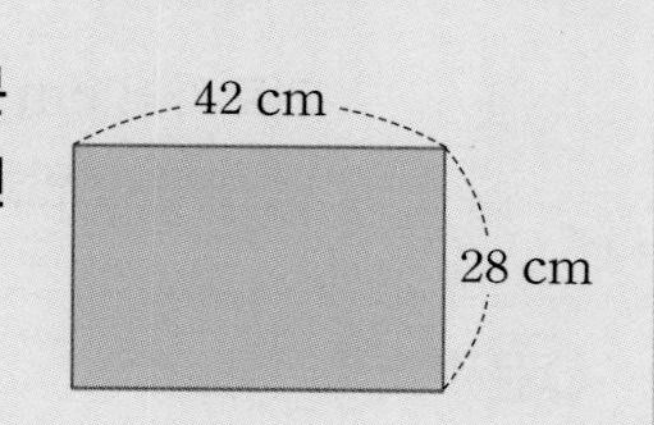

문제 스케치

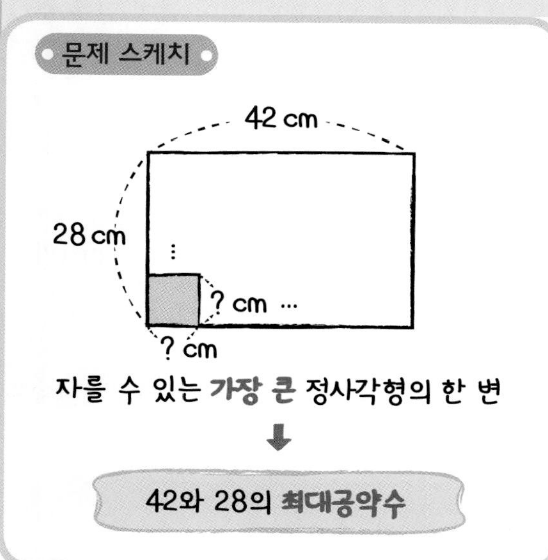

해결하기

직사각형 모양의 종이를 크기가 같은 정사각형 모양으로 남는 부분 없이 자를 때 자를 수 있는 가장 큰 정사각형의 한 변의 길이는 42와 28의 [　　　　]입니다.

42와 28의 최대공약수가 [　　]이므로

자를 수 있는 가장 큰 정사각형의 한 변의 길이는 [　　] cm입니다.

2 단원

3-1 가로가 36 cm, 세로가 42 cm인 직사각형 모양의 종이를 크기가 같은 정사각형 모양으로 남는 부분 없이 자르려고 합니다. 자를 수 있는 가장 큰 정사각형의 한 변의 길이는 몇 cm인지 구해 보세요.

(　　　　　　　　)

3-2 가로가 90 cm, 세로가 54 cm인 직사각형 모양의 종이에 크기가 같은 정사각형 모양의 종이를 겹치지 않게 빈틈없이 이어 붙이려고 합니다. 가장 큰 정사각형 모양의 종이를 붙일 때 정사각형 모양의 종이는 모두 몇 장 필요한지 구해 보세요.

(　　　　　　　　)

대표 응용 직사각형을 붙여 가장 작은 정사각형 만들기

4 가로가 8 cm, 세로가 6 cm인 직사각형 모양의 카드를 겹치지 않게 빈틈없이 이어 붙여 정사각형을 만들려고 합니다. 만들 수 있는 가장 작은 정사각형의 한 변의 길이는 몇 cm인지 구해 보세요.

문제 스케치

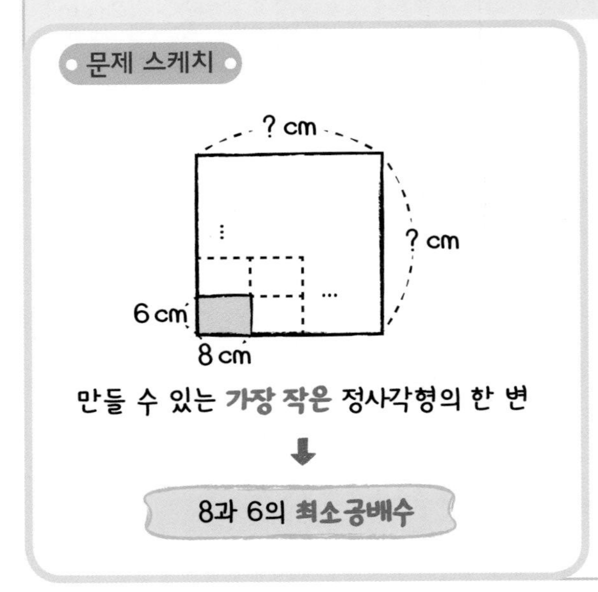

해결하기

직사각형 모양의 카드를 겹치지 않게 빈틈없이 이어 붙여 만들 수 있는 가장 작은 정사각형의 한 변의 길이는 8과 6의 ☐입니다.

8과 6의 최소공배수가 ☐이므로

만들 수 있는 가장 작은 정사각형의 한 변의 길이는 ☐ cm입니다.

4-1 가로가 12 cm, 세로가 14 cm인 직사각형 모양의 종이를 겹치지 않게 빈틈없이 이어 붙여 정사각형을 만들려고 합니다. 만들 수 있는 가장 작은 정사각형의 한 변의 길이는 몇 cm인지 구해 보세요.

( )

4-2 가로가 18 cm, 세로가 24 cm인 직사각형 모양의 색종이를 겹치지 않게 빈틈없이 이어 붙여 가장 작은 정사각형을 만들려고 합니다. 색종이는 모두 몇 장 필요한지 구해 보세요.

( )

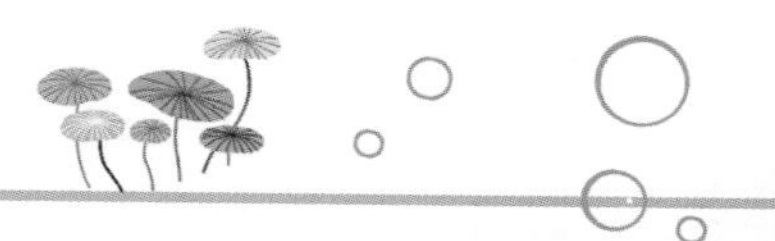

정답과 풀이 14쪽

대표 응용 최대공약수와 최소공배수를 이용하여 수 구하기

5 36과 ㉮의 최대공약수는 12이고 최소공배수는 180입니다. ㉮는 얼마인지 구해 보세요.

문제 스케치

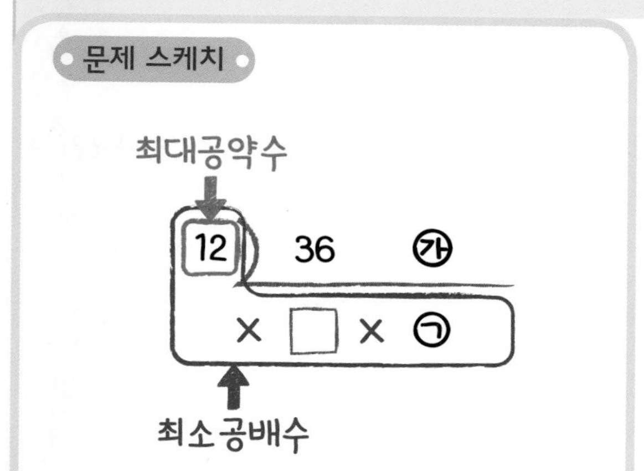

해결하기

36과 ㉮의 최대공약수가 12이므로 다음과 같습니다.

12) 36 ㉮

□ ㉠

36과 ㉮의 최소공배수가 180이므로

12×□×㉠=180, ㉠=□입니다.

따라서 ㉮=12×□=□입니다.

5-1 18과 ㉮의 최대공약수는 9이고 최소공배수는 126입니다. ㉮는 얼마인지 구해 보세요.

( )

5-2 어떤 수와 60의 최대공약수는 15이고 최소공배수는 180입니다. 어떤 수와 60의 차를 구해 보세요.

( )

단원 평가 LEVEL ❶

01 □ 안에 알맞은 수를 써넣고 15의 약수를 구해 보세요.

$15\div\square=15$ $15\div\square=5$

$15\div\square=3$ $15\div\square=1$

➡ 15의 약수 ( )

02 12의 약수를 모두 구해 보세요.

( )

03 18의 약수가 아닌 것은 어느 것인가요? ( )

① 1 ② 6 ③ 9
④ 12 ⑤ 18

04 6의 배수를 가장 작은 수부터 4개 써 보세요.

( )

05 두 자리 수 중에서 14의 배수는 모두 몇 개인지 구해 보세요.

( )

06 곱셈식을 보고 잘못 설명한 것은 어느 것인가요? ( )

$4\times5=20$

① 4는 20의 약수입니다.
② 5는 20의 약수입니다.
③ 20은 5의 배수입니다.
④ 20은 4와 5의 공배수입니다.
⑤ 20의 약수는 4와 5뿐입니다.

07 50을 여러 수의 곱으로 나타내고 약수와 배수의 관계를 써 보세요.

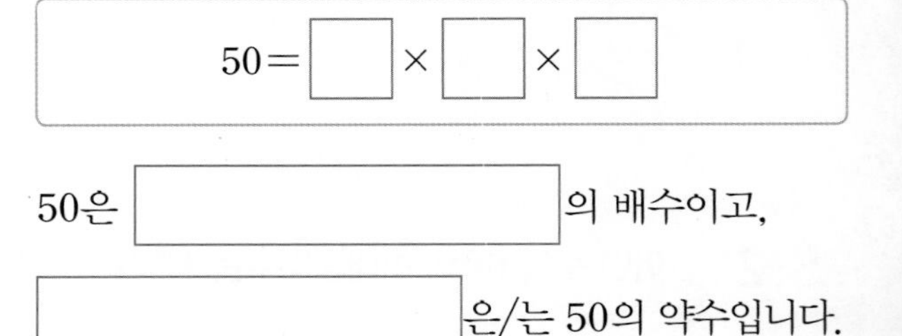

$50=\square\times\square\times\square$

50은 □의 배수이고,

□은/는 50의 약수입니다.

08 약수와 배수의 관계인 두 수를 모두 찾아 써 보세요.

14 6 8 36 7

( )

09 20과 24의 약수를 보고 20과 24의 공약수를 모두 찾아 써 보세요.

20의 약수: 1, 2, 4, 5, 10, 20
24의 약수: 1, 2, 3, 4, 6, 8, 12, 24

( )

10 30과 40의 공약수가 아닌 것은 어느 것인가요? ( )

① 1 ② 2 ③ 5
④ 10 ⑤ 15

11 중요 다음을 보고 12와 36의 최대공약수와 최소공배수를 각각 구해 보세요.

$$\begin{array}{r|rr} 2 & 12 & 36 \\ \hline 2 & 6 & 18 \\ \hline 3 & 3 & 9 \\ \hline & 1 & 3 \end{array}$$

최대공약수 ( )
최소공배수 ( )

12 두 수의 최대공약수를 구해 보세요.

(1) 30 50

( )

(2) 56 32

( )

13 두 수의 최대공약수를 구한 후 공약수와 최대공약수의 관계를 이용하여 공약수를 모두 구해 보세요.

수	최대공약수	공약수
24, 32		

14 어려운 문제 어떤 두 수의 최대공약수가 24일 때 두 수의 공약수는 모두 몇 개인지 구해 보세요.

( )

15 20부터 60까지의 수 중에서 5의 배수이면서 4의 배수인 수는 모두 몇 개인지 구해 보세요.

( )

2 단원

16 중요 **12와 30을 각각 여러 수의 곱으로 나타낸 곱셈식을 이용하여 최소공배수를 구하려고 합니다. 물음에 답하세요.**

$12=2\times2\times3$ $30=2\times3\times5$

(1) 12와 30을 여러 수의 곱으로 나타낸 곱셈식에서 공통으로 들어 있는 식을 찾아 기호를 써 보세요.

㉠ 2×2 ㉡ 2×3 ㉢ 3×5

( )

(2) 12와 30의 최소공배수를 구해 보세요.

( )

17 **두 수의 최소공배수를 구해 보세요.**

(1) 15 12

( )

(2) 24 40

( )

18 **두 수의 최소공배수를 구한 후 공배수와 최소공배수의 관계를 이용하여 공배수를 가장 작은 수부터 3개 써 보세요.**

수	최소공배수	공배수
24, 32		

서술형 문제

19 **빨간 색종이 24장과 노란 색종이 15장을 최대한 많은 학생에게 남김없이 똑같이 나누어 주려고 합니다. 한 명이 받는 색종이는 모두 몇 장인지 풀이 과정을 쓰고 답을 구해 보세요.**

풀이

답

20 **어느 터미널에서 버스가 춘천행은 6분마다, 대전행은 8분마다 출발한다고 합니다. 오전 8시에 두 곳으로 버스가 동시에 출발하였다면 다음번에 동시에 출발하는 시각은 오전 몇 시 몇 분인지 풀이 과정을 쓰고 답을 구해 보세요.**

풀이

답

정답과 풀이 16쪽

01 32의 약수가 아닌 수는 어느 것인가요? (　　　)

① 1　　② 2　　③ 4
④ 6　　⑤ 8

02 다음에서 설명하는 수를 구해 보세요.

- 모든 수의 약수입니다.
- 어떤 수의 약수 중 가장 작은 수입니다.

(　　　　　　　　)

03 약수가 모두 홀수인 수는 어느 것인가요? (　　　)

① 16　　② 17　　③ 20
④ 28　　⑤ 54

04 약수의 개수가 가장 많은 수를 찾아 써 보세요.

16　30　39　55

(　　　　　　　　)

05 어떤 수의 배수를 가장 작은 수부터 쓴 것입니다. 어떤 수의 배수인지 써 보세요.

5, 10, 15, 20, 25, ...

(　　　　　　　　)

06 6의 배수 중에서 50에 가장 가까운 수를 구해 보세요.

(　　　　　　　　)

07 20과 30 사이에 있는 7의 배수를 모두 써 보세요.

(　　　　　　　　)

08 중요 두 수가 약수와 배수의 관계인 것을 모두 찾아 이어 보세요.

4 •	• 45
9 •	• 35
7 •	• 36

2 단원

09 42는 ㉠의 배수입니다. ㉠이 될 수 있는 수를 모두 구해 보세요.

( )

10 두 수의 최대공약수와 최소공배수를 각각 구해 보세요.

20 30

최대공약수 ( )
최소공배수 ( )

11 두 수의 최대공약수가 더 큰 것의 기호를 써 보세요.

㉠ 24 40	㉡ 70 42

( )

12 다음을 보고 27과 45의 공약수를 모두 구해 보세요.

$$\begin{array}{r|rr} 3 & 27 & 45 \\ \hline 3 & 9 & 15 \\ \hline & 3 & 5 \end{array}$$

( )

13 공약수가 가장 많은 두 수를 찾아 기호를 써 보세요.

㉠ 18 12	㉡ 36 24	㉢ 18 38

( )

14 어떤 두 수의 최소공배수가 16일 때, 두 수의 공배수가 아닌 것은 어느 것인가요? ( )

① 16 ② 32 ③ 48
④ 56 ⑤ 64

15 중요 ㉠과 ㉡의 최소공배수를 구해 보세요.

㉠ $2\times3\times7$ ㉡ $3\times3\times7$

( )

16 어떤 수를 18로 나누어도 1이 남고 48로 나누어도 1이 남습니다. 어떤 수가 될 수 있는 수 중에서 가장 작은 수를 구해 보세요.

( )

17 ㉠과 ㉡의 최소공배수가 60일 때 ㉠, ㉡에 알맞은 수를 각각 구해 보세요.

□) ㉠ ㉡
3) 6 15
2 5

㉠ ( )
㉡ ( )

18 어려운 문제

㉮와 ㉯의 최대공약수는 14입니다. □ 안에 들어갈 수가 가장 작을 때, ㉮와 ㉯의 최소공배수를 구해 보세요.

㉮$=2\times3\times7$ ㉯$=2\times5\times$□

( )

서술형 문제

19 가로가 70 m, 세로가 63 m인 직사각형 모양의 목장이 있습니다. 목장의 가장자리를 따라 일정한 간격으로 말뚝을 박으려고 합니다. 말뚝을 가장 적게 사용한다고 할 때 필요한 말뚝은 몇 개인지 풀이 과정을 쓰고 답을 구해 보세요. (단, 네 모퉁이에는 반드시 말뚝을 박습니다.)

풀이

답

20 은주와 찬영이가 원 모양의 공원 둘레를 일정한 빠르기로 걷고 있습니다. 은주는 4분마다, 찬영이는 6분마다 공원을 한 바퀴 돕니다. 두 사람이 오후 6시에 공원 입구에서 같은 방향으로 동시에 출발할 때, 출발 후 40분 동안 공원 입구에서 몇 번 다시 만나는지 풀이 과정을 쓰고 답을 구해 보세요.

풀이

답

2 단원

과일 가게에 맛있는 과일들이 있어요. 자두는 한 봉지에 8개씩 들어 있어요. 봉지의 수와 자두의 수 사이에 어떤 관계가 있을까요? 사과가 한 상자에 10개씩 들어 있어요. 상자의 수와 사과의 수 사이에 어떤 관계가 있을까요?

이번 3단원에서는 두 양 사이의 대응 관계를 말하고 □, △ 등을 사용하여 식으로 나타내어 보는 활동을 할 거예요. 또한 주변에서 대응 관계를 찾아 식으로 나타내는 활동을 통하여 수학이 일상 생활 속에서 어떻게 이용되고 있는지 알아볼 거예요.

3 규칙과 대응

단원 학습 목표

1. 대응 관계의 의미를 이해하고, 두 양 사이의 대응 관계를 말할 수 있습니다.
2. 두 양 사이의 대응 관계를 찾아 □, △ 등을 사용하여 식으로 나타내고, 대응 관계를 나타낸 식의 의미를 이해할 수 있습니다.
3. 주변에서 대응 관계를 찾아보고 식으로 나타낼 수 있습니다.

단원 진도 체크

학습일		학습 내용	진도 체크
1일째	월 일	개념 1 두 양 사이의 관계를 알아볼까요(1) 개념 2 두 양 사이의 관계를 알아볼까요(2)	✓
2일째	월 일	교과서 넘어 보기 + 교과서 속 응용 문제	✓
3일째	월 일	개념 3 대응 관계를 식으로 나타내어 볼까요 개념 4 생활 속에서 대응 관계를 찾아 식으로 나타내어 볼까요	✓
4일째	월 일	교과서 넘어 보기 + 교과서 속 응용 문제	✓
5일째	월 일	응용 1 다음에 이어질 모양 알아보기 응용 2 배열 순서와 수 사이의 대응 관계 알아보기 응용 3 자르거나 붙이는 관계 알아보기	✓
6일째	월 일	응용 4 두 양 사이의 대응 관계 활용하기 응용 5 말하고 답한 수를 보고 대응 관계를 식으로 나타내기	✓
7일째	월 일	단원 평가 LEVEL ❶	✓
8일째	월 일	단원 평가 LEVEL ❷	✓

이 단원을 진도 체크에 맞춰 8일 동안 학습해 보세요.
해당 부분을 공부하고 나서 ✓표를 하세요.

개념 1 두 양 사이의 관계를 알아볼까요(1)

예

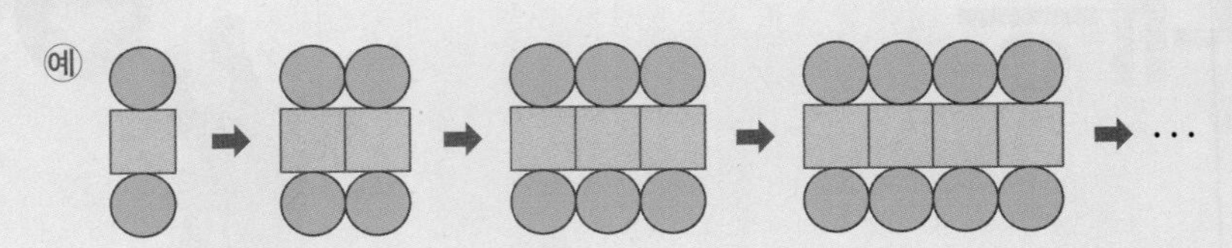

• 사각형의 수와 원의 수 사이의 규칙 알아보기

사각형의 수가 1개씩 늘어날 때 원의 수는 2개씩 늘어납니다.

원의 수는 사각형의 수의 2배씩 늘어납니다.

• 사각형의 수를 알 때 원의 수 알아보기

사각형이 5개일 때 원은 10개 필요합니다.

사각형이 10개일 때 원은 20개 필요합니다.

• 사각형의 수와 원의 수 사이의 대응 관계 알아보기

사각형의 수는 원의 수의 반과 같습니다.

원의 수는 사각형의 수의 2배입니다.

▶ 대응 관계

한 양이 변할 때 다른 양이 그에 따라 변하는 관계입니다.

[01~06] 도형의 배열을 보고 물음에 답하거나 □ 안에 알맞은 수를 써넣으세요.

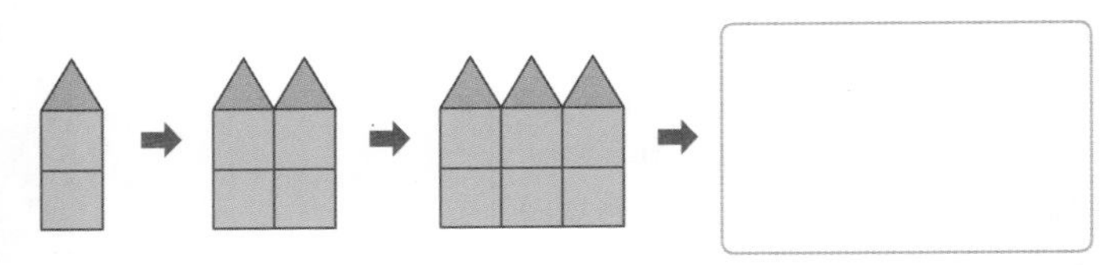

01 빈칸에 알맞은 모양에 ○표 하세요.

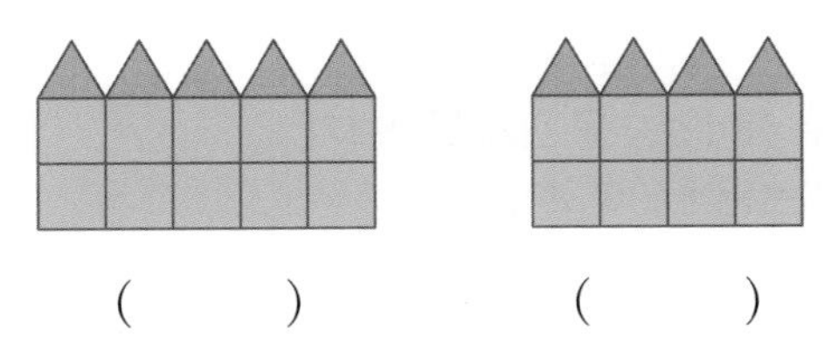

( ) ( )

02 삼각형이 5개일 때 사각형은 □개입니다.

03 삼각형이 10개일 때 사각형은 □개입니다.

04 삼각형이 20개일 때 사각형은 □개입니다.

05 삼각형이 30개일 때 사각형은 □개입니다.

06 사각형의 수와 삼각형의 수 사이의 대응 관계를 알아보세요.

사각형의 수는 삼각형의 수의 □배입니다.

개념 2 두 양 사이의 관계를 알아볼까요(2)

예 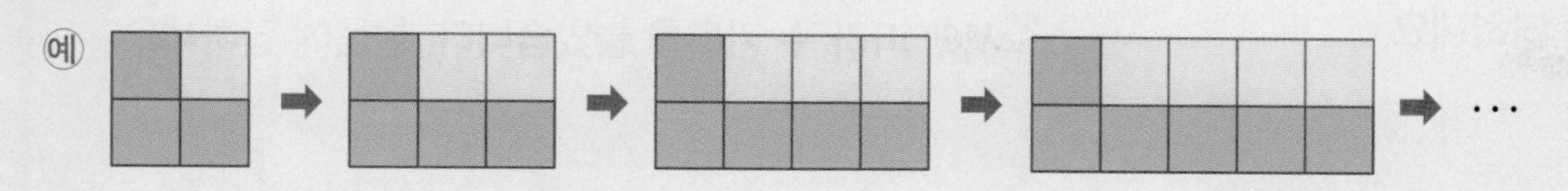

• 변하는 부분과 변하지 않는 부분 찾아보기

맨 왼쪽의 초록색 사각형 2개는 변하지 않고 오른쪽 위에 있는 노란색 사각형과 오른쪽 아래에 있는 초록색 사각형의 수가 1개씩 늘어납니다.

• 초록색 사각형의 수와 노란색 사각형의 수 사이의 대응 관계 알아보기

초록색 사각형의 수(개)	3	4	5	6	…
노란색 사각형의 수(개)	1	2	3	4	…

초록색 사각형의 수는 3개, 4개, 5개, 6개, …로 1개씩 늘어납니다.

노란색 사각형의 수는 1개, 2개, 3개, 4개, …로 1개씩 늘어납니다.

초록색 사각형의 수는 노란색 사각형의 수보다 2만큼 더 큽니다.

▶ 초록색 사각형의 수를 (변하지 않는 부분)+(변하는 부분)으로 나누어 생각하기

초록색 사각형의 수(개)	노란색 사각형의 수(개)
3 (2+1)	1
4 (2+2)	2
5 (2+3)	3
6 (2+4)	4

[07~10] 주황색 사각형과 노란색 사각형으로 규칙적인 배열을 만들고 있습니다. 물음에 답하세요.

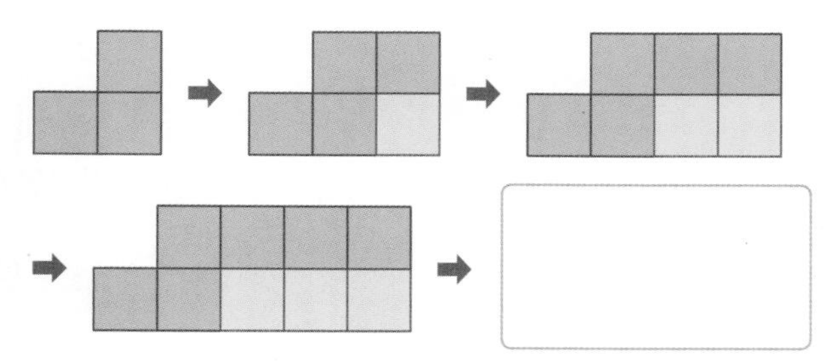

07 위 배열에서 변하는 부분과 변하지 않는 부분을 생각하여 노란색 사각형의 수와 주황색 사각형의 수가 어떻게 변하는지 표를 이용하여 알아보세요.

노란색 사각형의 수(개)	0	1	2	3	…
주황색 사각형의 수(개)	3	4			…

08 빈칸에 알맞은 모양에서 주황색 사각형은 몇 개인가요?

( )

09 주황색 사각형이 10개일 때 노란색 사각형은 몇 개가 필요한가요?

( )

10 주황색 사각형의 수와 노란색 사각형의 수 사이의 대응 관계를 나타낸 것입니다. □ 안에 알맞은 수를 써넣으세요.

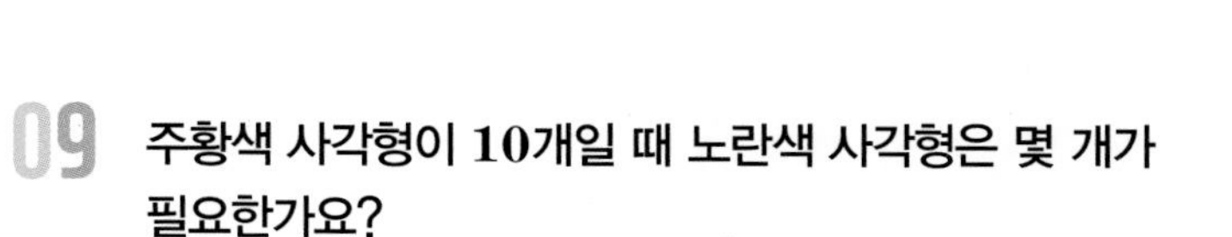

주황색 사각형의 수는 노란색 사각형의 수보다 □만큼 더 큽니다.

3 단원

[01~04] 도형의 배열을 보고 물음에 답하세요.

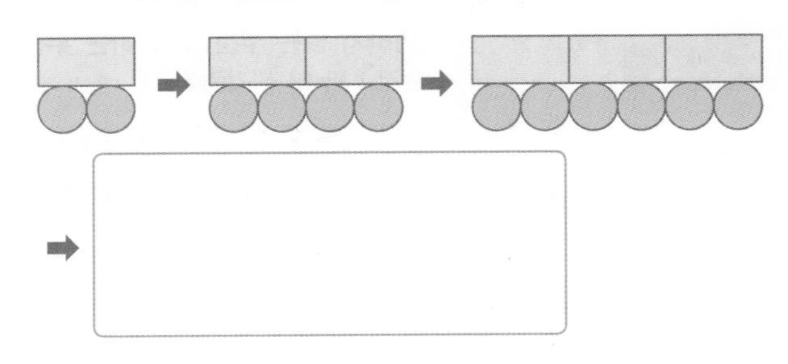

01 위 빈칸에 다음에 이어질 알맞은 모양을 그려 보세요.

02 원이 10개일 때 사각형은 몇 개가 필요한가요?

( )

03 중요 사각형이 55개일 때 원은 몇 개가 필요한가요?

( )

04 원의 수와 사각형의 수 사이의 대응 관계를 써 보세요.

[05~07] 사각형 조각으로 규칙적인 배열을 만들고, 배열 순서에 따라 수 카드를 놓았습니다. 물음에 답하세요.

1 2 3 4 …

05 수 카드의 수에 따라 사각형 조각의 수가 어떻게 변하는지 표를 이용하여 알아보세요.

수 카드의 수	1	2	3	4	…
사각형 조각의 수(개)	2				…

06 수 카드의 수가 8일 때 사각형 조각은 몇 개인가요?

( )

07 수 카드의 수와 사각형 조각의 수 사이의 대응 관계를 써 보세요.

사각형 조각의 수는 수 카드의 수보다

[08~09] 종이꽃 한 개를 만들려면 색종이 7장이 필요합니다. 종이꽃의 수와 필요한 색종이의 수 사이에는 어떤 대응 관계가 있는지 알아보려고 합니다. 물음에 답하세요.

08 종이꽃의 수와 필요한 색종이의 수 사이에는 어떤 대응 관계가 있는지 표를 이용하여 알아보세요.

종이꽃의 수(개)	1	2	3	4	5	…
색종이의 수(장)	7					…

09 종요 종이꽃의 수와 필요한 색종이의 수 사이의 대응 관계를 써 보세요.

10 어려운 문제 ☆ 조각과 ⊠ 조각이 규칙적으로 배열되어 있습니다. ☆ 조각의 수와 ⊠ 조각의 수 사이의 대응 관계를 써 보세요.

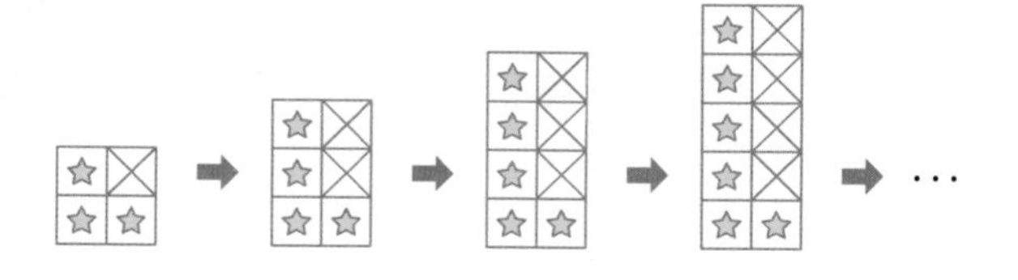

교과서, 익힘책 속 응용 문제를 유형별로 풀어 보세요.

교과서 속 응용 문제

정답과 풀이 18쪽

표를 완성하여 대응 관계 알아보기

예

개미의 수(마리)	1	2	3	4	…
개미 다리의 수(개)	6	12	18	24	…

➡ 개미 다리의 수는 개미의 수의 6배입니다.

11 돼지의 수와 돼지 다리의 수 사이의 대응 관계를 알아보려고 합니다. 표를 완성하고 돼지의 수와 돼지 다리의 수 사이의 대응 관계를 써 보세요.

돼지의 수(마리)	1	2	3	4	…
돼지 다리의 수(개)					…

12 탁자 한 개에 의자가 9개씩 놓여 있습니다. 탁자의 수와 의자의 수 사이의 대응 관계를 알아보려고 합니다. 표를 완성하고 탁자의 수와 의자의 수 사이의 대응 관계를 써 보세요.

탁자의 수(개)	1	2	3	4	…
의자의 수(개)					…

13 성현이는 12살이고 동생은 9살입니다. 성현이의 나이와 동생의 나이 사이의 대응 관계를 알아보려고 합니다. 표를 완성하고 성현이의 나이와 동생의 나이 사이의 대응 관계를 써 보세요.

성현이의 나이(살)	12	13	14	15	…
동생의 나이(살)					…

3 단원

교과서 개념 다지기

개념 3 대응 관계를 식으로 나타내어 볼까요

두 양 사이의 대응 관계를 식으로 간단하게 나타낼 때는 각 양을 ○, □, △, ☆ 등과 같은 기호로 표현할 수 있습니다.

예 **탁자의 수와 의자의 수 사이의 대응 관계**

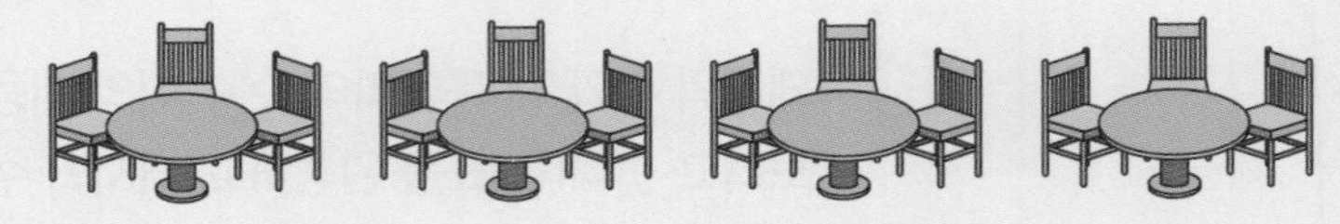

• 탁자의 수와 의자의 수 사이의 대응 관계를 표를 이용하여 알아보기

탁자의 수(개)	1	2	3	4	…
의자의 수(개)	3	6	9	12	…

• 탁자의 수와 의자의 수 사이의 대응 관계를 식으로 나타내기

탁자의 수를 ○, 의자의 수를 △라고 할 때, 두 양 사이의 대응 관계를 식으로 나타내면 ○×3=△ 또는 △÷3=○입니다.

▶ 대응 관계를 기호를 사용한 식으로 나타내는 방법
- 두 양을 어떤 기호로 나타낼지 정합니다.
- +, −, ×, ÷ 중에서 두 양 사이의 대응 관계를 나타내기에 알맞은 것을 고릅니다.

[01~03] 언니와 동생이 저금통에 저금을 하려고 합니다. 언니는 이미 저금통에 2000원이 있고, 두 사람은 다음 주부터 1주일에 500원씩 저금을 하기로 했습니다. 물음에 답하세요.

01 언니가 모은 돈과 동생이 모은 돈 사이의 대응 관계를 표를 이용하여 알아보세요.

	언니가 모은 돈(원)	동생이 모은 돈(원)
저금을 시작했을 때	2000	0
1주일 후	2500	500
2주일 후		
3주일 후		
4주일 후		
⋮	⋮	⋮

02 알맞은 카드 2장을 골라 01의 표를 이용하여 알 수 있는 두 양 사이의 대응 관계를 식으로 완성해 보세요.

+ − × ÷
500 1000 2000 2500

언니가 모은 돈 □ □
= 동생이 모은 돈

03 언니가 모은 돈을 ○, 동생이 모은 돈을 △라고 할 때 두 양 사이의 대응 관계를 식으로 나타내어 보세요.

식 ____________________

개념 4 생활 속에서 대응 관계를 찾아 식으로 나타내어 볼까요

(1) 생활 속에서 대응 관계를 찾아 식으로 나타내기

예

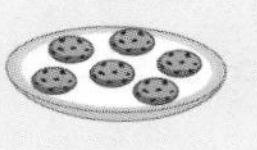

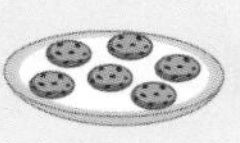

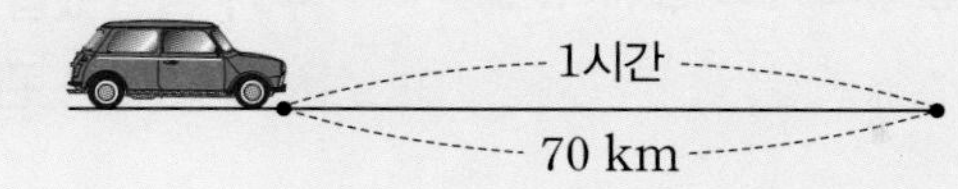

서로 관계가 있는 두 양		대응 관계
쿠키의 수	접시의 수	(접시의 수)×6=(쿠키의 수)
자동차 이동 거리	걸린 시간	(걸린 시간)×70=(자동차 이동 거리)

(2) 대응 관계 알아맞히기

유영이가 말한 수	3	5	8	10	17
동민이가 답한 수	5	7	10	12	19

(유영이가 말한 수)+2=(동민이가 답한 수)

또는 (동민이가 답한 수)−2=(유영이가 말한 수)

유영이가 말한 수를 □, 동민이가 답한 수를 ☆이라고 할 때, 두 양 사이의 대응 관계를 식으로 나타내면 □+2=☆ 또는 ☆−2=□입니다.

▸ 귤의 수와 바구니의 수 사이의 대응 관계

동일한 두 양 사이의 대응 관계를 나타내는 식이라도 기준이 무엇인가에 따라 표현된 식이 다릅니다.

귤의 수(□)는 바구니의 수(△)의 5배입니다.

➡ △×5=□

귤의 수(□)를 5로 나누면 바구니의 수(△)가 됩니다.

➡ □÷5=△

[04~06] 기호를 정하여 그림에서 대응 관계를 찾아 식으로 나타내려고 합니다. 식탁의 수를 ◎, 의자의 수를 ○, 꽃병의 수를 △, 꽃의 수를 ☆이라고 할 때, □ 안에 알맞은 수나 말을 써넣고 대응 관계를 식으로 나타내어 보세요.

04

서로 관계가 있는 두 양		대응 관계
식탁의 수	의자의 수	의자의 수는 식탁의 수의 □ 배입니다.

식 ____________________

05

서로 관계가 있는 두 양		대응 관계
식탁의 수	꽃병의 수	식탁의 수와 꽃병의 수는 □.

식 ____________________

06

서로 관계가 있는 두 양		대응 관계
꽃병의 수	꽃의 수	꽃의 수는 꽃병의 수의 □ 배입니다.

식 ____________________

3 단원

[14~17] 복숭아가 한 상자에 8개씩 들어 있습니다. 상자의 수와 복숭아의 수 사이의 대응 관계를 알아보려고 합니다. 물음에 답하세요.

14 상자의 수와 복숭아의 수 사이의 대응 관계를 표를 이용하여 알아보세요.

상자의 수(상자)	1	2	3	4	…
복숭아의 수(개)					…

15 알맞은 카드를 골라 14의 표를 이용하여 알 수 있는 두 양 사이의 대응 관계를 식으로 나타내어 보세요.

상자의 수　　복숭아의 수

$+$　$-$　$\times$　$\div$　$=$

5　6　7　8　9

□□□□□

16 13상자에 들어 있는 복숭아는 몇 개인가요?

(　　　　　　)

17 상자의 수를 ○, 복숭아의 수를 △라고 할 때, 두 양 사이의 대응 관계를 식으로 나타내어 보세요.

식 ______________________

[18~20] 민혁이와 승주는 1분에 100 m를 가는 빠르기로 산책을 하려고 합니다. 민혁이가 200 m만큼 걸었을 때 승주가 출발했습니다. 민혁이가 걸은 거리와 승주가 걸은 거리 사이의 대응 관계를 알아보려고 합니다. 물음에 답하세요.

18 민혁이가 걸은 거리와 승주가 걸은 거리 사이의 대응 관계를 표를 이용하여 알아보세요.

	민혁이가 걸은 거리(m)	승주가 걸은 거리(m)
승주가 출발한 시점	200	0
1분 후	300	100
2분 후		
3분 후		
⋮	⋮	⋮

19 중요 민혁이가 걸은 거리를 ○, 승주가 걸은 거리를 □라고 할 때, 두 양 사이의 대응 관계를 식으로 나타내어 보세요.

식 ______________________

20 민혁이가 1 km를 걸었을 때 승주는 몇 m를 걸었나요?

(　　　　　　)

[21~23] 한 상자에 과자가 12봉지씩 들어 있습니다. 상자의 수와 과자 봉지의 수 사이의 대응 관계를 알아보려고 합니다. 물음에 답하세요.

21 상자의 수와 과자 봉지의 수 사이의 대응 관계를 표를 이용하여 알아보세요.

상자의 수(상자)	1	2	3	4	5	…
과자 봉지의 수(봉지)						…

22 중요 상자의 수를 □, 과자 봉지의 수를 ◎라고 할 때, 두 양 사이의 대응 관계를 식으로 나타내어 보세요.

식 ______________________

23 과자를 96봉지 사려면 몇 상자를 사야 하나요?

( )

[24~25] 지우개 한 개의 가격은 800원입니다. 지우개의 수와 가격 사이의 대응 관계를 알아보려고 합니다. 물음에 답하세요.

24 지우개의 수와 가격 사이의 대응 관계를 표를 이용하여 알아보세요.

지우개의 수(개)	1	2	3	4	5	…
가격(원)						…

25 지우개의 수를 □, 가격을 △라고 할 때, 두 양 사이의 대응 관계를 식으로 나타내어 보세요.

식 ______________________

[26~27] 학생들이 한 모둠에 5명씩 앉아 있습니다. 모둠의 수와 학생의 수 사이의 대응 관계를 알아보려고 합니다. 물음에 답하세요.

26 모둠의 수를 ○, 학생의 수를 △라고 할 때, 두 양 사이의 대응 관계를 기호를 사용하여 식으로 나타내려고 합니다. □ 안에 알맞게 써넣으세요.

모둠의 수와 학생의 수 사이의 대응 관계를 식으로 나타내면 □ 입니다.

27 13개의 모둠에 앉아 있는 학생은 모두 몇 명인가요?

( )

교과서 넘어 보기

28 대응 관계를 나타낸 식을 보고, 식에 알맞은 상황을 만든 사람의 이름을 써 보세요.

$\heartsuit = \square - 6$

진하: 동생의 나이(♡)는 내 나이(□)보다 6살 어립니다.
동욱: 형이 가진 연필의 수(□)는 내가 가진 연필의 수(♡)의 6배입니다.

(　　　　　　　　)

29 달걀 한 판에 달걀이 30개씩 들어 있습니다. 달걀판의 수를 □, 달걀의 수를 ○라고 할 때, 두 양 사이의 대응 관계를 식으로 나타내어 보세요.

식 ______________________

어려운 문제

30 그림과 같은 모양의 도넛이 있습니다. 도넛을 아래와 같은 규칙으로 자르려고 합니다. 도넛을 자른 횟수를 □, 도넛 조각의 수를 △라고 할 때, 두 양 사이의 대응 관계를 식으로 나타내어 보세요.

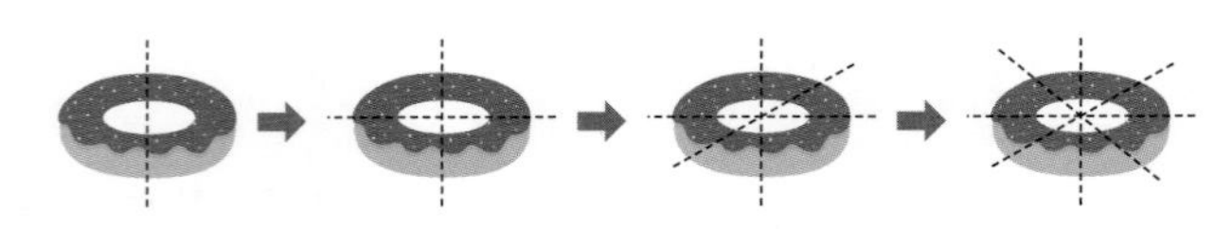

식 ______________________

교과서, 익힘책 속 응용 문제를 유형별로 풀어 보세요.

교과서 속 응용 문제

정답과 풀이 19쪽

식에 알맞은 상황 만들기

예

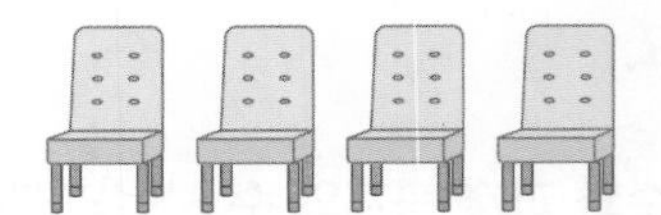

의자의 수를 □, 의자 다리의 수를 △라고 할 때
- $\square \times 4 = \triangle$
  ➡ 의자 다리의 수는 의자의 수의 4배입니다.
- $\triangle \div 4 = \square$
  ➡ 의자의 수는 의자 다리의 수를 4로 나눈 수입니다.

31 대응 관계를 나타낸 식을 보고, 식에 알맞은 상황을 만들어 보세요.

대응 관계를 나타낸 식	상황
$\triangle \times 2 = \square$	

32 대응 관계를 나타낸 식을 보고, 식에 알맞은 상황을 만들어 보세요.

$\bigcirc - 1 = \triangle$

____

____

정답과 풀이 20쪽

대표 응용 다음에 이어질 모양 알아보기

1 도형의 배열을 보고 다음에 이어질 알맞은 모양을 그려 보세요.

문제 스케치

해결하기

사각형의 수와 삼각형의 수 사이의 대응 관계를 찾아봅니다.

삼각형이 1개씩 늘어날 때마다 사각형은 □개씩 늘어납니다.

따라서 다음에 이어질 알맞은 모양은 사각형이 □개,

삼각형이 □개인 모양으로 □ 입니다.

1-1 도형의 배열을 보고 다음에 이어질 알맞은 모양을 그려 보세요.

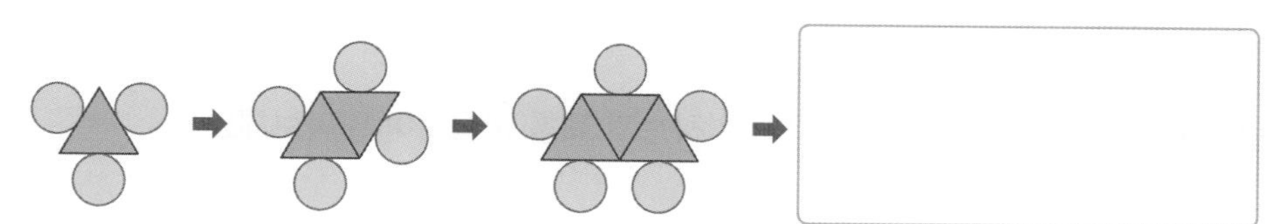

1-2 도형의 배열에서 사각형이 6개일 때 원의 수와 삼각형의 수를 각각 구해 보세요.

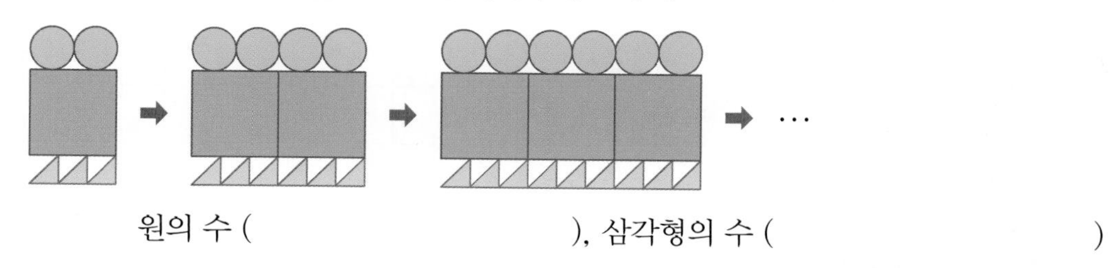

원의 수 ( ), 삼각형의 수 ( )

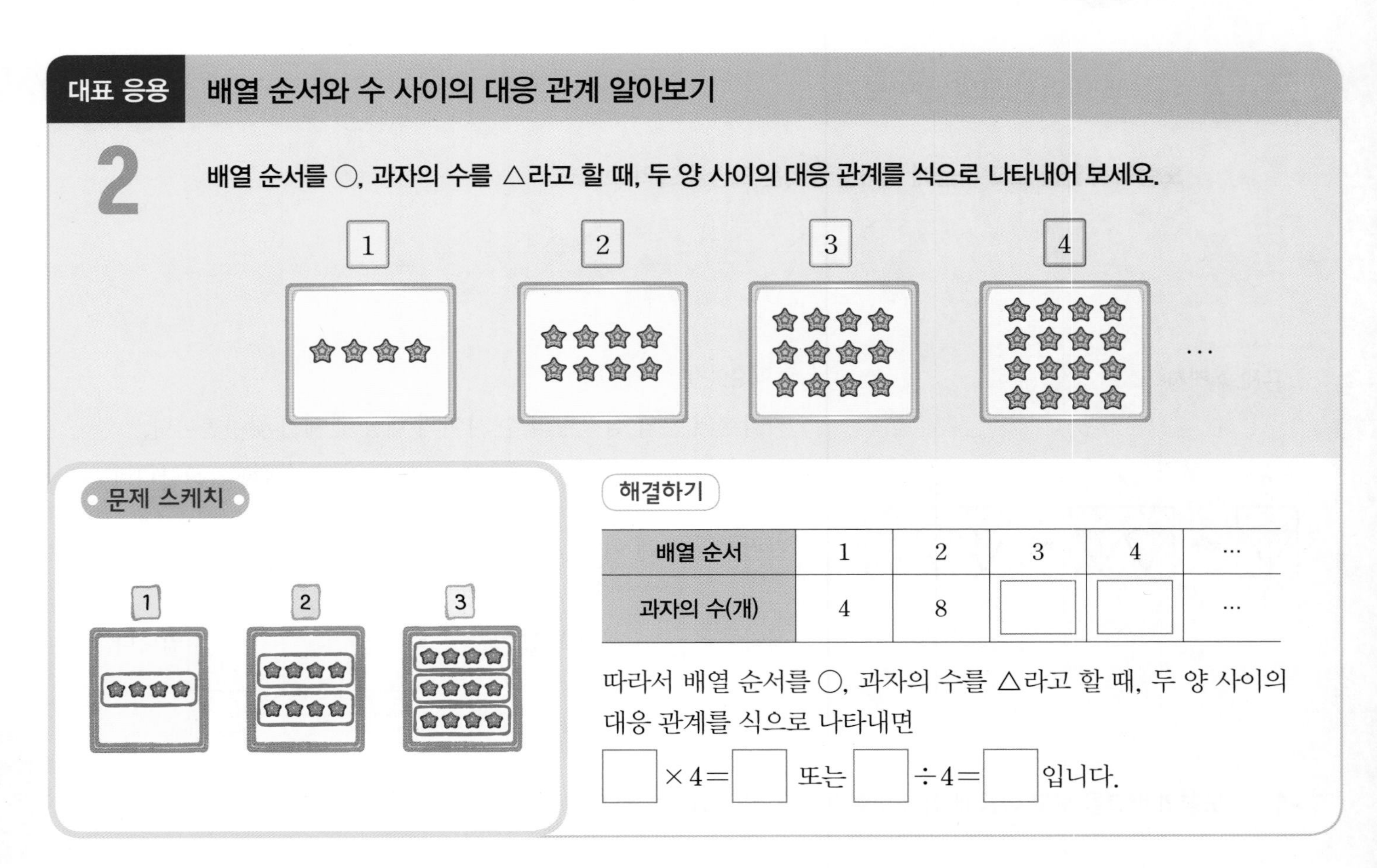

대표 응용 배열 순서와 수 사이의 대응 관계 알아보기

2 배열 순서를 ○, 과자의 수를 △라고 할 때, 두 양 사이의 대응 관계를 식으로 나타내어 보세요.

해결하기

배열 순서	1	2	3	4	…
과자의 수(개)	4	8			…

따라서 배열 순서를 ○, 과자의 수를 △라고 할 때, 두 양 사이의 대응 관계를 식으로 나타내면

□ × 4 = □ 또는 □ ÷ 4 = □ 입니다.

2-1 배열 순서에 따라 바둑돌의 수가 어떻게 변하는지 표를 이용하여 알아보세요.

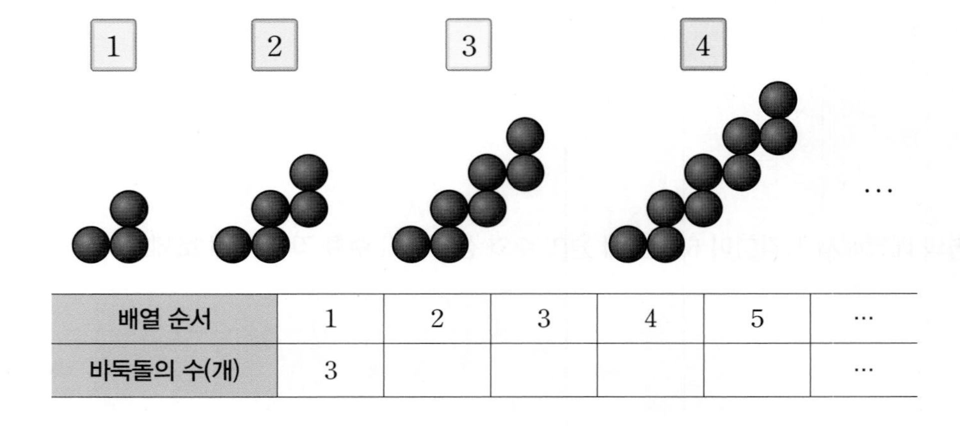

배열 순서	1	2	3	4	5	…
바둑돌의 수(개)	3					…

2-2 2-1에서 배열 순서가 8째일 때 바둑돌은 몇 개인지 구해 보세요.

(　　　　　　　　)

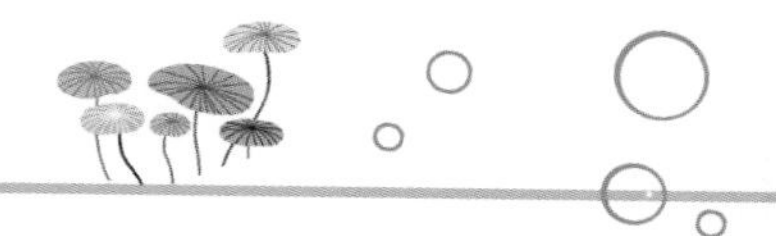

대표 응용 자르거나 붙이는 관계 알아보기

3 색 테이프를 자른 횟수를 ○, 도막의 수를 △라고 할 때, 두 양 사이의 대응 관계를 식으로 나타내어 보세요.

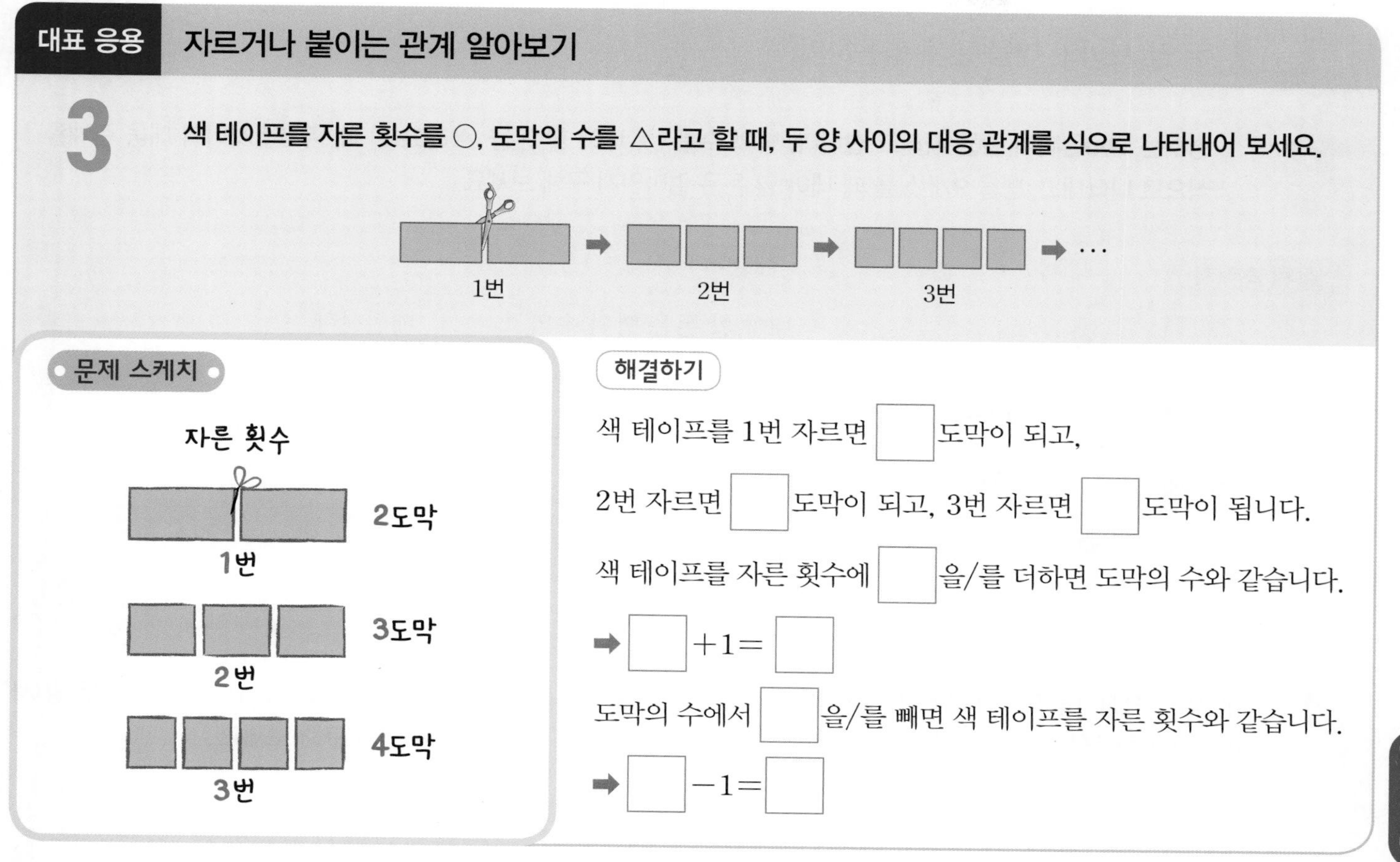

해결하기

색 테이프를 1번 자르면 □ 도막이 되고,

2번 자르면 □ 도막이 되고, 3번 자르면 □ 도막이 됩니다.

색 테이프를 자른 횟수에 □ 을/를 더하면 도막의 수와 같습니다.

➡ □ $+1=$ □

도막의 수에서 □ 을/를 빼면 색 테이프를 자른 횟수와 같습니다.

➡ □ $-1=$ □

3-1 도화지에 누름 못을 꽂아서 벽에 붙이고 있습니다. 도화지의 수와 누름 못의 수 사이의 대응 관계를 표를 이용하여 알아보세요.

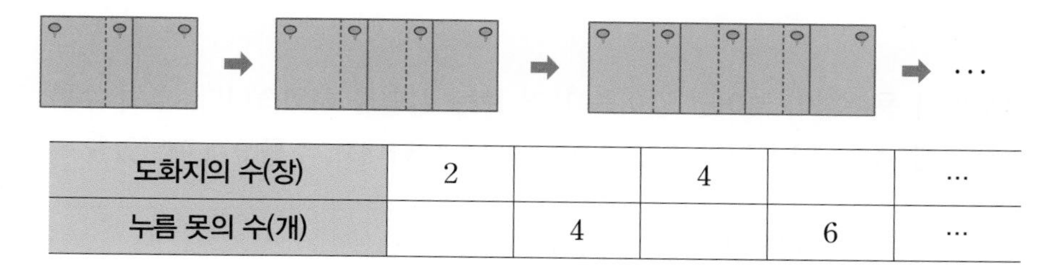

도화지의 수(장)	2		4		…
누름 못의 수(개)		4		6	…

3-2 3-1에서 도화지의 수를 □, 누름 못의 수를 ◎라고 할 때, 두 양 사이의 대응 관계를 식으로 나타내어 보세요.

식 ____________________

대표 응용 두 양 사이의 대응 관계 활용하기

4 성수는 700원짜리 빵을 사려고 합니다. 빵의 수를 ○, 내야 할 돈을 △라고 할 때, 두 양 사이의 대응 관계를 식으로 나타내고, 빵을 9개 샀을 때 내야 할 돈은 얼마인지 구해 보세요.

문제 스케치

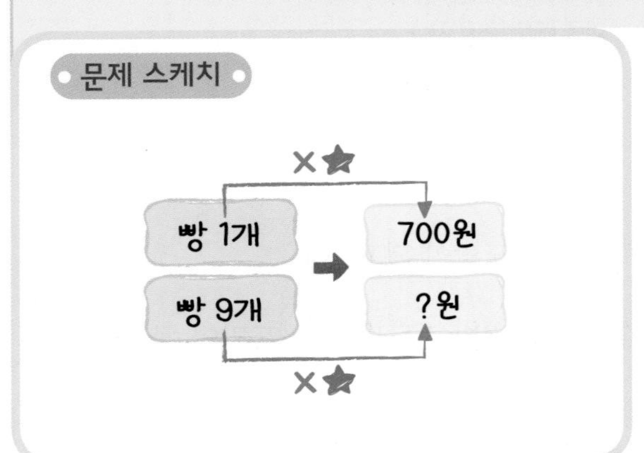

해결하기

내야 할 돈은 빵의 수의 ☐배입니다.

두 양 사이의 대응 관계를 식으로 나타내면

○×☐=△ 또는 △÷☐=○입니다.

따라서 빵을 9개 샀을 때 내야 할 돈은

9×☐=☐(원)입니다.

4-1 지연이는 자전거를 타고 1분에 250 m씩 갑니다. 자전거를 탄 시간을 ○(분), 간 거리를 □(m)라고 할 때, 두 양 사이의 대응 관계를 식으로 나타내고, 지연이가 5분 동안 간 거리는 몇 km 몇 m인지 구해 보세요.

식 ______________________

( )

4-2 추의 수에 따라 용수철이 늘어난 길이를 재어 보는 실험을 하였습니다. 추의 수를 ◎, 용수철이 늘어난 길이를 △(cm)라고 할 때, 두 양 사이의 대응 관계를 식으로 나타내고, 추를 9개 매달았을 때 늘어난 길이를 구해 보세요.

추의 수(개)	1	2	3	4	5	…
용수철이 늘어난 길이(cm)	3	6	9	12	15	…

식 ______________________

( )

대표 응용 말하고 답한 수를 보고 대응 관계를 식으로 나타내기

5 윤아가 말하고 종호가 답한 수를 적은 것입니다. 윤아가 말한 수를 △, 종호가 답한 수를 ◇라고 할 때, 종호가 만든 대응 관계를 식으로 나타내어 보세요.

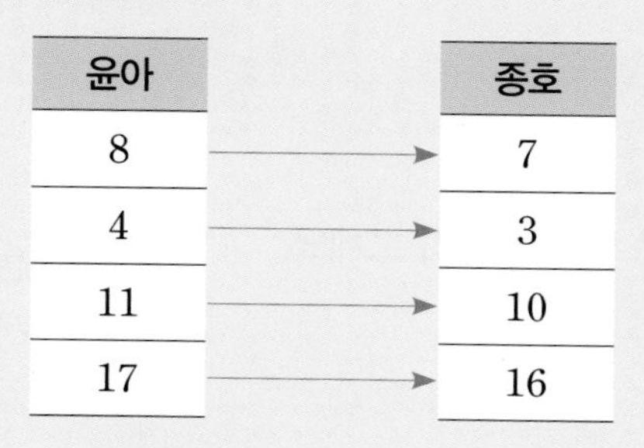

윤아	종호
8	7
4	3
11	10
17	16

문제 스케치

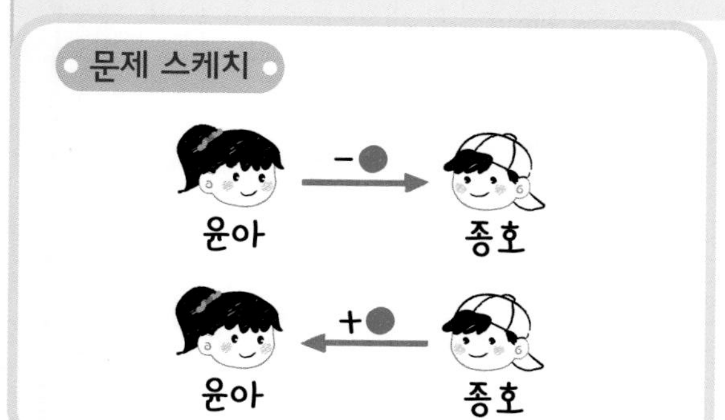

해결하기

윤아가 말한 수에서 □을/를 빼면 종호가 답한 수와 같습니다.

종호가 답한 수에 □을/를 더하면 윤아가 말한 수와 같습니다.

따라서 종호가 만든 대응 관계를 식으로 나타내면

△−□=◇ 또는 ◇+□=△입니다.

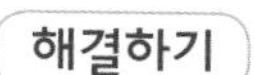

3 단원

5-1 현서가 수를 말하면 명준이가 답합니다. 현서가 말한 수를 □, 명준이가 답한 수를 ○라고 할 때, 명준이가 만든 대응 관계를 식으로 나타내어 보세요.

현서가 말한 수	5	16	2	24	30	…
명준이가 답한 수	13	24	10	32	38	…

식 ______________________

5-2 윤주와 민준이가 수 카드와 연산 카드를 각각 한 장씩 골라 대응 관계를 만들고 알아맞히기를 하고 있습니다. 윤주가 말한 수를 △, 민준이가 답한 수를 ☆이라고 할 때, 민준이가 만든 대응 관계를 식으로 나타내어 보세요.

윤주가 말한 수	15	9	6	18	24	…
민준이가 답한 수	5	3	2	6	8	…

식 ______________________

[01~04] 도형의 배열을 보고 물음에 답하세요.

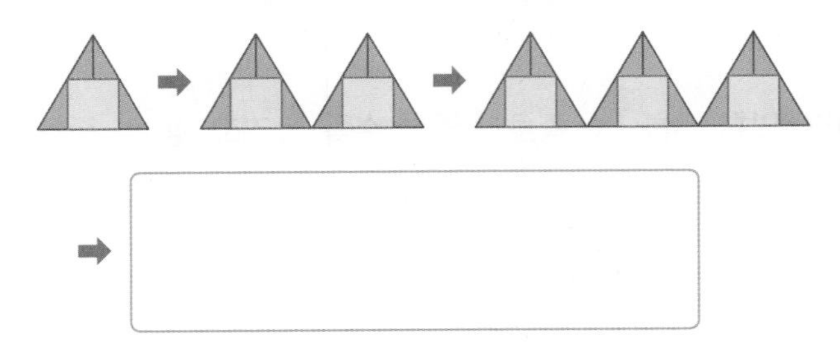

01 위 빈칸에 다음에 이어질 알맞은 모양을 그려 보세요.

02 사각형의 수와 삼각형의 수 사이에 어떤 대응 관계가 있는지 □ 안에 알맞은 수를 써넣으세요.

삼각형의 수는 사각형의 수의 □ 배입니다.

03 사각형이 5개일 때 삼각형은 몇 개가 필요한가요?

(　　　　　　　　)

04 삼각형이 48개일 때 사각형은 몇 개가 필요한가요?

(　　　　　　　　)

[05~07] 흰색 사각형과 빨간색 사각형으로 규칙적인 배열을 만들고 있습니다. 물음에 답하세요.

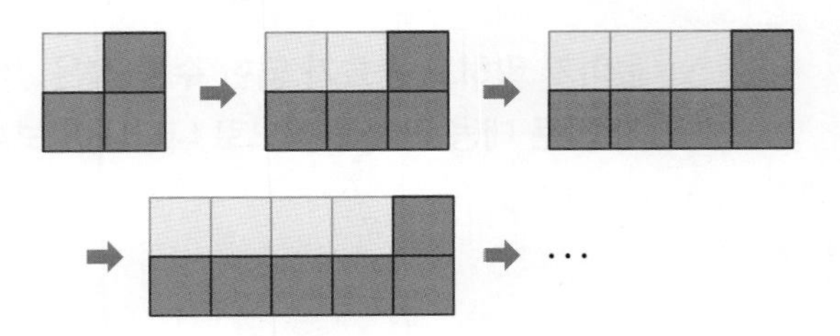

05 흰색 사각형의 수와 빨간색 사각형의 수가 어떻게 변하는지 표를 이용하여 알아보세요.

흰색 사각형의 수(개)	1	2	3	4	…
빨간색 사각형의 수(개)	3				…

06 흰색 사각형이 20개일 때 빨간색 사각형은 몇 개가 필요한가요?

(　　　　　　　　)

07 중요 흰색 사각형의 수와 빨간색 사각형의 수 사이의 대응 관계를 써 보세요.

[08~10] 서우의 나이와 연도 사이의 대응 관계를 알아보려고 합니다. 물음에 답하세요.

서우의 나이(살)	연도(년)
9	2017
11	
16	2024
	2035
⋮	⋮

08 위 표를 완성해 보세요.

09 알맞은 카드를 골라 표를 이용하여 알 수 있는 두 양 사이의 대응 관계를 식으로 나타내어 보세요.

서우의 나이 / 연도

+ / − / × / ÷ / =

2005 / 2006 / 2007 / 2008 / 2009

10 중요 서우의 나이와 연도 사이의 대응 관계를 기호를 사용하여 식으로 나타내려고 합니다. □ 안에 알맞게 써넣으세요.

서우의 나이를 ○, 연도를 △라고 할 때, 두 양 사이의 대응 관계를 식으로 나타내면 □ 입니다.

[11~13] 육각형의 수와 변의 수 사이의 대응 관계를 알아보려고 합니다. 물음에 답하세요.

11 육각형의 수와 변의 수 사이에 어떤 대응 관계가 있는지 표를 이용하여 알아보세요.

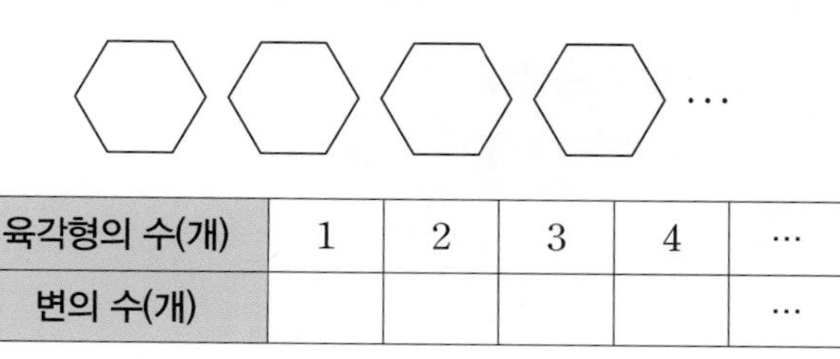

육각형의 수(개)	1	2	3	4	…
변의 수(개)					…

12 육각형의 수를 ○, 변의 수를 △라고 할 때, 두 양 사이의 대응 관계를 식으로 나타내어 보세요.

식 ______________________

13 육각형이 13개일 때 변의 수는 몇 개인가요?

(　　　　　　　　)

14 자석을 이용하여 미술 작품을 칠판에 겹치게 이어 붙이고 있습니다. 미술 작품의 수를 △, 사용한 자석의 수를 ○라고 할 때, 두 양 사이의 대응 관계를 찾아 식으로 나타내어 보세요.

미술 작품의 수(개)	1	2	3	4	…
자석의 수(개)	2	3	4	5	…

식 ______________________

3 단원

[15~18] 어느 날 미국 돈 1달러는 우리나라 돈으로 1300원입니다. 물음에 답하세요.

15 미국 돈과 우리나라 돈 사이의 대응 관계를 표를 이용하여 알아보세요.

미국 돈(달러)	1	2	3	…
우리나라 돈(원)	1300			…

16 4달러는 우리나라 돈으로 얼마인가요?

( )

17 미국 돈을 ○, 우리나라 돈을 △라고 할 때, 두 양 사이의 대응 관계를 식으로 나타내어 보세요.

식 ____________________

미국 돈 1달러가 우리나라 돈 1200원으로 떨어졌다면 미국 돈 8달러로 바꾸는 데 우리나라 돈이 얼마나 필요한가요?

( )

서술형 문제

19 한 봉지에 900원 하는 과자가 있습니다. 과자 봉지의 수를 △, 과자의 가격을 ☆이라고 할 때, 두 양 사이의 대응 관계를 식으로 나타내고, 5400원으로 과자를 몇 봉지 살 수 있는지 구하려고 합니다. 풀이 과정을 쓰고 식과 답을 구해 보세요.

풀이

식 ____________________

답 ____________________

20 한 사람에게 색종이를 4장씩 나누어 주고 있습니다. 사람의 수와 색종이의 수 사이의 대응 관계를 잘못 말한 친구를 찾아 이름을 쓰고 옳게 고쳐 보세요.

> 대훈: 대응 관계를 알면 사람의 수가 많아도 색종이의 수를 쉽게 알 수 있어.
> 윤서: 사람의 수를 ☆, 색종이의 수를 □라고 할 때, 두 양 사이의 대응 관계를 식으로 나타내면 □=☆×4야.
> 정원: 대응 관계를 ▽÷4=○라고 나타낼 수도 있어. ○는 색종이의 수를, ▽는 사람의 수를 나타내지.

이름	옳게 고쳐 보기

정답과 풀이 22쪽

[01~04] 도형의 배열을 보고 물음에 답하세요.

➡

01 위 빈칸에 다음에 이어질 알맞은 모양을 그려 보세요.

02 육각형이 8개일 때 삼각형은 몇 개가 필요한가요?

(　　　　　　　　)

03 삼각형이 34개일 때 육각형은 몇 개가 필요한가요?

중요

(　　　　　　　　)

04 육각형의 수와 삼각형의 수 사이의 대응 관계를 써 보세요.

[05~07] 사각형과 삼각형으로 규칙적인 배열을 만들고 있습니다. 물음에 답하세요.

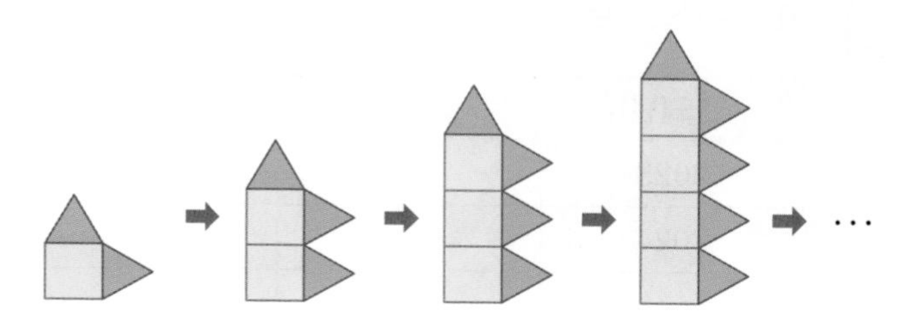

05 사각형의 수와 삼각형의 수가 어떻게 변하는지 표를 이용하여 알아보세요.

사각형의 수(개)	1	2	3	4	…
삼각형의 수(개)					…

06 사각형의 수와 삼각형의 수 사이의 대응 관계를 알아보려고 합니다. □ 안에 알맞은 수를 써넣으세요.

사각형의 수에 □ 을/를 더하면 삼각형의 수와 같습니다.

07 삼각형이 10개일 때 사각형은 몇 개가 필요한가요?

(　　　　　　　　)

3 단원

[08~11] 2023년에 윤지는 12살, 오빠는 16살입니다. 물음에 답하세요.

08 표를 완성해 보세요.

연도(년)	윤지의 나이(살)	오빠의 나이(살)
2023	12	16
2024		
	14	
	15	
⋮	⋮	⋮

09 윤지의 나이를 ○, 오빠의 나이를 △라고 할 때, 두 양 사이의 대응 관계를 식으로 나타내어 보세요.

식 ______________________

10 윤지의 나이를 ○, 연도를 ☆이라고 할 때, 두 양 사이의 대응 관계를 식으로 나타내어 보세요.

식 ______________________

11 2030년에 오빠의 나이는 몇 살인가요?

( )

12 중요 연필 한 타는 12자루입니다. 연필의 타 수를 □, 연필의 수를 △라고 할 때, 대응 관계에 대해 잘못 설명한 것을 찾아 기호를 써 보세요.

㉠ 두 양 사이의 대응 관계를 식으로 나타내면 □×12=△입니다.
㉡ 연필의 타 수와 연필의 수는 항상 일정하게 변합니다.
㉢ 두 양 사이의 대응 관계를 □÷12=△로 나타낼 수 있습니다.

( )

[13~14] 성냥개비로 다음과 같이 삼각형을 만들고 있습니다. 물음에 답하세요.

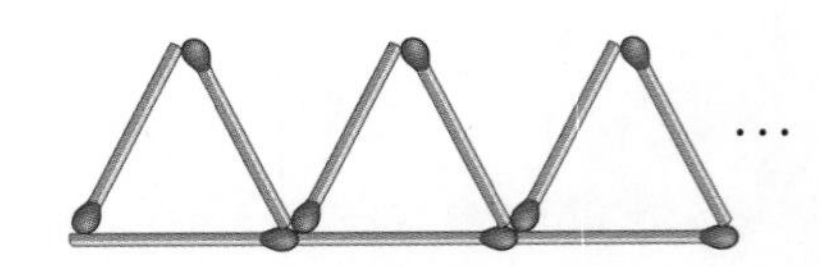

13 만든 삼각형의 수를 △, 사용한 성냥개비의 수를 ☆이라고 할 때, 두 양 사이의 대응 관계를 식으로 나타내어 보세요.

식 ______________________

14 사용한 성냥개비가 48개일 때 만든 삼각형은 몇 개인가요?

( )

15 두 양 사이의 대응 관계를 나타낸 표를 보고 □ 안에 알맞은 수를 써넣으세요.

♡	13	15	17	19	21
▽	4	6	8	10	12

♡ − □ = ▽

16 다음과 같은 방법으로 색 테이프 한 개를 자르려고 합니다. 색 테이프를 9번 잘랐을 때 색 테이프는 몇 도막이 되는지 구해 보세요.

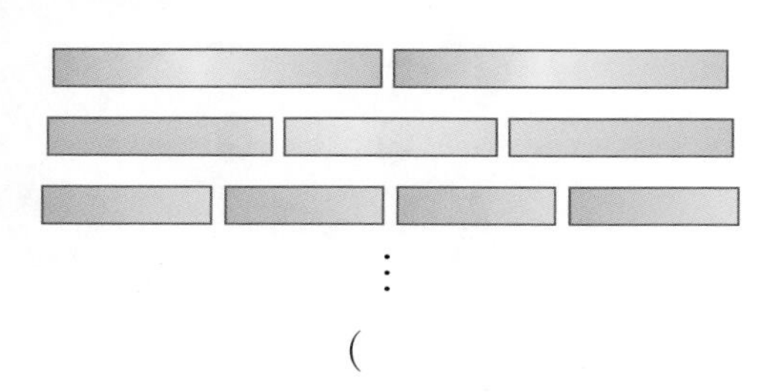

(　　　　　　　　)

17 시후네 샤워기에서는 1분에 12 L의 물이 나옵니다. 15분 동안 샤워기에서 나온 물은 몇 L인지 구해 보세요.

(　　　　　　　　)

18 어려운 문제

은서와 성빈이가 수 카드와 연산 카드를 각각 한 장씩 골라 대응 관계를 만들고 알아맞히기를 하고 있습니다. 은서가 말한 수를 △, 성빈이가 답한 수를 ☆이라고 할 때, 성빈이가 만든 대응 관계를 식으로 나타내어 보세요.

은서가 말한 수	12	24	54	36	…
성빈이가 답한 수	2	4	9	6	…

식 ______________________

서술형 문제

[19~20] 동훈이는 이쑤시개를 사용하여 그림과 같이 사각형 모양의 탑을 쌓으려고 합니다. 물음에 답하세요.

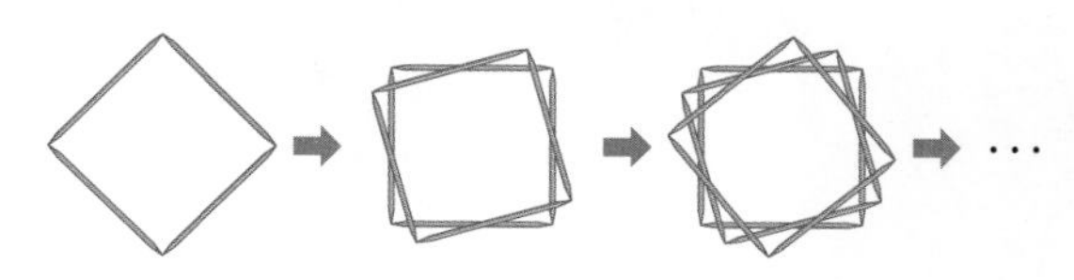

19 동훈이가 만든 탑의 층수를 □, 사용한 이쑤시개의 수를 △라고 할 때, 두 양 사이의 대응 관계를 식으로 나타내려고 합니다. 풀이 과정을 쓰고 식을 구해 보세요.

풀이

____

____

____

____

식 ______________________

20 이쑤시개 64개를 사용하여 몇 층까지 쌓을 수 있는지 풀이 과정을 쓰고 답을 구해 보세요.

풀이

____

____

____

____

답 ______________________

우주와 미소 두 사람이 각각 모양과 크기가 같은 피자를 먹고 있어요. 각자 피자 한 판의 몇 분의 몇을 먹었는지 이야기하고 있네요. 누가 더 많은 양의 피자를 먹었는지 알아볼까요?

이번 4단원에서는 크기가 같은 분수를 만드는 방법을 익히고 분수의 약분과 통분을 배울 거예요.

4 약분과 통분

단원 학습 목표

1. 크기가 같은 분수를 알 수 있습니다.
2. 분수의 성질을 이용하여 크기가 같은 분수를 만들 수 있습니다.
3. 분수를 약분할 수 있습니다.
4. 분수를 통분할 수 있습니다.
5. 분모가 다른 분수의 크기를 비교할 수 있습니다.
6. 분수를 소수로, 소수를 분수로 나타내어 크기를 비교할 수 있습니다.

단원 진도 체크

학습일		학습 내용	진도 체크
1일째	월 일	개념 1 크기가 같은 분수를 알아볼까요 개념 2 크기가 같은 분수를 만들어 볼까요	✓
2일째	월 일	교과서 넘어 보기 + 교과서 속 응용 문제	✓
3일째	월 일	개념 3 약분을 알아볼까요 개념 4 통분을 알아볼까요 개념 5 분수의 크기를 비교해 볼까요 개념 6 분수와 소수의 크기를 비교해 볼까요	✓
4일째	월 일	교과서 넘어 보기 + 교과서 속 응용 문제	✓
5일째	월 일	응용 1 크기가 같은 분수 만들기 응용 2 분자가 같은 분수로 만들어 크기 비교하기 응용 3 $\frac{1}{2}$을 이용하여 분수의 크기 비교하기	✓
6일째	월 일	응용 4 □ 안에 들어갈 수 있는 수 구하기 응용 5 처음 분수 구하기	✓
7일째	월 일	단원 평가 LEVEL ❶	✓
8일째	월 일	단원 평가 LEVEL ❷	✓

이 단원을 진도 체크에 맞춰 8일 동안 학습해 보세요.
해당 부분을 공부하고 나서 ✓표를 하세요.

교과서 개념 다지기

개념 1 크기가 같은 분수를 알아볼까요

예 $\frac{1}{4}$, $\frac{2}{8}$, $\frac{3}{12}$의 크기 비교하기

(1) 그림으로 알아보기

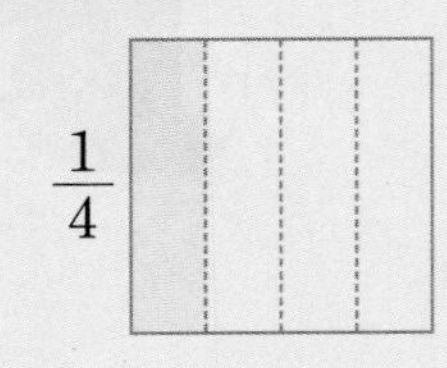
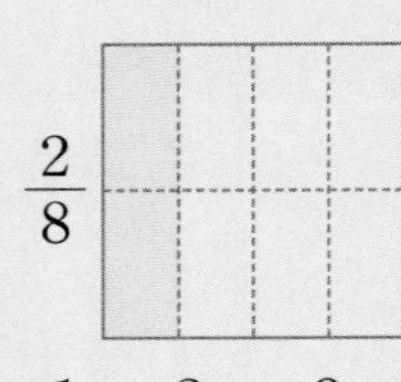
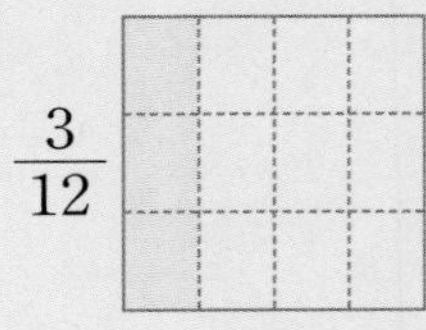

$\frac{1}{4}=\frac{2}{8}=\frac{3}{12}$

(2) 수직선으로 알아보기

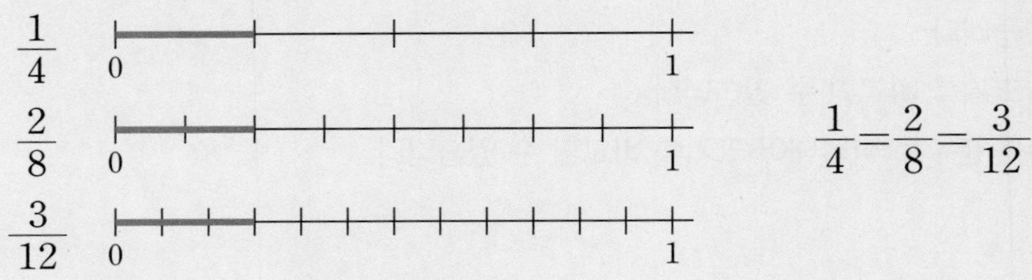

$\frac{1}{4}=\frac{2}{8}=\frac{3}{12}$

➡ $\frac{1}{4}$, $\frac{2}{8}$, $\frac{3}{12}$은 모두 크기가 같은 분수입니다.

▶ 크기가 같은 분수
크기가 같은 분수는 그림으로 나타내었을 때 전체를 나눈 칸의 수는 다르지만 색칠된 부분의 크기는 같습니다.

▶ 크기가 같은 분수의 개수
어떤 분수와 크기가 같은 분수는 수없이 많습니다.

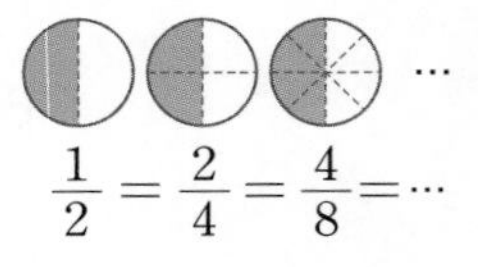

$\frac{1}{2}=\frac{2}{4}=\frac{4}{8}=\cdots$

01 그림을 보고 □ 안에 알맞은 수를 써넣으세요.

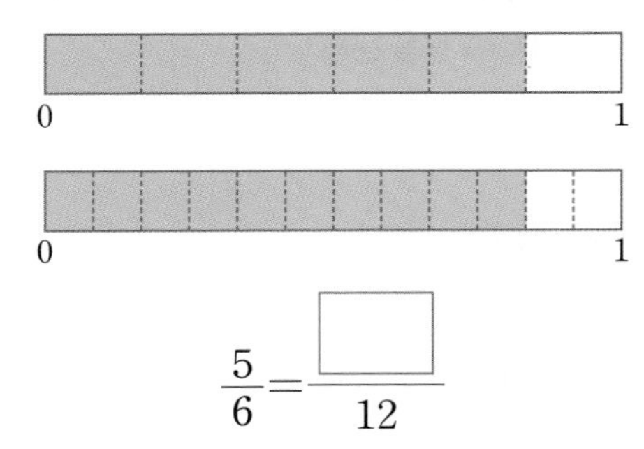

$\frac{5}{6}=\frac{\square}{12}$

02 그림을 보고 □ 안에 알맞은 분수를 써넣으세요.

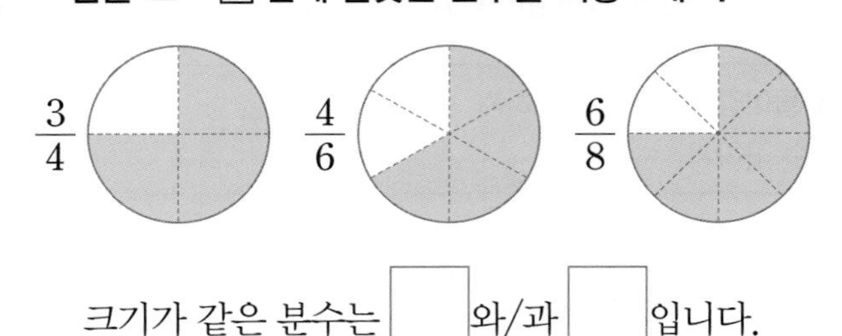

크기가 같은 분수는 □ 와/과 □ 입니다.

03 분수만큼 색칠하고 크기가 같은 두 분수에 ○표 하세요.

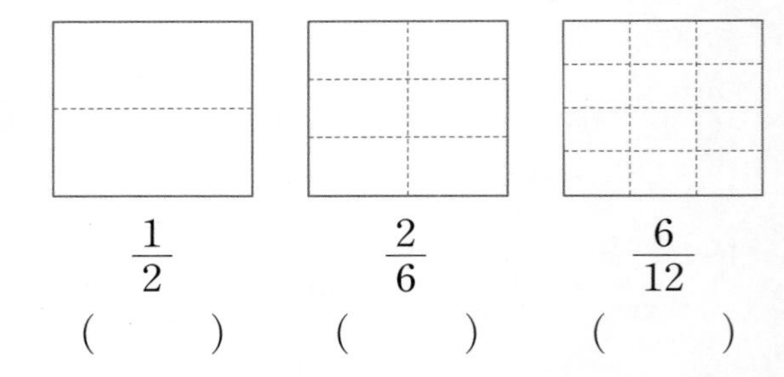

( ) ( ) ( )

04 분수만큼 수직선에 표시하고 알맞은 말에 ○표 하세요.

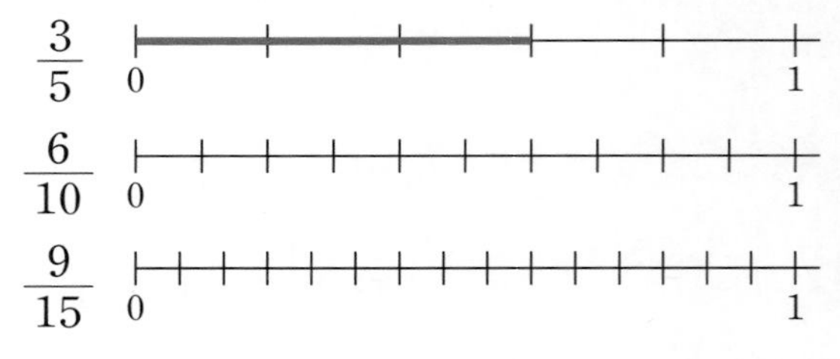

$\frac{3}{5}$, $\frac{6}{10}$, $\frac{9}{15}$는 크기가 (같은 , 다른) 분수입니다.

개념 2 크기가 같은 분수를 만들어 볼까요

(1) 곱셈을 이용하여 크기가 같은 분수 만들기

분모와 분자에 각각 0이 아닌 같은 수를 곱하면 크기가 같은 분수가 됩니다.

예 $\frac{1}{3}=\frac{2}{6}=\frac{3}{9}=\frac{4}{12}$ (분모와 분자에 각각 ×2, ×3, ×4)

(2) 나눗셈을 이용하여 크기가 같은 분수 만들기

분모와 분자를 각각 0이 아닌 같은 수로 나누면 크기가 같은 분수가 됩니다.

예 $\frac{8}{16}=\frac{4}{8}=\frac{2}{4}=\frac{1}{2}$ (분모와 분자를 각각 ÷2, ÷4, ÷8)

▶ 나눗셈을 이용하여 크기가 같은 분수 만드는 방법
분모와 분자의 공약수로 나누어 크기가 같은 분수를 만듭니다.
예 $\frac{8}{16}$에서 16과 8의 공약수는 1, 2, 4, 8이므로 1을 제외한 2, 4, 8로 분모와 분자를 나눕니다.

05 $\frac{2}{3}$와 크기가 같게 색칠하고 크기가 같은 분수를 만들어 보세요.

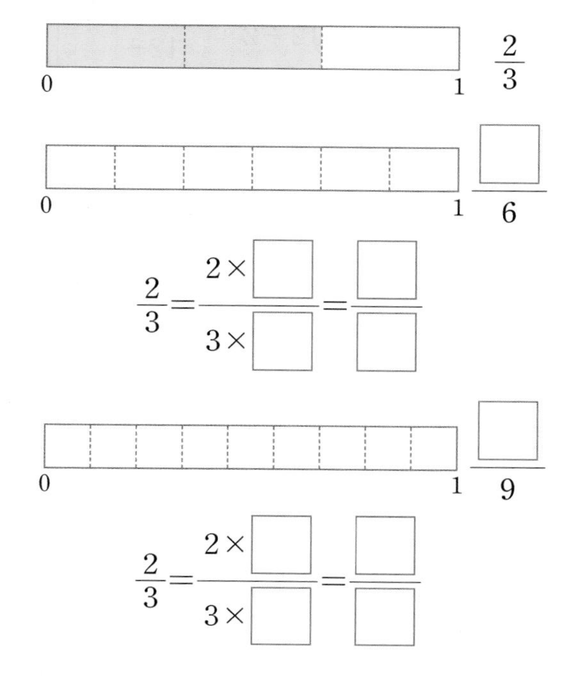

06 $\frac{4}{12}$와 크기가 같게 수직선에 표시하고 크기가 같은 분수를 만들어 보세요.

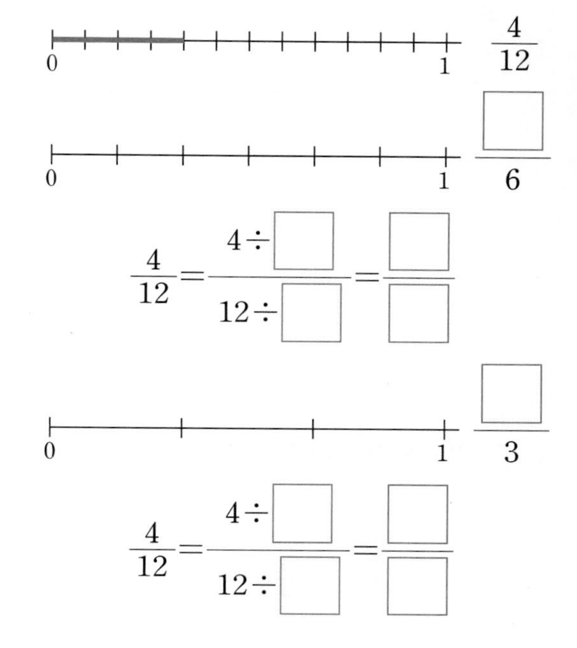

01 크기가 같은 분수가 되도록 색칠하고 □ 안에 알맞은 분수를 써넣으세요.

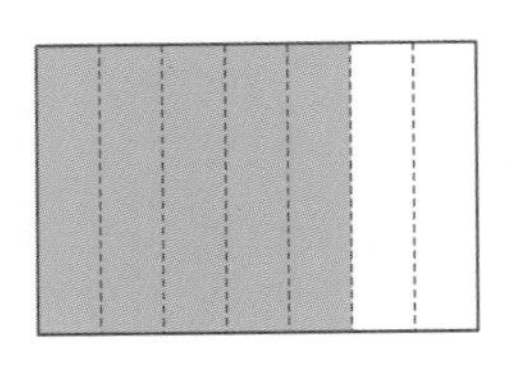
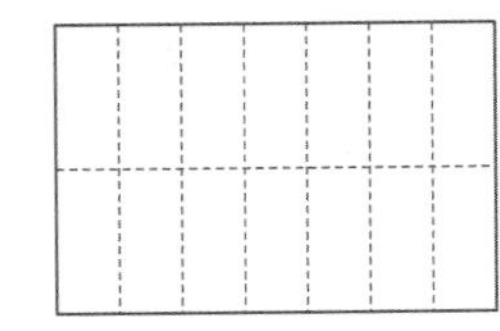

$\frac{5}{7}$ = □

02 분수만큼 수직선에 표시하고 □ 안에 알맞은 분수를 써넣으세요.

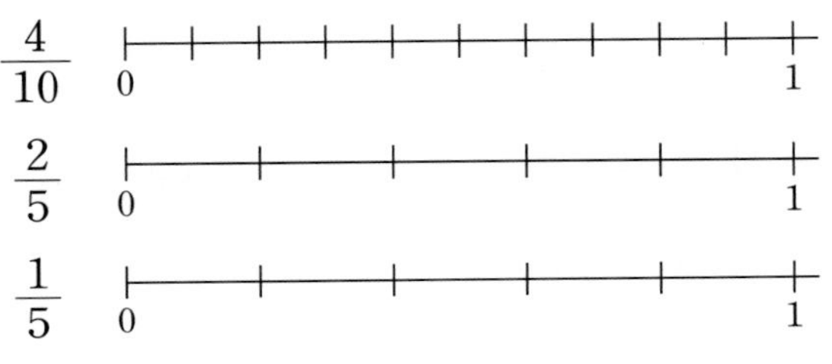

크기가 같은 분수는 □와/과 □입니다.

03 □ 안에 알맞은 수를 써넣으세요.

$$\frac{2}{9}=\frac{2\times\square}{9\times2}=\frac{2\times3}{9\times\square}$$

$$\Rightarrow \frac{2}{9}=\frac{\square}{18}=\frac{6}{\square}$$

04 중요 다연이와 새롬이는 같은 크기의 전을 각각 4명에게 똑같이 나누어 주려고 합니다. 다연이는 전을 똑같이 4조각으로 잘라 1조각씩 나누어 주었습니다. 새롬이는 전을 똑같이 12조각으로 잘랐다면 한 사람에게 몇 조각씩 주어야 하는지 구해 보세요.

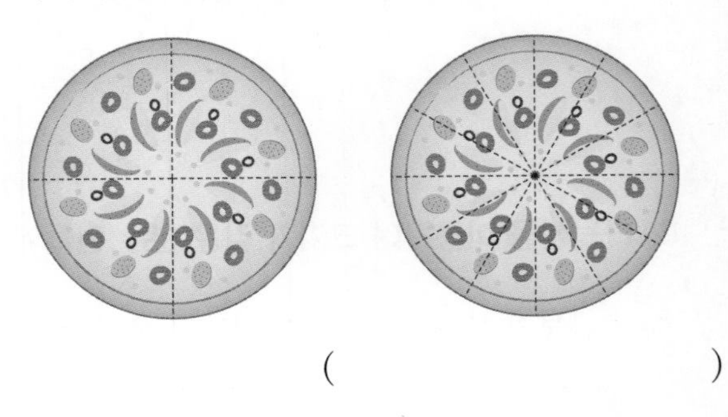

(　　　　　　　　)

05 □ 안에 알맞은 수를 써넣으세요.

$$\frac{8}{12}=\frac{8\div\square}{12\div2}=\frac{8\div4}{12\div\square}$$

$$\Rightarrow \frac{8}{12}=\frac{\square}{6}=\frac{2}{\square}$$

06 크기가 같은 분수끼리 이어 보세요.

$\frac{3}{8}$ •	• $\frac{7}{9}$
$\frac{21}{27}$ •	• $\frac{15}{40}$

07 $\frac{5}{6}$와 크기가 같은 분수를 모두 찾아 ○표 하세요.

$\frac{6}{12}$ $\frac{15}{18}$ $\frac{18}{24}$ $\frac{25}{30}$ $\frac{25}{36}$

08 중요 $\frac{18}{36}$의 분모와 분자를 0이 아닌 같은 수로 나누어 만들 수 있는 크기가 같은 분수를 모두 써 보세요.

( )

09 어려운 문제 $\frac{3}{4}$과 크기가 같은 분수 중에서 분모와 분자의 합이 20보다 크고 30보다 작은 분수를 모두 써 보세요.

( )

10 대화를 읽고 크기가 같은 분수를 같은 방법으로 구한 두 사람을 찾아 이름을 써 보세요.

지호: $\frac{4}{9}$와 크기가 같은 분수에는 $\frac{8}{18}$이 있어.
홍민: $\frac{6}{20}$과 크기가 같은 분수에는 $\frac{3}{10}$이 있어.
은석: $\frac{6}{7}$과 크기가 같은 분수에는 $\frac{18}{21}$이 있어.

(,)

교과서, 익힘책 속 응용 문제를 유형별로 풀어 보세요.

교과서 속 응용 문제

정답과 풀이 23쪽

수 카드를 사용하여 크기가 같은 분수 만들기

예) 수 카드를 사용하여 $\frac{3}{7}$과 크기가 같은 분수를 만들어 보세요.

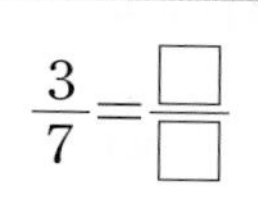

12 18 21 28 35

➡ $\frac{3}{7}=\frac{3\times4}{7\times4}=\frac{12}{28}$

11 수 카드를 사용하여 $\frac{2}{5}$와 크기가 같은 분수를 만들어 보세요.

$\frac{2}{5}=\frac{\square}{\square}$

10 12 16 20 30

( )

12 수 카드를 사용하여 $\frac{12}{27}$와 크기가 같은 분수를 만들어 보세요.

$\frac{12}{27}=\frac{\square}{\square}$

16 20 24 45 81

( )

4 단원

교과서 개념 다지기

개념 3 약분을 알아볼까요

(1) 약분 알아보기

분모와 분자를 공약수로 나누어 간단한 분수로 만드는 것을 약분한다고 합니다.

예 $\frac{16}{24}$을 약분하기 → 24와 16의 공약수는 1, 2, 4, 8이므로 2, 4, 8로 분모와 분자를 나눕니다.

$\frac{16}{24}=\frac{16\div2}{24\div2}=\frac{8}{12}$　　$\frac{16}{24}=\frac{16\div4}{24\div4}=\frac{4}{6}$　　$\frac{16}{24}=\frac{16\div8}{24\div8}=\frac{2}{3}$

$\frac{\cancel{16}^{8}}{\cancel{24}_{12}}=\frac{8}{12}$　　$\frac{\cancel{16}^{4}}{\cancel{24}_{6}}=\frac{4}{6}$　　$\frac{\cancel{16}^{2}}{\cancel{24}_{3}}=\frac{2}{3}$

(2) 기약분수 알아보기

분모와 분자의 공약수가 1뿐인 분수를 기약분수라고 합니다.

예 $\frac{24}{30}$를 기약분수로 나타내기 → 분모와 분자를 30과 24의 최대공약수로 나눕니다.

$$\frac{24}{30}=\frac{24\div6}{30\div6}=\frac{4}{5}$$

▶ 분모와 분자를 1로 나누면 자기 자신이 됩니다. 따라서 약분할 때 1로 나누는 경우는 생각하지 않습니다.

▶ 약분하기 전의 분수 구하기
분모와 분자를 ★로 나누어 약분하였을 때 $\frac{▲}{●}$가 되는 분수는 $\frac{▲\times★}{●\times★}$입니다.
예 분모와 분자를 5로 나누어 약분하였을 때 $\frac{3}{4}$이 되는 분수는 $\frac{3\times5}{4\times5}=\frac{15}{20}$입니다.

01 분모와 분자의 공약수를 이용하여 $\frac{12}{18}$를 약분해 보세요.

(1) 분모와 분자의 공약수를 모두 써 보세요.

18과 12의 공약수 ➡ □, □, □, □

(2) 분모와 분자를 공약수로 나누어 약분해 보세요.

$\frac{12}{18}=\frac{12\div2}{18\div\square}=\frac{\square}{\square}$

$\frac{12}{18}=\frac{12\div3}{18\div\square}=\frac{\square}{\square}$

$\frac{12}{18}=\frac{12\div6}{18\div\square}=\frac{\square}{\square}$

02 왼쪽의 분수를 약분한 분수입니다. □ 안에 알맞은 수를 써넣으세요.

$\frac{24}{32}$　　$\frac{\square}{16}$　　$\frac{6}{\square}$　　$\frac{\square}{4}$

03 기약분수를 모두 찾아 ○표 하세요.

$\frac{7}{10}$	$\frac{7}{14}$	$\frac{8}{15}$
(　　)	(　　)	(　　)

개념 4 통분을 알아볼까요

• 통분 알아보기

분수의 분모를 같게 하는 것을 통분한다고 하고, 통분한 분모를 공통분모라고 합니다.

예 $\frac{5}{6}$와 $\frac{1}{4}$을 통분하기

방법 1 두 분모의 곱을 공통분모로 하여 통분하기

$$\left(\frac{5}{6}, \frac{1}{4}\right) \Rightarrow \left(\frac{5\times4}{6\times4}, \frac{1\times6}{4\times6}\right) \Rightarrow \left(\frac{20}{24}, \frac{6}{24}\right)$$

방법 2 두 분모의 최소공배수를 공통분모로 하여 통분하기

$$\left(\frac{5}{6}, \frac{1}{4}\right) \Rightarrow \left(\frac{5\times2}{6\times2}, \frac{1\times3}{4\times3}\right) \Rightarrow \left(\frac{10}{12}, \frac{3}{12}\right)$$

▶ 통분하기 전의 기약분수 구하기
통분한 분수를 분모와 분자의 최대공약수로 약분하면 통분하기 전의 기약분수가 됩니다.

예 $\frac{15}{20}$와 $\frac{16}{20}$을 통분하기 전의 기약분수 구하기
$\frac{15}{20}$는 20과 15의 최대공약수가 5이므로 5로 나누어 약분하면 $\frac{3}{4}$이고, $\frac{16}{20}$은 20과 16의 최대공약수가 4이므로 4로 나누어 약분하면 $\frac{4}{5}$입니다.

04 □ 안에 알맞은 수를 써넣으세요.

$$\frac{1}{2}=\frac{2}{4}=\frac{3}{6}=\frac{4}{8}=\frac{5}{10}=\frac{6}{12}=\cdots$$

$$\frac{2}{3}=\frac{4}{6}=\frac{6}{9}=\frac{8}{12}=\frac{10}{15}=\frac{12}{18}=\cdots$$

두 분수를 분모가 같은 분수끼리 쓰면

$\left(\frac{3}{6}, \frac{\square}{6}\right)$, $\left(\frac{\square}{12}, \frac{\square}{12}\right)$, …입니다.

이때 공통분모는 6, □, …입니다.

05 그림을 보고 $\frac{1}{3}$과 $\frac{1}{4}$의 분모와 분자에 각각 같은 수를 곱해 분모를 같게 만들어 보세요.

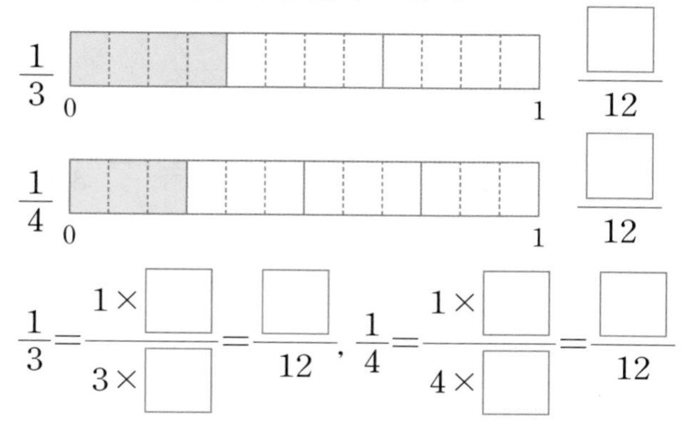

$\frac{1}{3}=\frac{1\times\square}{3\times\square}=\frac{\square}{12}$, $\frac{1}{4}=\frac{1\times\square}{4\times\square}=\frac{\square}{12}$

[06~07] $\frac{2}{9}$와 $\frac{5}{6}$를 두 가지 방법으로 통분해 보세요.

06 두 분모의 곱을 공통분모로 하여 통분해 보세요.

$$\left(\frac{2}{9}, \frac{5}{6}\right) \Rightarrow \left(\frac{2\times\square}{9\times\square}, \frac{5\times\square}{6\times\square}\right) \Rightarrow \left(\frac{\square}{54}, \frac{\square}{54}\right)$$

07 두 분모의 최소공배수를 공통분모로 하여 통분해 보세요.

$$\left(\frac{2}{9}, \frac{5}{6}\right) \Rightarrow \left(\frac{2\times\square}{9\times\square}, \frac{5\times\square}{6\times\square}\right) \Rightarrow \left(\frac{\square}{18}, \frac{\square}{18}\right)$$

개념 5 분수의 크기를 비교해 볼까요

(1) 두 분수의 크기 비교하기

분모를 통분한 다음 분자의 크기를 비교합니다.

예) $\frac{3}{4}$과 $\frac{5}{6}$의 크기 비교

$\left(\frac{3}{4}, \frac{5}{6}\right) \Rightarrow \left(\frac{3\times3}{4\times3}, \frac{5\times2}{6\times2}\right) \Rightarrow \left(\frac{9}{12}, \frac{10}{12}\right) \Rightarrow \frac{3}{4}<\frac{5}{6}$

(2) 세 분수의 크기 비교하기

두 분수끼리 통분하여 차례대로 크기를 비교합니다.

예) $\frac{2}{3}, \frac{3}{5}, \frac{5}{8}$의 크기 비교

$\left(\frac{2}{3}, \frac{3}{5}\right) \Rightarrow \left(\frac{2\times5}{3\times5}, \frac{3\times3}{5\times3}\right) \Rightarrow \left(\frac{10}{15}, \frac{9}{15}\right) \Rightarrow \frac{2}{3}>\frac{3}{5}$

$\left(\frac{3}{5}, \frac{5}{8}\right) \Rightarrow \left(\frac{3\times8}{5\times8}, \frac{5\times5}{8\times5}\right) \Rightarrow \left(\frac{24}{40}, \frac{25}{40}\right) \Rightarrow \frac{3}{5}<\frac{5}{8}$

$\left(\frac{2}{3}, \frac{5}{8}\right) \Rightarrow \left(\frac{2\times8}{3\times8}, \frac{5\times3}{8\times3}\right) \Rightarrow \left(\frac{16}{24}, \frac{15}{24}\right) \Rightarrow \frac{2}{3}>\frac{5}{8}$

따라서 $\frac{3}{5}<\frac{5}{8}<\frac{2}{3}$입니다.

▶ **분모가 같을 때 분수의 크기 비교**
분모가 같으면 분자가 클수록 분수의 크기가 큽니다.
예) $\frac{3}{5}$과 $\frac{4}{5}$의 크기 비교
분자 4가 3보다 크므로
$\frac{3}{5}<\frac{4}{5}$입니다.

▶ **분자가 같을 때 분수의 크기 비교**
분자가 같으면 분모가 작을수록 분수의 크기가 큽니다.
예) $\frac{3}{4}$과 $\frac{3}{5}$의 크기 비교
분모 4가 5보다 작으므로
$\frac{3}{4}>\frac{3}{5}$입니다.

[08~09] 두 분수를 통분하여 크기를 비교해 보세요.

08 $\left(\frac{3}{5}, \frac{5}{7}\right) \Rightarrow \left(\frac{\square}{35}, \frac{\square}{35}\right)$

$\Rightarrow \frac{3}{5} \bigcirc \frac{5}{7}$

09 $\left(\frac{11}{12}, \frac{8}{9}\right) \Rightarrow \left(\frac{\square}{36}, \frac{\square}{36}\right)$

$\Rightarrow \frac{11}{12} \bigcirc \frac{8}{9}$

10 세 분수 $\frac{1}{3}, \frac{2}{5}, \frac{3}{10}$의 크기를 비교해 보세요.

(1) 두 분수끼리 통분하여 크기를 비교해 보세요.

$\left(\frac{1}{3}, \frac{2}{5}\right) \Rightarrow \left(\frac{\square}{15}, \frac{\square}{\square}\right) \Rightarrow \frac{1}{3} \bigcirc \frac{2}{5}$

$\left(\frac{2}{5}, \frac{3}{10}\right) \Rightarrow \left(\frac{\square}{10}, \frac{\square}{\square}\right) \Rightarrow \frac{2}{5} \bigcirc \frac{3}{10}$

$\left(\frac{1}{3}, \frac{3}{10}\right) \Rightarrow \left(\frac{\square}{30}, \frac{\square}{\square}\right) \Rightarrow \frac{1}{3} \bigcirc \frac{3}{10}$

(2) 크기가 큰 분수부터 차례로 써 보세요.

(, ,)

개념 6 분수와 소수의 크기를 비교해 볼까요

(1) 두 분수의 크기 비교하기

예 $\frac{2}{20}$와 $\frac{6}{30}$의 크기 비교

방법 1 두 분수를 약분하여 크기를 비교하기

$$\left(\frac{2}{20}, \frac{6}{30}\right) \Rightarrow \left(\frac{1}{10}, \frac{2}{10}\right) \Rightarrow \frac{2}{20} < \frac{6}{30}$$

방법 2 두 분수를 소수로 나타내어 크기를 비교하기

$$\left(\frac{2}{20}, \frac{6}{30}\right) \Rightarrow \left(\frac{1}{10}, \frac{2}{10}\right) \Rightarrow (0.1,\ 0.2) \Rightarrow \frac{2}{20} < \frac{6}{30}$$

(2) 분수와 소수의 크기 비교하기

예 $\frac{4}{5}$와 0.7의 크기 비교

방법 1 분수를 소수로 나타내어 크기를 비교하기

$$\frac{4}{5} = \frac{8}{10} = 0.8 \Rightarrow 0.8 > 0.7 \Rightarrow \frac{4}{5} > 0.7$$

방법 2 소수를 분수로 나타내어 크기를 비교하기

$$\left(\frac{4}{5}, 0.7\right) \Rightarrow \left(\frac{8}{10}, \frac{7}{10}\right) \Rightarrow \frac{8}{10} > \frac{7}{10} \Rightarrow \frac{4}{5} > 0.7$$

▶ 분수를 소수로 나타낼 때에는 분모를 10, 100, ...으로 고친 다음 소수로 나타냅니다.

예 $\frac{2}{5} = \frac{2 \times 2}{5 \times 2} = \frac{4}{10} = 0.4$

$\frac{3}{4} = \frac{3 \times 25}{4 \times 25} = \frac{75}{100} = 0.75$

▶ 소수를 분수로 나타낼 때에는 분모가 10, 100, ...인 분수로 나타냅니다.

예 $0.7 = \frac{7}{10}$

$0.13 = \frac{13}{100}$

11 $\frac{27}{30}$과 $\frac{35}{50}$의 크기를 두 가지 방법으로 비교해 보세요.

(1) 두 분수를 약분하여 크기를 비교해 보세요.

$$\left(\frac{27}{30}, \frac{35}{50}\right) \Rightarrow \left(\frac{\square}{10}, \frac{\square}{10}\right)$$

$$\Rightarrow \frac{27}{30} \bigcirc \frac{35}{50}$$

(2) 두 분수를 소수로 나타내어 크기를 비교해 보세요.

$$\left(\frac{27}{30}, \frac{35}{50}\right) \Rightarrow \left(\frac{\square}{10}, \frac{\square}{10}\right)$$

$$\Rightarrow (\square, \square)$$

$$\Rightarrow \frac{27}{30} \bigcirc \frac{35}{50}$$

12 $\frac{3}{5}$과 0.7의 크기를 두 가지 방법으로 비교해 보세요.

(1) 분수를 소수로 나타내어 크기를 비교해 보세요.

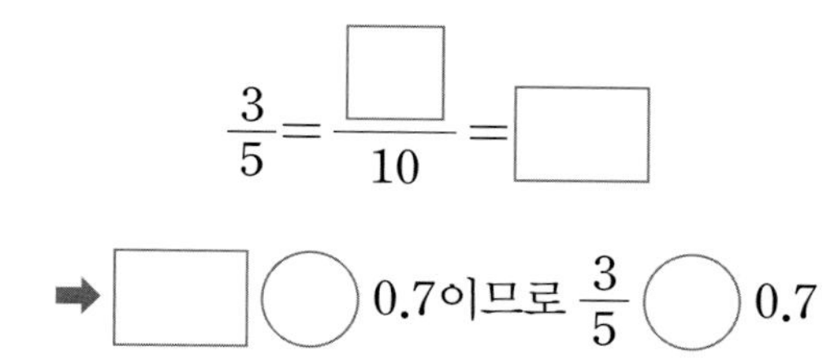

$$\frac{3}{5} = \frac{\square}{10} = \square$$

$$\Rightarrow \square \bigcirc 0.7\text{이므로 } \frac{3}{5} \bigcirc 0.7$$

(2) 소수를 분수로 나타내어 크기를 비교해 보세요.

$$\frac{3}{5} = \frac{\square}{10},\ 0.7 = \frac{\square}{10}$$

$$\Rightarrow \frac{\square}{10} \bigcirc \frac{\square}{10}\text{이므로 } \frac{3}{5} \bigcirc 0.7$$

4 단원

교과서 넘어 보기

13 $\frac{24}{32}$를 약분하려고 합니다. □ 안에 알맞은 수를 써넣으세요.

32와 24의 공약수 중 1을 제외한 공약수는

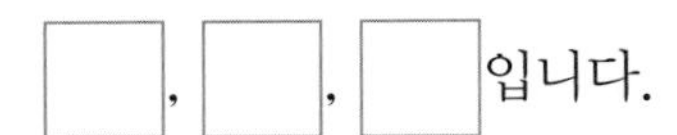
□, □, □ 입니다.

$\frac{24}{32}=\frac{24\div\square}{32\div2}=\frac{\square}{\square}$

$\frac{24}{32}=\frac{24\div\square}{32\div\square}=\frac{\square}{\square}$

$\frac{24}{32}=\frac{24\div\square}{32\div\square}=\frac{\square}{\square}$

14 중요 $\frac{18}{42}$을 약분하려고 합니다. 1을 제외하고 분모와 분자를 나눌 수 있는 수를 모두 구해 보세요.

( )

15 $\frac{16}{32}$을 약분한 분수를 모두 찾아 써 보세요.

$\frac{8}{16}$ $\frac{2}{8}$ $\frac{4}{8}$ $\frac{2}{6}$ $\frac{6}{18}$

( )

16 기약분수를 모두 찾아 색칠해 보세요.

$\frac{5}{12}$	$\frac{3}{9}$	$\frac{14}{15}$	$\frac{11}{22}$

17 기약분수로 나타내어 보세요.

(1) $\frac{25}{65}=\square$ (2) $\frac{99}{121}=\square$

18 진분수 $\frac{\square}{6}$가 기약분수일 때, □ 안에 들어갈 수 있는 수를 모두 구해 보세요.

( )

19 $\frac{18}{30}$의 약분에 대해 잘못 말한 사람을 찾아 이름을 써 보세요.

재희: $\frac{18}{30}$을 약분하여 만들 수 있는 분수는 모두 3개야.

나래: $\frac{18}{30}$을 약분한 분수 중 분모와 분자가 가장 큰 분수는 $\frac{6}{10}$이야.

승헌: $\frac{18}{30}$을 기약분수로 나타내면 $\frac{3}{5}$이야.

( )

20 두 분수를 통분하려고 합니다. □ 안에 알맞은 수를 써넣으세요.

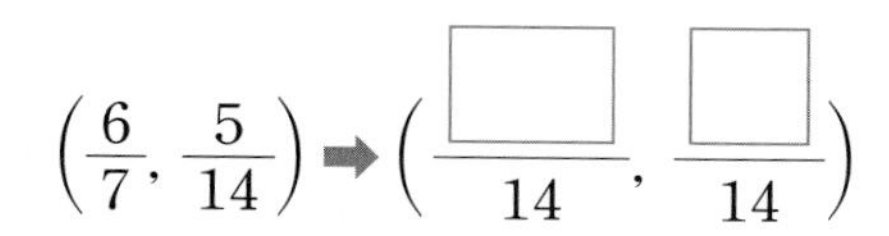

$\left(\frac{6}{7}, \frac{5}{14}\right) \Rightarrow \left(\frac{\square}{14}, \frac{\square}{14}\right)$

21 두 분수를 분모의 곱을 공통분모로 하여 통분해 보세요.

$\left(\frac{3}{4}, \frac{7}{9}\right) \Rightarrow (\square, \square)$

22 중요 두 분수를 분모의 최소공배수를 공통분모로 하여 통분해 보세요.

$\left(\frac{7}{12}, \frac{9}{20}\right) \Rightarrow (\square, \square)$

23 $\left(\frac{1}{6}, \frac{5}{8}\right)$를 통분한 것의 기호를 써 보세요.

㉠ $\left(\frac{3}{24}, \frac{15}{24}\right)$ ㉡ $\left(\frac{8}{48}, \frac{30}{48}\right)$

(　　　　　　　)

24 두 분수를 다음과 같이 통분했습니다. ㉠, ㉡, ㉢에 알맞은 수를 구해 보세요.

$\left(\frac{4}{9}, \frac{2}{27}\right) \Rightarrow \left(\frac{㉠}{54}, \frac{㉡}{㉢}\right)$

㉠ (　　　　　　　)
㉡ (　　　　　　　)
㉢ (　　　　　　　)

25 어려운 문제 두 분수를 통분하려고 합니다. 공통분모가 될 수 있는 수 중에서 100보다 작은 수를 모두 구해 보세요.

$\left(\frac{5}{9}, \frac{7}{12}\right)$

(　　　　　　　)

26 우유가 $\frac{17}{30}$ L, 딸기주스가 $\frac{13}{18}$ L 있습니다. 우유와 딸기주스의 양을 가장 작은 공통분모로 통분해 보세요.

우유 (　　　　　　　)
딸기주스 (　　　　　　　)

27 분수의 크기를 비교하여 ○ 안에 >, =, <를 알맞게 써넣으세요.

(1) $\frac{7}{10}$ ○ $\frac{5}{8}$

(2) $\frac{3}{8}$ ○ $\frac{7}{18}$

28 중요 지혜와 은혁이는 같은 동화책을 읽고 있습니다. 동화책을 더 많이 읽은 사람의 이름을 써 보세요.

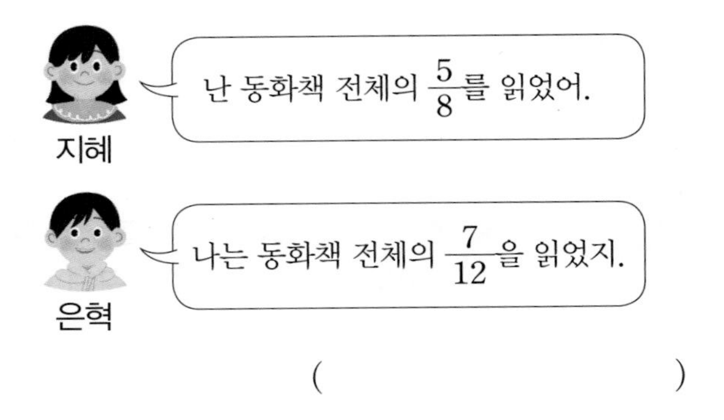

(　　　　　　　)

29 두 분수의 크기를 비교하여 더 큰 분수를 위의 □ 안에 써넣으세요.

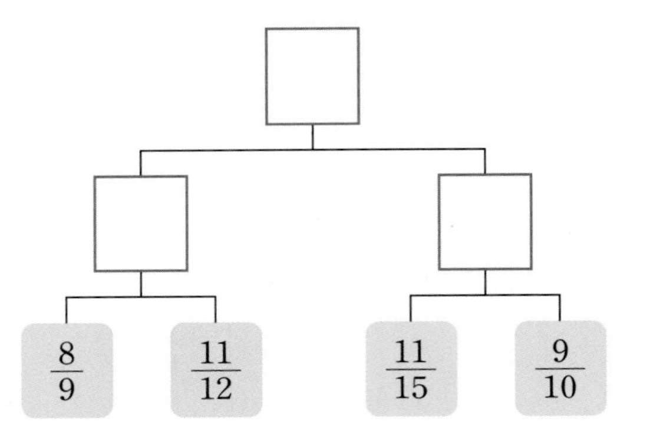

30 가장 작은 분수를 찾아 써 보세요.

$\frac{1}{4}$　$\frac{2}{9}$　$\frac{5}{18}$

(　　　　　　　)

31 지원이네 집에서 학교, 도서관, 서점까지의 거리를 나타낸 것입니다. 지원이네 집에서 가장 먼 곳은 어디인지 써 보세요.

구간	거리
지원이네 집~학교	$\frac{3}{7}$ km
지원이네 집~도서관	$\frac{11}{21}$ km
지원이네 집~서점	$\frac{9}{14}$ km

(　　　　　　　)

32 대화를 읽고 잘못 말한 사람을 찾아 이름을 써 보세요.

효민: $\frac{2}{3}$와 $\frac{8}{15}$ 중 $\frac{8}{15}$이 더 작은 분수야.
성균: 분모의 크기가 같을 때는 분자의 크기가 큰 분수가 더 큰 분수야.
강민: $\frac{1}{4}$과 $\frac{3}{10}$ 중 $\frac{3}{10}$이 더 큰 분수야.
미진: 분모가 다른 분수는 분모와 분자에 어떤 수든지 같은 수를 곱해서 크기를 비교하면 돼.

(　　　　　　　)

33 □ 안에 알맞은 수를 써넣으세요.

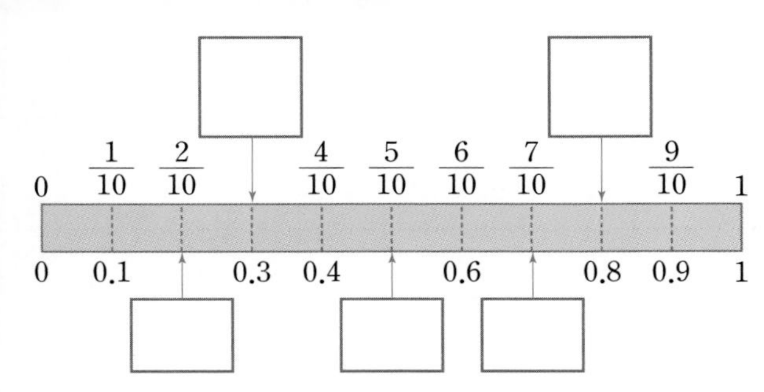

34 □ 안에 알맞은 수를 써넣고 분수의 크기를 비교하여 ○ 안에 >, =, <를 알맞게 써넣으세요.

$$\frac{11}{20}=\frac{\square}{100}=\square$$

$$\frac{13}{25}=\frac{\square}{100}=\square$$

$$\frac{11}{20} \bigcirc \frac{13}{25}$$

35 분수를 소수로 나타내어 더 큰 수의 기호를 써 보세요.

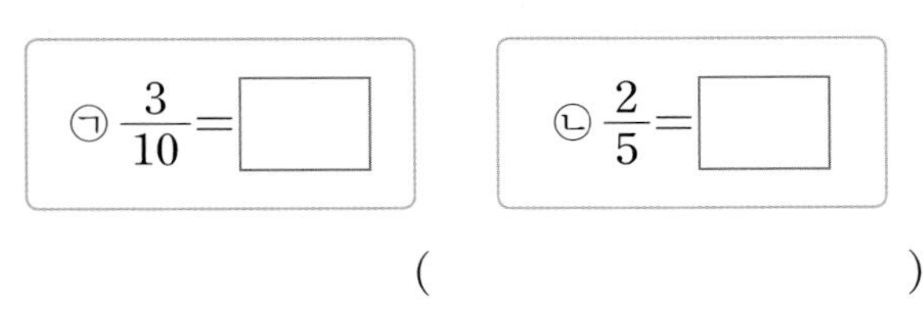

(　　　　　　)

36 앵두를 민주는 $\frac{41}{50}$ kg, 진영이는 0.75 kg 땄습니다. 앵두를 더 많이 딴 사람의 이름을 써 보세요.

(　　　　　　)

37 가장 작은 수를 찾아 ○표 하세요.

0.65	$\frac{3}{5}$	$\frac{17}{25}$
(　　)	(　　)	(　　)

38 분수와 소수의 크기를 비교하여 큰 수부터 차례로 써 보세요.

3.36　　$1\frac{3}{4}$　　1.7　　$3\frac{4}{5}$

(　　　　　　)

39 어려운 문제

4장의 수 카드 중 2장을 골라 진분수를 만들려고 합니다. 만들 수 있는 진분수 중에서 가장 큰 수를 소수로 나타내어 보세요.

2　3　4　5

(　　　　　　)

교과서 속 **응용 문제**

정답과 풀이 24쪽

통분하기 전의 두 기약분수 구하기

예 통분한 분수를 보고 ㉠, ㉡에 알맞은 수를 구해 보세요.

$$\left(\frac{4}{㉠}, \frac{㉡}{8}\right) \Rightarrow \left(\frac{32}{56}, \frac{35}{56}\right)$$

➡ 통분한 분수를 약분하면 통분하기 전의 분수를 구할 수 있습니다.

$\frac{4}{㉠}=\frac{32}{56}$에서 $32\div8=4$이므로 ㉠$=56\div8=7$입니다.

$\frac{㉡}{8}=\frac{35}{56}$에서 $56\div7=8$이므로 ㉡$=35\div7=5$입니다.

40 어떤 두 분수를 통분한 것입니다. □ 안에 알맞은 수를 써넣으세요.

$$\left(\frac{\square}{16}, \frac{7}{\square}\right) \Rightarrow \left(\frac{15}{48}, \frac{28}{48}\right)$$

41 어떤 두 기약분수를 통분하였더니 다음과 같았습니다. 통분하기 전의 두 기약분수를 구해 보세요.

$$\left(\frac{7}{28}, \frac{8}{28}\right)$$

(,)

조건에 알맞은 분수 구하기

예 $\frac{2}{3}$와 $\frac{4}{5}$ 사이에 있는 분수 중에서 분모가 15인 분수를 구해 보세요.

➡ 먼저 두 분수를 분모가 15인 분수로 통분합니다.

$\frac{2}{3}=\frac{10}{15}$, $\frac{4}{5}=\frac{12}{15}$이므로

$\frac{10}{15}$과 $\frac{12}{15}$ 사이에 있는 분수는 $\frac{11}{15}$입니다.

42 $\frac{2}{5}$보다 크고 $\frac{8}{15}$보다 작은 분수 중에서 분모가 30인 분수를 모두 구해 보세요.

( )

43 $\frac{5}{9}$와 $\frac{13}{18}$ 사이에 있는 분수 중에서 분모가 36인 기약분수는 모두 몇 개인지 구해 보세요.

( )

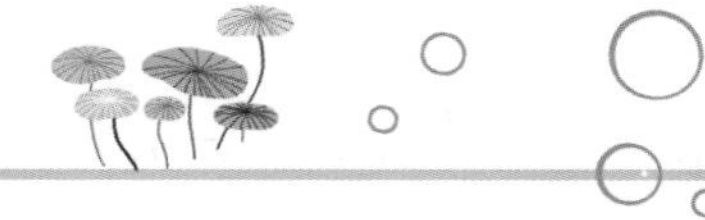

정답과 풀이 26쪽

대표 응용 크기가 같은 분수 만들기

1 $\frac{4}{7}$의 분자에 12를 더했을 때 분모에는 얼마를 더해야 크기가 같은 분수가 되는지 구해 보세요.

문제 스케치

$\frac{▲}{■}$

$\frac{▲ \times ●}{■ \times ●} = \frac{▲ \div ◆}{■ \div ◆}$

(●, ◆ 는 0이 아닌 수)

해결하기

분자는 $4+12=$ □ 이/가 되므로 처음 분자 4의 4배가 됩니다.

분모도 4배를 하면 크기가 같은 분수가 되므로 분모는

$7 \times 4=$ □ 이/가 되어야 합니다.

따라서 분모에 더해야 하는 수를 ■라 하면

$7+$■$=$ □, ■$=$ □ 입니다.

1-1 $\frac{13}{24}$의 분모에 48을 더했을 때 분자에는 얼마를 더해야 크기가 같은 분수가 되는지 구해 보세요.

( )

1-2 $\frac{13}{33}$의 분모와 분자에 같은 수를 더하여 $\frac{5}{9}$와 크기가 같은 분수를 만들려고 합니다. 분모와 분자에 얼마를 더해야 하는지 구해 보세요.

( )

대표 응용 분자가 같은 분수로 만들어 크기 비교하기

2 세 분수를 분자가 같은 분수로 만들어 크기를 비교하려고 합니다. 작은 수부터 차례로 써 보세요.

$\frac{3}{4}$ $\frac{2}{5}$ $\frac{6}{7}$

문제 스케치

◆ > ▲ > ●

⬇

$\frac{■}{◆} < \frac{■}{▲} < \frac{■}{●}$

분모를 통분하기 어려울 때는 분자를 같게 해서 비교해요.

해결하기

세 분수를 분자가 6인 분수로 만들면

$\frac{3}{4}=\frac{6}{\square}$, $\frac{2}{5}=\frac{6}{\square}$, $\frac{6}{7}$이고,

분자가 같은 분수는 분모가 클수록 작은 수이므로

$\frac{6}{\square}<\frac{6}{\square}<\frac{6}{7}$입니다.

따라서 작은 수부터 차례로 쓰면 $\square$, $\square$, $\square$입니다.

2-1 세 분수를 분자가 같은 분수로 만들어 크기를 비교하려고 합니다. 큰 수부터 차례로 써 보세요.

$\frac{3}{5}$ $\frac{5}{8}$ $\frac{2}{3}$

(　　　　　　　　)

2-2 세 분수의 크기를 비교하여 큰 수부터 차례로 써 보세요.

$\frac{7}{9}$ $\frac{21}{23}$ $\frac{3}{4}$

(　　　　　　　　)

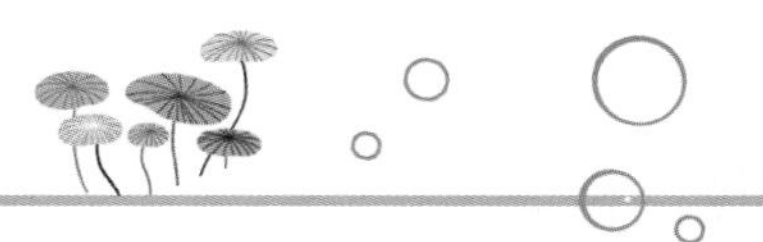

대표 응용 $\frac{1}{2}$을 이용하여 분수의 크기 비교하기

3 다음에서 $\frac{1}{2}$보다 작은 분수를 모두 찾아 써 보세요.

$\frac{2}{3}$ $\frac{3}{10}$ $\frac{8}{15}$ $\frac{9}{20}$

문제 스케치

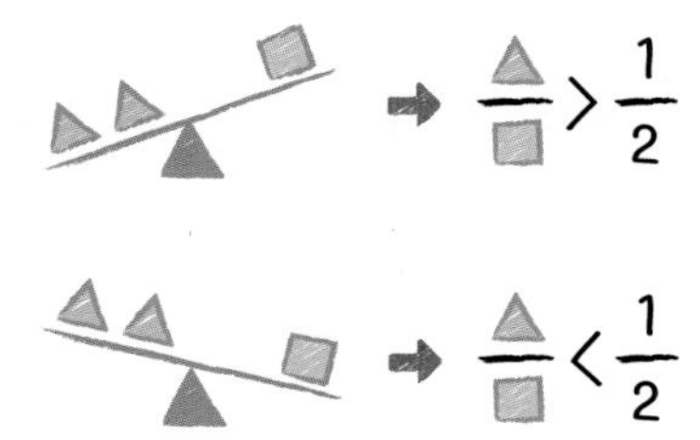

해결하기

$\frac{1}{2}$보다 작은 분수는 (분자)$\times 2 <$(분모)입니다.

2×2 ◯ 3, 3×2 ◯ 10, 8×2 ◯ 15, 9×2 ◯ 20이므로 $\frac{1}{2}$보다 작은 분수는 ☐, ☐입니다.

3-1 다음에서 $\frac{1}{2}$보다 큰 분수를 모두 찾아 써 보세요.

$\frac{5}{9}$ $\frac{6}{13}$ $\frac{17}{32}$ $\frac{19}{40}$

(   )

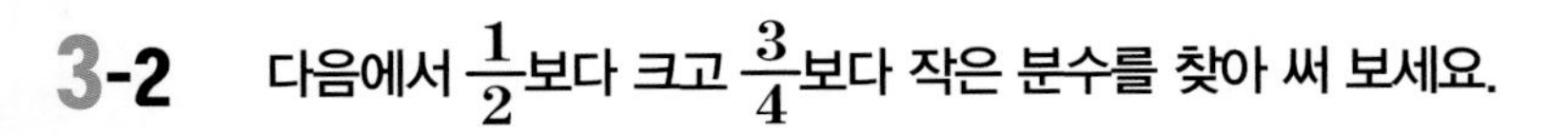

3-2 다음에서 $\frac{1}{2}$보다 크고 $\frac{3}{4}$보다 작은 분수를 찾아 써 보세요.

$\frac{6}{7}$ $\frac{4}{9}$ $\frac{5}{11}$ $\frac{7}{12}$

(   )

4 단원

대표 응용 □ 안에 들어갈 수 있는 수 구하기

4 □ 안에 들어갈 수 있는 자연수를 모두 구해 보세요.

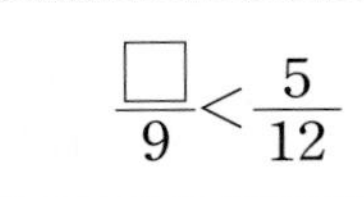

$$\frac{\square}{9} < \frac{5}{12}$$

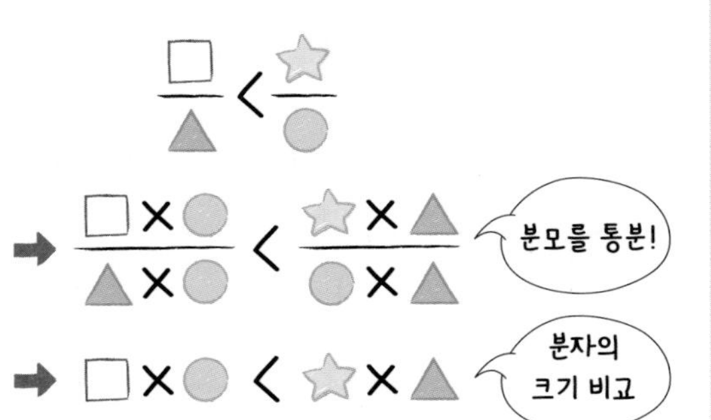

해결하기

$\frac{\square}{9} < \frac{5}{12}$에서 $\frac{\square \times \boxed{}}{36} < \frac{15}{36}$이므로 $\square \times \boxed{} < 15$입니다.

따라서 □ 안에 들어갈 수 있는 자연수는 $\boxed{}$, $\boxed{}$, $\boxed{}$입니다.

4-1 □ 안에 들어갈 수 있는 자연수를 모두 구해 보세요.

$$\frac{\square}{6} < \frac{11}{15}$$

(　　　　　　　　　　)

4-2 □ 안에 들어갈 수 있는 자연수를 모두 구해 보세요.

$$\frac{1}{4} < \frac{\square}{12} < \frac{5}{8}$$

(　　　　　　　　　　)

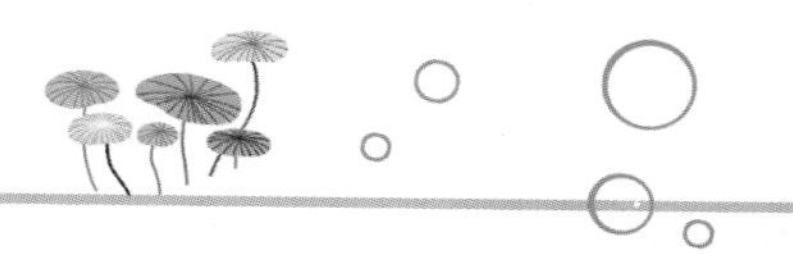

대표 응용 **처음 분수 구하기**

5 어떤 분수의 분모에서 1을 뺀 후 분모와 분자를 4로 나누어 약분하면 $\frac{5}{8}$입니다. 어떤 분수를 구해 보세요.

문제 스케치

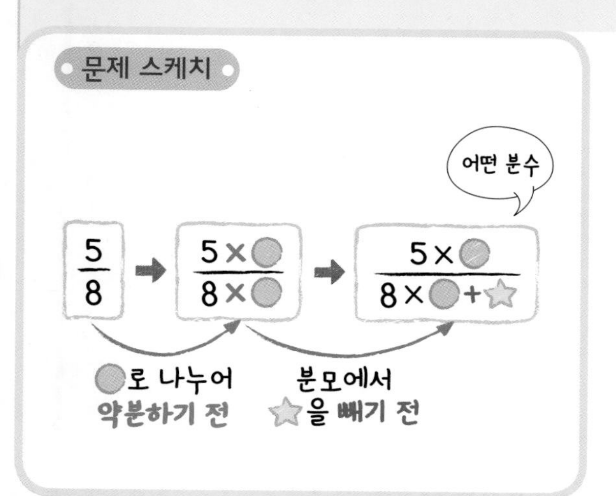

해결하기

4로 나누어 약분하기 전의 분수는 $\frac{5\times4}{8\times4}=$ □입니다.

어떤 분수의 분모는 약분하기 전의 분수인 □의 분모에 1을 더한 수이므로 □$+1=$□입니다.

따라서 어떤 분수는 □입니다.

5-1 어떤 분수의 분자에 12를 더한 후 분모와 분자를 7로 나누어 약분하면 $\frac{7}{12}$입니다. 어떤 분수를 구해 보세요.

(　　　　　　　)

5-2 어떤 분수의 분자에서 3을 빼고 분모에 3을 더한 후 분모와 분자를 5로 나누어 약분하면 $\frac{3}{8}$입니다. 어떤 분수를 구해 보세요.

(　　　　　　　)

4 단원

01 $\frac{2}{5}$와 크기가 같은 분수를 모두 찾아 ○표 하세요.

$\frac{4}{5}$ $\frac{4}{10}$ $\frac{6}{10}$ $\frac{6}{15}$ $\frac{8}{15}$

02 □ 안에 알맞은 수를 써넣으세요.

(1) $\frac{5}{7}=\frac{30}{\square}$ (2) $\frac{10}{15}=\frac{\square}{3}$

03 $\frac{7}{12}$과 크기가 같은 분수를 분모가 가장 작은 것부터 3개 써 보세요.

( )

04 분모와 분자를 같은 수로 나누어 $\frac{48}{72}$과 크기가 같은 분수를 만들려고 합니다. 분모가 가장 작은 것부터 차례로 2개 만들어 보세요.

$\frac{48}{72}=\frac{48\div\square}{72\div\square}=\frac{\square}{\square}$

$\frac{48}{72}=\frac{48\div\square}{72\div\square}=\frac{\square}{\square}$

05 중요 왼쪽 분수를 약분한 것을 찾아 이어 보세요.

$\frac{8}{12}$ • • $\frac{3}{8}$

$\frac{18}{24}$ • • $\frac{2}{3}$

$\frac{12}{32}$ • • $\frac{3}{4}$

06 조건에 알맞은 분수를 구해 보세요.

- 분모가 56인 분수
- 약분하면 $\frac{3}{8}$이 되는 분수

( )

07 $\frac{70}{84}$을 약분하여 만들 수 있는 분수는 모두 몇 개인지 구해 보세요.

( )

08 기약분수가 아닌 것을 모두 찾아 ○표 하세요.

$\frac{5}{8}$ $\frac{9}{12}$ $\frac{7}{18}$ $\frac{6}{23}$ $\frac{17}{34}$

09 분모가 8인 진분수 중에서 기약분수는 모두 몇 개인지 구해 보세요.

(　　　　　　　　)

10 중요

두 분수를 가장 작은 공통분모로 통분할 때, 공통분모가 더 큰 것의 기호를 써 보세요.

㉠ $\left(\frac{13}{48}, \frac{7}{12}\right)$　　㉡ $\left(\frac{8}{15}, \frac{7}{9}\right)$

(　　　　　　　　)

11 두 분수를 다음과 같이 통분했습니다. ㉠, ㉡, ㉢에 알맞은 수를 구해 보세요.

$\left(\frac{㉠}{16}, \frac{5}{㉡}\right) \Rightarrow \left(\frac{27}{48}, \frac{20}{㉢}\right)$

㉠ (　　　　　　　　)

㉡ (　　　　　　　　)

㉢ (　　　　　　　　)

12 어떤 두 기약분수를 통분하였더니 다음과 같았습니다. 통분하기 전의 두 기약분수를 구해 보세요.

$\left(\frac{18}{24}, \frac{20}{24}\right)$

(　　　　,　　　　)

13 어려운 문제

수직선에서 눈금 한 칸의 크기를 구해 보세요.

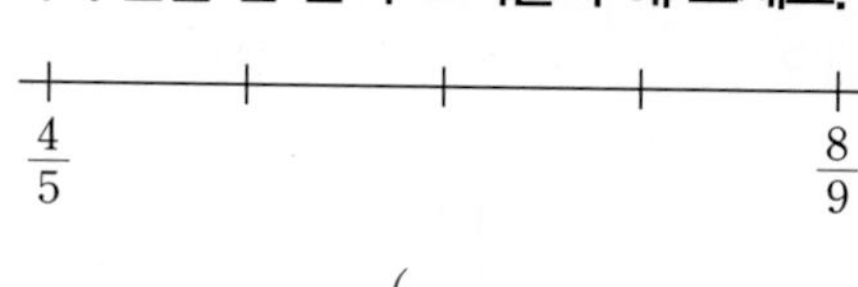

(　　　　　　　　)

14 두 분수의 크기를 바르게 비교한 사람의 이름을 써 보세요.

(　　　　　　　　)

15 $\frac{3}{8}$과 $\frac{7}{12}$ 사이에 있는 분수 중에서 분모가 48인 분수는 모두 몇 개인지 구해 보세요.

(　　　　　　　　)

16 세 분수의 크기를 비교하여 작은 수부터 차례로 써 보세요.

$\frac{13}{14}$ $\frac{5}{6}$ $\frac{6}{7}$

( )

17 두 수 중 더 큰 수에 ○표 하세요.

0.8	$\frac{3}{4}$
( )	( )

18 분수와 소수의 크기를 비교하여 큰 수부터 차례로 써 보세요.

$1\frac{2}{5}$ 0.9 $\frac{17}{20}$ 1.5

( )

서술형 문제

19 $\frac{3}{8}$과 $\frac{11}{12}$을 통분할 때 공통분모가 될 수 있는 수 중에서 50보다 크고 100보다 작은 수를 모두 구하려고 합니다. 풀이 과정을 쓰고 답을 구해 보세요.

풀이

답

20 다음에서 $\frac{1}{2}$보다 큰 분수를 모두 찾아 쓰려고 합니다. 풀이 과정을 쓰고 답을 구해 보세요.

$\frac{3}{4}$ $\frac{1}{6}$ $\frac{5}{8}$ $\frac{7}{20}$

풀이

답

정답과 풀이 29쪽

01 □ 안에 알맞은 수를 써넣어 크기가 같은 분수를 만들어 보세요.

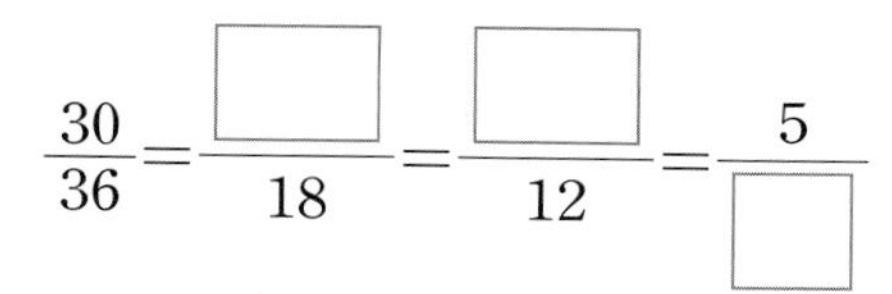

02 $\frac{3}{4}$과 크기가 같은 분수를 분모가 가장 작은 것부터 차례로 2개 만들어 보세요.

(　　　　　　　　　　)

03 $\frac{16}{48}$과 크기가 같은 분수 중에서 분모가 6인 분수를 구해 보세요.

(　　　　　　　　　　)

04 $\frac{4}{9}$의 분모에 36을 더했을 때 분자에는 얼마를 더해야 크기가 같은 분수가 되는지 구해 보세요.

(　　　　　　　　　　)

05 중요

종하와 윤지는 각각 모양과 크기가 같은 케이크를 가지고 있습니다. 종하는 전체를 똑같이 3조각으로 나누어 1조각을 먹었습니다. 윤지는 전체를 똑같이 12조각으로 나누었습니다. 윤지가 종하와 같은 양의 케이크를 먹으려면 몇 조각을 먹어야 하는지 구해 보세요.

(　　　　　　　　　　)

06 다음 분수를 약분하려고 합니다. 분모가 가장 큰 것부터 차례로 모두 구해 보세요.

$\frac{40}{56}$

(　　　　　　　　　　)

07 $\frac{60}{135}$을 어떤 수로 나누어 약분하였더니 분모가 9가 되었습니다. 이 약분한 분수를 구해 보세요.

(　　　　　　　　　　)

08 기약분수로 나타내어 보세요.

$\frac{26}{65}$ ➡ (　　　　　　　　　　)

4 단원

09 분모와 분자의 차가 15이고 약분하면 $\frac{4}{7}$가 되는 분수를 구해 보세요.

( )

10 $\left(\frac{5}{8}, \frac{7}{12}\right)$을 잘못 통분한 것의 기호를 쓰고 바르게 통분해 보세요.

㉠ $\left(\frac{15}{24}, \frac{14}{24}\right)$ ㉡ $\left(\frac{35}{48}, \frac{28}{48}\right)$

기호 ( )

바르게 통분 (,)

11 두 분모의 최소공배수를 공통분모로 하여 통분할 때 공통분모가 같은 것끼리 이어 보세요.

중요

$\left(\frac{7}{15}, \frac{3}{4}\right)$ •	• $\left(\frac{1}{8}, \frac{3}{20}\right)$
$\left(\frac{5}{18}, \frac{5}{12}\right)$ •	• $\left(\frac{7}{9}, \frac{1}{4}\right)$
$\left(\frac{1}{10}, \frac{3}{8}\right)$ •	• $\left(\frac{2}{5}, \frac{1}{12}\right)$

12 $\frac{3}{4}$과 $\frac{9}{14}$를 통분하려고 합니다. 공통분모가 될 수 있는 수를 가장 작은 수부터 차례로 3개 써 보세요.

( )

13 분모의 곱을 공통분모로 하여 두 분수를 통분하였습니다. ㉠과 ㉡의 합을 구해 보세요.

$\left(\frac{8}{13}, \frac{7}{㉠}\right) \Rightarrow \left(\frac{㉡}{117}, \frac{91}{117}\right)$

( )

14 두 분수의 공통분모가 50에 가장 가까운 수가 되도록 통분해 보세요.

$\left(\frac{3}{4}, \frac{1}{6}\right)$

(,)

15 두 분수 중 더 작은 분수를 써 보세요.

$\frac{5}{6}$ $\frac{13}{16}$

( )

16 세 분수의 크기를 비교하여 큰 수부터 차례로 써 보세요.

$$\frac{3}{10} \quad \frac{5}{12} \quad \frac{7}{15}$$

( )

17 두 수의 크기를 비교하여 ○ 안에 $>$, $=$, $<$를 알맞게 써넣으세요.

$$0.54 \bigcirc \frac{14}{25}$$

18 어려운 문제

□ 안에 들어갈 수 있는 자연수는 모두 몇 개인지 구해 보세요.

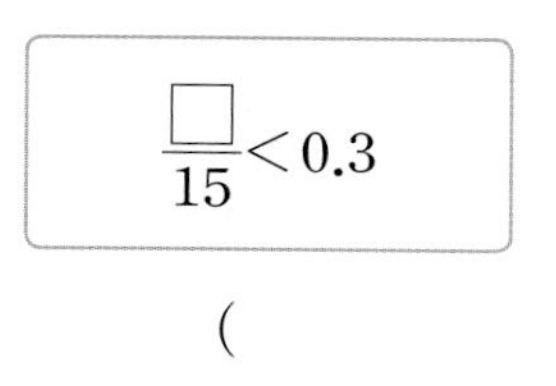

$$\frac{\square}{15} < 0.3$$

( )

서술형 문제

19 수빈이네 반 학급문고에 있는 책 160권 중 24권을 학생들이 빌려 갔습니다. 빌려 가고 남은 책은 전체의 몇 분의 몇인지 기약분수로 나타내려고 합니다. 풀이 과정을 쓰고 답을 구해 보세요.

풀이

답

20 다음 조건 을 모두 만족하는 분수를 구하려고 합니다. 풀이 과정을 쓰고 답을 구해 보세요.

조건

- $\frac{3}{7}$과 $\frac{11}{21}$ 사이에 있는 분수입니다.
- 분모는 42입니다.
- 기약분수입니다.

풀이

답

4 단원

이슬이와 바다가 어머니를 도와 음식을 준비하고 있어요. 맛있는 수제비를 만들고 바삭한 부침개도 만들려나 봐요. 밀가루가 $2\frac{1}{3}$컵 있었는데 $1\frac{1}{4}$컵으로 수제비를 만들면 밀가루는 몇 컵이 남을까요?

이번 5단원에서는 분모가 다른 분수의 덧셈과 뺄셈의 계산 원리를 이해하고 계산하는 방법을 배울 거예요.

5 분수의 덧셈과 뺄셈

단원 학습 목표

1. 분모가 다른 진분수의 덧셈 방법을 알고 계산할 수 있습니다.
2. 분모가 다른 대분수의 덧셈 방법을 알고 계산할 수 있습니다.
3. 분모가 다른 진분수의 뺄셈 방법을 알고 계산할 수 있습니다.
4. 분모가 다른 대분수의 뺄셈 방법을 알고 계산할 수 있습니다.

단원 진도 체크

학습일		학습 내용	진도 체크
1일째	월 일	개념 1 진분수의 덧셈을 해 볼까요(1) 개념 2 진분수의 덧셈을 해 볼까요(2) 개념 3 대분수의 덧셈을 해 볼까요(1) 개념 4 대분수의 덧셈을 해 볼까요(2)	✓
2일째	월 일	교과서 넘어 보기 + 교과서 속 응용 문제	✓
3일째	월 일	개념 5 진분수의 뺄셈을 해 볼까요 개념 6 대분수의 뺄셈을 해 볼까요(1) 개념 7 대분수의 뺄셈을 해 볼까요(2)	✓
4일째	월 일	교과서 넘어 보기 + 교과서 속 응용 문제	✓
5일째	월 일	응용 1 바르게 계산한 값 구하기 응용 2 이어 붙인 색 테이프의 전체 길이 구하기 응용 3 수 카드로 만든 대분수의 차 구하기	✓
6일째	월 일	응용 4 □ 안에 들어갈 수 있는 수 구하기 응용 5 시간 구하기	✓
7일째	월 일	단원 평가 LEVEL ❶	✓
8일째	월 일	단원 평가 LEVEL ❷	✓

이 단원을 진도 체크에 맞춰 8일 동안 학습해 보세요.
해당 부분을 공부하고 나서 ✓표를 하세요.

개념 1 진분수의 덧셈을 해 볼까요(1) → 받아올림이 없는 경우

예) $\frac{3}{4}+\frac{1}{6}$의 계산

방법 1 두 분모의 곱을 공통분모로 하여 통분한 후 계산하기

$$\frac{3}{4}+\frac{1}{6}=\frac{3\times6}{4\times6}+\frac{1\times4}{6\times4}=\frac{18}{24}+\frac{4}{24}=\frac{\overset{11}{\cancel{22}}}{\underset{12}{\cancel{24}}}=\frac{11}{12}$$

방법 2 두 분모의 최소공배수를 공통분모로 하여 통분한 후 계산하기

$$\frac{3}{4}+\frac{1}{6}=\frac{3\times3}{4\times3}+\frac{1\times2}{6\times2}=\frac{9}{12}+\frac{2}{12}=\frac{11}{12}$$

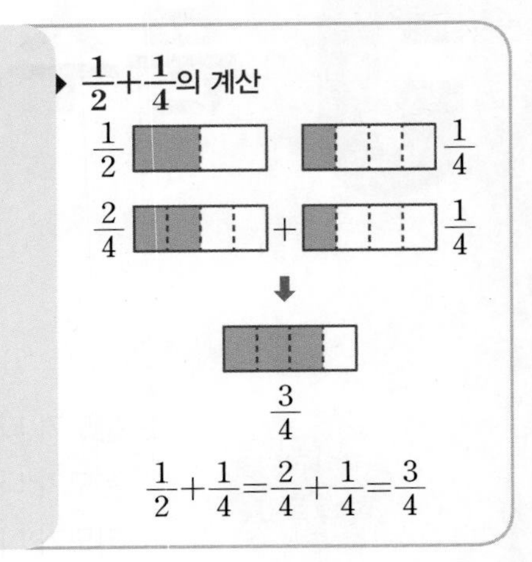

01 $\frac{1}{2}$과 $\frac{1}{3}$을 각각 그림에 색칠하고 $\frac{1}{2}+\frac{1}{3}$을 계산해 보세요.

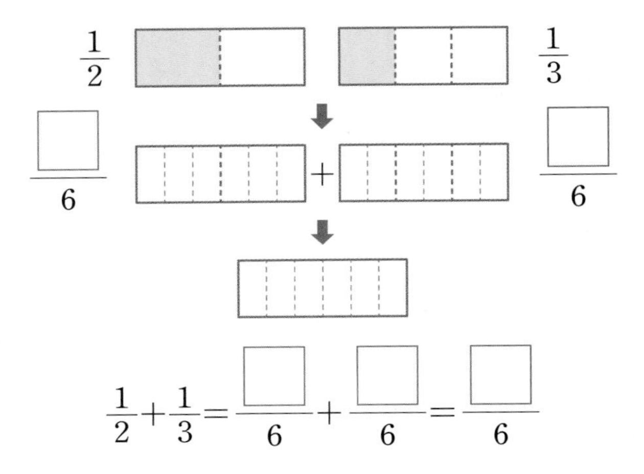

$$\frac{1}{2}+\frac{1}{3}=\frac{□}{6}+\frac{□}{6}=\frac{□}{6}$$

02 □ 안에 알맞은 수를 써넣으세요.

$$\frac{2}{3}+\frac{1}{5}=\frac{2\times□}{3\times5}+\frac{1\times□}{5\times□}$$

$$=\frac{□}{15}+\frac{□}{15}=\frac{□}{15}$$

[03~04] $\frac{1}{6}+\frac{5}{8}$를 서로 다른 방법으로 계산해 보세요.

03 두 분모의 곱을 공통분모로 하여 통분한 후 계산해 보세요.

$$\frac{1}{6}+\frac{5}{8}=\frac{1\times□}{6\times8}+\frac{5\times□}{8\times6}$$

$$=\frac{□}{48}+\frac{□}{48}$$

$$=\frac{□}{48}=\frac{□}{24}$$

04 두 분모의 최소공배수를 공통분모로 하여 통분한 후 계산해 보세요.

$$\frac{1}{6}+\frac{5}{8}=\frac{1\times□}{6\times4}+\frac{5\times□}{8\times3}$$

$$=\frac{□}{24}+\frac{□}{24}=\frac{□}{24}$$

개념 2 진분수의 덧셈을 해 볼까요(2) → 받아올림이 있는 경우

예 $\frac{1}{6}+\frac{7}{8}$의 계산

방법 1 두 분모의 곱을 공통분모로 하여 통분한 후 계산하기

$$\frac{1}{6}+\frac{7}{8}=\frac{1\times8}{6\times8}+\frac{7\times6}{8\times6}=\frac{8}{48}+\frac{42}{48}=\frac{50}{48}=1\frac{\overset{1}{\cancel{2}}}{\underset{24}{\cancel{48}}}=1\frac{1}{24}$$

방법 2 두 분모의 최소공배수를 공통분모로 하여 통분한 후 계산하기

$$\frac{1}{6}+\frac{7}{8}=\frac{1\times4}{6\times4}+\frac{7\times3}{8\times3}=\frac{4}{24}+\frac{21}{24}=\frac{25}{24}=1\frac{1}{24}$$

▸ $\frac{1}{2}+\frac{3}{4}$의 계산

$\frac{1}{2}$ $\frac{3}{4}$

$\frac{2}{4}$ + $\frac{3}{4}$

$1\frac{1}{4}$

$\frac{1}{2}+\frac{3}{4}=\frac{2}{4}+\frac{3}{4}=\frac{5}{4}=1\frac{1}{4}$

➡ 계산 결과가 가분수이면 대분수로 나타냅니다.

05 $\frac{1}{2}$과 $\frac{2}{3}$를 각각 그림에 색칠하고 $\frac{1}{2}+\frac{2}{3}$를 계산해 보세요.

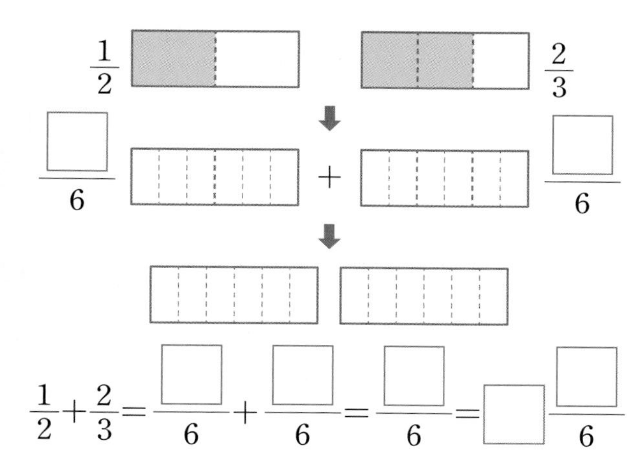

$\frac{1}{2}+\frac{2}{3}=\frac{\square}{6}+\frac{\square}{6}=\frac{\square}{6}=\square\frac{\square}{6}$

06 □ 안에 알맞은 수를 써넣으세요.

$$\frac{5}{7}+\frac{4}{9}=\frac{5\times\square}{7\times\square}+\frac{4\times\square}{9\times\square}$$
$$=\frac{\square}{63}+\frac{\square}{63}$$
$$=\frac{\square}{63}=\square$$

07 보기 와 같이 두 분모의 곱을 공통분모로 하여 계산해 보세요.

보기

$$\frac{3}{4}+\frac{7}{10}=\frac{3\times10}{4\times10}+\frac{7\times4}{10\times4}=\frac{30}{40}+\frac{28}{40}$$
$$=\frac{58}{40}=1\frac{18}{40}=1\frac{9}{20}$$

$\frac{4}{9}+\frac{5}{6}$ ________________

08 보기 와 같이 두 분모의 최소공배수를 공통분모로 하여 계산해 보세요.

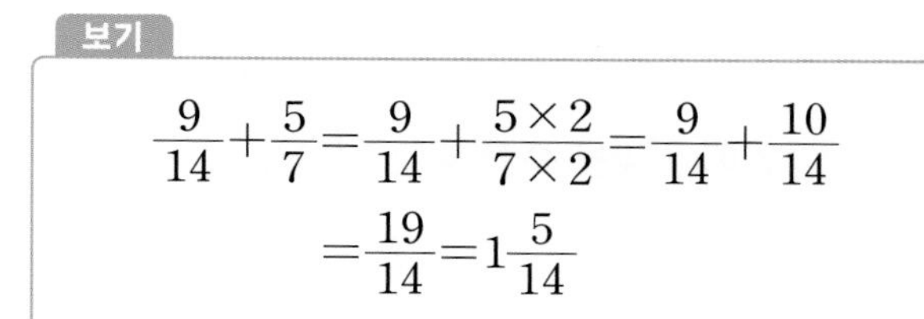

보기

$$\frac{9}{14}+\frac{5}{7}=\frac{9}{14}+\frac{5\times2}{7\times2}=\frac{9}{14}+\frac{10}{14}$$
$$=\frac{19}{14}=1\frac{5}{14}$$

$\frac{7}{12}+\frac{5}{8}$ ________________

5 단원

개념 3 대분수의 덧셈을 해 볼까요(1) → 받아올림이 없는 경우

예 $1\frac{1}{5}+2\frac{3}{4}$의 계산

방법 1 자연수는 자연수끼리, 분수는 분수끼리 계산하기

$$1\frac{1}{5}+2\frac{3}{4}=1\frac{4}{20}+2\frac{15}{20}=(1+2)+\left(\frac{4}{20}+\frac{15}{20}\right)=3+\frac{19}{20}=3\frac{19}{20}$$

방법 2 대분수를 가분수로 고쳐서 계산하기

$$1\frac{1}{5}+2\frac{3}{4}=\frac{6}{5}+\frac{11}{4}=\frac{24}{20}+\frac{55}{20}=\frac{79}{20}=3\frac{19}{20}$$

▶ 대분수를 가분수로 고치는 방법

$1\frac{1}{5}=1+\frac{1}{5}=\frac{5}{5}+\frac{1}{5}=\frac{6}{5}$

$2\frac{3}{4}=2+\frac{3}{4}=\frac{8}{4}+\frac{3}{4}=\frac{11}{4}$

09 분수만큼 색칠하고 □ 안에 알맞은 수를 써넣어 $1\frac{1}{2}+1\frac{1}{3}$을 계산해 보세요.

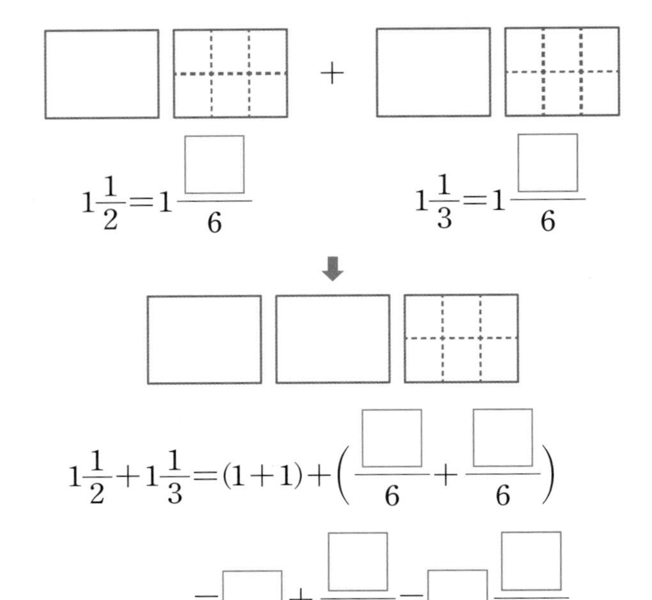

$1\frac{1}{2}=1\frac{\square}{6}$ $1\frac{1}{3}=1\frac{\square}{6}$

$1\frac{1}{2}+1\frac{1}{3}=(1+1)+\left(\frac{\square}{6}+\frac{\square}{6}\right)$

$=\square+\frac{\square}{6}=\square\frac{\square}{6}$

10 □ 안에 알맞은 수를 써넣으세요.

$2\frac{2}{7}+3\frac{2}{3}=2\frac{\square}{21}+3\frac{\square}{21}$

$=\square\frac{\square}{21}$

[11~12] $2\frac{3}{4}+1\frac{1}{6}$을 서로 다른 방법으로 계산해 보세요.

11 자연수는 자연수끼리, 분수는 분수끼리 계산해 보세요.

$2\frac{3}{4}+1\frac{1}{6}=2\frac{\square}{12}+1\frac{\square}{12}$

$=(2+1)+\left(\frac{\square}{12}+\frac{\square}{12}\right)$

$=\square+\frac{\square}{12}=\square\frac{\square}{12}$

12 대분수를 가분수로 고쳐서 계산해 보세요.

$2\frac{3}{4}+1\frac{1}{6}=\frac{\square}{4}+\frac{\square}{6}$

$=\frac{\square}{12}+\frac{\square}{12}$

$=\frac{\square}{12}=\square\frac{\square}{12}$

개념 4 대분수의 덧셈을 해 볼까요(2) → 받아올림이 있는 경우

㉠ $2\frac{2}{3}+3\frac{3}{4}$의 계산

방법 1 자연수는 자연수끼리, 분수는 분수끼리 계산하기

$$2\frac{2}{3}+3\frac{3}{4}=2\frac{8}{12}+3\frac{9}{12}=(2+3)+\left(\frac{8}{12}+\frac{9}{12}\right)=5+\frac{17}{12}$$
$$=5+1\frac{5}{12}=6\frac{5}{12}$$

방법 2 대분수를 가분수로 고쳐서 계산하기

$$2\frac{2}{3}+3\frac{3}{4}=\frac{8}{3}+\frac{15}{4}=\frac{8\times4}{3\times4}+\frac{15\times3}{4\times3}=\frac{32}{12}+\frac{45}{12}=\frac{77}{12}=6\frac{5}{12}$$

▸ 분모가 다른 대분수의 덧셈 방법 비교

방법 1 자연수는 자연수끼리, 분수는 분수끼리 계산하므로 분수 부분의 계산이 편리합니다.

방법 2 대분수를 가분수로 고쳐서 계산하므로 자연수 부분과 분수 부분을 따로 떼어 계산하지 않아도 됩니다.

13 분수만큼 색칠하고 □ 안에 알맞은 수를 써넣어 $1\frac{3}{4}+1\frac{1}{2}$을 계산해 보세요.

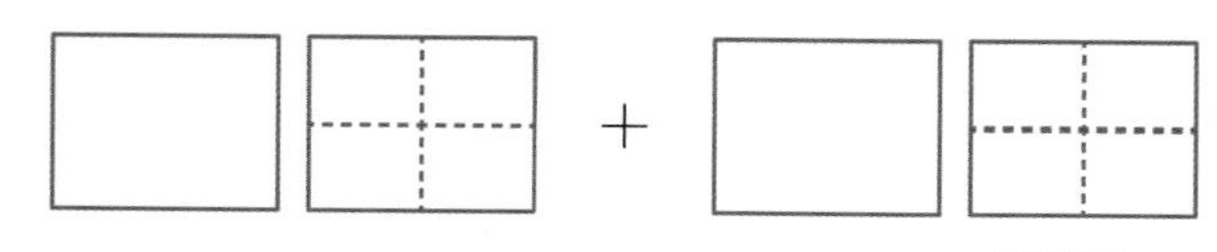

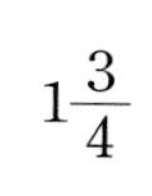

$1\frac{3}{4}$

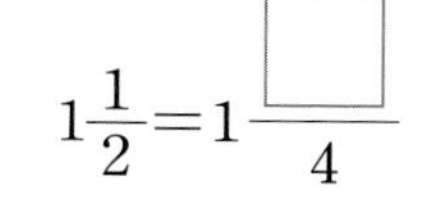

$1\frac{1}{2}=1\frac{\square}{4}$

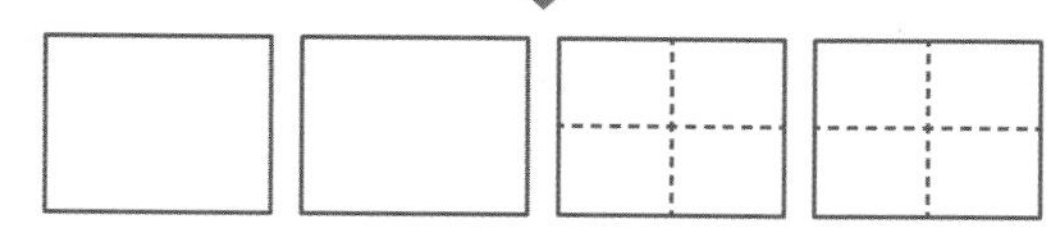

$$1\frac{3}{4}+1\frac{1}{2}=(1+1)+\left(\frac{3}{4}+\frac{\square}{4}\right)$$
$$=2+\frac{\square}{4}=2+\square\frac{\square}{4}$$
$$=\square\frac{\square}{4}$$

14 □ 안에 알맞은 수를 써넣으세요.

$$1\frac{5}{8}+3\frac{5}{6}=1\frac{\square}{24}+3\frac{\square}{24}$$
$$=(1+3)+\left(\frac{\square}{24}+\frac{\square}{24}\right)$$
$$=4+\frac{\square}{24}=4+\square\frac{\square}{24}$$
$$=\square\frac{\square}{24}$$

15 □ 안에 알맞은 수를 써넣으세요.

$$3\frac{4}{5}+2\frac{1}{2}=\frac{\square}{5}+\frac{\square}{2}$$
$$=\frac{\square}{10}+\frac{\square}{10}$$
$$=\frac{\square}{10}=\square\frac{\square}{10}$$

01 보기 와 같이 계산해 보세요.

보기

$$\frac{1}{4}+\frac{3}{10}=\frac{1\times5}{4\times5}+\frac{3\times2}{10\times2}=\frac{5}{20}+\frac{6}{20}=\frac{11}{20}$$

$\frac{5}{8}+\frac{1}{6}$ ______________________

____

02 계산해 보세요.

(1) $\frac{7}{12}+\frac{3}{20}$

(2) $\frac{3}{8}+\frac{5}{36}$

03 빈칸에 알맞은 분수를 써넣으세요.

+	$\frac{2}{3}$	$\frac{7}{10}$	$\frac{3}{5}$
$\frac{1}{6}$			

04 빈칸에 두 수의 합을 써넣으세요.

$\frac{3}{8}$	$\frac{7}{12}$

05 중요 진서는 다음과 같이 잘못 계산했습니다. 처음 잘못 계산한 부분을 찾아 ○표 하고, 옳게 고쳐 계산해 보세요.

$$\frac{4}{9}+\frac{1}{4}=\frac{4\times1}{9\times4}+\frac{1\times9}{4\times9}=\frac{4}{36}+\frac{9}{36}=\frac{13}{36}$$

$\frac{4}{9}+\frac{1}{4}$ ______________________

____

06 과자를 만들기 위한 반죽의 재료입니다. 반죽을 만드는 데 필요한 땅콩 가루와 다진 아몬드는 모두 몇 컵인지 구해 보세요.

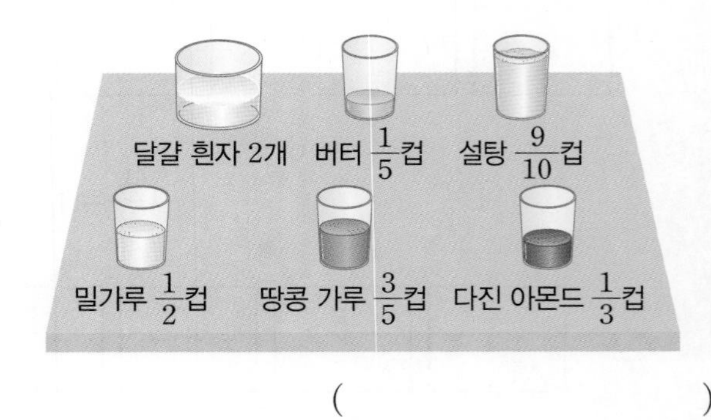

(　　　　　　　　)

07 다음을 두 가지 방법으로 계산해 보세요.

$$\frac{1}{4}+\frac{5}{6}$$

방법 1 ______________________

____

방법 2 ______________________

____

08 계산 결과를 찾아 이어 보세요.

중요

$\frac{3}{4}+\frac{5}{7}$ •	• $1\frac{1}{6}$
$\frac{2}{3}+\frac{5}{6}$ •	• $1\frac{13}{28}$
$\frac{13}{18}+\frac{4}{9}$ •	• $1\frac{1}{2}$

09 분수의 합이 1보다 큰 것에 ○표 하세요.

$\frac{1}{8}+\frac{5}{6}$	$\frac{5}{7}+\frac{7}{21}$
(　　)	(　　)

10 정식이는 밭에서 감자 $\frac{2}{5}$ kg과 고구마 $\frac{3}{4}$ kg을 캤습니다. 감자와 고구마의 무게의 합이 1 kg이 안 되면 바구니에 담고, 1 kg을 넘으면 상자에 담으려고 합니다. 정식이는 감자와 고구마를 무엇에 담아야 할지 써 보세요.

(　　　　　　　　)

11 $2\frac{3}{5}+1\frac{1}{4}$을 서로 다른 방법으로 계산한 것입니다. 어떤 방법으로 계산했는지 설명해 보세요.

방법 1 $2\frac{3}{5}+1\frac{1}{4}=2\frac{12}{20}+1\frac{5}{20}$

$=(2+1)+\left(\frac{12}{20}+\frac{5}{20}\right)=3\frac{17}{20}$

____

____

방법 2 $2\frac{3}{5}+1\frac{1}{4}=\frac{13}{5}+\frac{5}{4}=\frac{52}{20}+\frac{25}{20}$

$=\frac{77}{20}=3\frac{17}{20}$

____

____

12 그림을 보고 □ 안에 알맞은 수를 써넣으세요.

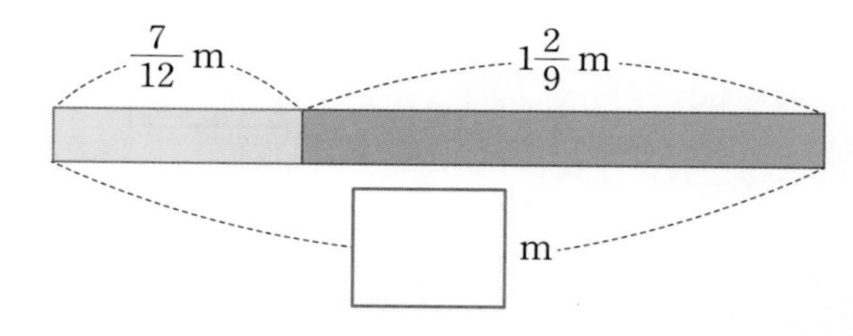

13 다음 수를 구해 보세요.

$4\frac{1}{8}$보다 $1\frac{3}{4}$ 더 큰 수

(　　　　　　　　)

5 단원

14 계산 결과가 더 큰 것의 기호를 써 보세요.

㉠ $\frac{5}{6}+2\frac{3}{20}$　　㉡ $1\frac{1}{12}+1\frac{4}{5}$

(　　　　　　　　)

15 □ 안에 알맞은 수를 써넣으세요.

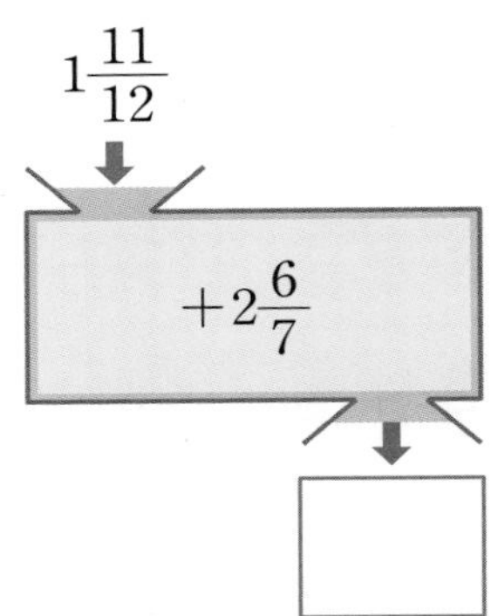

16 지호네 가족은 캠핑을 가기 위해 돼지고기 $1\frac{2}{3}$ kg과 소고기 $1\frac{5}{9}$ kg을 샀습니다. 돼지고기와 소고기를 모두 몇 kg 샀는지 구해 보세요.

(　　　　　　　　)

17 두 분수를 더하여 위의 □ 안에 써넣으려고 합니다. ㉠에 알맞은 수를 구해 보세요.

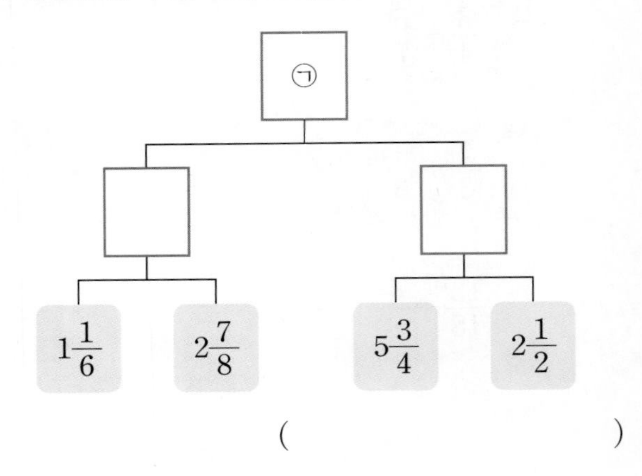

(　　　　　　　　)

18 가장 큰 수와 가장 작은 수의 합을 구해 보세요.

$4\frac{5}{6}$　　$5\frac{1}{4}$　　$4\frac{9}{10}$

(　　　　　　　　)

19 어려운 문제

효빈이와 민혁이는 각자 가지고 있는 수 카드를 한 번씩만 사용하여 가장 큰 대분수를 만들었습니다. 두 사람이 만든 대분수의 합을 구해 보세요.

효빈	민혁
1　4　3	5　7　4

(　　　　　　　　)

정답과 풀이 31쪽

□ 안에 알맞은 수 구하기

• 덧셈과 뺄셈의 관계를 이용합니다.

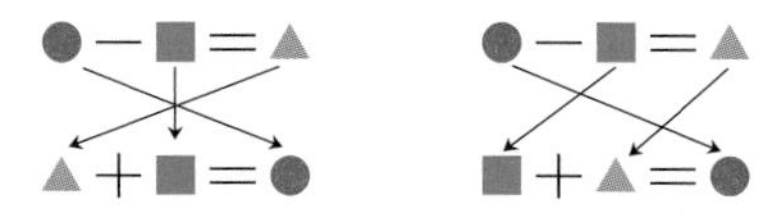

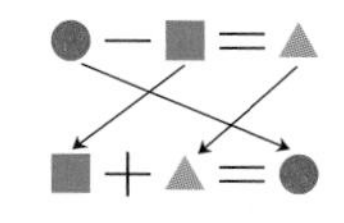

㉮ $\square-\frac{1}{3}=\frac{2}{5}$ ➡ $\square=\frac{2}{5}+\frac{1}{3}=\frac{6}{15}+\frac{5}{15}=\frac{11}{15}$

20 □ 안에 알맞은 수를 구해 보세요.

$\square-\frac{5}{14}=\frac{6}{7}$

( )

21 어떤 수에서 $\frac{5}{6}$를 뺐더니 $2\frac{3}{8}$이 되었습니다. 어떤 수를 구해 보세요.

( )

22 어떤 수에 $1\frac{7}{8}$을 더해야 할 것을 잘못하여 뺐더니 $1\frac{7}{12}$이 되었습니다. 바르게 계산한 값을 구해 보세요.

( )

세 분수의 덧셈

• 앞에서부터 두 분수씩 차례로 계산합니다.

㉮ $\frac{2}{5}+\frac{1}{2}+\frac{3}{4}=\left(\frac{4}{10}+\frac{5}{10}\right)+\frac{3}{4}=\frac{9}{10}+\frac{3}{4}$

$=\frac{18}{20}+\frac{15}{20}=\frac{33}{20}=1\frac{13}{20}$

23 빈칸에 알맞은 수를 써넣으세요.

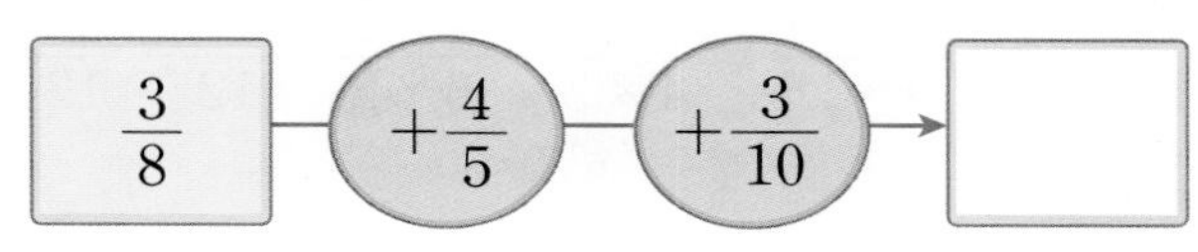

24 그림을 보고 □ 안에 알맞은 수를 써넣으세요.

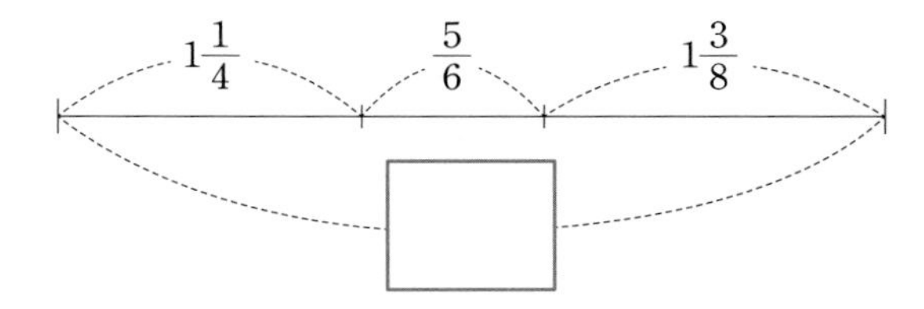

25 바구니 안에 사과를 $\frac{4}{5}$ kg, 귤을 $\frac{2}{3}$ kg, 감을 $\frac{5}{6}$ kg 담았습니다. 바구니 안에 담은 과일은 모두 몇 kg인지 구해 보세요.

( )

5 단원

개념 5 진분수의 뺄셈을 해 볼까요

예) $\frac{3}{4}-\frac{1}{6}$의 계산

방법 1 두 분모의 곱을 공통분모로 하여 통분한 후 계산하기

$$\frac{3}{4}-\frac{1}{6}=\frac{3\times6}{4\times6}-\frac{1\times4}{6\times4}=\frac{18}{24}-\frac{4}{24}=\frac{\overset{7}{\cancel{14}}}{\underset{12}{\cancel{24}}}=\frac{7}{12}$$

방법 2 두 분모의 최소공배수를 공통분모로 하여 통분한 후 계산하기

$$\frac{3}{4}-\frac{1}{6}=\frac{3\times3}{4\times3}-\frac{1\times2}{6\times2}=\frac{9}{12}-\frac{2}{12}=\frac{7}{12}$$

▶ 분모가 다른 진분수의 뺄셈 방법 비교

방법 1 두 분모의 곱을 공통분모로 하여 통분하면 공통분모를 구하기 쉽습니다.

방법 2 두 분모의 최소공배수를 공통분모로 하여 통분하면 분자끼리의 뺄셈이 쉽고, 계산한 결과를 약분할 필요가 없거나 간단합니다.

01 $\frac{7}{8}$과 $\frac{1}{4}$을 각각 그림에 색칠하고 $\frac{7}{8}-\frac{1}{4}$을 계산해 보세요.

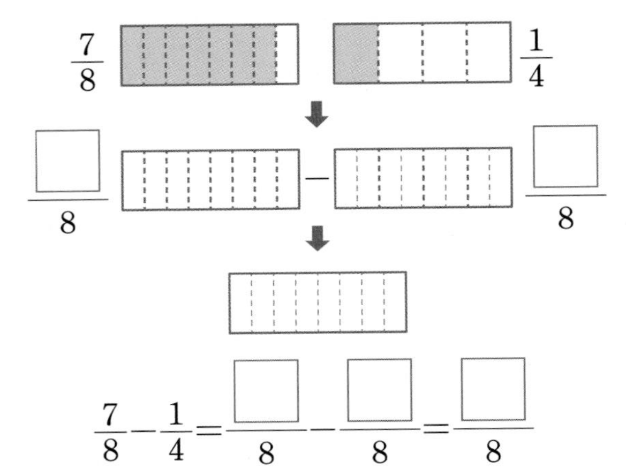

$$\frac{7}{8}-\frac{1}{4}=\frac{\square}{8}-\frac{\square}{8}=\frac{\square}{8}$$

02 □ 안에 알맞은 수를 써넣으세요.

$$\frac{7}{18}-\frac{1}{12}=\frac{7\times2}{18\times2}-\frac{1\times\square}{12\times\square}$$

$$=\frac{14}{36}-\frac{\square}{36}=\square$$

[03~04] $\frac{7}{10}-\frac{3}{8}$을 서로 다른 방법으로 계산해 보세요.

03 두 분모의 곱을 공통분모로 하여 통분한 후 계산해 보세요.

$$\frac{7}{10}-\frac{3}{8}=\frac{7\times\square}{10\times8}-\frac{3\times\square}{8\times10}$$

$$=\frac{\square}{80}-\frac{\square}{80}$$

$$=\frac{\square}{80}=\frac{\square}{40}$$

04 두 분모의 최소공배수를 공통분모로 하여 통분한 후 계산해 보세요.

$$\frac{7}{10}-\frac{3}{8}=\frac{7\times\square}{10\times4}-\frac{3\times\square}{8\times5}$$

$$=\frac{\square}{40}-\frac{\square}{40}=\frac{\square}{40}$$

개념 6 대분수의 뺄셈을 해 볼까요(1) → 받아내림이 없는 경우

예 $3\frac{2}{3}-1\frac{1}{4}$의 계산

방법 1 자연수는 자연수끼리, 분수는 분수끼리 계산하기

$$3\frac{2}{3}-1\frac{1}{4}=3\frac{8}{12}-1\frac{3}{12}=(3-1)+\left(\frac{8}{12}-\frac{3}{12}\right)=2+\frac{5}{12}=2\frac{5}{12}$$

방법 2 대분수를 가분수로 고쳐서 계산하기

$$3\frac{2}{3}-1\frac{1}{4}=\frac{11}{3}-\frac{5}{4}=\frac{44}{12}-\frac{15}{12}=\frac{29}{12}=2\frac{5}{12}$$

▶ 분모가 다른 대분수의 뺄셈 방법 비교

방법 1 자연수는 자연수끼리, 분수는 분수끼리 계산하므로 분수 부분의 계산이 편리합니다.

방법 2 대분수를 가분수로 고쳐서 계산하므로 자연수 부분과 분수 부분을 따로 떼어 계산하지 않아도 됩니다.

05 분수만큼 색칠하고 □ 안에 알맞은 수를 써넣어 $2\frac{2}{3}-1\frac{1}{2}$을 계산해 보세요.

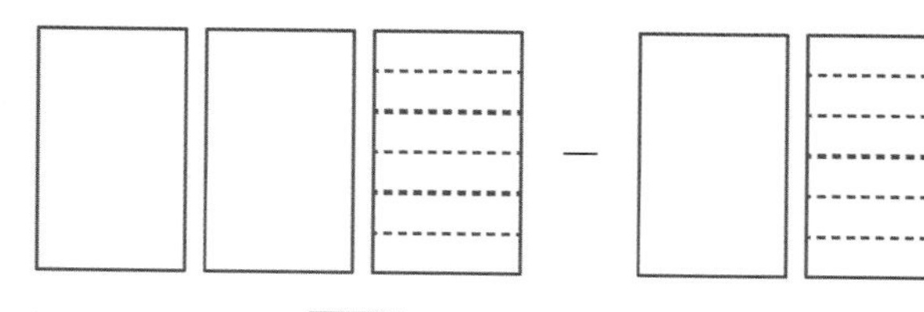

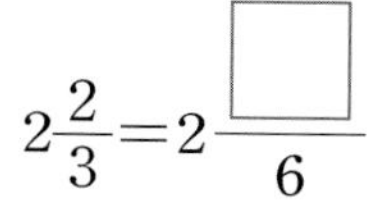

$2\frac{2}{3}=2\frac{\square}{6}$

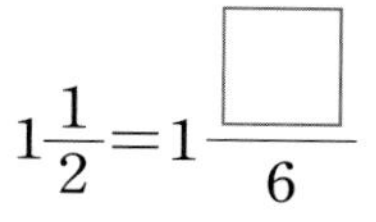

$1\frac{1}{2}=1\frac{\square}{6}$

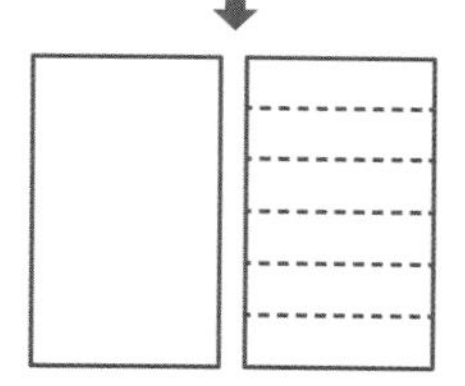

$2\frac{2}{3}-1\frac{1}{2}=2\frac{\square}{6}-1\frac{\square}{6}=1\frac{\square}{6}$

06 □ 안에 알맞은 수를 써넣으세요.

$7\frac{7}{12}-4\frac{3}{8}=7\frac{\square}{24}-4\frac{\square}{24}=\square\frac{\square}{24}$

07 보기 와 같이 자연수 부분과 분수 부분을 나누어 계산해 보세요.

보기

$$3\frac{1}{2}-1\frac{1}{3}=3\frac{3}{6}-1\frac{2}{6}=(3-1)+\left(\frac{3}{6}-\frac{2}{6}\right)$$
$$=2+\frac{1}{6}=2\frac{1}{6}$$

$5\frac{2}{3}-2\frac{2}{9}$ ______________________

08 보기 와 같이 대분수를 가분수로 고쳐서 계산해 보세요.

보기

$$2\frac{4}{5}-1\frac{1}{3}=\frac{14}{5}-\frac{4}{3}=\frac{42}{15}-\frac{20}{15}$$
$$=\frac{22}{15}=1\frac{7}{15}$$

$4\frac{3}{4}-1\frac{2}{5}$ ______________________

개념 7 대분수의 뺄셈을 해 볼까요(2) → 받아내림이 있는 경우

예 $3\frac{1}{4}-1\frac{2}{3}$의 계산

방법 1 자연수는 자연수끼리, 분수는 분수끼리 계산하기

$$3\frac{1}{4}-1\frac{2}{3}=3\frac{3}{12}-1\frac{8}{12}=2\frac{15}{12}-1\frac{8}{12}=(2-1)+\left(\frac{15}{12}-\frac{8}{12}\right)$$
$$=1+\frac{7}{12}=1\frac{7}{12}$$

방법 2 대분수를 가분수로 고쳐서 계산하기

$$3\frac{1}{4}-1\frac{2}{3}=\frac{13}{4}-\frac{5}{3}=\frac{39}{12}-\frac{20}{12}=\frac{19}{12}=1\frac{7}{12}$$

▸ 받아내림이 있는 대분수의 뺄셈
분수끼리 뺄 수 없을 때에는 자연수에서 1을 받아내림하여 계산합니다.

09 분수만큼 색칠하고 □ 안에 알맞은 수를 써넣어 $2\frac{1}{4}-1\frac{1}{2}$을 계산해 보세요.

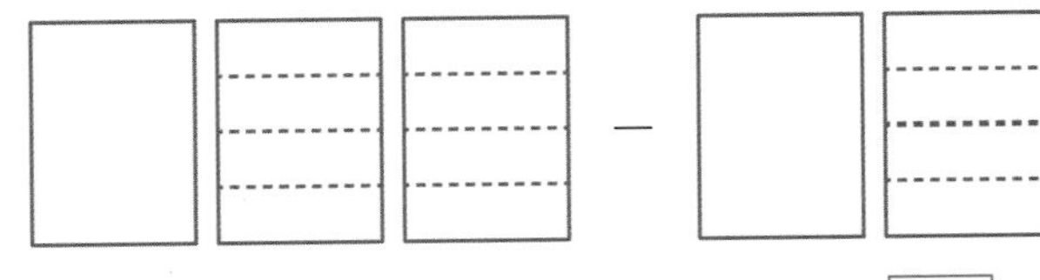

$2\frac{1}{4}$ $\qquad$ 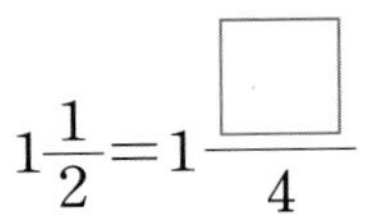 $1\frac{1}{2}=1\frac{\square}{4}$

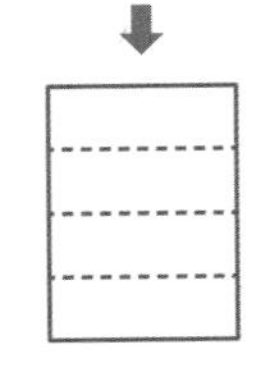

$$2\frac{1}{4}-1\frac{1}{2}=2\frac{1}{4}-1\frac{\square}{4}$$
$$=1\frac{\square}{4}-1\frac{\square}{4}$$
$$=\frac{\square}{4}$$

10 □ 안에 알맞은 수를 써넣으세요.

$$5\frac{3}{8}-3\frac{5}{6}=5\frac{\square}{24}-3\frac{\square}{24}$$
$$=4\frac{\square}{24}-3\frac{\square}{24}$$
$$=\square\frac{\square}{24}$$

11 □ 안에 알맞은 수를 써넣으세요.

$$4\frac{2}{7}-1\frac{1}{3}=\frac{\square}{7}-\frac{\square}{3}$$
$$=\frac{\square}{21}-\frac{\square}{21}$$
$$=\frac{\square}{21}=\square\frac{\square}{21}$$

정답과 풀이 34쪽

26 □ 안에 알맞은 수를 써넣으세요.

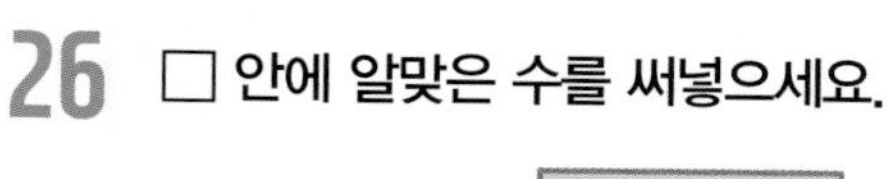

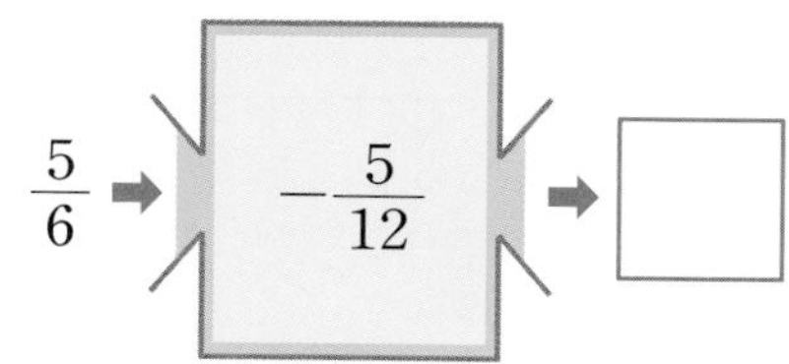

27 중요 $\frac{3}{4}-\frac{1}{6}$을 서로 다른 방법으로 계산한 것입니다. 어떤 방법으로 계산했는지 설명해 보세요.

방법 1 $\frac{3}{4}-\frac{1}{6}=\frac{3\times6}{4\times6}-\frac{1\times4}{6\times4}$
$=\frac{18}{24}-\frac{4}{24}=\frac{14}{24}=\frac{7}{12}$

____

____

방법 2 $\frac{3}{4}-\frac{1}{6}=\frac{3\times3}{4\times3}-\frac{1\times2}{6\times2}$
$=\frac{9}{12}-\frac{2}{12}=\frac{7}{12}$

____

____

28 $\frac{2}{3}-\frac{1}{2}$을 분수 막대를 이용하여 계산해 보세요.

$\frac{1}{8}$	$\frac{1}{8}$	$\frac{1}{8}$	$\frac{1}{8}$	$\frac{1}{8}$	$\frac{1}{8}$	$\frac{1}{8}$	$\frac{1}{8}$
$\frac{1}{6}$	$\frac{1}{6}$	$\frac{1}{6}$	$\frac{1}{6}$	$\frac{1}{6}$	$\frac{1}{6}$		
$\frac{1}{5}$	$\frac{1}{5}$	$\frac{1}{5}$	$\frac{1}{5}$	$\frac{1}{5}$			
$\frac{1}{4}$	$\frac{1}{4}$	$\frac{1}{4}$	$\frac{1}{4}$				
$\frac{1}{3}$	$\frac{1}{3}$	$\frac{1}{3}$					
$\frac{1}{2}$	$\frac{1}{2}$						
1							

$\frac{2}{3}$는 $\frac{1}{6}$이 □개, $\frac{1}{2}$은 $\frac{1}{6}$이 □개입니다.

➡ $\frac{2}{3}-\frac{1}{2}=$ □

29 계산해 보세요.

(1) $\frac{11}{12}-\frac{5}{8}$

(2) $\frac{9}{10}-\frac{5}{6}$

30 두 수의 차를 구해 보세요.

$\frac{7}{12}$ $\frac{7}{9}$

( )

31 소고기 $\frac{4}{5}$ kg 중에서 $\frac{1}{4}$ kg을 불고기를 만드는 데 사용했습니다. 남은 소고기의 양은 몇 kg인지 구해 보세요.

( )

32 더 큰 수를 말한 사람의 이름을 써 보세요.

은솔: $\frac{8}{9}$보다 $\frac{5}{6}$ 더 작은 수!

지후: $\frac{2}{3}$보다 $\frac{5}{9}$ 더 작은 수!

( )

33 계산 결과를 찾아 이어 보세요.

$2\frac{1}{2}-1\frac{1}{8}$ •	• $1\frac{1}{24}$
$2\frac{5}{12}-1\frac{3}{8}$ •	• $1\frac{3}{8}$
$2\frac{11}{12}-1\frac{5}{8}$ •	• $1\frac{7}{24}$

34 다음을 두 가지 방법으로 계산해 보세요.

$$5\frac{7}{8}-2\frac{1}{6}$$

방법 1 ____________________

____

방법 2 ____________________

____

35 빈칸에 알맞은 수를 써넣으세요.

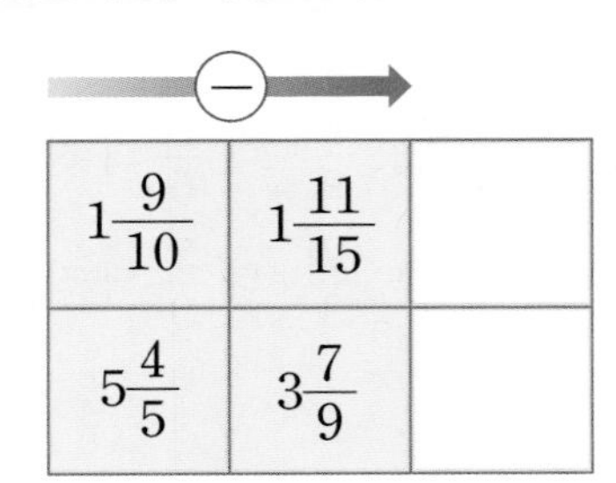

$1\frac{9}{10}$	$1\frac{11}{15}$	
$5\frac{4}{5}$	$3\frac{7}{9}$	

36 그림을 보고 □ 안에 알맞은 수를 써넣으세요.

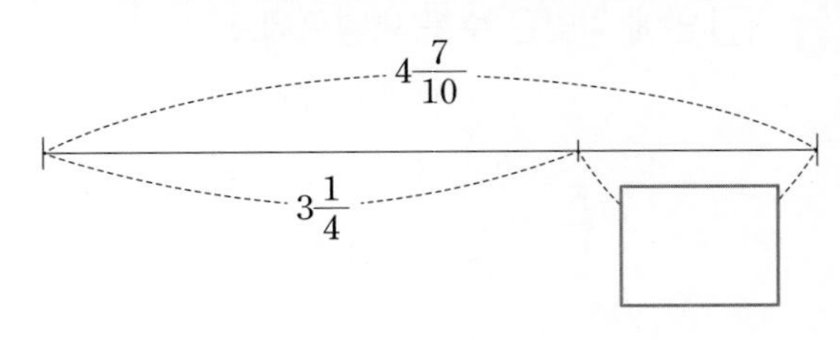

37 다음 수를 구해 보세요.

$4\frac{6}{7}$보다 $2\frac{3}{4}$ 더 작은 수

( )

38 지후네 집에서 주민센터까지의 거리는 집에서 서점까지의 거리보다 몇 km 더 가까운지 구해 보세요.

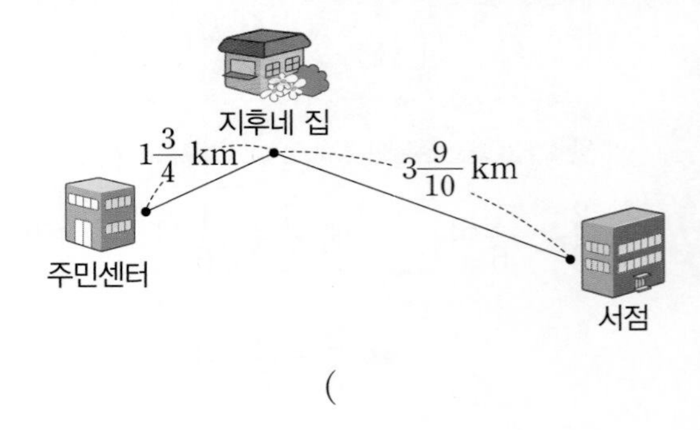

( )

39 계산해 보세요.

(1) $6\frac{3}{10}-3\frac{3}{4}$

(2) $4\frac{1}{18}-2\frac{7}{12}$

40 보기 와 같이 계산해 보세요.

보기

$$5\frac{1}{2}-1\frac{2}{3}=\frac{11}{2}-\frac{5}{3}=\frac{33}{6}-\frac{10}{6}$$
$$=\frac{23}{6}=3\frac{5}{6}$$

$3\frac{2}{5}-1\frac{3}{4}$ ______________________

____

41 빈칸에 알맞은 수를 써넣으세요.

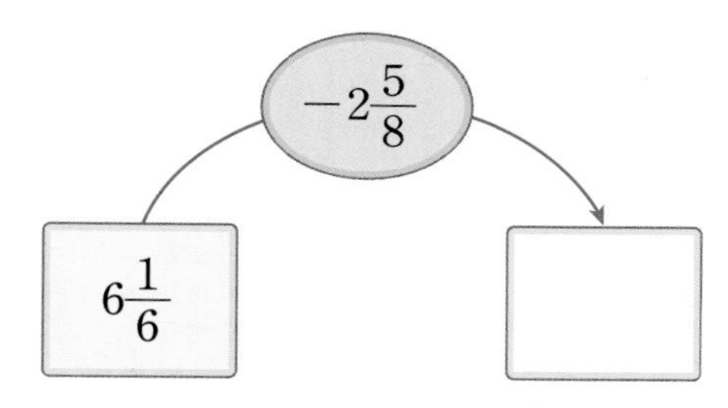

42 계산 결과가 더 작은 것의 기호를 써 보세요.
중요

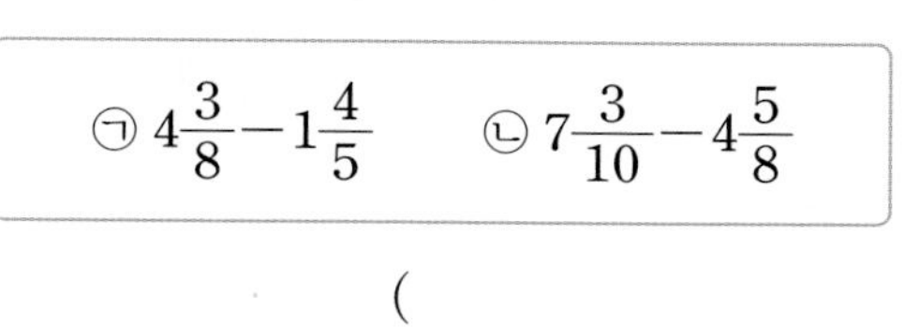

( )

43 직사각형의 가로는 세로보다 몇 cm 더 긴지 구해 보세요.

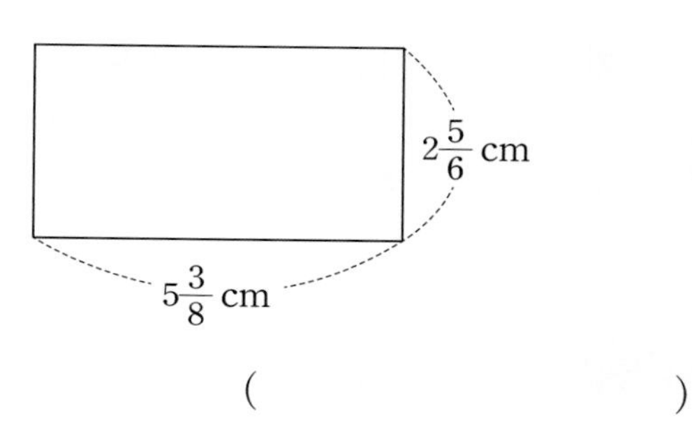

( )

44 어느 가게에 고구마가 $3\frac{4}{7}$ kg, 감자가 $5\frac{3}{14}$ kg 있습니다. 고구마와 감자 중 어느 것이 몇 kg 더 무거운지 구해 보세요.

( ), ( )

45 빈칸에 알맞은 수를 써넣으세요.
어려운 문제

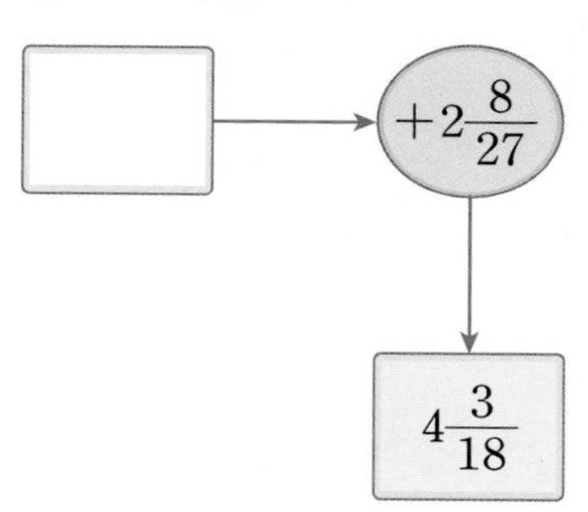

교과서, 익힘책 속 응용 문제를 유형별로 풀어 보세요.

교과서 속 **응용 문제**

정답과 풀이 34쪽

가장 큰 수와 가장 작은 수의 차 구하기

예) 가장 큰 수와 가장 작은 수의 차를 구해 보세요.

$\frac{5}{8}$ $\frac{3}{4}$ $\frac{7}{10}$

➡ 통분하면 $\left(\frac{5}{8}, \frac{3}{4}, \frac{7}{10}\right)$ ➡ $\left(\frac{25}{40}, \frac{30}{40}, \frac{28}{40}\right)$이므로

가장 큰 수는 $\frac{3}{4}$이고, 가장 작은 수는 $\frac{5}{8}$입니다.

$$\frac{3}{4}-\frac{5}{8}=\frac{30}{40}-\frac{25}{40}=\frac{5}{40}=\frac{1}{8}$$

46 가장 큰 수와 가장 작은 수의 차를 구해 보세요.

$\frac{5}{6}$ $\frac{7}{9}$ $\frac{11}{12}$

(　　　　　　　)

47 삼각형의 가장 긴 변의 길이와 가장 짧은 변의 길이의 차는 몇 cm인지 구해 보세요.

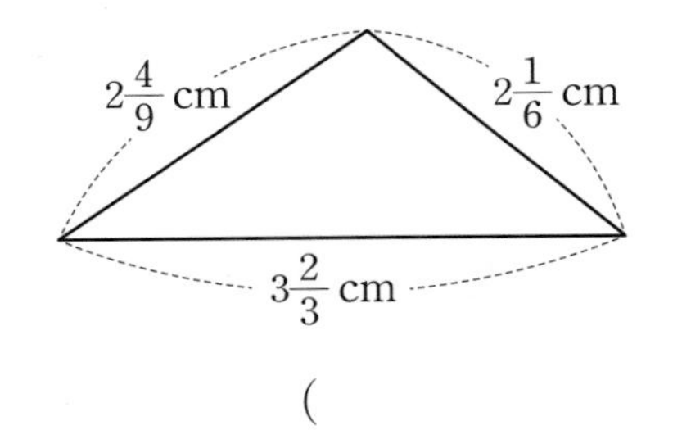

(　　　　　　　)

세 분수의 덧셈과 뺄셈

• 앞에서부터 두 분수씩 차례로 계산합니다.

예) $\frac{5}{6}-\frac{2}{3}+\frac{3}{4}=\left(\frac{5}{6}-\frac{4}{6}\right)+\frac{3}{4}=\frac{1}{6}+\frac{3}{4}$

$=\frac{2}{12}+\frac{9}{12}=\frac{11}{12}$

48 빈칸에 알맞은 수를 써넣으세요.

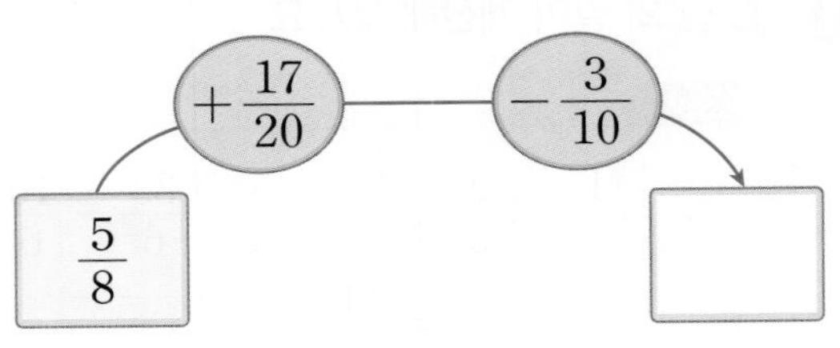

49 ㉡에서 ㉢까지의 거리는 몇 km인지 구해 보세요.

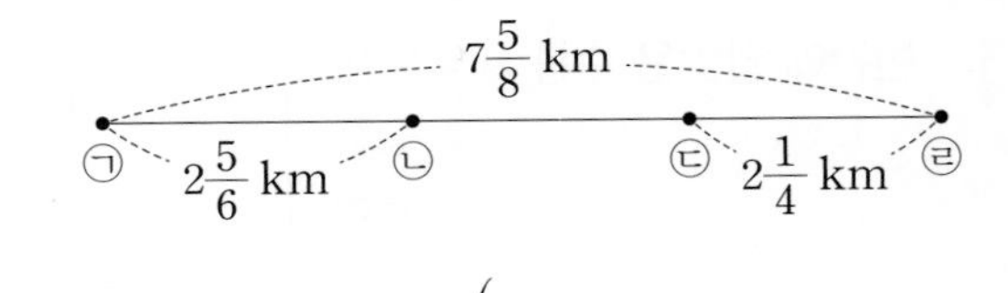

(　　　　　　　)

50 물통에 물이 $9\frac{7}{15}$ L 들어 있었습니다. 물통의 물을 $3\frac{1}{6}$ L 사용하고, $2\frac{4}{5}$ L를 부었습니다. 물통에 들어 있는 물은 몇 L가 되었는지 구해 보세요.

(　　　　　　　)

정답과 풀이 36쪽

대표 응용 바르게 계산한 값 구하기

1 어떤 수에 $\frac{5}{6}$를 더해야 할 것을 잘못하여 뺐더니 $\frac{1}{8}$이 되었습니다. 바르게 계산한 값을 구해 보세요.

문제 스케치

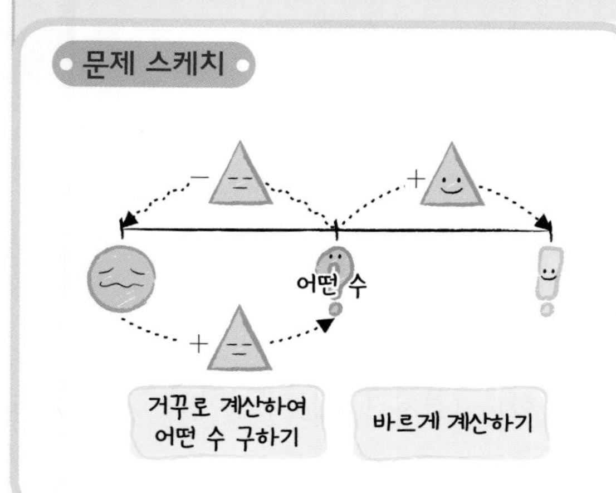

해결하기

어떤 수를 ■라 하면 잘못 계산한 식은 ■ − □ = $\frac{1}{8}$이므로

■ = $\frac{1}{8}$ + □ = □입니다.

따라서 바르게 계산하면 □ + $\frac{5}{6}$ = □입니다.

1-1 어떤 수에 $\frac{3}{4}$을 더해야 할 것을 잘못하여 뺐더니 $\frac{5}{14}$가 되었습니다. 바르게 계산한 값을 구해 보세요.

(　　　　　　　　)

1-2 $5\frac{6}{7}$에서 어떤 수를 빼야 할 것을 잘못하여 더했더니 $8\frac{2}{5}$가 되었습니다. 바르게 계산한 값을 구해 보세요.

(　　　　　　　　)

5 단원

대표 응용 이어 붙인 색 테이프의 전체 길이 구하기

2 길이가 $9\frac{1}{4}$ cm인 색 테이프 2개를 그림과 같이 $1\frac{1}{2}$ cm만큼 겹치게 이어 붙였습니다. 이어 붙인 색 테이프의 전체 길이는 몇 cm인지 구해 보세요.

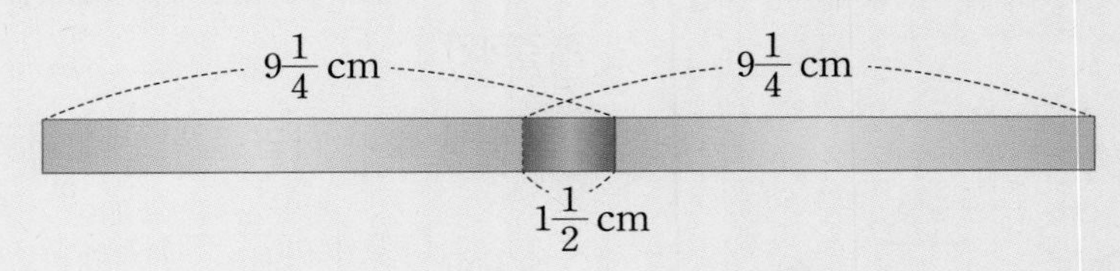

문제 스케치

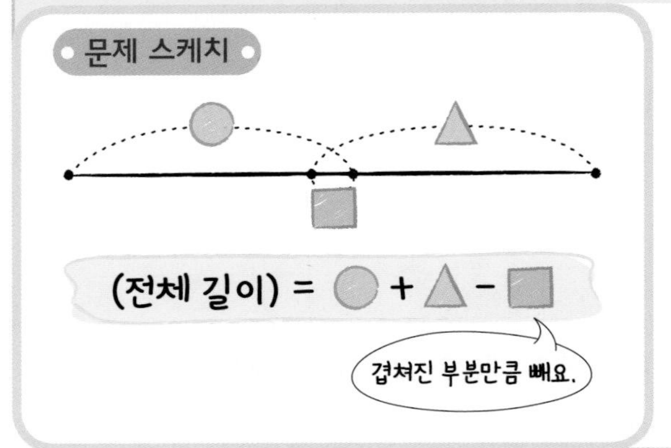

해결하기

(이어 붙인 색 테이프의 전체 길이)

=(색 테이프 2개의 길이의 합)−(겹쳐진 부분의 길이)

$=9\frac{1}{4}+9\frac{1}{4}-1\frac{1}{2}=\square-1\frac{1}{2}=\square$(cm)

2-1 길이가 $3\frac{7}{10}$ m인 색 테이프 2개를 그림과 같이 $\frac{1}{4}$ m만큼 겹치게 이어 붙였습니다. 이어 붙인 색 테이프의 전체 길이는 몇 m인지 구해 보세요.

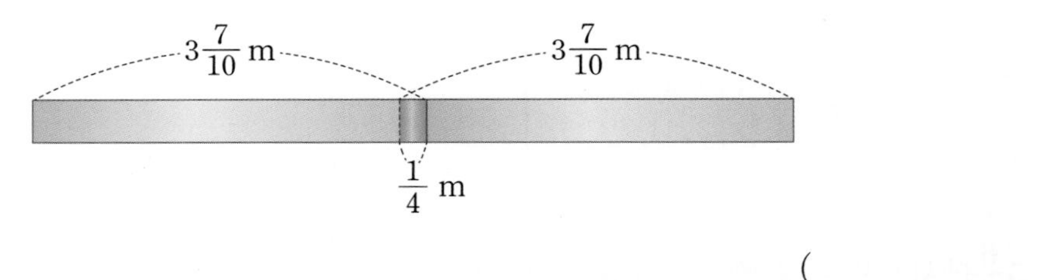

( )

2-2 길이가 $2\frac{3}{5}$ m인 색 테이프 3개를 그림과 같이 $\frac{2}{3}$ m씩 겹치게 이어 붙였습니다. 이어 붙인 색 테이프의 전체 길이는 몇 m인지 구해 보세요.

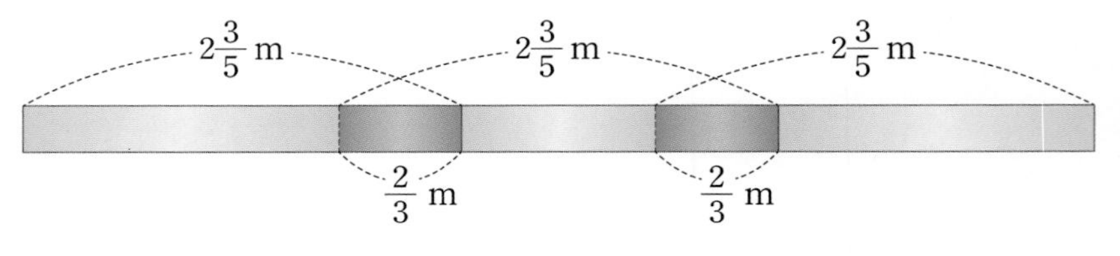

( )

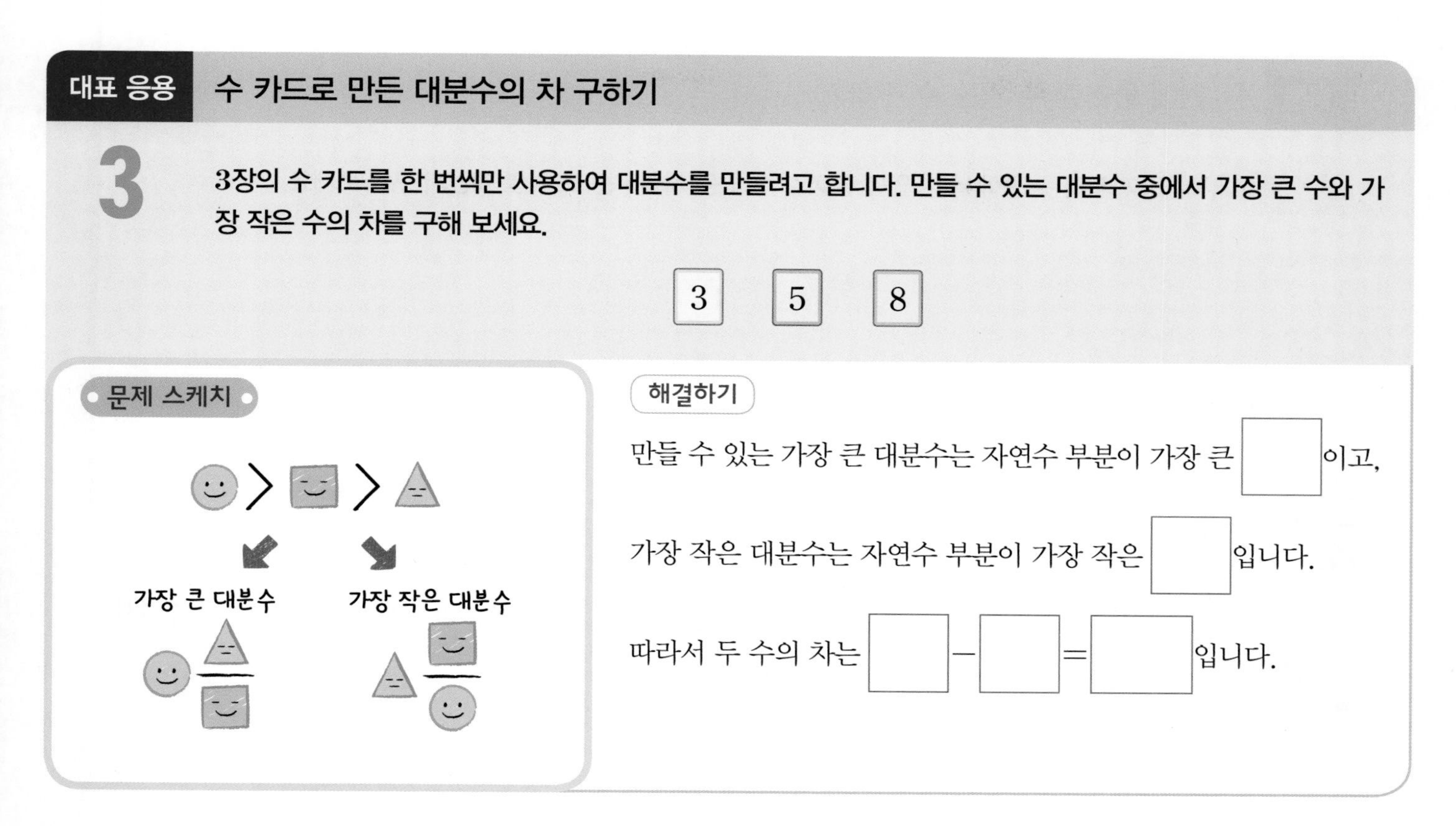

대표 응용 수 카드로 만든 대분수의 차 구하기

3 3장의 수 카드를 한 번씩만 사용하여 대분수를 만들려고 합니다. 만들 수 있는 대분수 중에서 가장 큰 수와 가장 작은 수의 차를 구해 보세요.

3　5　8

해결하기

만들 수 있는 가장 큰 대분수는 자연수 부분이 가장 큰 $\square$이고,

가장 작은 대분수는 자연수 부분이 가장 작은 $\square$입니다.

따라서 두 수의 차는 $\square - \square = \square$입니다.

3-1 3장의 수 카드를 한 번씩만 사용하여 대분수를 만들려고 합니다. 만들 수 있는 대분수 중에서 가장 큰 수와 가장 작은 수의 차를 구해 보세요.

4　　9

(　　　　　　　　)

3-2 4장의 수 카드 중 3장을 골라 대분수를 만들려고 합니다. 만들 수 있는 대분수 중에서 가장 큰 수와 가장 작은 수의 차를 구해 보세요.

2　　　

(　　　　　　　　)

대표 응용 □ 안에 들어갈 수 있는 수 구하기

4 1부터 11까지의 수 중에서 □ 안에 들어갈 수 있는 자연수는 모두 몇 개인지 구해 보세요.

$$\frac{3}{4}-\frac{1}{6}<\frac{\square}{12}$$

문제 스케치

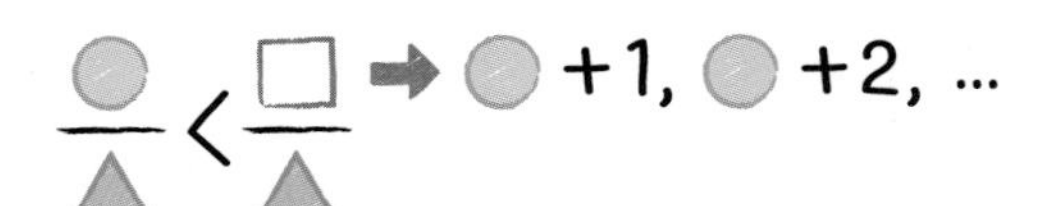

$\frac{○}{△}>\frac{\square}{△}$ ➡ ○ −1, ○ −2, ...

해결하기

$\frac{3}{4}-\frac{1}{6}=\frac{\square}{12}-\frac{\square}{12}=\square$

$\square<\frac{\square}{12}$에서 $\square<\square$이므로 1부터 11까지의 수 중에서

□ 안에 들어갈 수 있는 자연수는 □ 개입니다.

4-1 □ 안에 들어갈 수 있는 자연수를 모두 구해 보세요.

$$1\frac{\square}{18}<\frac{4}{9}+\frac{5}{6}$$

( )

4-2 □ 안에 들어갈 수 있는 가장 큰 자연수와 가장 작은 자연수의 차를 구해 보세요.

$$6\frac{2}{9}-2\frac{5}{6}<3\frac{\square}{18}<2\frac{1}{2}+1\frac{2}{9}$$

( )

대표 응용 시간 구하기

5 재훈이는 수영을 어제 $1\frac{1}{3}$시간, 오늘 $\frac{1}{2}$시간 동안 하였습니다. 재훈이가 어제와 오늘 수영을 한 시간은 모두 몇 시간 몇 분인지 구해 보세요.

문제 스케치

1분 $= \frac{1}{60}$시간

↓

□분 $= \frac{□}{60}$시간

해결하기

(어제 수영을 한 시간)+(오늘 수영을 한 시간)

$=1\frac{1}{3}+\frac{1}{2}=\square\frac{\square}{6}$(시간)

$\square\frac{\square}{6}$시간$=1\frac{\square}{60}$시간이므로 재훈이가 어제와 오늘 수영을 한 시간은 □시간 □분입니다.

5-1 윤지네 가족은 여행을 가는 데 기차를 $2\frac{3}{4}$시간, 버스를 $1\frac{5}{6}$시간 동안 탔습니다. 윤지네 가족이 기차와 버스를 탄 시간은 모두 몇 시간 몇 분인지 구해 보세요.

( )

5-2 세린이네 학교 농구부는 농구 연습을 $\frac{7}{12}$시간 동안 하고 20분 동안 쉬었다가 다시 $\frac{3}{4}$시간 동안 하고 연습을 끝냈습니다. 농구 연습을 시작할 때부터 끝낼 때까지 걸린 시간은 모두 몇 시간 몇 분인지 구해 보세요.

( )

01 □ 안에 알맞은 수를 써넣으세요.

$$\frac{2}{15}+\frac{3}{10}=\frac{\square}{30}+\frac{\square}{30}=\frac{\square}{30}$$

02 계산 결과가 더 큰 것의 기호를 써 보세요.

㉠ $\frac{2}{3}+\frac{1}{6}$　　㉡ $\frac{5}{12}+\frac{7}{18}$

(　　　　　　)

03 보기 와 같이 계산해 보세요.

보기

$$\frac{5}{8}+\frac{7}{12}=\frac{15}{24}+\frac{14}{24}=\frac{29}{24}=1\frac{5}{24}$$

$\frac{7}{10}+\frac{3}{4}$ ______________________

____

04 삼각형의 가장 긴 변과 가장 짧은 변의 길이의 합은 몇 m인지 구해 보세요.

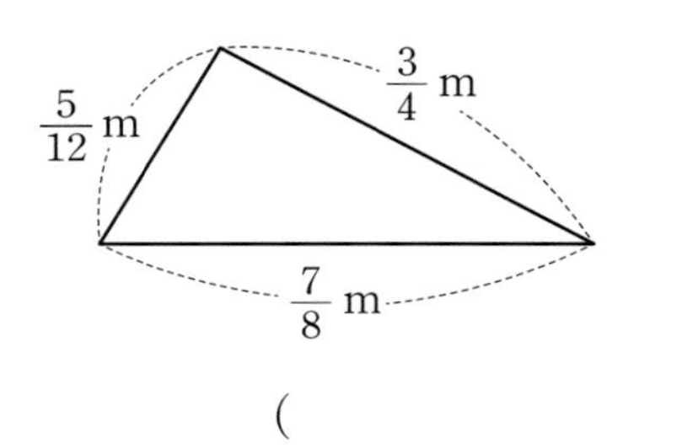

(　　　　　　)

05 $3\frac{1}{4}+1\frac{5}{12}$를 계산할 때 공통분모가 될 수 없는 수는 어느 것인가요? (　　　)

① 12　　② 16　　③ 24
④ 36　　⑤ 48

06 다음 수를 구해 보세요.

$1\frac{2}{3}$보다 $2\frac{2}{7}$ 더 큰 수

(　　　　　　)

07 두 수의 합을 구해 보세요.

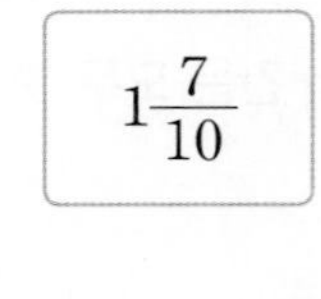

$2\frac{3}{5}$　　$1\frac{7}{10}$

(　　　　　　)

08 도서관에서 재하네 집을 거쳐 학교까지의 거리는 몇 km인지 구해 보세요.

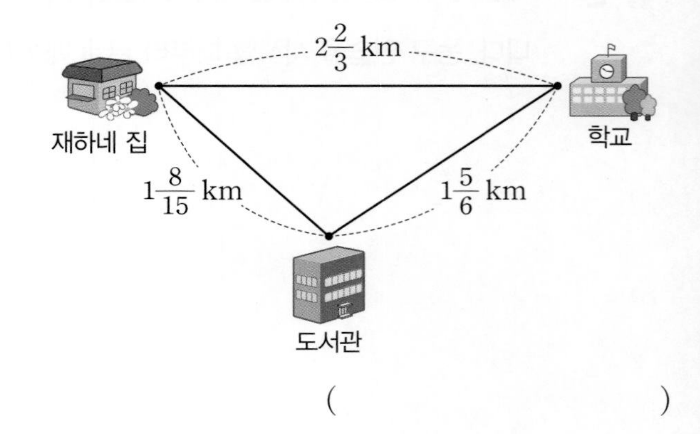

(　　　　　　)

09 빈 곳에 두 분수의 차를 써넣으세요.

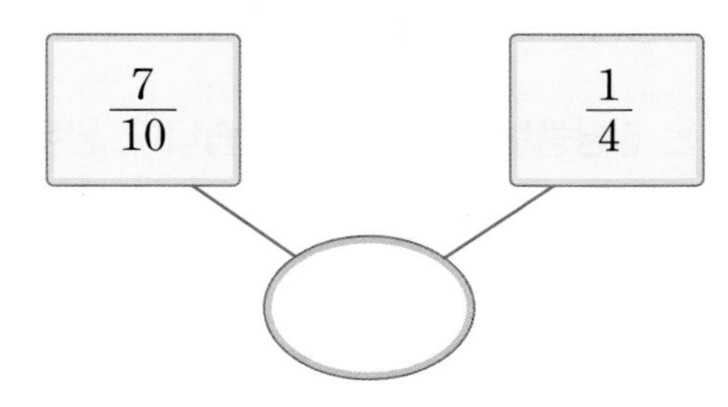

10 어떤 수에 $\frac{7}{10}$을 더했더니 $\frac{3}{4}$이 되었습니다. 어떤 수를 구해 보세요.

( )

11 중요 3장의 수 카드 중 2장을 골라 진분수를 만들려고 합니다. 만들 수 있는 진분수 중에서 가장 큰 수와 가장 작은 수의 차를 구해 보세요.

4 5 7

( )

12 두 수의 합과 차를 각각 구해 보세요.

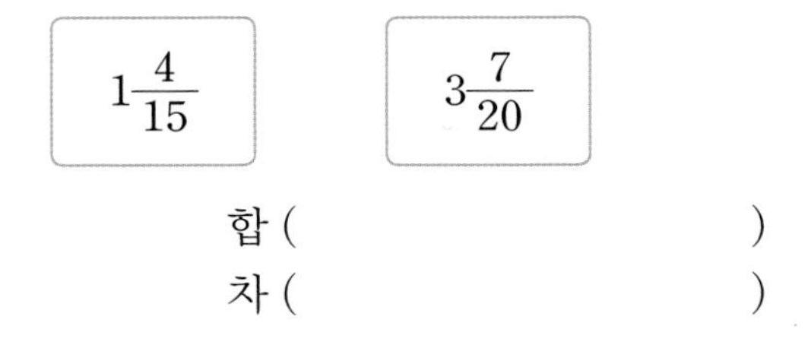

합 ( )

차 ( )

13 채린이는 우유 $3\frac{4}{9}$ L 중에서 $2\frac{1}{4}$ L를 빵을 만드는 데 사용했습니다. 남은 우유는 몇 L인지 구해 보세요.

( )

14 계산에서 잘못된 곳을 찾아 바르게 고쳐 보세요.

$$7\frac{2}{9}-4\frac{13}{27}=7\frac{6}{27}-4\frac{13}{27}$$
$$=7\frac{33}{27}-4\frac{13}{27}=3\frac{20}{27}$$

바른 계산

15 ㉠과 ㉡의 합을 구해 보세요.

$$8\frac{1}{3}-3\frac{7}{11}=㉠\frac{㉡}{33}$$

( )

16 그림을 보고 □ 안에 알맞은 수를 써넣으세요.

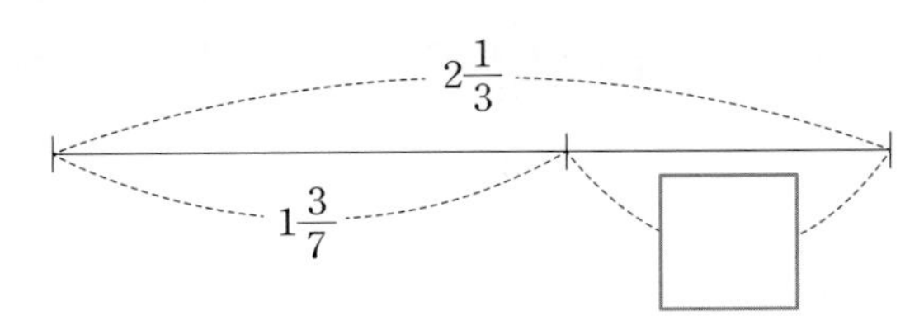

17 빈칸에 알맞은 수를 써넣으세요.

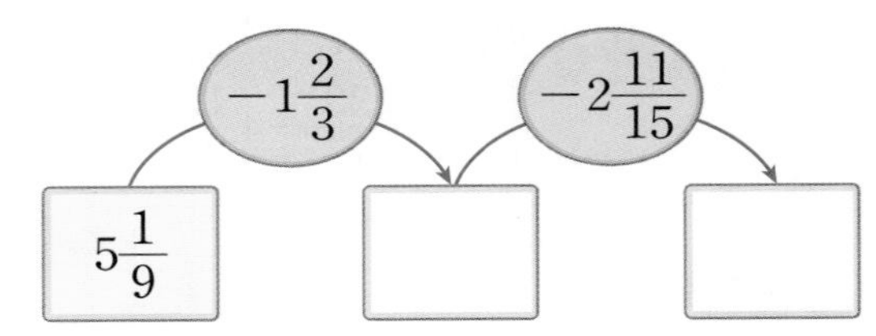

18 길이가 $2\frac{5}{7}$ m인 색 테이프 3개를 그림과 같이 $\frac{2}{3}$ m씩 겹치도록 이어 붙였습니다. 이어 붙인 색 테이프 전체의 길이는 몇 m인지 구해 보세요.

$2\frac{5}{7}$ m　$2\frac{5}{7}$ m　$2\frac{5}{7}$ m

$\frac{2}{3}$ m　$\frac{2}{3}$ m

(　　　　　　　　　　)

서술형 문제

19 강낭콩의 키는 1 m보다 $\frac{1}{8}$ m 더 작고, 완두콩의 키는 강낭콩보다 $\frac{1}{4}$ m 더 작습니다. 완두콩의 키는 몇 m인지 풀이 과정을 쓰고 답을 구해 보세요.

풀이

답

20 다음에서 ●와 ■의 합은 얼마인지 풀이 과정을 쓰고 답을 구해 보세요.

●=■보다 $1\frac{4}{15}$ 더 작은 수

■=$6\frac{3}{5}$

풀이

답

정답과 풀이 38쪽

01 보기 와 같이 계산해 보세요.

보기

$$\frac{5}{6}+\frac{1}{8}=\frac{5\times4}{6\times4}+\frac{1\times3}{8\times3}=\frac{20}{24}+\frac{3}{24}=\frac{23}{24}$$

$\frac{1}{10}+\frac{3}{4}$

02 그림을 보고 ㉠에 알맞은 수를 구해 보세요.

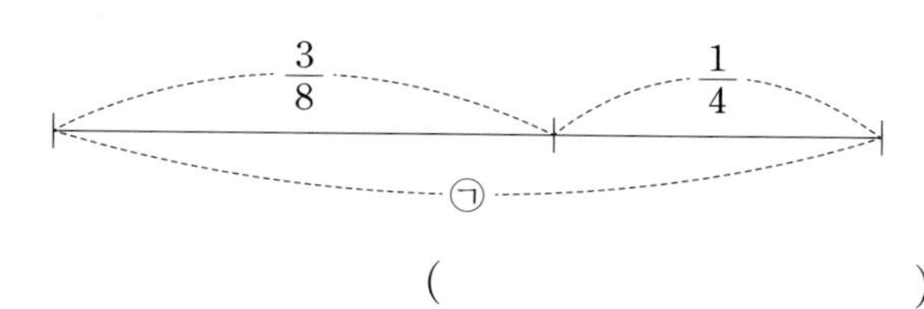

( )

03 중요 다음 덧셈의 계산 결과는 진분수입니다. □ 안에 들어갈 수 있는 자연수를 모두 구해 보세요.

$$\frac{3}{5}+\frac{\square}{10}$$

( )

04 빈칸에 알맞은 수를 써넣으세요.

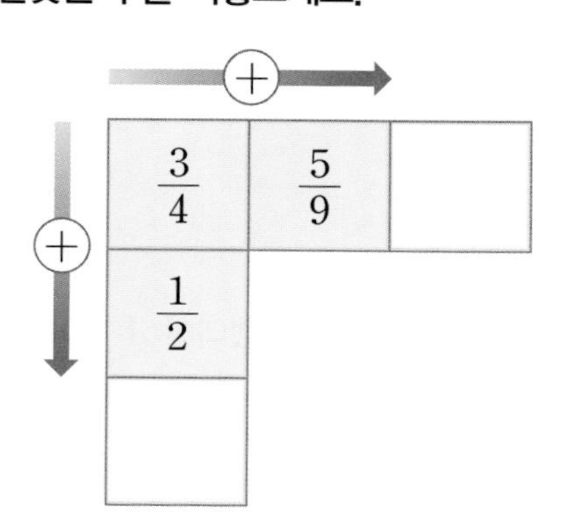

05 계산 결과를 비교하여 ○ 안에 >, =, <를 알맞게 써넣으세요.

$$\frac{2}{7}+\frac{3}{5} \bigcirc \frac{7}{10}+\frac{1}{3}$$

06 가장 큰 수와 가장 작은 수의 합을 구해 보세요.

$\frac{5}{8}$ $2\frac{1}{6}$ $\frac{7}{9}$ $1\frac{3}{5}$

( )

07 계산 결과가 더 큰 것의 기호를 써 보세요.

㉠ $3\frac{5}{6}+2\frac{3}{4}$ ㉡ $2\frac{3}{8}+3\frac{1}{4}$

( )

08 꽃을 만드는 데 아영이는 리본을 $2\frac{3}{4}$ m 사용했고, 진수는 아영이보다 $4\frac{2}{5}$ m 더 많이 사용했습니다. 진수가 사용한 리본은 몇 m인지 구해 보세요.

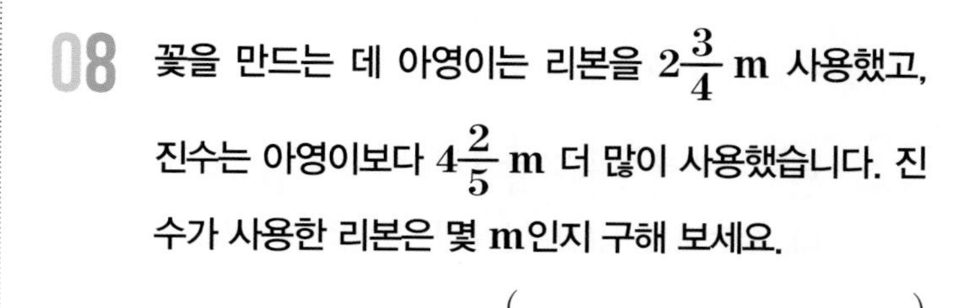

( )

5 단원

09 빈칸에 알맞은 수를 써넣으세요.

중요

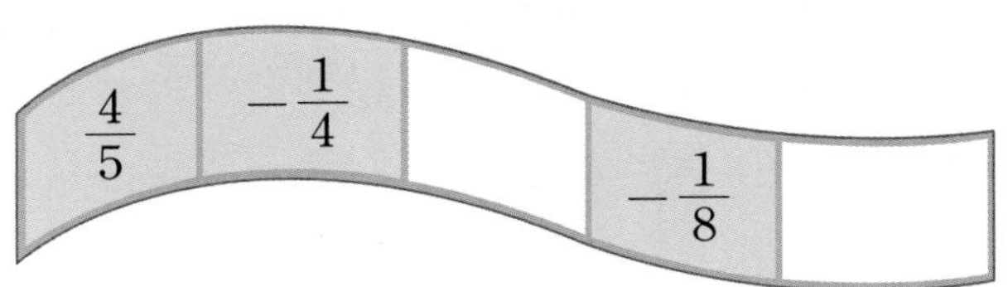

10 유라와 기훈이는 각자 가지고 있는 수 카드 3장 중 2장을 골라 진분수를 만들려고 합니다. 두 사람이 각자 만들 수 있는 가장 작은 진분수의 차를 구해 보세요.

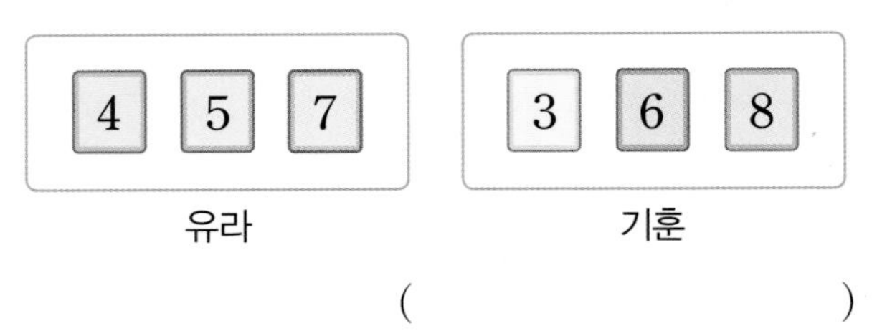

( )

11 두 수의 차를 구해 보세요.

$1\frac{7}{12}$ $5\frac{5}{8}$

( )

12 냉장고에 수정과 $2\frac{4}{5}$ L와 식혜 $1\frac{3}{10}$ L가 있습니다. 수정과는 식혜보다 몇 L 더 많은지 구해 보세요.

( )

13 계산 결과가 1보다 큰 것을 모두 찾아 기호를 써 보세요.

㉠ $\frac{1}{4}+\frac{5}{8}$ ㉡ $\frac{5}{9}+\frac{4}{7}$

㉢ $2\frac{2}{5}-1\frac{1}{3}$ ㉣ $6\frac{5}{6}-5\frac{9}{10}$

( )

14 계산 결과를 비교하여 더 작은 식에 ○표 하세요.

$10\frac{7}{12}-8\frac{1}{8}$	$4\frac{1}{8}-1\frac{5}{6}$

15 어떤 수에 $2\frac{3}{5}$을 더했더니 $4\frac{1}{8}$이 되었습니다. 어떤 수를 구해 보세요.

( )

16 유미와 지희가 2주 동안 마신 우유의 양입니다. 2주 동안 우유를 누가 몇 L 더 많이 마셨는지 구해 보세요.

	지난주	이번 주
유미	$1\frac{4}{15}$ L	$2\frac{1}{3}$ L
지희	$2\frac{1}{5}$ L	$1\frac{5}{6}$ L

( ), ( )

17 ㉮, ㉯, ㉰ 세 수는 다음을 모두 만족합니다. ㉰는 얼마인지 구해 보세요.

- ㉮는 $1\frac{5}{7}$보다 $2\frac{3}{4}$ 더 큽니다.
- ㉯는 ㉮보다 $2\frac{5}{8}$ 더 작습니다.
- ㉰는 ㉯보다 $\frac{6}{7}$ 더 작습니다.

( )

18 기호 ◎를 다음과 같이 약속할 때 $\frac{3}{4}$◎$\frac{2}{5}$를 계산해 보세요.

가◎나=가−나+$\frac{1}{3}$

( )

서술형 문제

19 가장 큰 수와 가장 작은 수의 차를 구하려고 합니다. 풀이 과정을 쓰고 답을 구해 보세요.

$\frac{4}{5}$ $\frac{5}{6}$ $\frac{7}{8}$

풀이

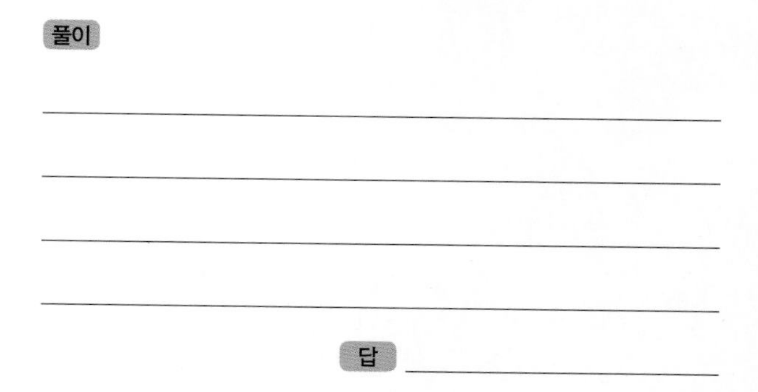

답

20 등산로 입구에서 산 정상에 오르는 길은 두 가지가 있습니다. 산 정상에 오를 때 ㉮ 길과 ㉯ 길 중 어느 길로 가는 것이 몇 km 더 가까운지 풀이 과정을 쓰고 답을 구해 보세요.

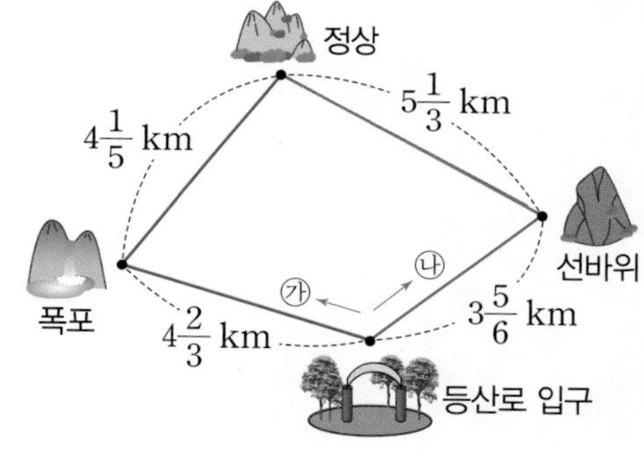

풀이

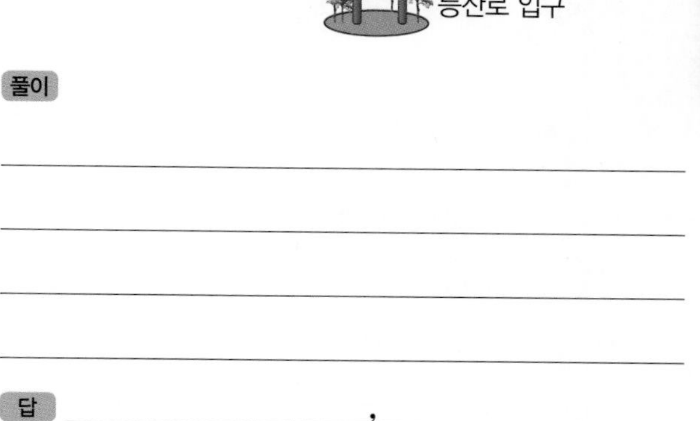

답 ,

세호와 지연이가 연을 만들어 날리고 있어요. 세호는 연을 가로가 30 cm, 세로가 40 cm인 직사각형 모양으로 만들었고, 지연이는 연을 두 대각선의 길이가 각각 40 cm, 38 cm인 마름모 모양으로 만들었어요. 세호가 만든 연의 둘레는 몇 cm일까요? 또 지연이가 만든 연의 넓이는 몇 cm^2일까요?

이번 6단원에서는 다각형의 둘레와 넓이를 구하는 방법에 대해 배울 거예요.

6 다각형의 둘레와 넓이

단원 학습 목표

1. 정다각형과 사각형의 둘레를 구할 수 있습니다.
2. $1\ \mathrm{cm}^2$, $1\ \mathrm{m}^2$, $1\ \mathrm{km}^2$를 알고, 넓이의 단위 사이의 관계를 이해합니다.
3. 직사각형과 정사각형의 넓이를 구할 수 있습니다.
4. 평행사변형과 삼각형의 넓이를 구할 수 있습니다.
5. 마름모와 사다리꼴의 넓이를 구할 수 있습니다.

단원 진도 체크

학습일		학습 내용	진도 체크
1일째	월 일	개념 1 정다각형의 둘레를 구해 볼까요 개념 2 사각형의 둘레를 구해 볼까요 개념 3 $1\ \mathrm{cm}^2$를 알아볼까요 직사각형의 넓이를 구해 볼까요 개념 4 $1\ \mathrm{cm}^2$보다 더 큰 단위를 알아볼까요	✓
2일째	월 일	교과서 넘어 보기 + 교과서 속 응용 문제	✓
3일째	월 일	개념 5 평행사변형의 넓이를 구해 볼까요 개념 6 삼각형의 넓이를 구해 볼까요	✓
4일째	월 일	교과서 넘어 보기 + 교과서 속 응용 문제	✓
5일째	월 일	개념 7 마름모의 넓이를 구해 볼까요 개념 8 사다리꼴의 넓이를 구해 볼까요	✓
6일째	월 일	교과서 넘어 보기 + 교과서 속 응용 문제	✓
7일째	월 일	응용 1 직각으로 이루어진 도형의 둘레 구하기 응용 2 색칠한 부분의 넓이 구하기 응용 3 높이가 같은 도형의 넓이 구하기	✓
8일째	월 일	응용 4 다각형의 넓이 구하기 응용 5 직사각형의 둘레를 알 때 넓이 구하기	✓
9일째	월 일	단원 평가 LEVEL ❶	✓
10일째	월 일	단원 평가 LEVEL ❷	✓

이 단원을 진도 체크에 맞춰 10일 동안 학습해 보세요.
해당 부분을 공부하고 나서 ✓표를 하세요.

교과서 개념 다지기

개념 1 정다각형의 둘레를 구해 볼까요

정다각형은 모든 변의 길이가 같으므로 정다각형의 한 변의 길이에 변의 수를 곱하여 둘레를 구합니다.

(정다각형의 둘레)=(한 변의 길이)×(변의 수)

예

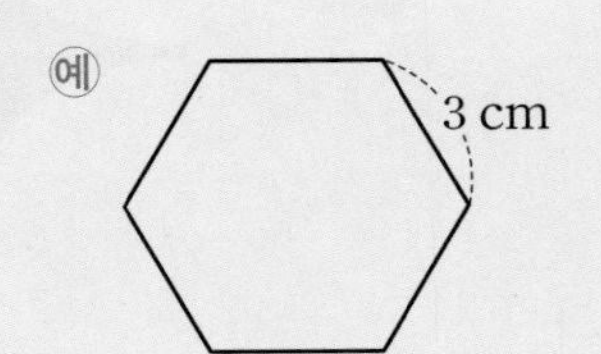

(정육각형의 둘레)

=(한 변의 길이)×(변의 수)

$=3\times6=18$(cm)

▸ 정다각형
변의 길이가 모두 같고 각의 크기가 모두 같은 다각형

▸ 둘레
도형의 가장자리를 한 바퀴 돈 길이

01 **한 변의 길이가 5 cm인 정오각형의 둘레를 두 가지 방법으로 구하려고 합니다. □ 안에 알맞은 수를 써넣으세요.**

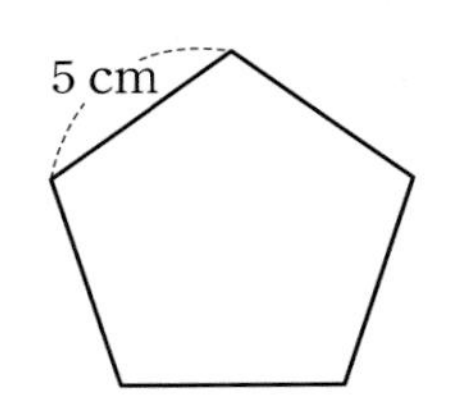

(1) 정오각형의 변의 길이를 모두 더하면

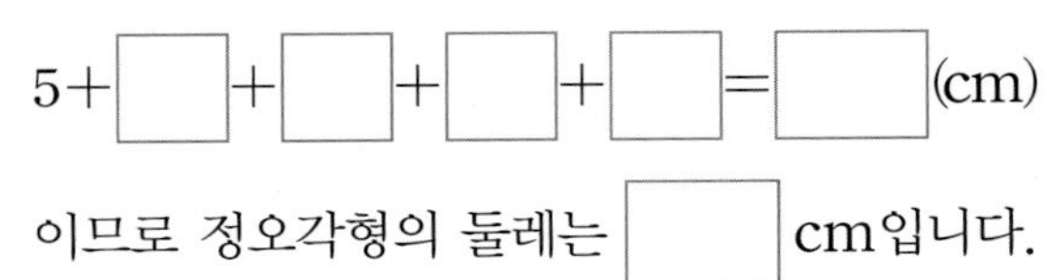

5+□+□+□+□=□(cm)

이므로 정오각형의 둘레는 □cm입니다.

(2) 정다각형의 둘레는 (한 변의 길이)×(변의 수)로 구할 수 있으므로 정오각형의 둘레는

5×□=□(cm)입니다.

02 **한 변의 길이가 9 cm인 정삼각형의 둘레를 구하려고 합니다. □ 안에 알맞은 수를 써넣으세요.**

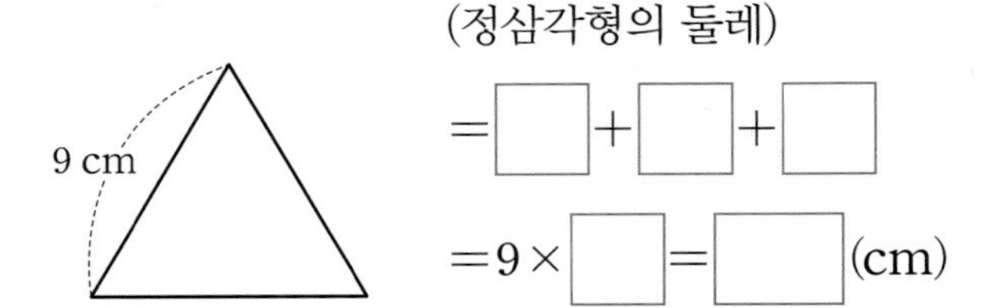

(정삼각형의 둘레)

=□+□+□

=9×□=□(cm)

03 **정팔각형입니다. □ 안에 알맞은 수를 써넣으세요.**

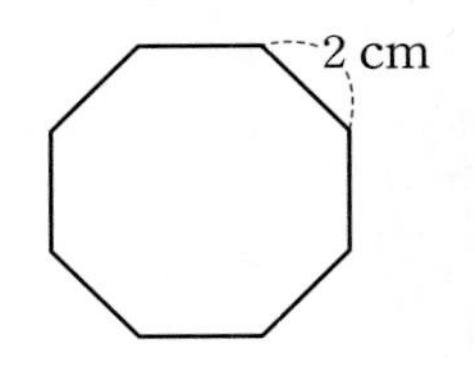

(1) 길이가 같은 변은 모두 □개입니다.

(2) 정팔각형의 둘레는 □cm입니다.

04 **정육각형의 둘레를 구해 보세요.**

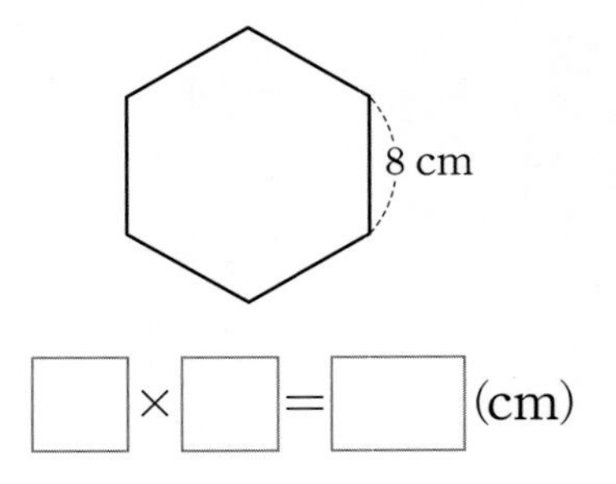

□×□=□(cm)

개념 2 사각형의 둘레를 구해 볼까요

(1) 직사각형의 둘레 구하기

(직사각형의 둘레)$=$((가로)$+$(세로))$\times 2$

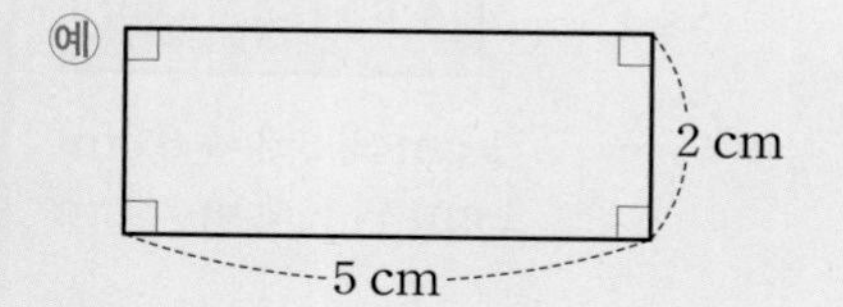

(직사각형의 둘레)
$=(5+2)\times 2=14$(cm)

(2) 평행사변형의 둘레 구하기

(평행사변형의 둘레)$=$((한 변의 길이)$+$(다른 한 변의 길이))$\times 2$

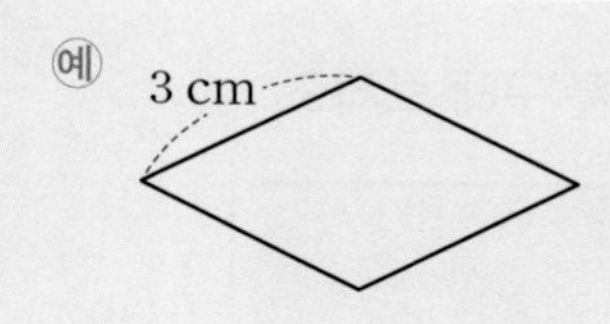

(평행사변형의 둘레)
$=(4+3)\times 2=14$(cm)

(3) 마름모의 둘레 구하기

(마름모의 둘레)$=$(한 변의 길이)$\times 4$

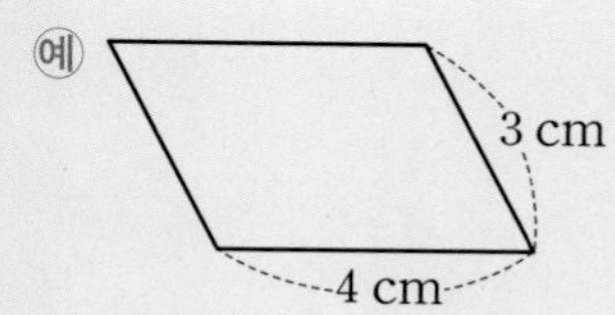

(마름모의 둘레)$=3\times 4=12$(cm)

▶ 직사각형
네 각이 모두 직각이고 마주 보는 두 쌍의 변이 서로 평행하므로 마주 보는 두 변의 길이가 같습니다.

▶ 평행사변형
마주 보는 두 쌍의 변이 서로 평행하므로 마주 보는 두 변의 길이가 같습니다.

▶ 마름모
네 변의 길이가 모두 같습니다.

05 직사각형의 둘레를 구하려고 합니다. □ 안에 알맞은 수를 써넣으세요.

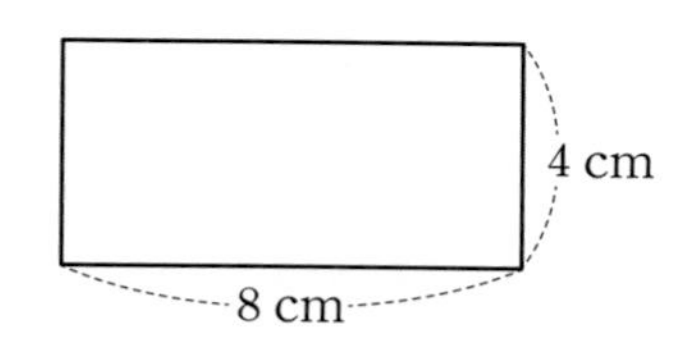

(직사각형의 둘레)$=8+4+\square+4$
$=(8+\square)\times 2$
$=\square$(cm)

[06~07] 평행사변형과 마름모의 둘레를 구해 보세요.

06

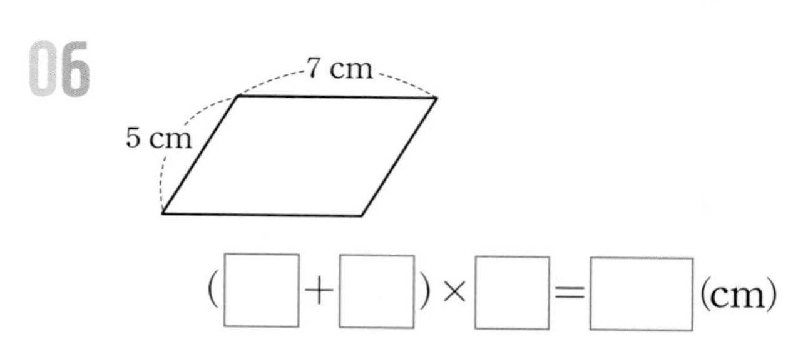

$(\square+\square)\times\square=\square$(cm)

07

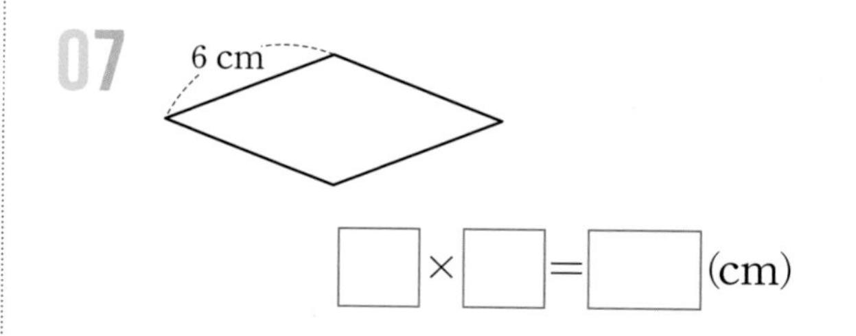

$\square\times\square=\square$(cm)

개념 3 $1\,cm^2$를 알아볼까요, 직사각형의 넓이를 구해 볼까요

(1) $1\,cm^2$ 알아보기

한 변의 길이가 1 cm인 정사각형의 넓이를 $1\,cm^2$라 쓰고, 1 제곱센티미터라고 읽습니다.

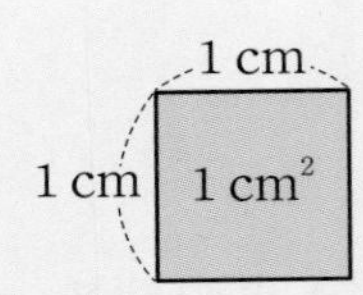

$1\,cm^2$

(2) 직사각형의 넓이 구하기

(직사각형의 넓이)=(가로)×(세로)
(정사각형의 넓이)=(한 변의 길이)×(한 변의 길이)

예 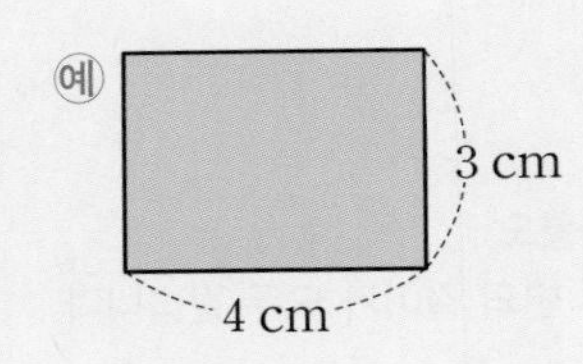

(직사각형의 넓이)=(가로)×(세로)
$=4\times3=12(cm^2)$

▸ $1\,cm^2$로 도형의 넓이 나타내기

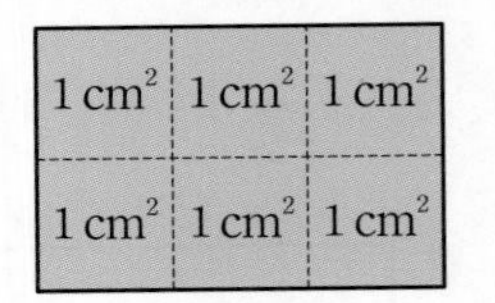

$1\,cm^2$의 6배 ➡ $6\,cm^2$
$1\,cm^2$의 ■배 ➡ ■ cm^2

08 세 도형의 넓이를 구하려고 합니다. □ 안에 알맞은 수를 써넣으세요.

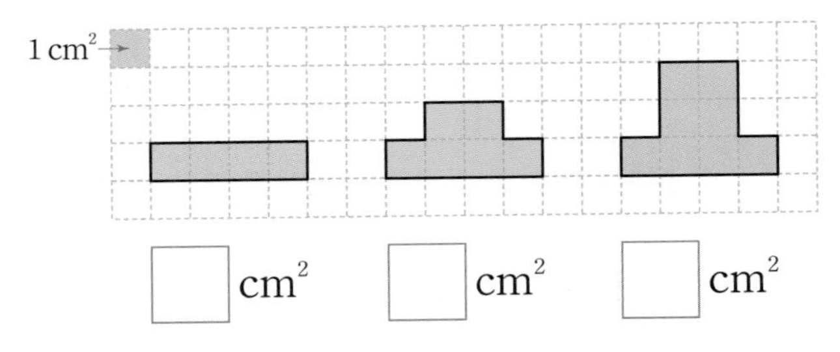

□ cm^2　□ cm^2　□ cm^2

09 그림을 보고 □ 안에 알맞은 수를 써넣으세요.

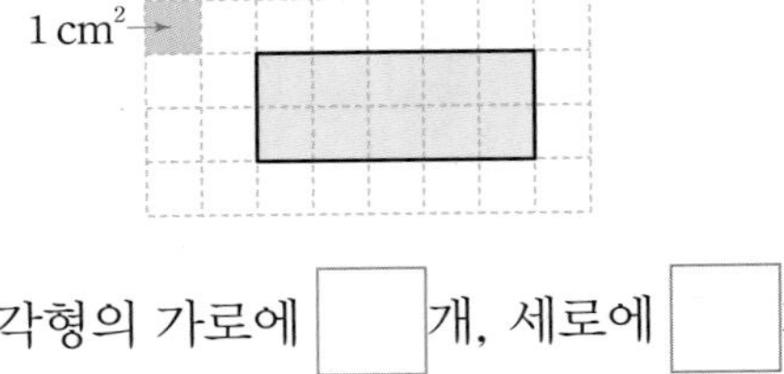

■가 직사각형의 가로에 □개, 세로에 □개 있으므로 직사각형의 넓이는 □×□=□(cm^2)입니다.

10 직사각형의 넓이를 구해 보세요.

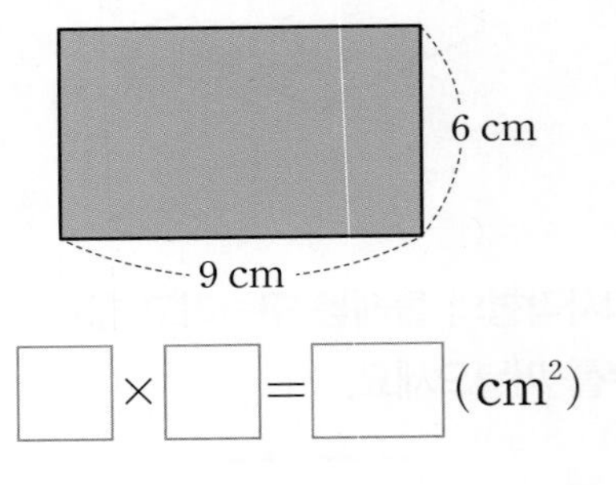

□×□=□(cm^2)

11 정사각형의 넓이를 구해 보세요.

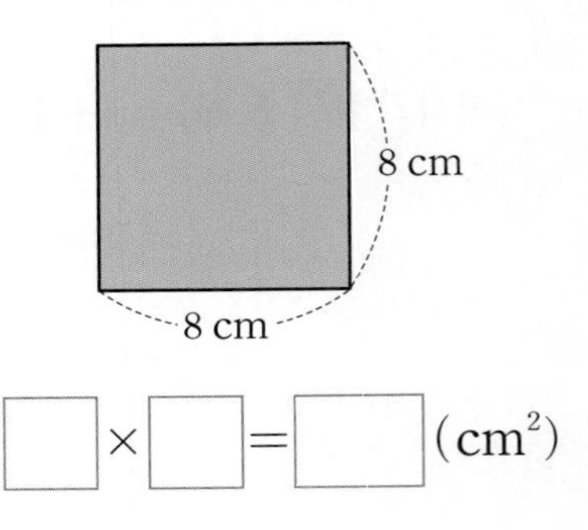

□×□=□(cm^2)

개념 4 1 cm²보다 더 큰 단위를 알아볼까요

(1) 1 m² 알아보기

한 변의 길이가 1 m인 정사각형의 넓이를 1 m²라 쓰고, 1 제곱미터라고 읽습니다.

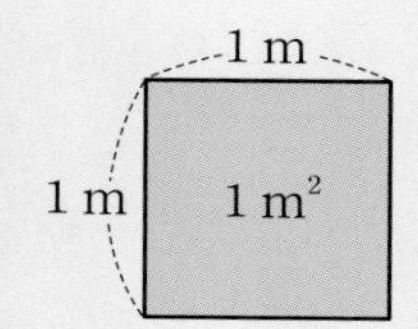

$1\ m^2 = 10000\ cm^2$

▸ **1 m²와 1 cm² 사이의 관계**
1 m²에는 1 cm²가 한 줄에 100개씩 100줄 들어가므로
$1\ m^2 = (100 \times 100)\ cm^2$
$= 10000\ cm^2$
입니다.

(2) 1 km² 알아보기

한 변의 길이가 1 km인 정사각형의 넓이를 1 km²라 쓰고, 1 제곱킬로미터라고 읽습니다.

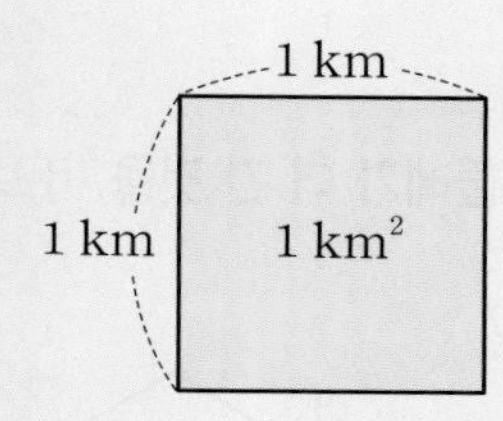

$1\ km^2 = 1000000\ m^2$

▸ **1 km²와 1 m² 사이의 관계**
1 km²에는 1 m²가 한 줄에 1000개씩 1000줄 들어가므로
$1\ km^2 = (1000 \times 1000)\ m^2$
$= 1000000\ m^2$
입니다.

12 1 m²는 몇 cm²인지 알아보려고 합니다. □ 안에 알맞은 수를 써넣으세요.

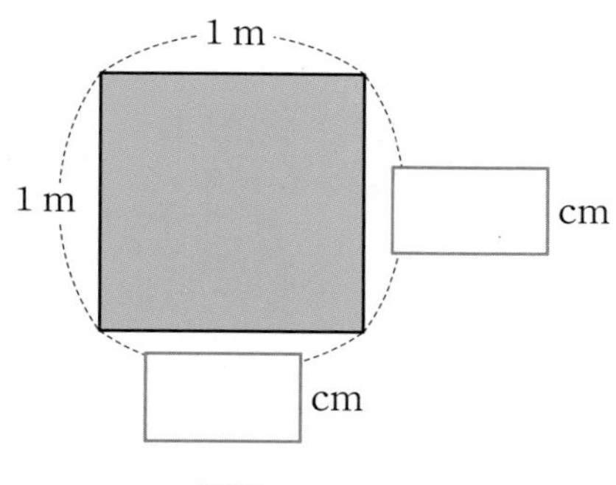

$1\ m^2 = \square\ cm^2$

13 □ 안에 알맞은 수를 써넣으세요.

(1) $6\ m^2 = \square\ cm^2$

(2) $500000\ cm^2 = \square\ m^2$

14 1 km²는 몇 m²인지 알아보려고 합니다. □ 안에 알맞은 수를 써넣으세요.

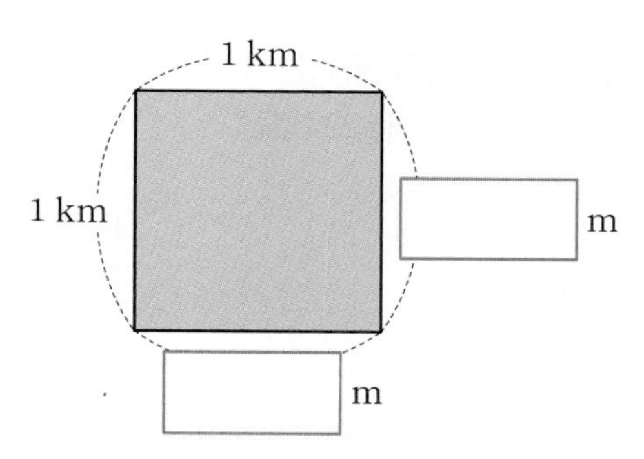

$1\ km^2 = \square\ m^2$

15 □ 안에 알맞은 수를 써넣으세요.

(1) $9\ km^2 = \square\ m^2$

(2) $70000000\ m^2 = \square\ km^2$

교과서 넘어 보기

01 정삼각형의 둘레는 몇 cm인지 구해 보세요.

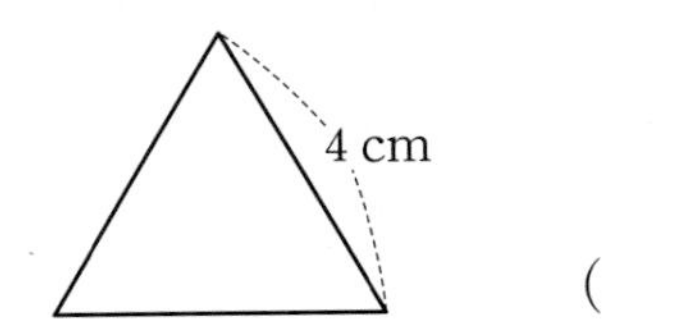

( )

02 한 변의 길이가 5 m인 정육각형 모양의 꽃밭이 있습니다. 이 꽃밭의 둘레는 몇 m인지 구해 보세요.

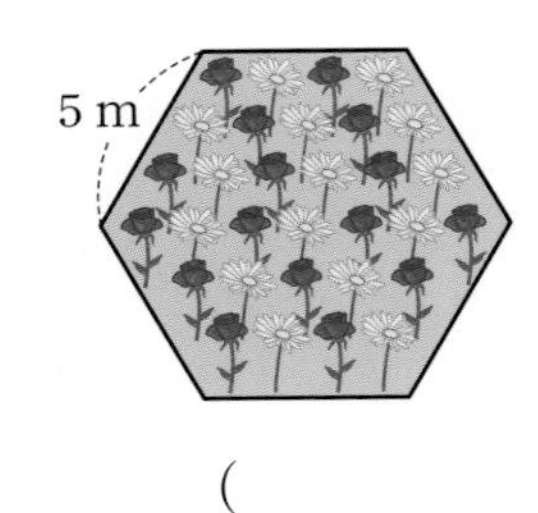

( )

03 두 정다각형의 둘레는 각각 40 cm입니다. □ 안에 알맞은 수를 써넣으세요.

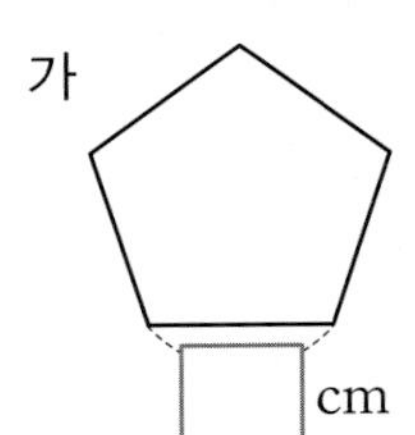

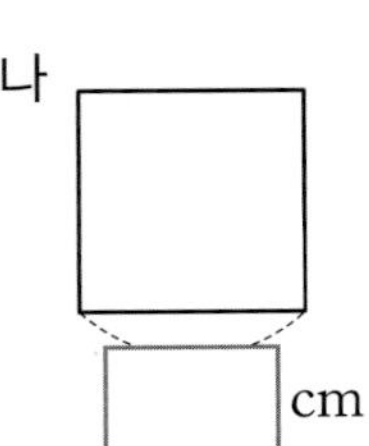

04 둘레의 길이가 56 cm인 정칠각형의 한 변의 길이는 몇 cm인지 구해 보세요.

( )

05 직사각형의 둘레는 몇 cm인지 구해 보세요.

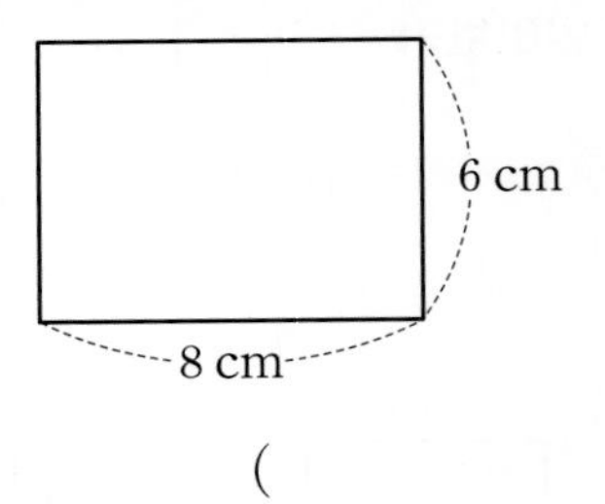

( )

06 중요 평행사변형과 마름모 중 둘레가 더 긴 것을 써 보세요.

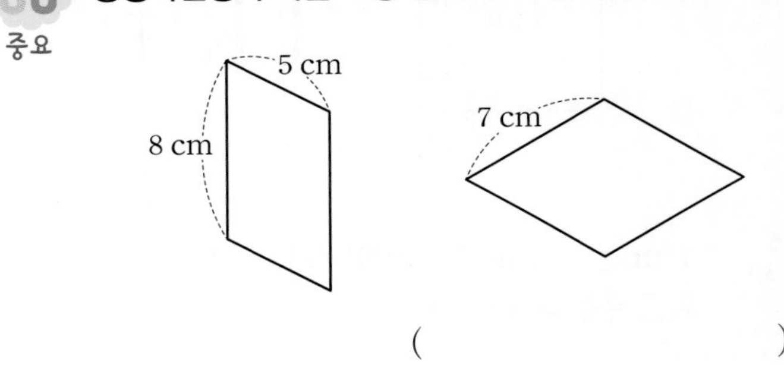

( )

07 다음 평행사변형의 둘레가 58 cm일 때, □ 안에 알맞은 수를 써넣으세요.

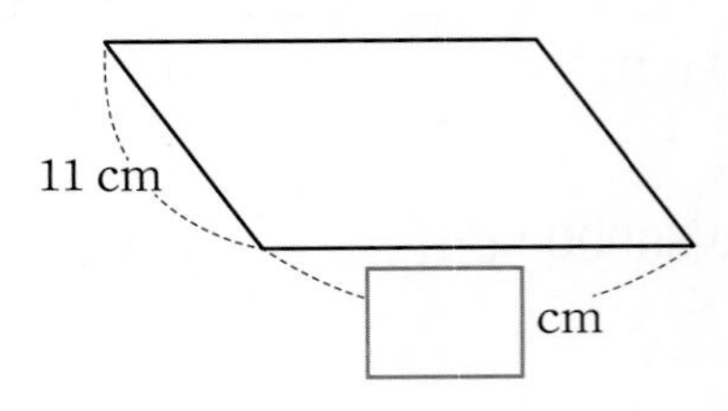

08 주어진 선분을 한 변으로 하고, 둘레가 각각 **14 cm**인 직사각형을 2개 그려 보세요.

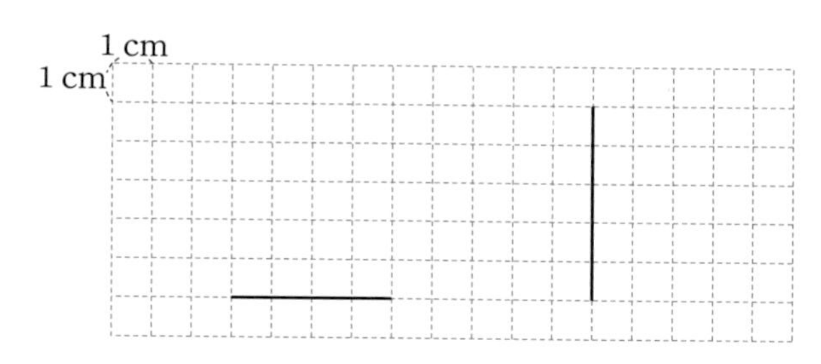

09 주어진 넓이를 읽어 보세요.

$9\ \text{cm}^2$

(　　　　　　　　　　　　)

10 넓이가 $6\ \text{cm}^2$인 도형을 모두 찾아 기호를 써 보세요.

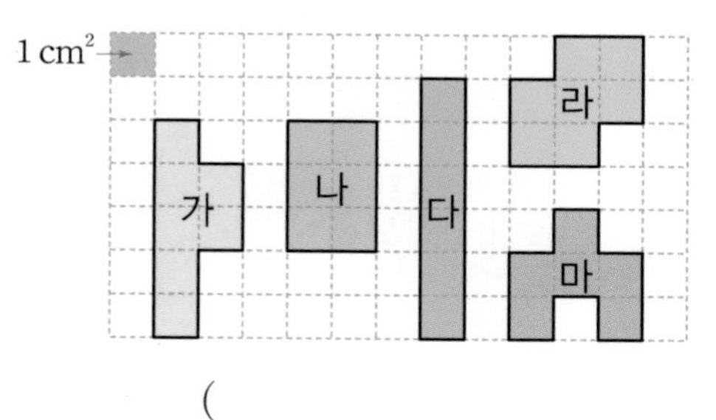

(　　　　　　　　　　　　)

11 조각 맞추기 놀이를 하고 있습니다. [조각]로 채워진 부분의 넓이는 몇 cm^2인지 구해 보세요.

1 cm²

(　　　　　　　　　　　　)

12 도형의 넓이를 $1\ \text{cm}^2$씩 늘리며 규칙에 따라 그리려고 합니다. 빈칸에 알맞은 도형을 그려 보세요.

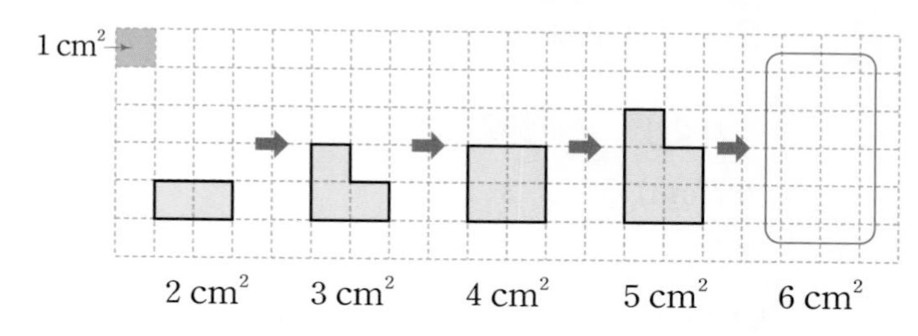

13 가로가 **7 cm**, 세로가 **9 cm**인 직사각형의 넓이는 몇 cm^2인지 구해 보세요.

(　　　　　　　　　　　　)

14 중요 직사각형과 정사각형의 넓이의 차는 몇 cm^2인지 구해 보세요.

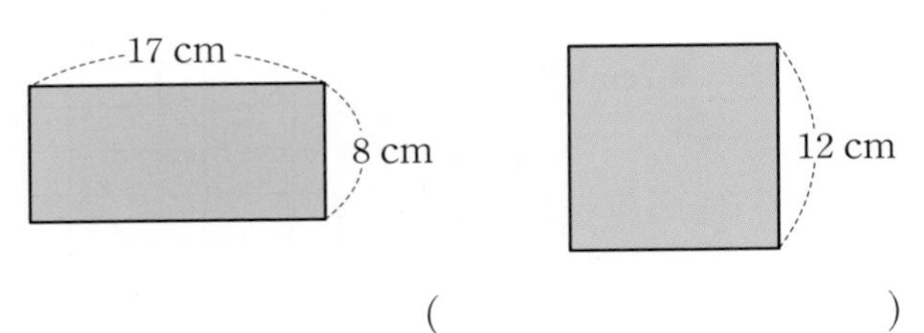

(　　　　　　　　　　)

[15~16] 직사각형을 보고 물음에 답하세요.

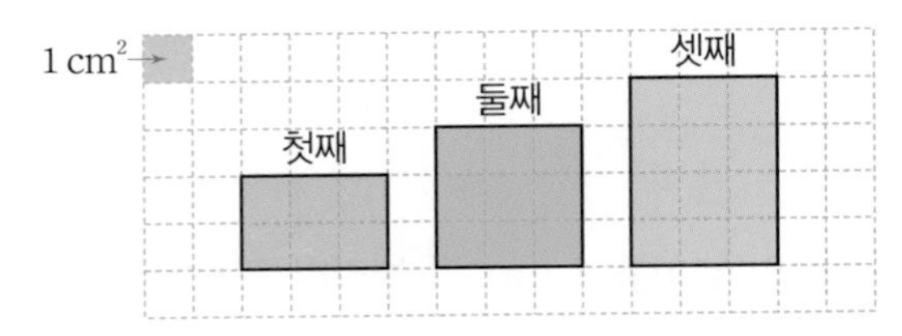

15 표를 완성해 보세요.

직사각형	첫째	둘째	셋째
가로(cm)	3		
세로(cm)	2		
넓이(cm^2)			

16 위와 같은 규칙으로 직사각형을 계속 그렸을 때 옳은 문장에는 ○표, 틀린 문장에는 ×표 하세요.

(1) 세로가 1 cm만큼 커지면 넓이도 1 cm^2만큼 커집니다. (　　)

(2) 넷째 직사각형의 넓이는 15 cm^2입니다. (　　)

17 어려운 문제 다음 도형의 넓이를 구해 보세요.

둘레의 길이가 24 cm인 정사각형

(　　　　　　　　　　)

18 관계있는 것끼리 이어 보세요.

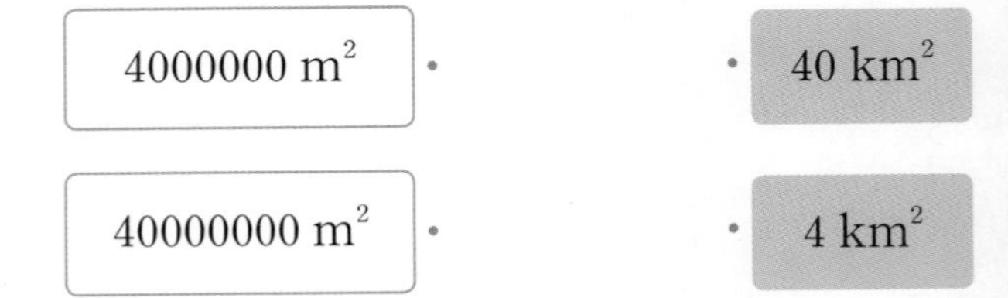

19 직사각형의 넓이를 구해 보세요.

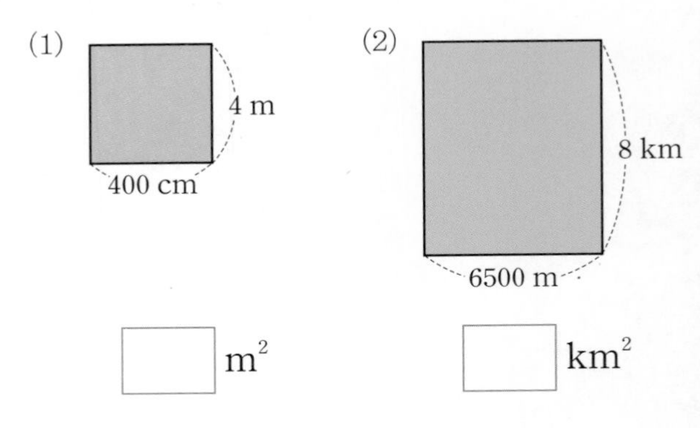

20 넓이를 측정하기에 알맞은 단위를 골라 이어 보세요.

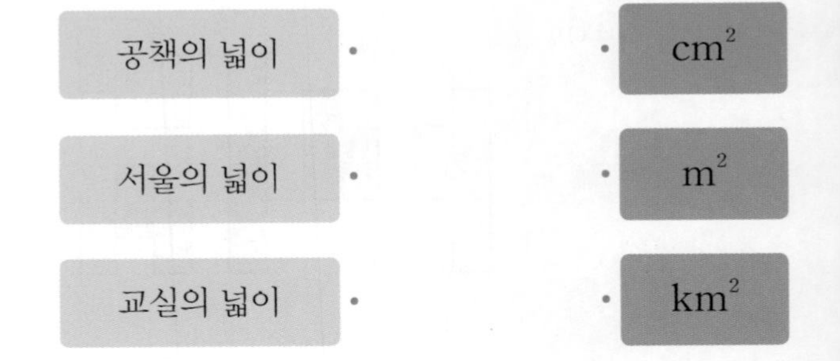

교과서 속 **응용 문제**

정답과 풀이 40쪽

둘레를 알 때 변의 길이 구하기

- (정다각형의 둘레)=(한 변의 길이)×(변의 수)
- (직사각형의 둘레)=((가로)+(세로))×2
- (평행사변형의 둘레)
  =((한 변의 길이)+(다른 한 변의 길이))×2
- (마름모의 둘레)=(한 변의 길이)×4

21 정오각형과 정육각형의 둘레가 같을 때 정오각형의 한 변의 길이는 몇 cm인지 구해 보세요.

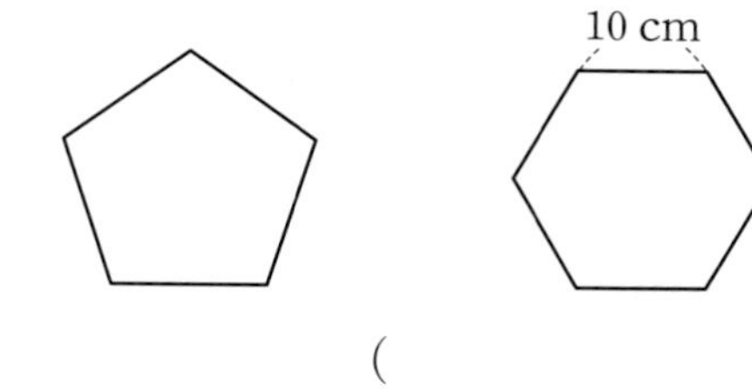

(　　　　　　　　　　)

22 한 변의 길이가 6 cm인 정팔각형과 둘레가 같은 정삼각형이 있습니다. 정삼각형의 한 변의 길이는 몇 cm인지 구해 보세요.

(　　　　　　　　　　)

23 마름모와 직사각형의 둘레가 같을 때 직사각형의 세로는 몇 cm인지 구해 보세요.

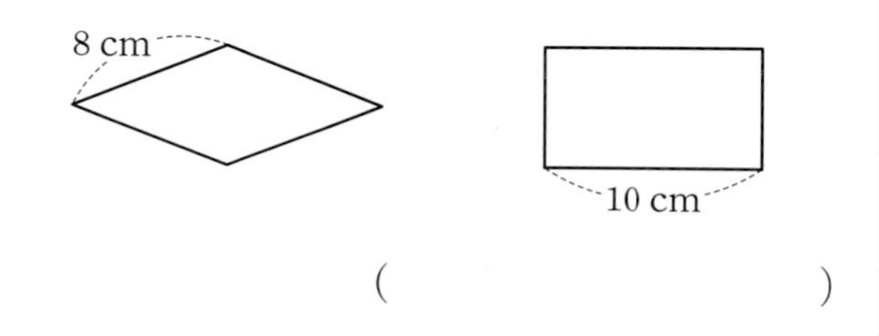

(　　　　　　　　　　)

둘레가 같을 때 넓이가 가장 넓은 직사각형 구하기

㉠ 둘레가 12 cm인 직사각형 중 넓이가 가장 넓은 직사각형을 알아보세요. (단, 변의 길이는 자연수입니다.)

➡ (가로)+(세로)=6 cm인 직사각형을 모두 그려 봅니다.

이 중에서 넓이가 가장 넓은 직사각형은 한 변의 길이가 3 cm인 정사각형입니다.

24 둘레가 8 cm인 직사각형을 서로 다른 모양으로 2개 그리고, 그중에서 넓이가 더 넓은 직사각형의 넓이를 구해 보세요. (단, 변의 길이는 자연수입니다.)

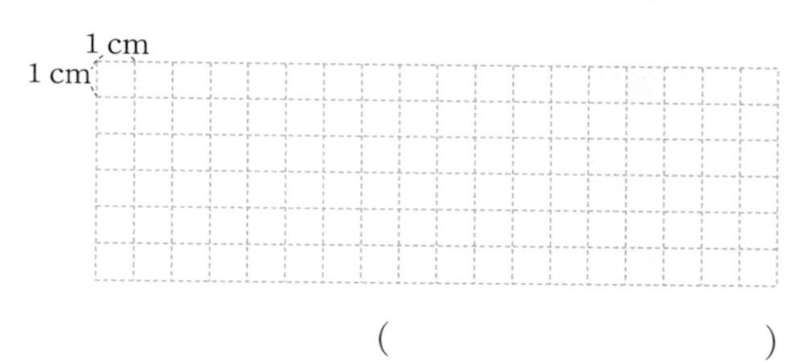

(　　　　　　　　　　)

25 둘레가 16 cm인 직사각형을 서로 다른 모양으로 4개 그리고, 그중에서 넓이가 가장 넓은 직사각형의 넓이를 구해 보세요. (단, 변의 길이는 자연수입니다.)

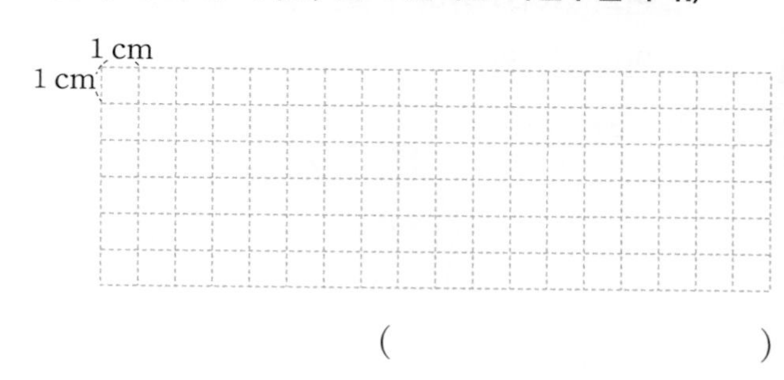

(　　　　　　　　　　)

교과서 개념 다지기

개념 5 평행사변형의 넓이를 구해 볼까요

(1) 평행사변형의 밑변과 높이 알아보기

평행사변형에서 평행한 두 변을 밑변이라 하고, 두 밑변 사이의 거리를 높이라고 합니다.

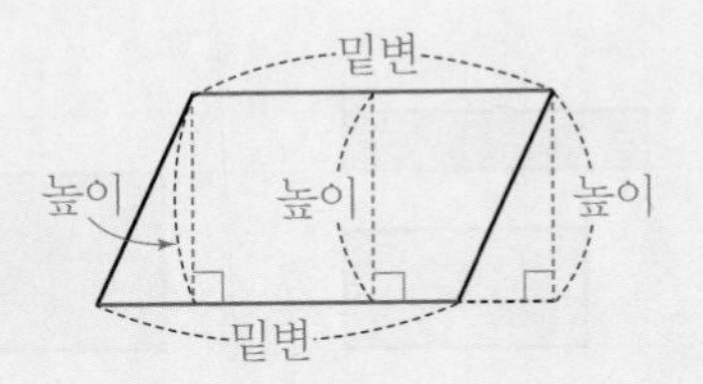

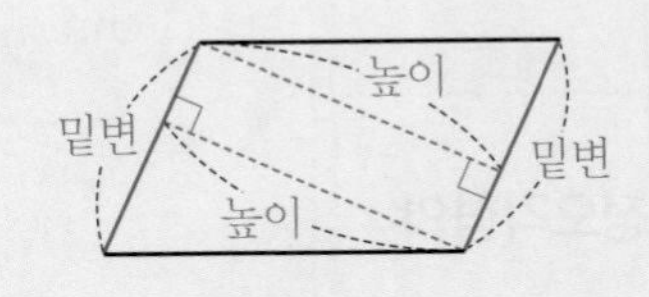

▸ 평행사변형
마주 보는 두 쌍의 변이 서로 평행한 사각형

▸ 평행사변형에서 높이는 밑변의 위치에 따라 정해집니다.

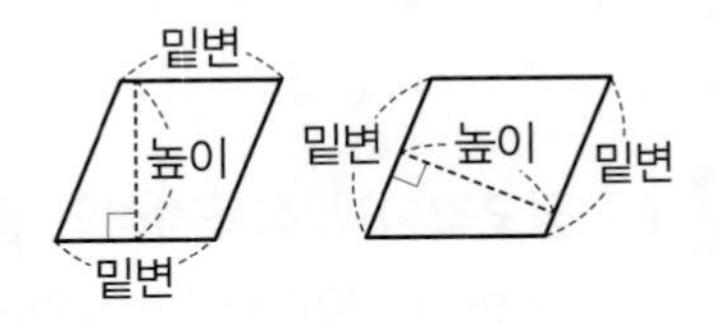

(2) 1 cm²를 이용하여 평행사변형의 넓이 구하기

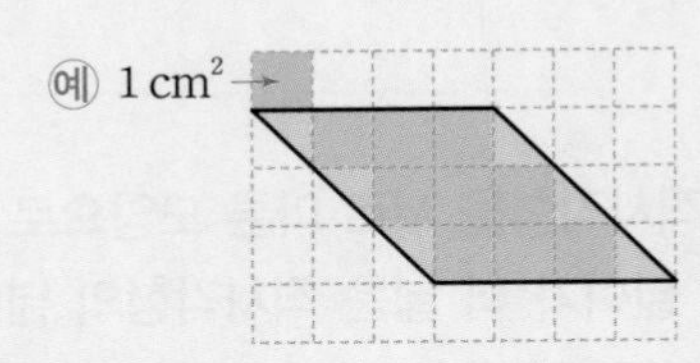

1 cm²가 9개 있습니다. 삼각형 2개를 합하면 1 cm² 1개의 넓이와 같고, 삼각형이 모두 6개 있으므로 1 cm² 3개의 넓이와 같습니다.

➡ (평행사변형의 넓이)$=9+3=12(\text{cm}^2)$

(3) 평행사변형을 직사각형으로 바꾸어 넓이 구하기

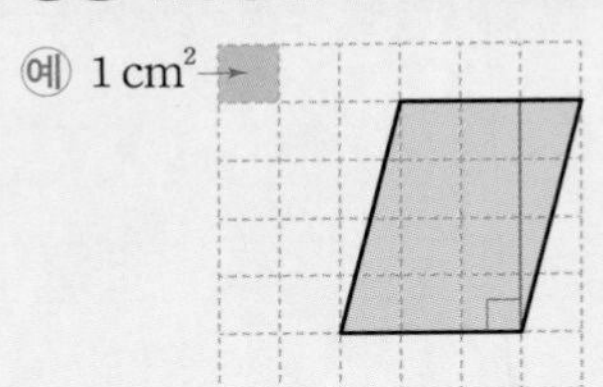

➡

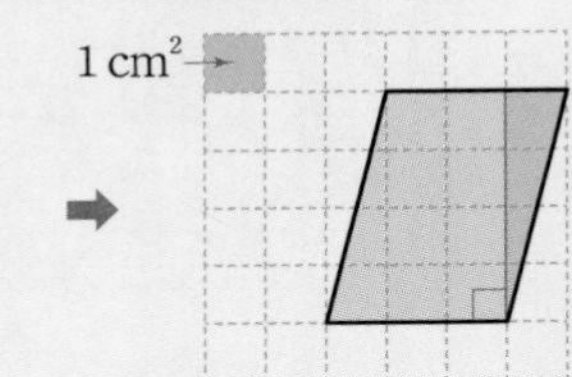

➡

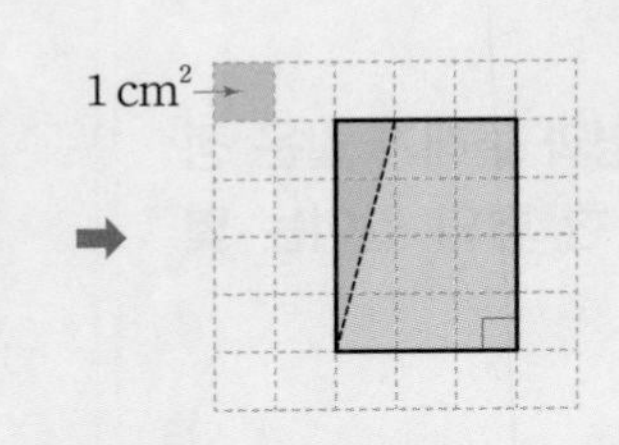

(평행사변형의 넓이)$=$(직사각형의 넓이)$=3\times4=12(\text{cm}^2)$

(평행사변형의 넓이)$=$(밑변의 길이)$\times$(높이)

▸ (평행사변형의 넓이)
$=$(직사각형의 넓이)
$=$(가로)$\times$(세로)
$=$(밑변의 길이)$\times$(높이)

(4) 밑변의 길이와 높이가 같은 평행사변형의 넓이 비교하기

밑변의 길이와 높이가 같으면 모양이 달라도 평행사변형의 넓이가 모두 같습니다.

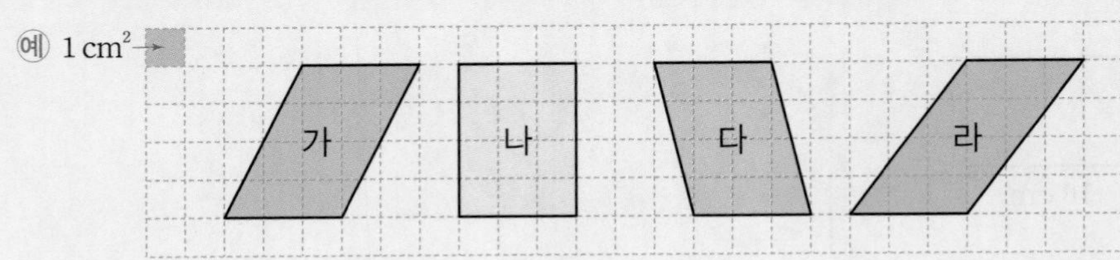

➡ 평행사변형 가, 나, 다, 라의 넓이는 모두 $3\times4=12(\text{cm}^2)$입니다.

▸ 도형 가, 나, 다, 라는 모두 밑변의 길이가 3 cm, 높이가 4 cm인 평행사변형입니다.

01 평행사변형 가와 나의 높이는 각각 몇 cm인지 써 보세요.

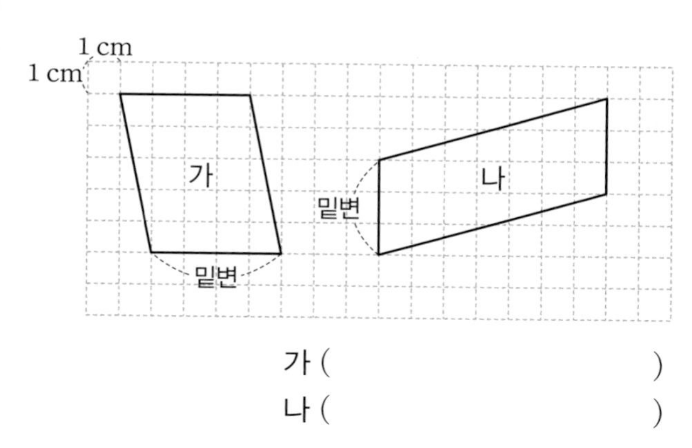

가 (　　　　　　　　)
나 (　　　　　　　　)

[02~03] 평행사변형의 넓이를 구하려고 합니다. □ 안에 알맞은 수를 써넣으세요.

02

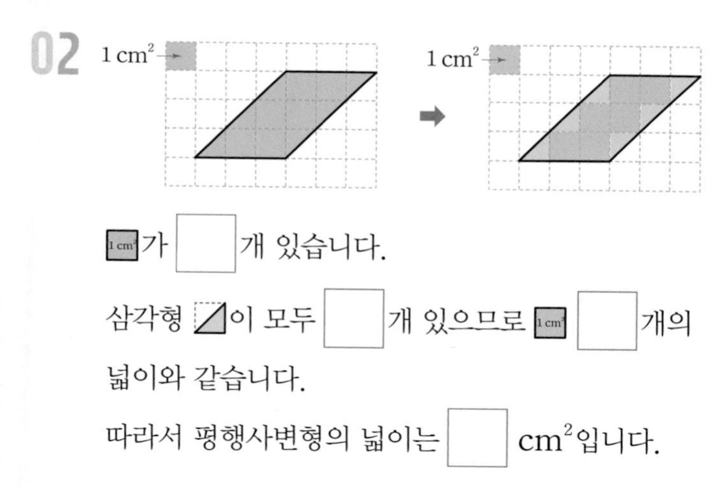

1 cm²가 □개 있습니다.

삼각형 ◺이 모두 □개 있으므로 1 cm² □개의 넓이와 같습니다.

따라서 평행사변형의 넓이는 □ cm^2입니다.

03

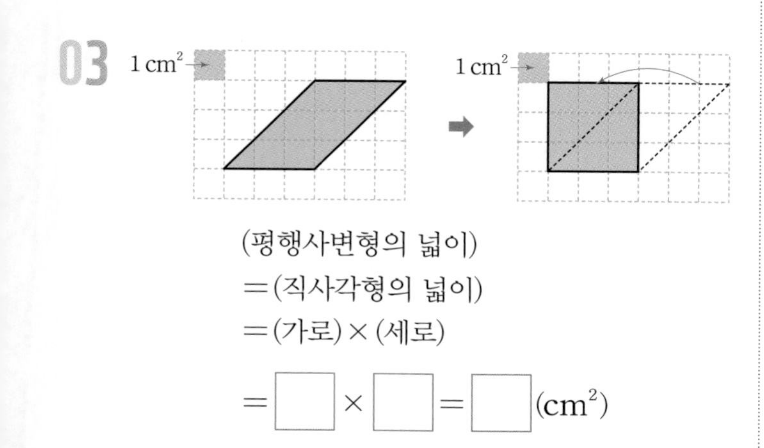

(평행사변형의 넓이)
=(직사각형의 넓이)
=(가로)×(세로)
=□×□=□(cm^2)

04 평행사변형의 넓이를 구하려고 합니다. □ 안에 알맞은 수를 써넣으세요.

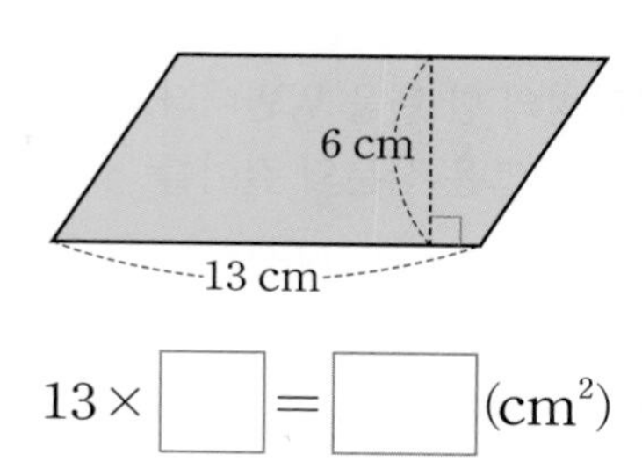

13×□=□(cm^2)

05 평행사변형의 넓이는 몇 cm^2인지 구해 보세요.

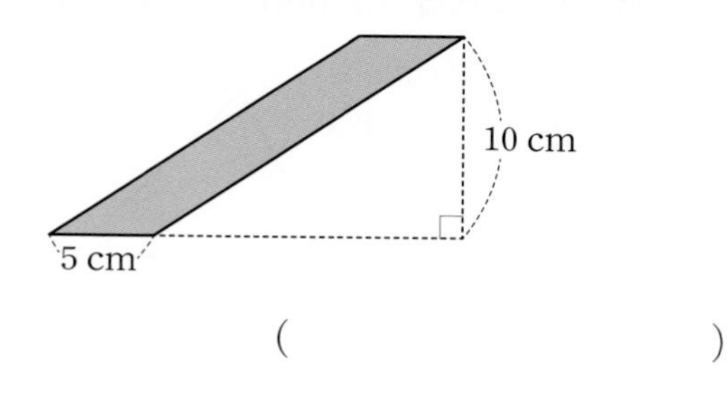

(　　　　　　　　)

06 밑변의 길이와 높이가 같은 평행사변형의 넓이를 비교해 보세요.

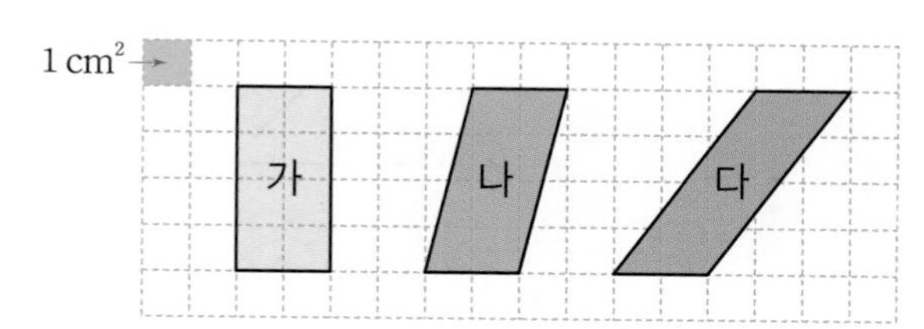

(1) 표를 완성해 보세요.

평행사변형	가	나	다
밑변의 길이(cm)			
높이(cm)			
넓이(cm^2)			

(2) 알맞은 말에 ○표 하세요.

밑변의 길이와 높이가 같은 평행사변형의 넓이는 모두 (같습니다 , 다릅니다).

6 단원

개념 6 삼각형의 넓이를 구해 볼까요

▶ 삼각형에서 높이는 밑변의 위치에 따라 정해집니다.

(1) 삼각형의 밑변과 높이 알아보기

삼각형의 한 변을 밑변이라고 하면, 그 밑변과 마주 보는 꼭짓점에서 밑변에 수직으로 그은 선분의 길이를 높이라고 합니다.

높이

밑변

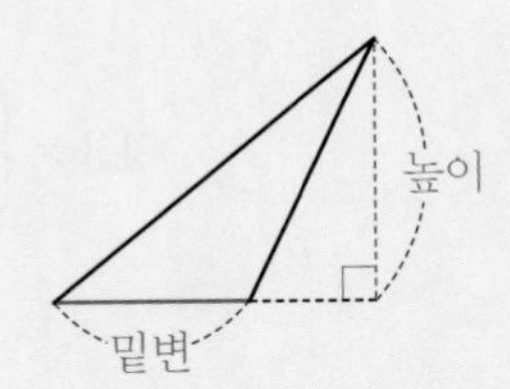

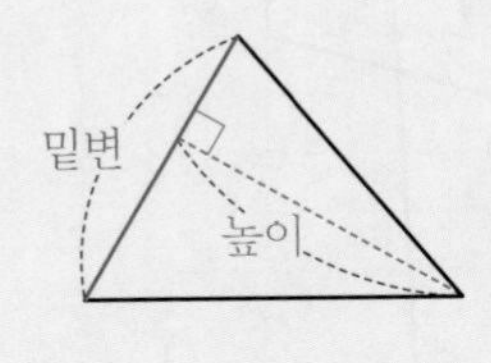

(2) 삼각형 2개를 이용하여 넓이 구하기

▶ (삼각형의 넓이)
=(평행사변형의 넓이)÷2
=(밑변의 길이)×(높이)÷2

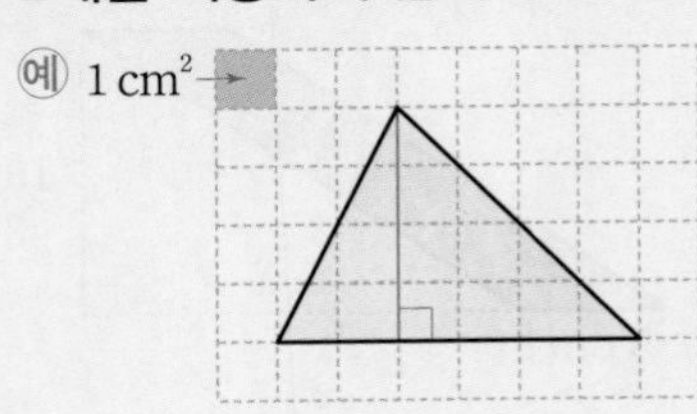

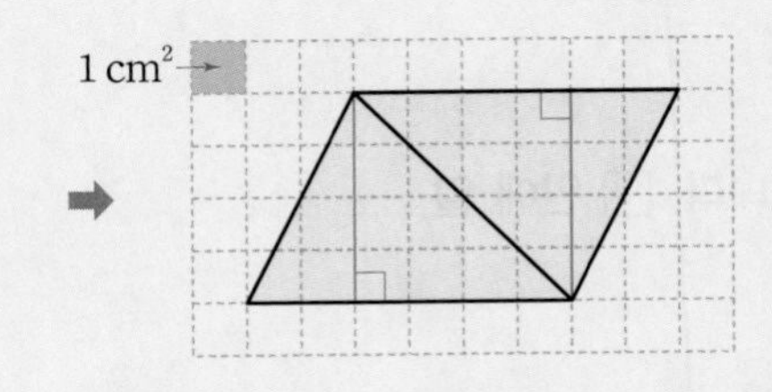

(삼각형의 넓이)=(평행사변형의 넓이)÷2

$=6\times4\div2=12(\text{cm}^2)$

(3) 삼각형을 잘라서 넓이 구하기

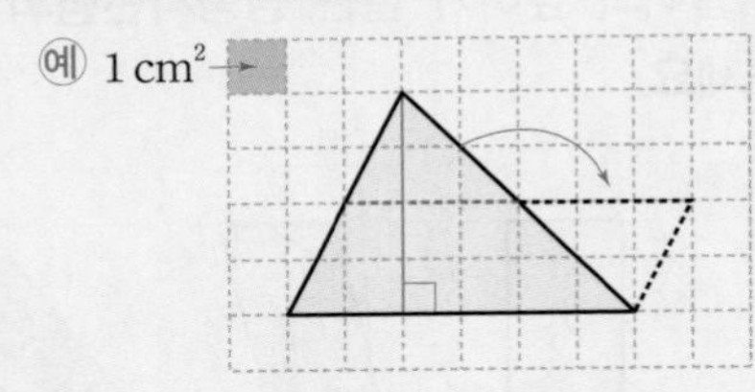

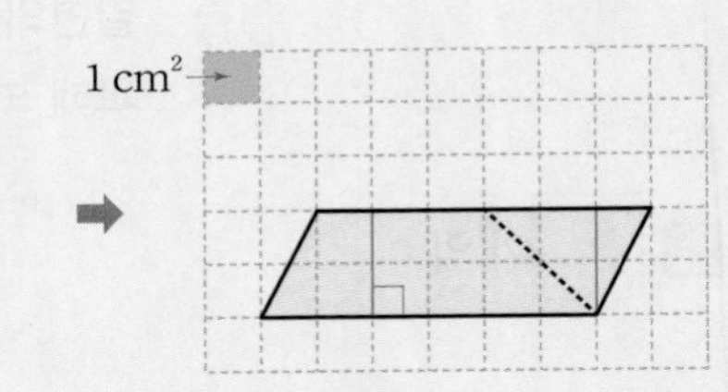

(삼각형의 넓이)=(평행사변형의 넓이)

$=\underline{6}\times\underline{(4\div2)}=12(\text{cm}^2)$

밑변의 길이 / 삼각형의 높이의 반

(삼각형의 넓이)=(밑변의 길이)×(높이)÷2

(4) 밑변의 길이와 높이가 같은 삼각형의 넓이 비교하기

밑변의 길이와 높이가 같으면 모양이 달라도 삼각형의 넓이가 모두 같습니다.

▶ 도형 가, 나, 다, 라는 모두 밑변의 길이가 4 cm, 높이가 3 cm인 삼각형입니다.

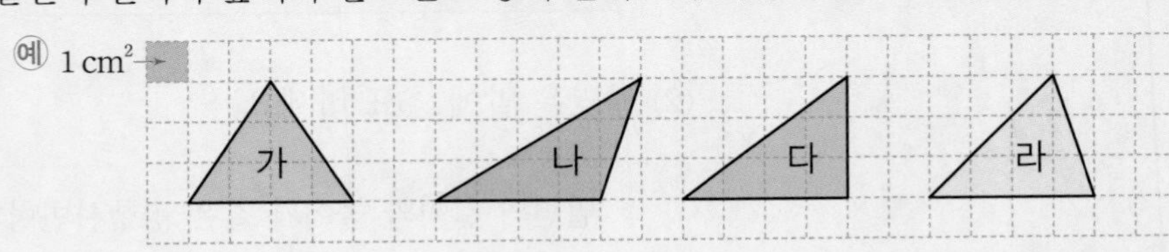

➡ 삼각형 가, 나, 다, 라의 넓이는 모두 $4\times3\div2=6(\text{cm}^2)$입니다.

07 삼각형 가와 나의 높이는 각각 몇 cm인지 써 보세요.

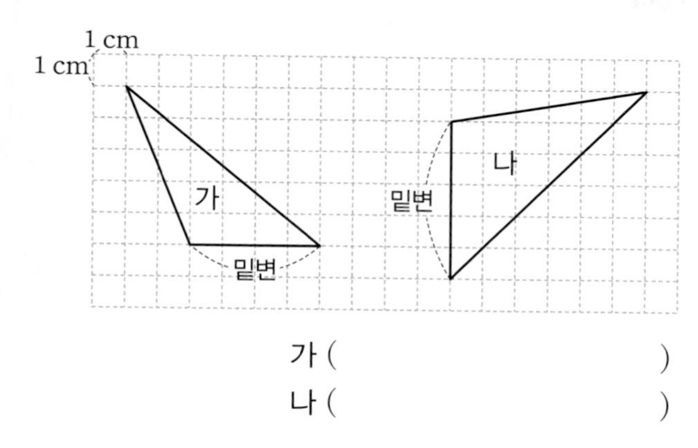

가 (　　　　　　　　)
나 (　　　　　　　　)

[08~09] 삼각형의 넓이를 구하려고 합니다. □ 안에 알맞은 수를 써넣으세요.

08

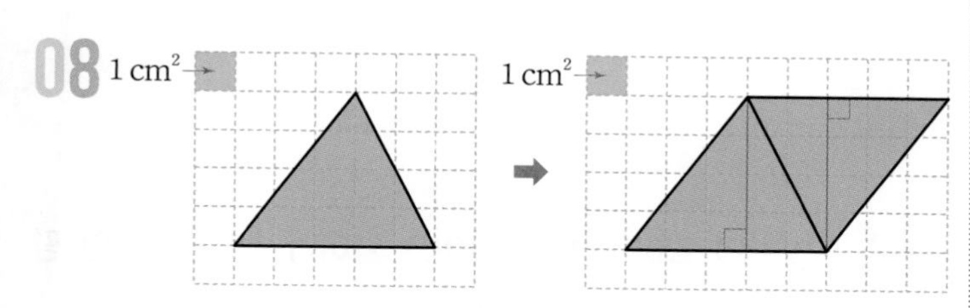

(삼각형의 넓이)=(평행사변형의 넓이)÷2
=(밑변의 길이)×(높이)÷2
=□×□÷2
=□(cm²)

09

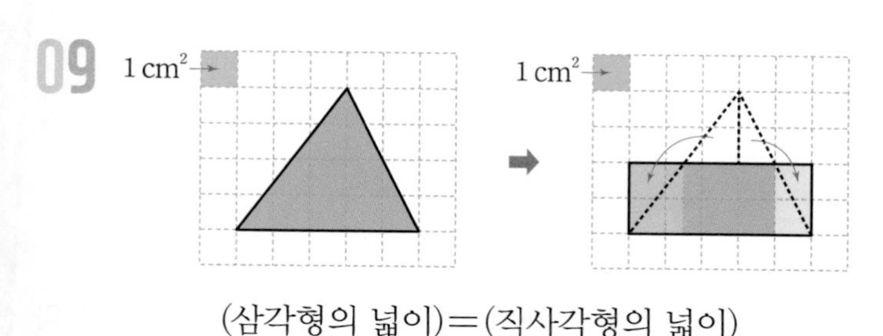

(삼각형의 넓이)=(직사각형의 넓이)
=(가로)×(세로)
=□×(□÷2)
=□(cm²)

10 삼각형의 넓이를 구하려고 합니다. □ 안에 알맞은 수를 써넣으세요.

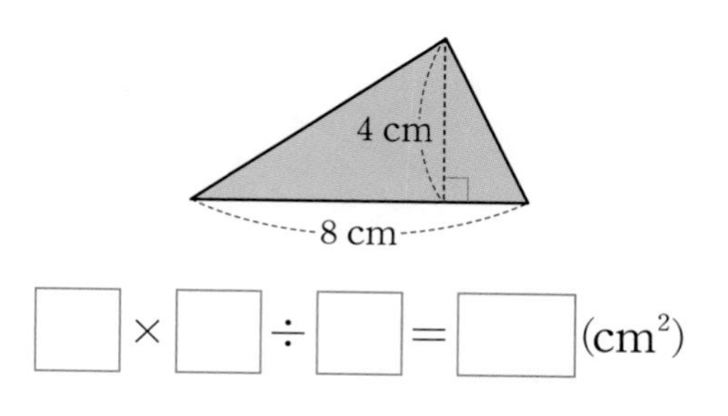

□×□÷□=□(cm²)

11 삼각형의 넓이는 몇 cm²인지 구해 보세요.

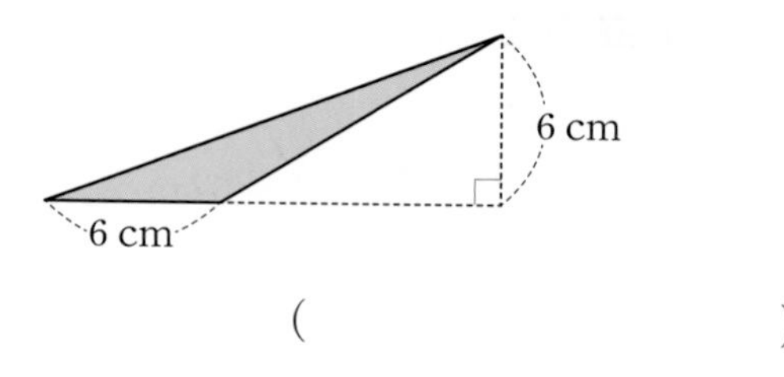

(　　　　　　　　)

12 밑변의 길이와 높이가 같은 삼각형의 넓이를 비교해 보세요.

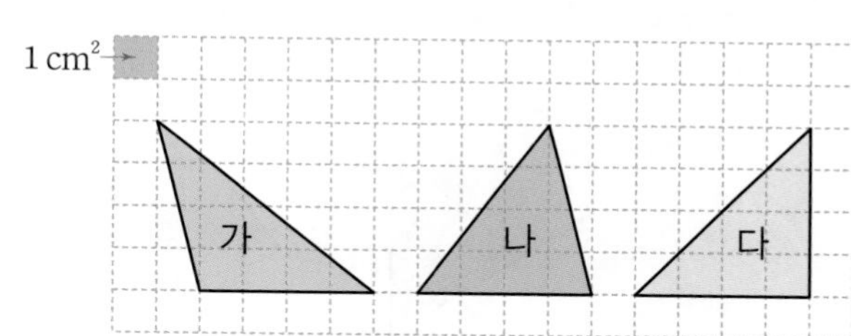

(1) 표를 완성해 보세요.

삼각형	가	나	다
밑변의 길이(cm)			
높이(cm)			
넓이(cm²)			

(2) 알맞은 말에 ○표 하세요.

밑변의 길이와 높이가 같은 삼각형의 넓이는 모두 (같습니다 , 다릅니다).

26 평행사변형에서 높이가 될 수 있는 것을 모두 고르세요.

( )

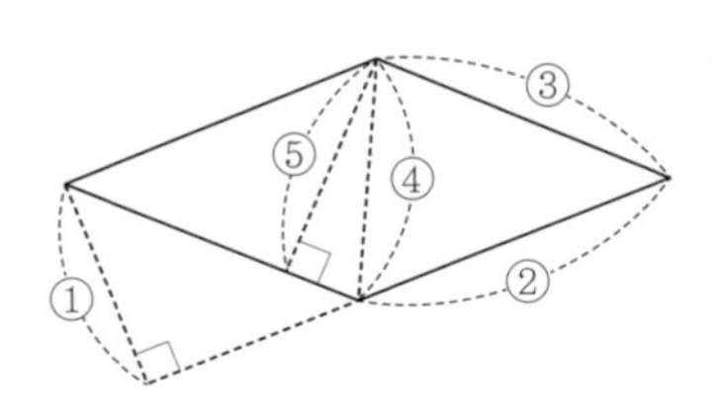

27 평행사변형의 넓이를 구하는 데 필요한 길이에 모두 ○표 하고 넓이를 구해 보세요.

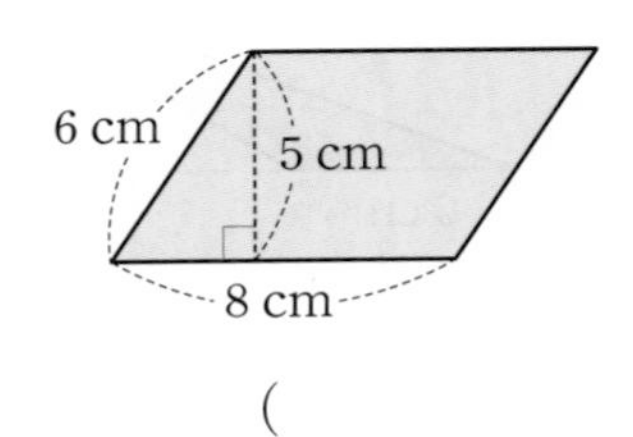

( )

28 두 평행사변형의 넓이의 차는 몇 cm^2인지 구해 보세요.

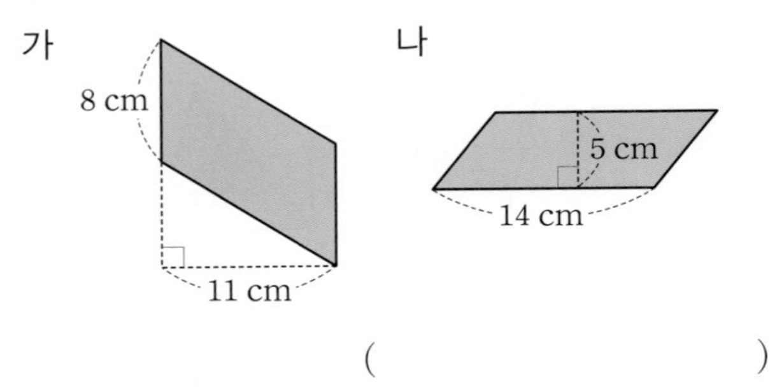

( )

29 넓이가 나머지와 다른 평행사변형을 찾아 기호를 써 보세요.

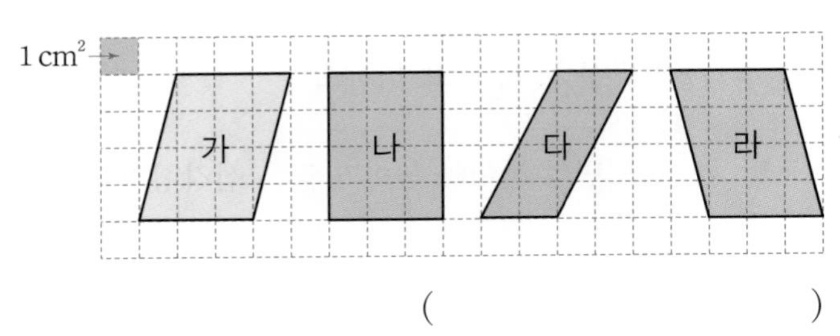

( )

30 도형 가와 나의 넓이를 비교하여 ○ 안에 >, =, <를 알맞게 써넣으세요.

가: 밑변의 길이가 10 cm이고 높이는 18 cm인 평행사변형

나: 가보다 밑변의 길이가 4 cm 더 길고 높이는 5 cm 더 짧은 평행사변형

(가의 넓이) ○ (나의 넓이)

31 중요 밑변의 길이가 12 cm이고 넓이가 108 cm^2인 평행사변형의 높이는 몇 cm인지 구해 보세요.

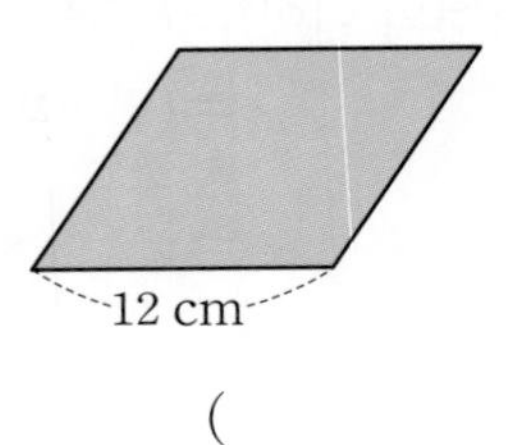

( )

32 아래에 제시된 평행사변형과 넓이가 같고 모양이 다른 평행사변형을 1개 그려 보세요.

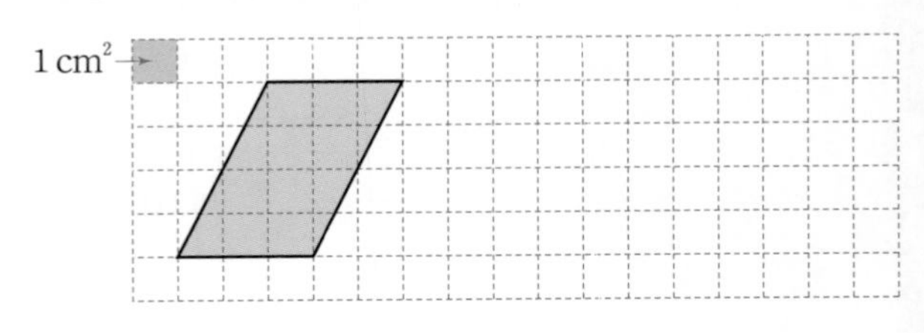

33 평행사변형에서 □ 안에 알맞은 수를 써넣으세요.

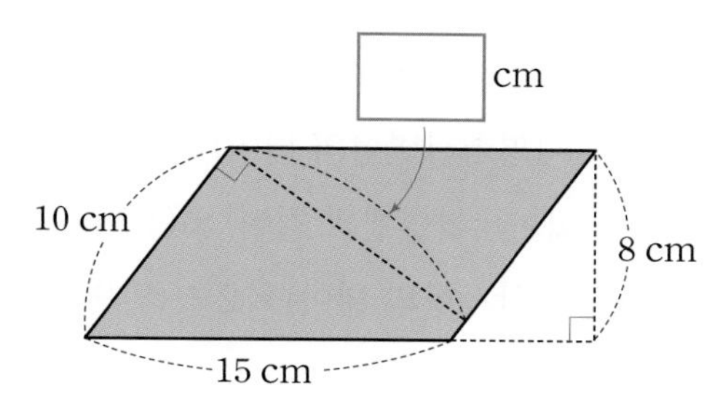

34 삼각형의 넓이는 몇 cm^2인지 구해 보세요.

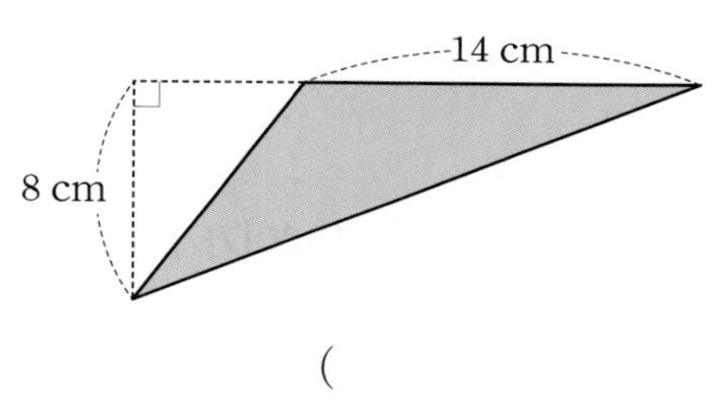

( )

35 밑변의 길이와 높이를 자로 재어 삼각형의 넓이를 구해 보세요.

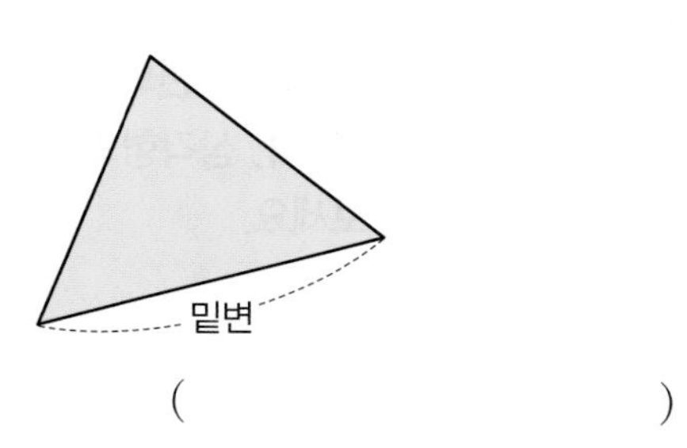

( )

36 그림을 보고 삼각형의 넓이를 구하는 과정을 이야기하고 있습니다. 잘못 말한 사람의 이름을 써 보세요.

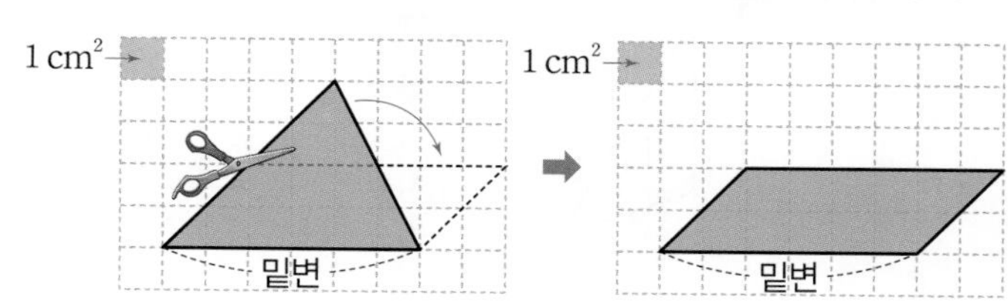

영주: 삼각형과 평행사변형의 밑변의 길이는 같아.
민성: 삼각형과 평행사변형의 높이도 같아.
재석: 삼각형의 넓이는 (밑변의 길이) × (높이) ÷ 2 가 되는구나.

( )

37 넓이가 나머지와 다른 삼각형을 찾아 기호를 써 보세요.

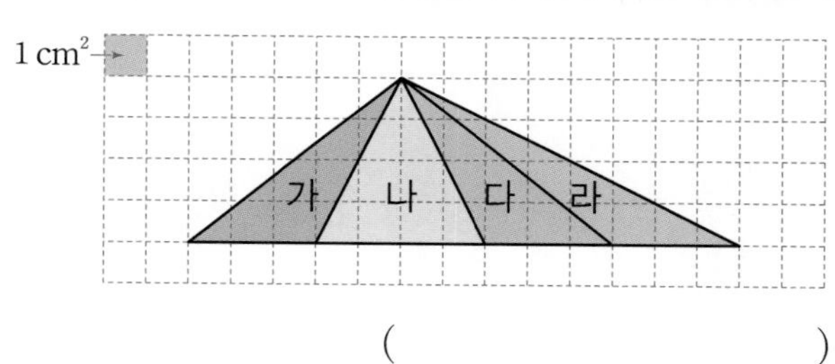

( )

38 중요 □ 안에 알맞은 수를 써넣으세요.

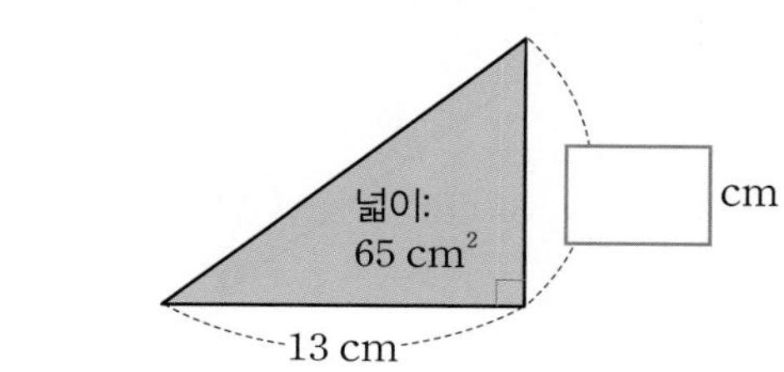

39 넓이가 나머지와 다른 삼각형을 찾아 기호를 써 보세요.

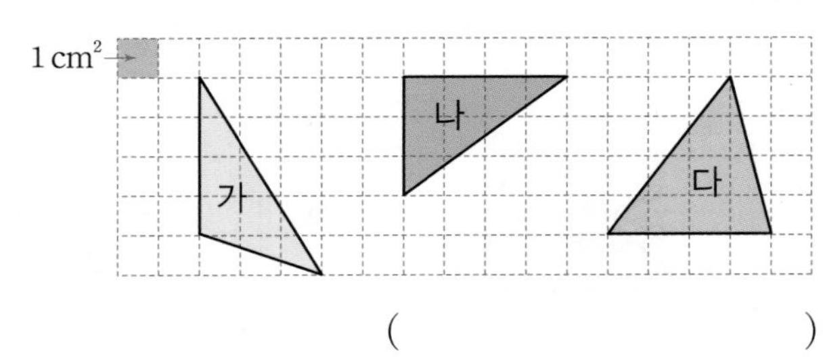

(　　　　　　　　　　)

40 넓이가 8 cm^2인 삼각형을 서로 다른 모양으로 2개 그려 보세요.

41 삼각형에서 ㉠의 길이를 구해 보세요.

어려운 문제

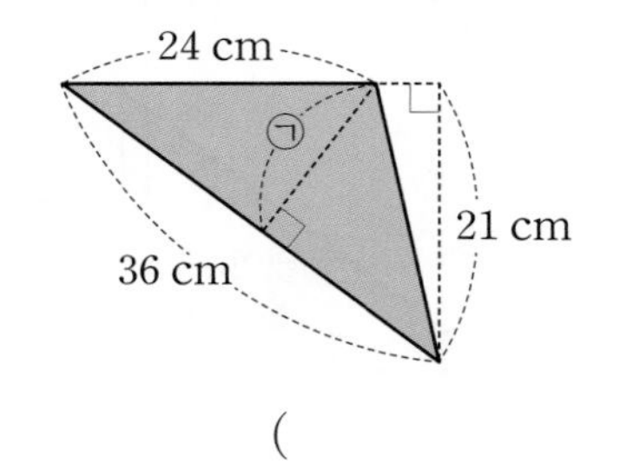

(　　　　　　　　　　)

교과서, 익힘책 속 응용 문제를 유형별로 풀어 보세요.

교과서 속 응용 문제

정답과 풀이 42쪽

두 도형의 넓이가 같을 때 높이 구하기

- (평행사변형의 넓이)=(밑변의 길이)×(높이)
  ➡ (높이)=(평행사변형의 넓이)÷(밑변의 길이)
- (삼각형의 넓이)=(밑변의 길이)×(높이)÷2
  ➡ (높이)=(삼각형의 넓이)×2÷(밑변의 길이)

42 직사각형과 평행사변형의 넓이가 같을 때 □ 안에 알맞은 수를 구해 보세요.

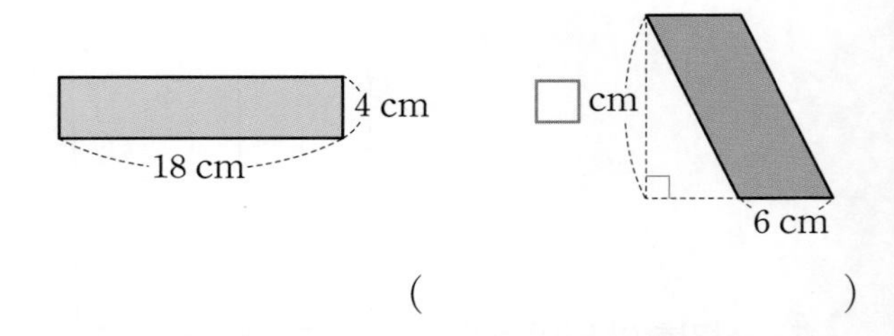

(　　　　　　　　　　)

43 정사각형과 삼각형의 넓이가 같을 때 □ 안에 알맞은 수를 구해 보세요.

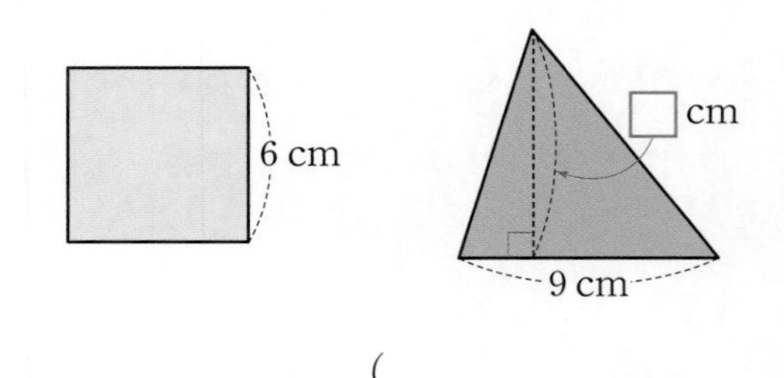

(　　　　　　　　　　)

44 밑변의 길이가 12 cm, 높이가 14 cm인 평행사변형과 넓이가 같고 밑변의 길이가 16 cm인 삼각형을 만들려고 합니다. 삼각형의 높이를 몇 cm로 해야 하는지 구해 보세요.

(　　　　　　　　　　)

개념 7 마름모의 넓이를 구해 볼까요

(1) 마름모를 평행사변형으로 만들어 넓이 구하기

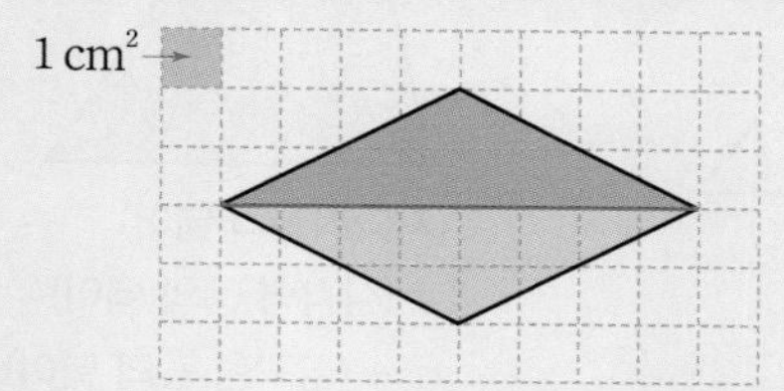

(마름모의 넓이)=(평행사변형의 넓이)$=8\times4\div2=16(\text{cm}^2)$

(2) 마름모를 둘러싸는 직사각형을 만들어 넓이 구하기

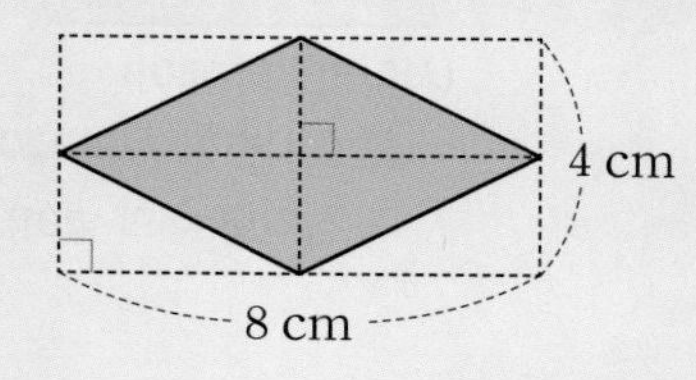

만들어진 직사각형의 가로와 세로는 마름모의 두 대각선의 길이와 같습니다.

(마름모의 넓이)=(직사각형의 넓이)÷2=(가로)×(세로)÷2
=(한 대각선의 길이)×(다른 대각선의 길이)÷2
$=8\times4\div2=16(\text{cm}^2)$

(마름모의 넓이)=(한 대각선의 길이)×(다른 대각선의 길이)÷2

▶ 마름모를 모양과 크기가 같은 삼각형 4개로 나누어 넓이를 구할 수도 있습니다.

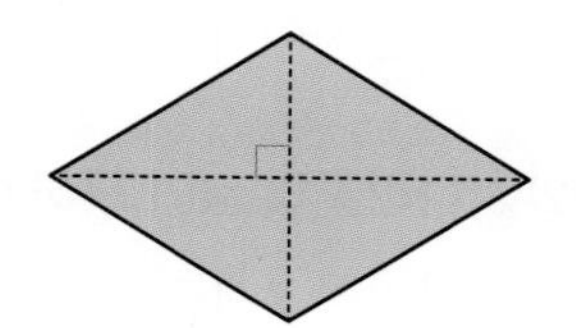

01 직사각형의 넓이를 이용하여 오른쪽과 같은 마름모의 넓이를 구하려고 합니다. □ 안에 알맞은 수를 써넣으세요.

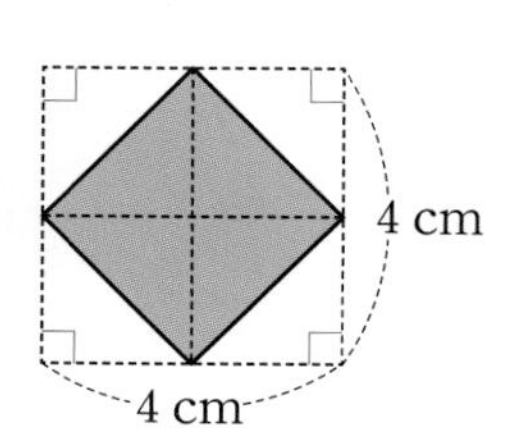

(1) (직사각형의 넓이)
$=4\times$ □ = □ (cm^2)

(2) (마름모의 넓이)
=(직사각형의 넓이)÷ □
$=4\times$ □ ÷ □ = □ (cm^2)

[02~03] 마름모의 넓이를 구하려고 합니다. □ 안에 알맞은 수를 써넣으세요.

02

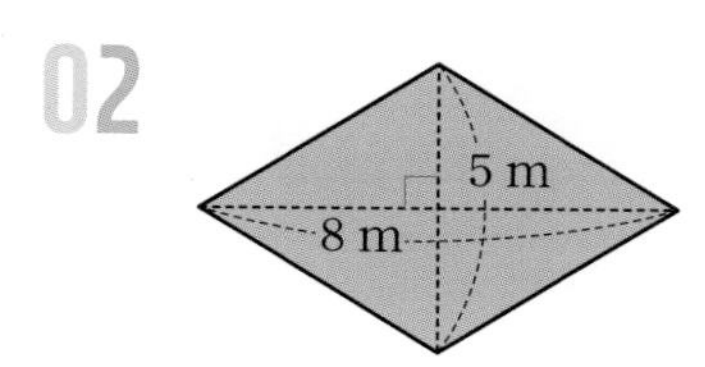

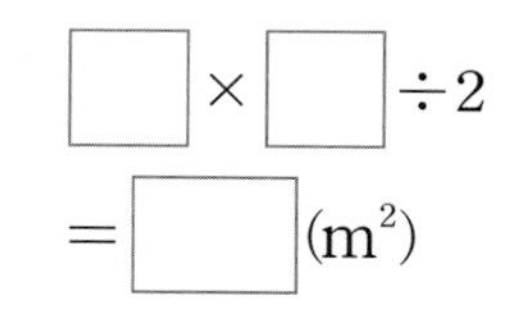

□ × □ ÷2
= □ (m^2)

03

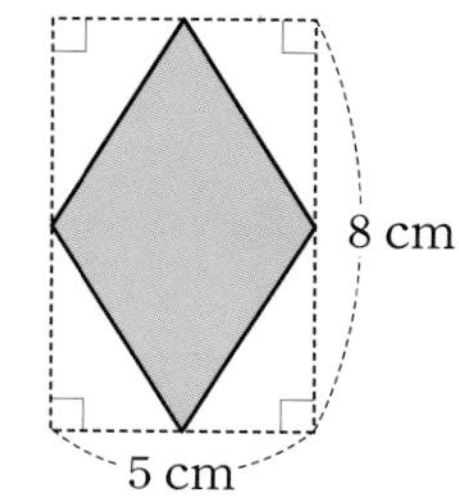

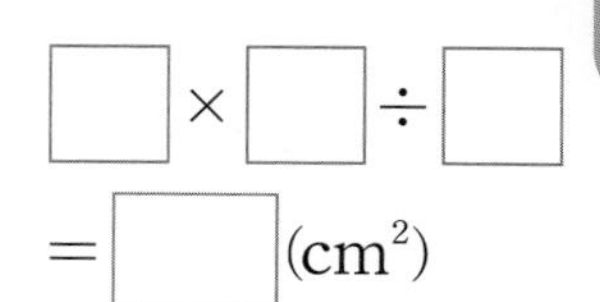

□ × □ ÷ □
= □ (cm^2)

6 단원

개념 8 사다리꼴의 넓이를 구해 볼까요

(1) **사다리꼴의 밑변과 높이 알아보기**

사다리꼴에서 평행한 두 변을 밑변이라 하고, 한 밑변을 윗변, 다른 밑변을 아랫변이라고 합니다. 이때 두 밑변 사이의 거리를 높이라고 합니다.

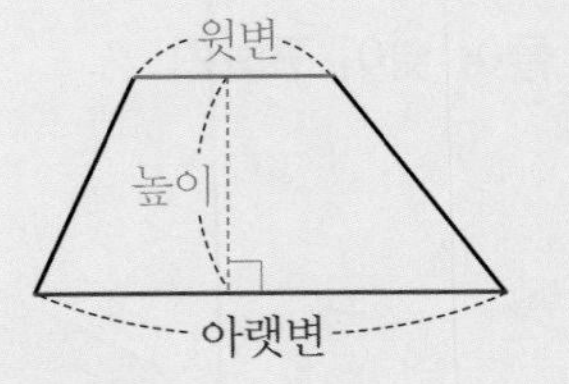

(2) **사다리꼴의 넓이 구하기**

사다리꼴 2개를 이용하여 사다리꼴의 넓이를 구할 수 있습니다.

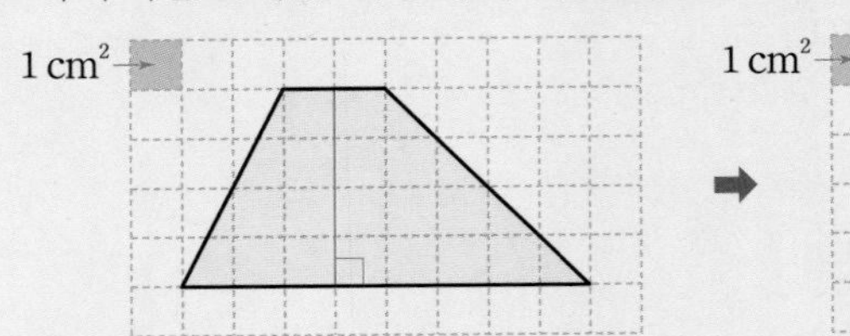

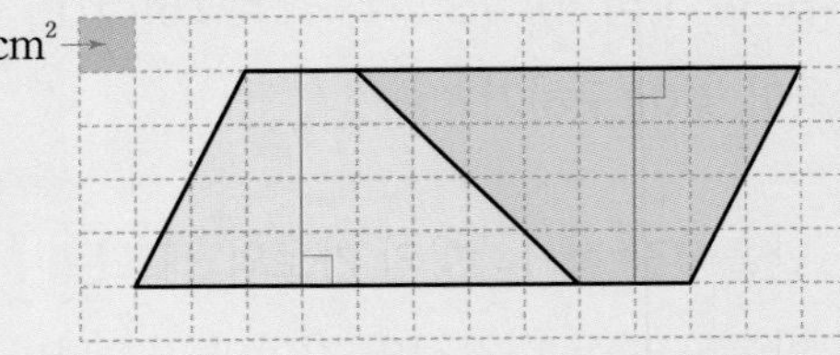

(사다리꼴의 넓이)=(평행사변형의 넓이)÷2

$=(2+8)\times4\div2=20(cm^2)$

(사다리꼴의 넓이)=((윗변의 길이)+(아랫변의 길이))×(높이)÷2

▸ 사다리꼴의 넓이를 다음과 같이 나누어서 구할 수도 있습니다.

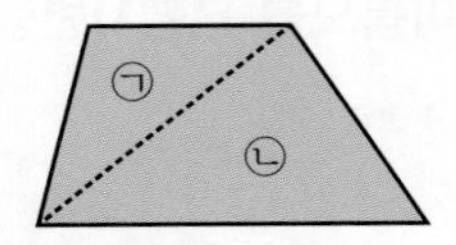

(사다리꼴의 넓이)
=(삼각형 ㉠의 넓이)
+(삼각형 ㉡의 넓이)

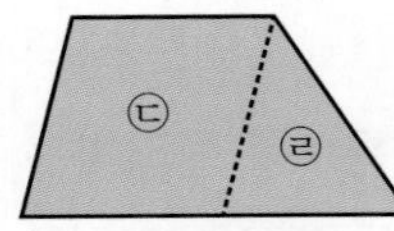

(사다리꼴의 넓이)
=(평행사변형 ㉢의 넓이)
+(삼각형 ㉣의 넓이)

04 사다리꼴 2개를 이용하여 사다리꼴의 넓이를 구하려고 합니다. □ 안에 알맞은 수를 써넣으세요.

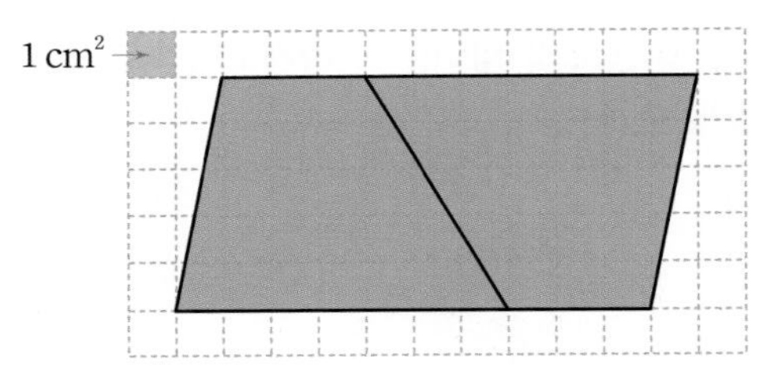

(사다리꼴의 넓이)
=(평행사변형의 넓이)÷2
=(□+□)×□÷□
=□(cm^2)

[05~06] 사다리꼴의 넓이를 구하려고 합니다. □ 안에 알맞은 수를 써넣으세요.

05

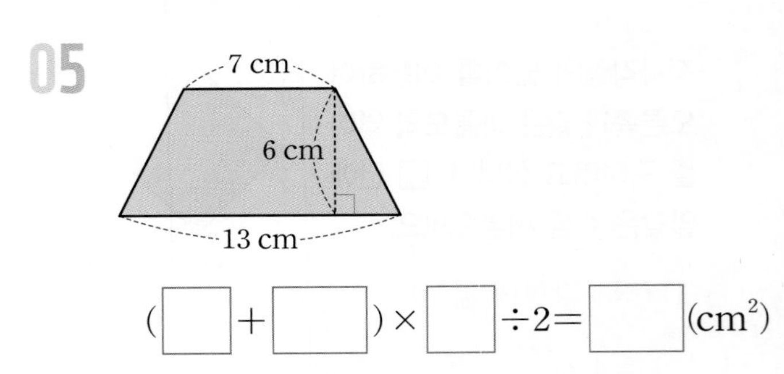

(□+□)×□÷2=□(cm^2)

06

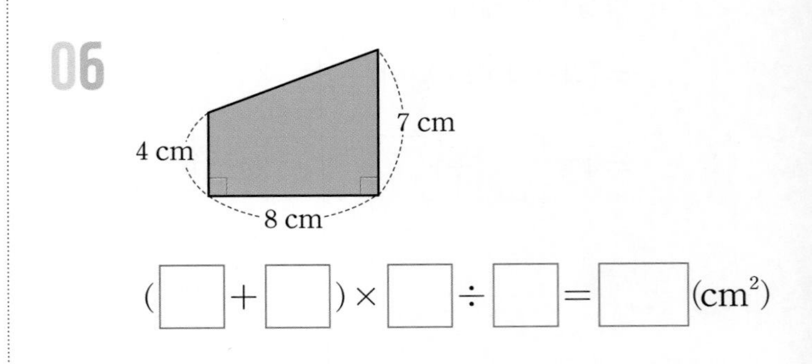

(□+□)×□÷□=□(cm^2)

45 마름모의 넓이는 몇 cm^2인지 구해 보세요.

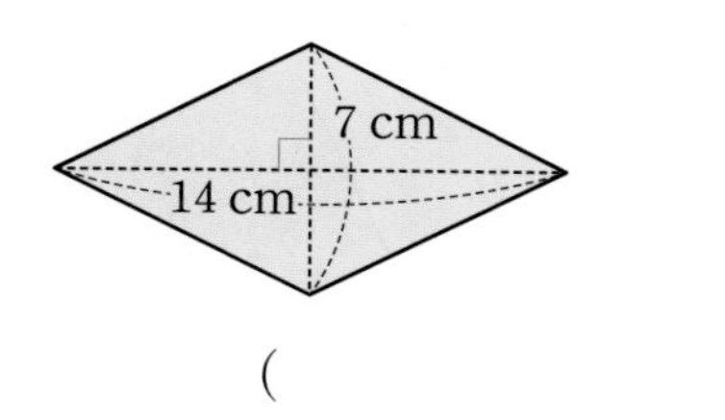

( )

46 대각선의 길이를 자로 재어 마름모의 넓이를 구해 보세요.

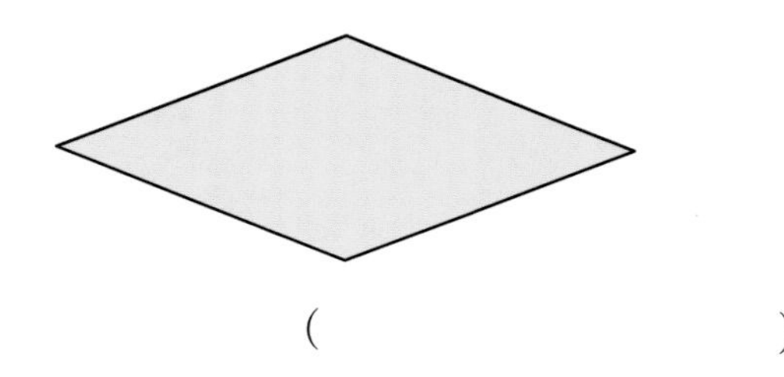

( )

47 마름모의 넓이는 몇 cm^2인지 구해 보세요.

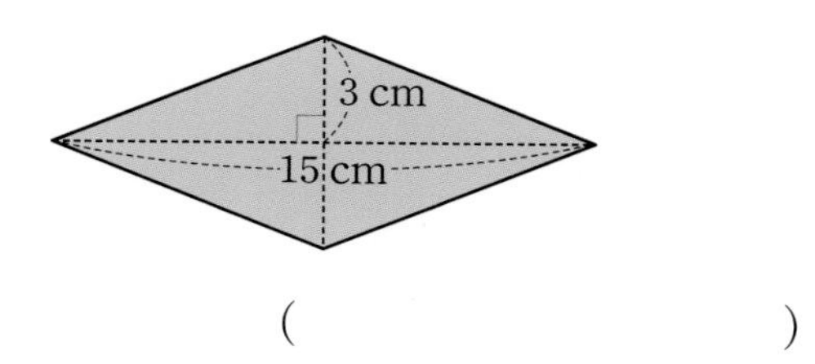

( )

48 중요 마름모 가와 나 중 넓이가 더 넓은 것의 기호를 써 보세요.

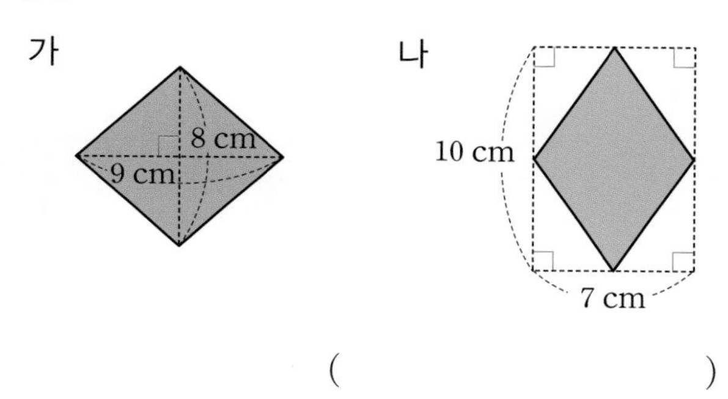

( )

49 마름모의 넓이는 88 cm^2입니다. □ 안에 알맞은 수를 써넣으세요.

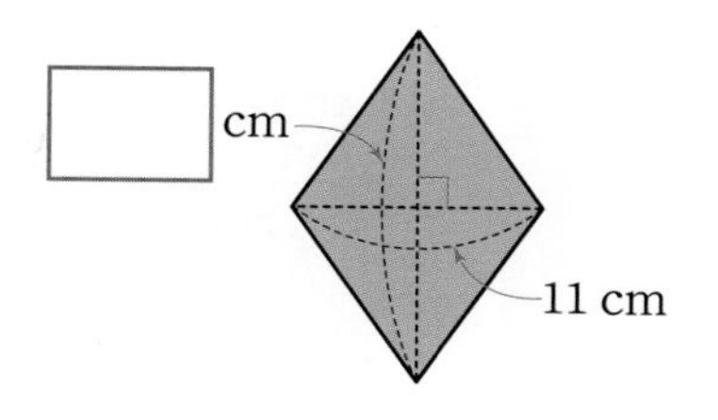

50 직사각형 안에 색칠한 마름모의 넓이가 21 cm^2일 때 직사각형의 가로는 몇 cm인지 구해 보세요.

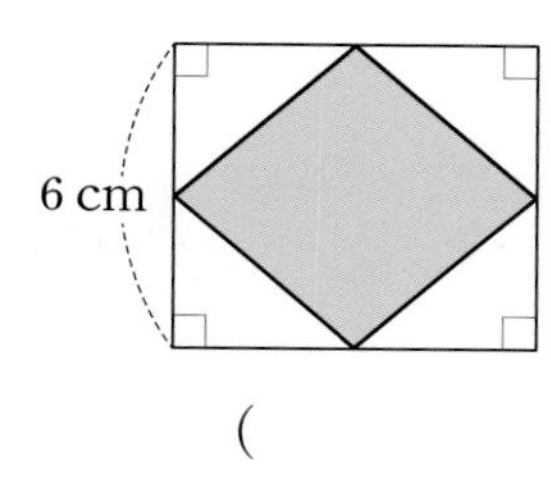

( )

51 아래에 제시된 마름모와 넓이가 같고 모양이 다른 마름모를 1개 그려 보세요.

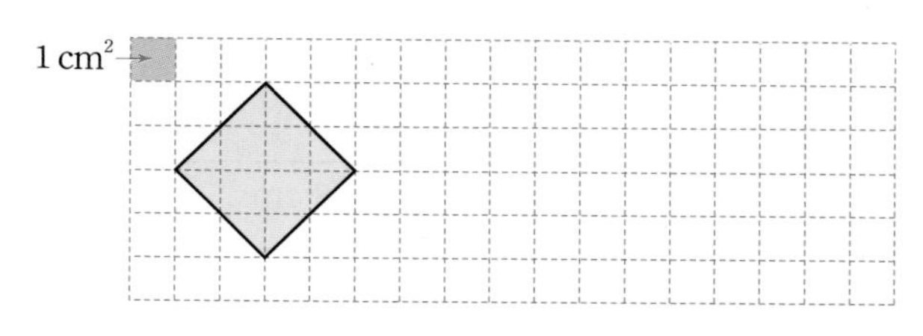

52 사다리꼴의 넓이를 삼각형 2개로 나누어 구하려고 합니다. □ 안에 알맞은 수를 써넣으세요.

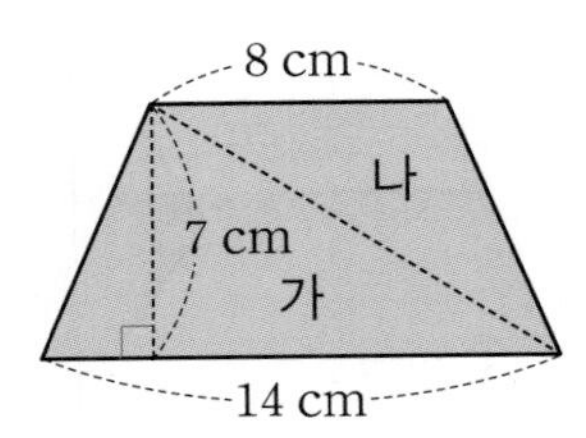

(사다리꼴의 넓이)
=(삼각형 가의 넓이)+(삼각형 나의 넓이)
=□+□=□(cm^2)

53 사다리꼴의 넓이를 삼각형과 평행사변형으로 나누어 구하려고 합니다. □ 안에 알맞은 수를 써넣으세요.

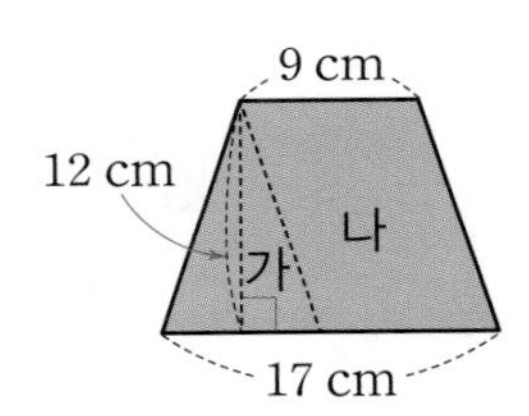

(사다리꼴의 넓이)
=(삼각형 가의 넓이)+(평행사변형 나의 넓이)
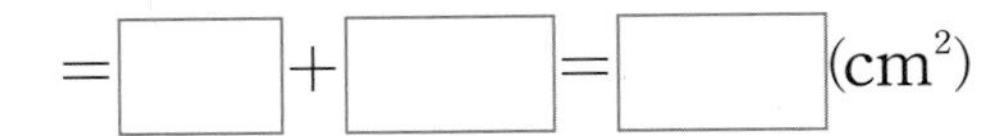
=□+□=□(cm^2)

54 사다리꼴의 넓이는 몇 cm^2인지 구해 보세요.

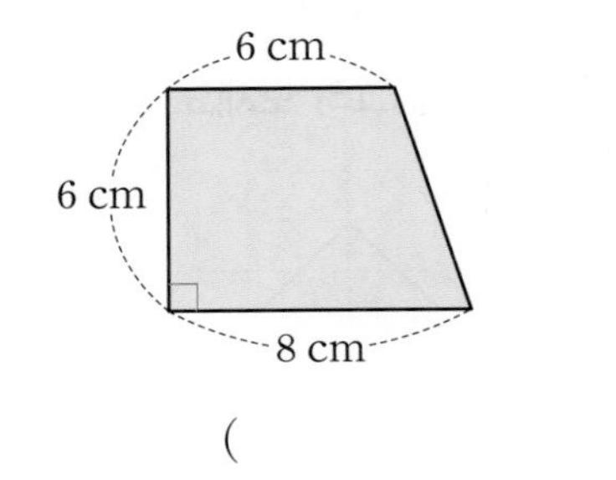

(　　　　　　　　)

55 윗변의 길이, 아랫변의 길이, 높이를 자로 재어 사다리꼴의 넓이를 구해 보세요.

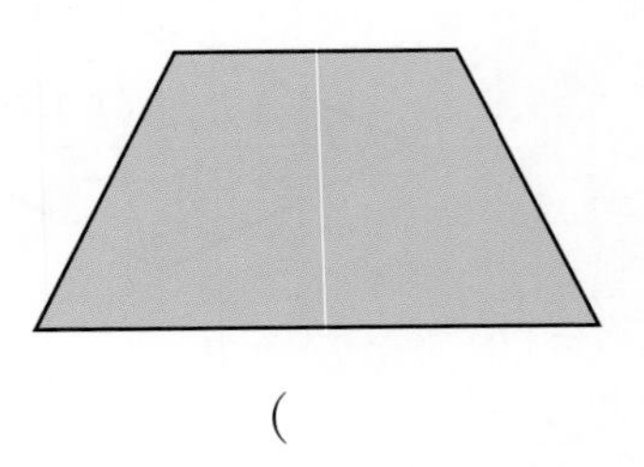

(　　　　　　　　)

56 윗변의 길이가 12 m이고 아랫변의 길이가 16 m인 사다리꼴이 있습니다. 두 밑변 사이의 거리가 9 m라면 사다리꼴의 넓이는 몇 m^2인지 구해 보세요.

(　　　　　　　　)

57 넓이가 나머지와 다른 사다리꼴을 찾아 기호를 써 보세요.

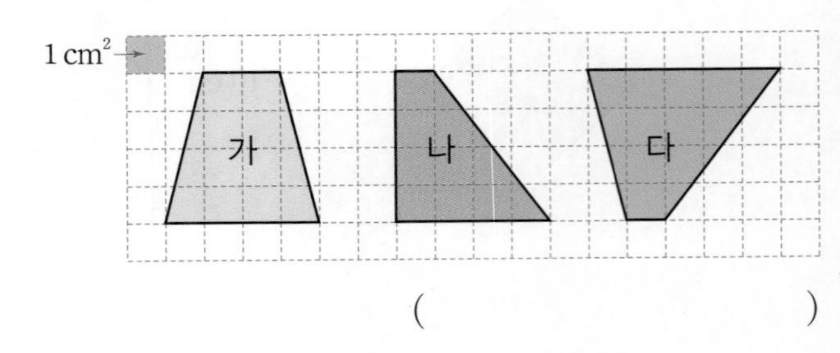

(　　　　　　　　)

58 중요 사다리꼴의 넓이가 다음과 같을 때 □ 안에 알맞은 수를 써넣으세요.

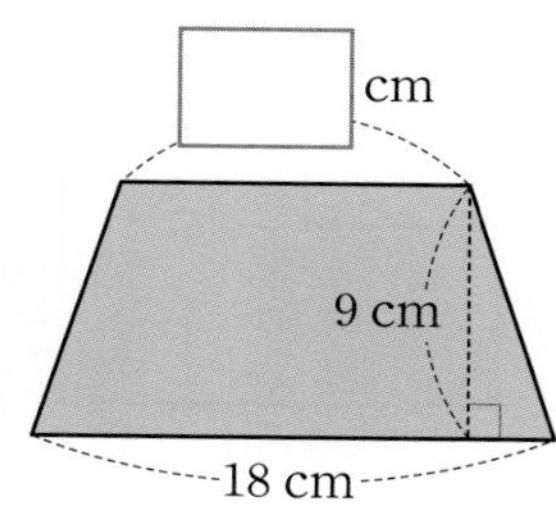

넓이: 135 cm^2

59 아래에 제시된 사다리꼴과 넓이가 같고 모양이 다른 사다리꼴을 1개 그려 보세요.

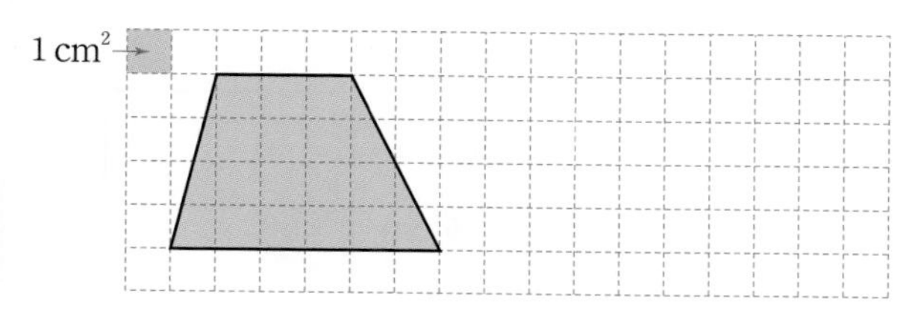

60 어려운 문제 도형에서 사다리꼴 가의 넓이는 삼각형 나의 넓이의 5배입니다. □ 안에 알맞은 수를 구해 보세요.

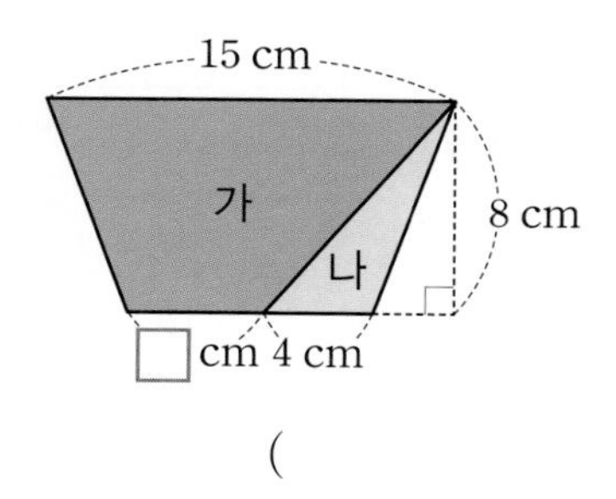

(　　　　　　　)

원 안에 그린 마름모의 넓이 구하기

예 반지름이 3 cm인 원 안에 그린 마름모의 넓이를 구해 보세요.

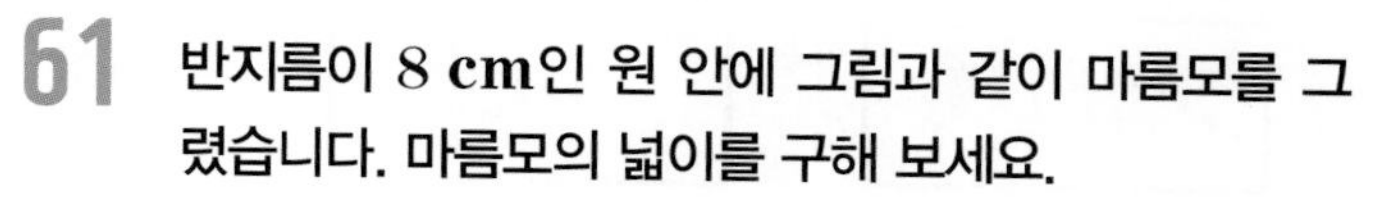

➡ 마름모의 두 대각선의 길이는 각각 원의 지름과 같습니다. 두 대각선의 길이가 각각 6 cm, 6 cm이므로 넓이는 $6 \times 6 \div 2 = 18(cm^2)$입니다.

61 반지름이 8 cm인 원 안에 그림과 같이 마름모를 그렸습니다. 마름모의 넓이를 구해 보세요.

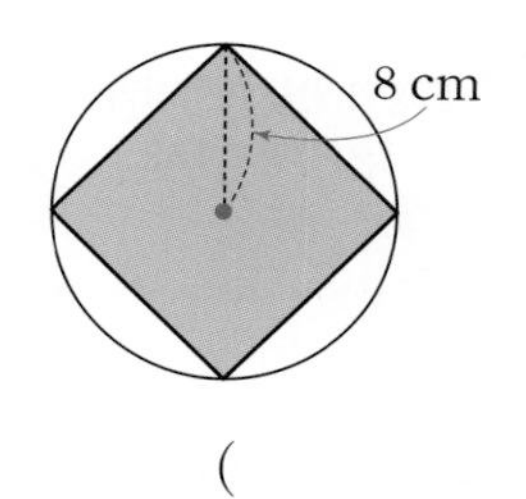

(　　　　　　　)

62 지름이 12 cm인 원 안에 그림과 같이 마름모를 그리고, 그 안에 각 변의 가운데 점을 이어 마름모를 한 개 더 그렸습니다. 색칠한 마름모의 넓이를 구해 보세요.

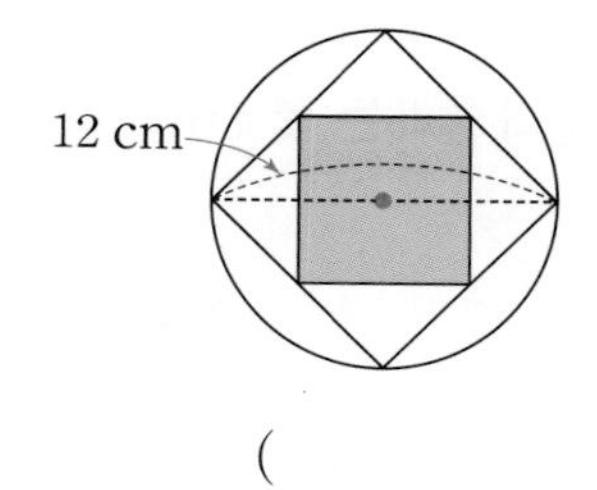

(　　　　　　　)

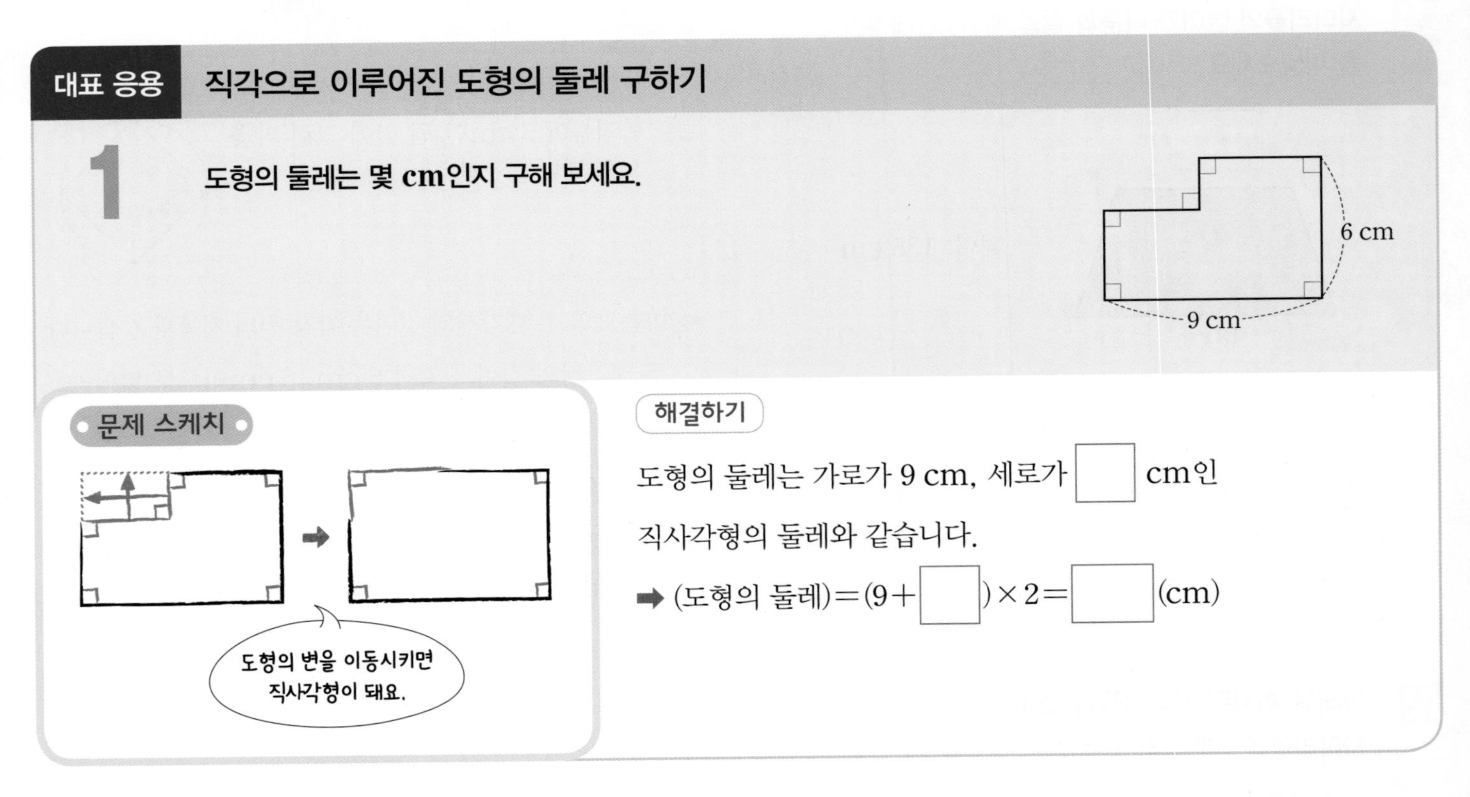

대표 응용 직각으로 이루어진 도형의 둘레 구하기

1 도형의 둘레는 몇 cm인지 구해 보세요.

해결하기

도형의 둘레는 가로가 9 cm, 세로가 □ cm인 직사각형의 둘레와 같습니다.

➡ (도형의 둘레)$=(9+\square)\times 2=\square$(cm)

1-1 도형의 둘레는 몇 cm인지 구해 보세요.

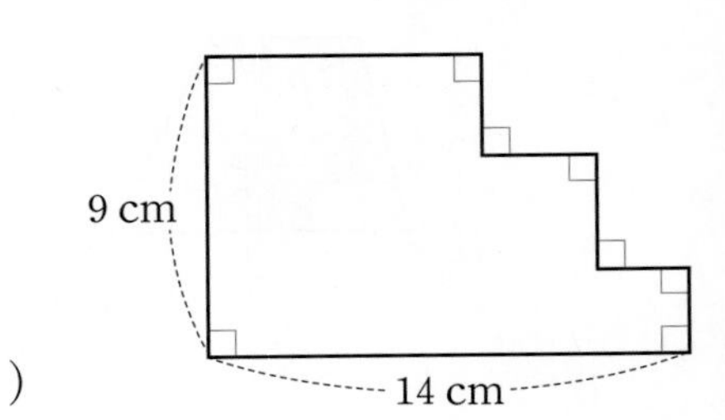

(　　　　　　　　　　)

1-2 도형의 둘레는 몇 cm인지 구해 보세요.

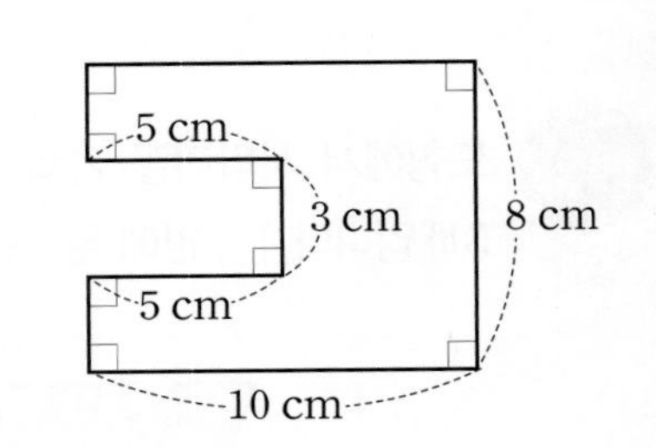

(　　　　　　　　　　)

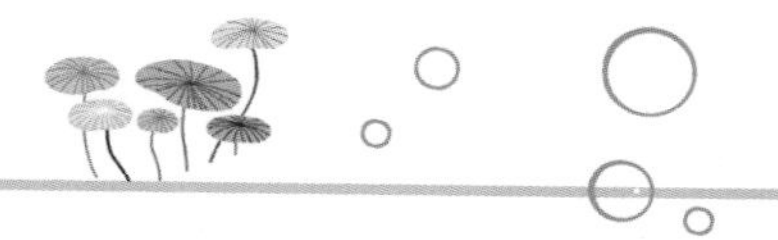

대표 응용 색칠한 부분의 넓이 구하기

2 색칠한 부분의 넓이는 몇 cm^2인지 구해 보세요.

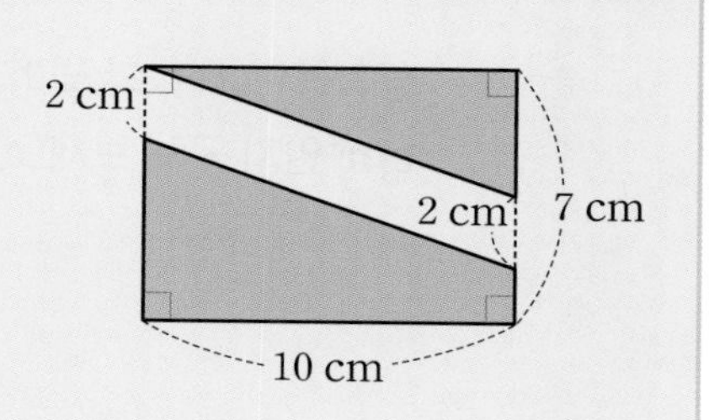

문제 스케치

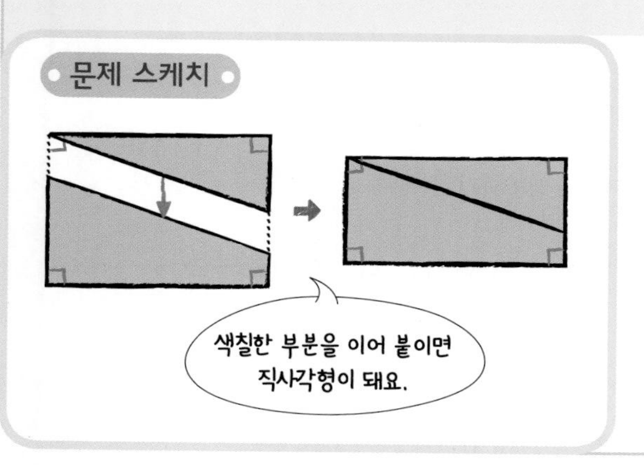

해결하기

색칠한 두 부분을 하나로 이어 붙이면 가로가 10 cm, 세로가 $7-2=\square$(cm)인 직사각형이 됩니다.

➡ (색칠한 부분의 넓이)$=10\times\square=\square$(cm^2)

2-1 색칠한 부분의 넓이는 몇 cm^2인지 구해 보세요.

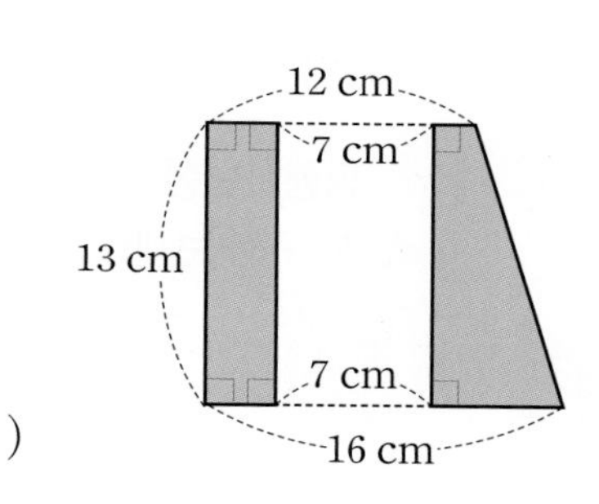

(　　　　　　　　　　)

2-2 색칠한 부분의 넓이는 몇 cm^2인지 구해 보세요.

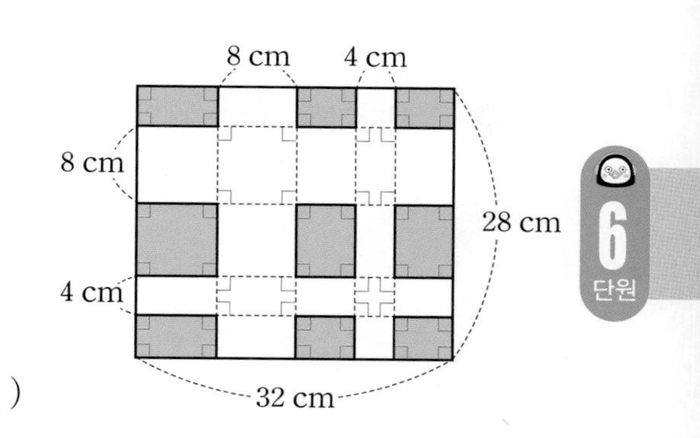

(　　　　　　　　　　)

6 단원

높이가 같은 도형의 넓이 구하기

3 **삼각형 ㄱㄴㄷ의 넓이가 45 cm^2일 때 평행사변형 ㄱㄴㄹㅁ의 넓이는 몇 cm^2인지 구해 보세요.**

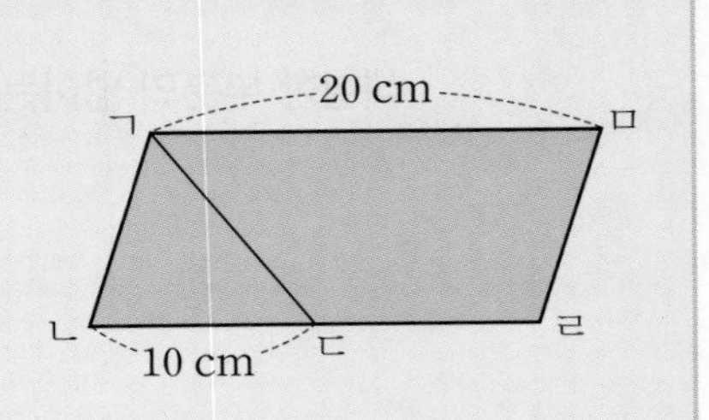

문제 스케치

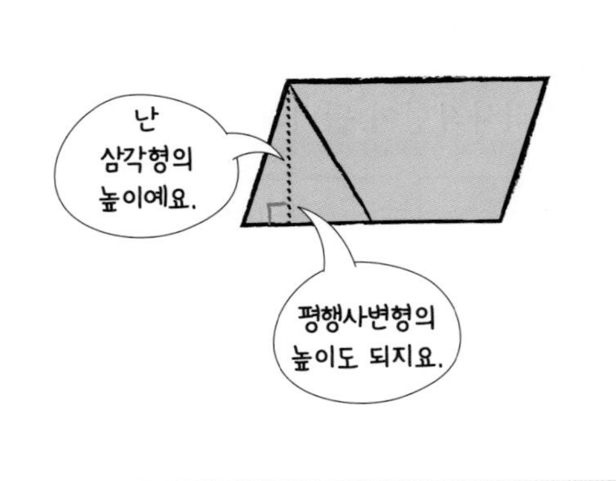

해결하기

삼각형 ㄱㄴㄷ에서 변 ㄴㄷ을 밑변이라 하면

높이는 $45 \times 2 \div 10 = \square$ (cm)입니다.

평행사변형 ㄱㄴㄹㅁ의 밑변의 길이는 20 cm, 높이는 $\square$ cm

입니다.

➡ (평행사변형 ㄱㄴㄹㅁ의 넓이)

$= 20 \times \square = \square$ (cm^2)

3-1 **평행사변형 ㄱㄴㄷㄹ의 넓이가 216 cm^2일 때 삼각형 ㄷㄹㅁ의 넓이는 몇 cm^2인지 구해 보세요.**

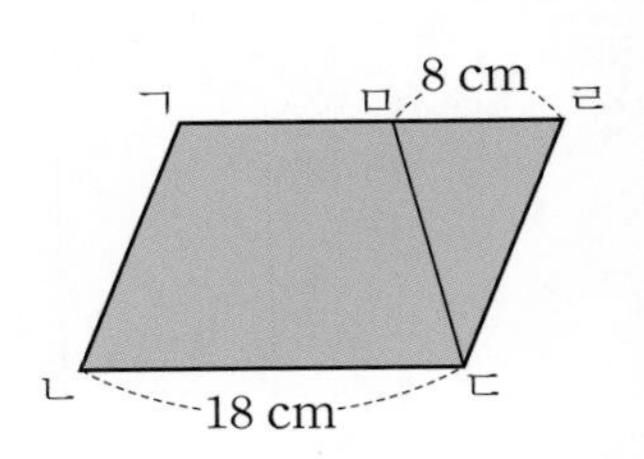

(　　　　　　　　)

3-2 **사다리꼴 ㄱㄷㄹㅁ의 넓이가 180 cm^2일 때 삼각형 ㄱㄴㄷ의 넓이는 몇 cm^2인지 구해 보세요.**

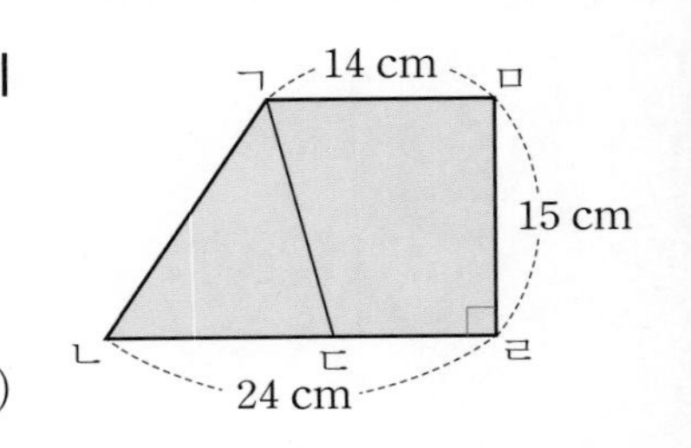

(　　　　　　　　)

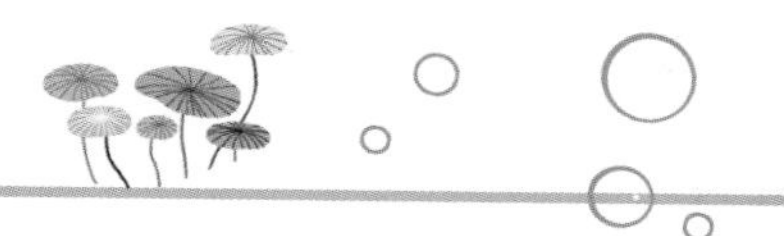

대표 응용 **다각형의 넓이 구하기**

4 다각형의 넓이는 몇 cm^2인지 구해 보세요.

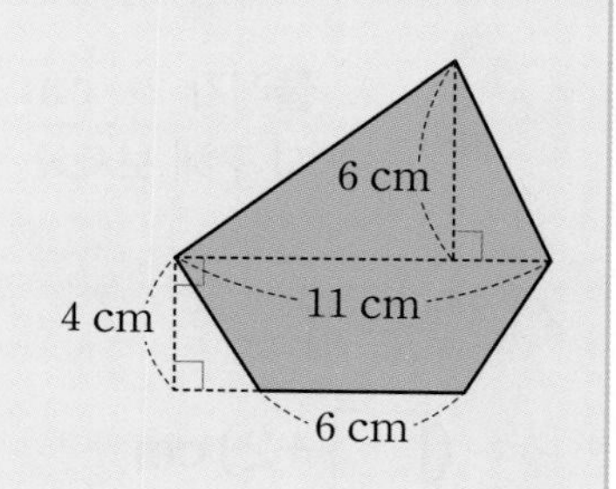

문제 스케치

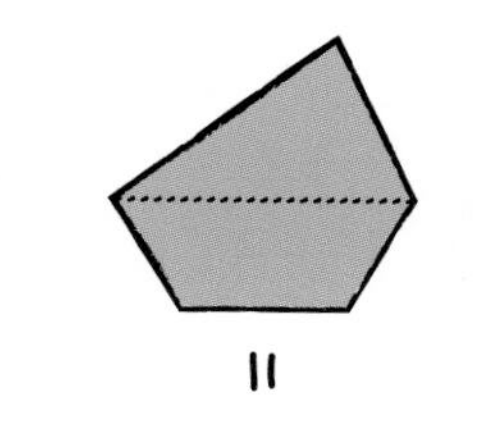

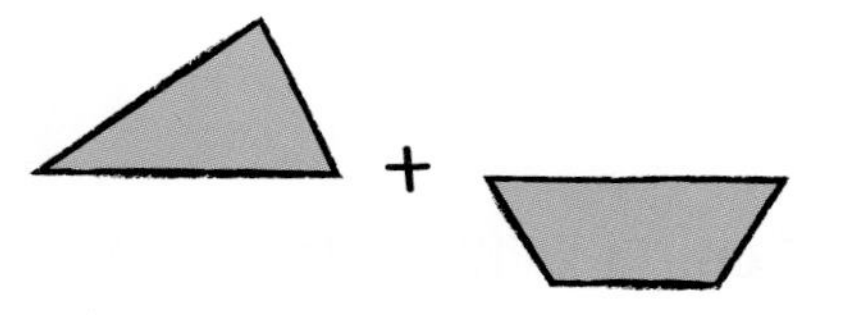

해결하기

다각형의 넓이는 삼각형의 넓이와 사다리꼴의 넓이의 합으로 구할 수 있습니다.

(삼각형의 넓이)$=11\times\square\div2=\square(cm^2)$

(사다리꼴의 넓이)$=(11+\square)\times\square\div2=\square(cm^2)$

➡ (다각형의 넓이)$=\square+\square=\square(cm^2)$

4-1 다각형의 넓이는 몇 cm^2인지 구해 보세요.

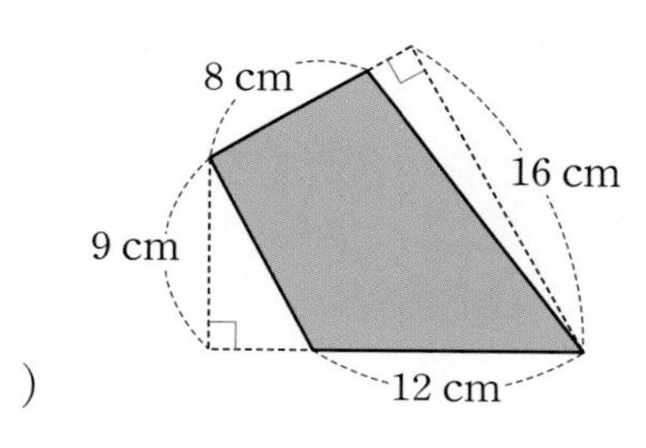

(　　　　　　　　)

4-2 색칠한 부분의 넓이는 몇 cm^2인지 구해 보세요.

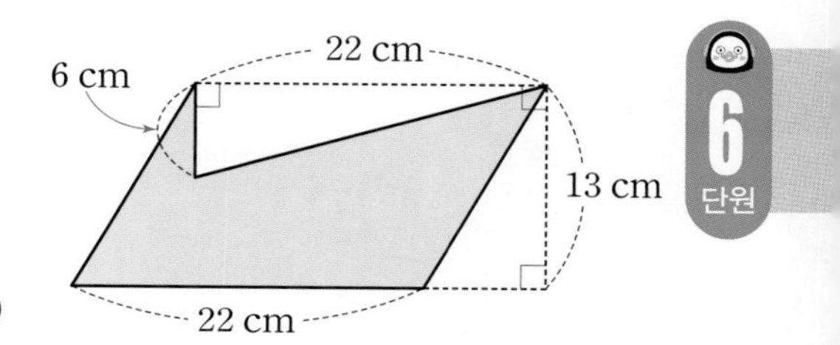

(　　　　　　　　)

6 단원

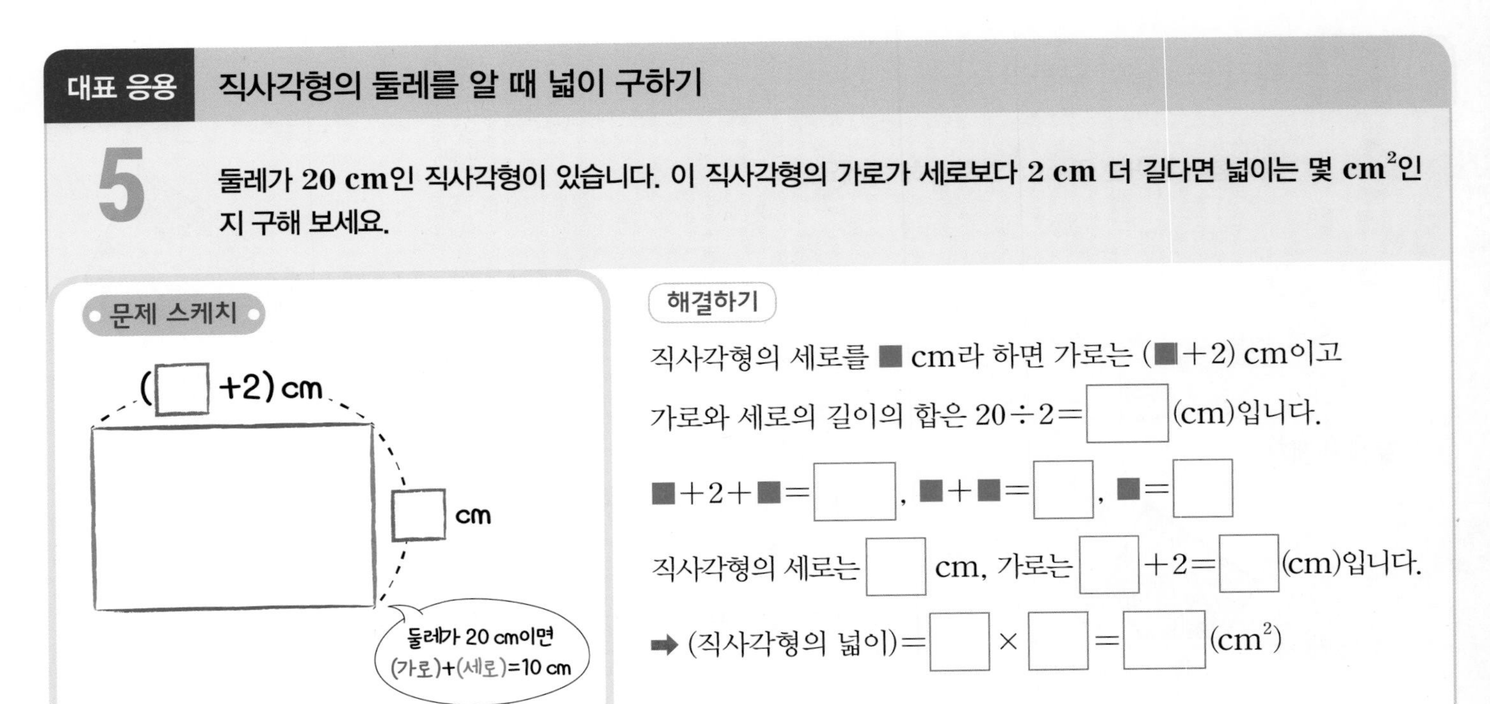

대표 응용 **직사각형의 둘레를 알 때 넓이 구하기**

5 둘레가 20 cm인 직사각형이 있습니다. 이 직사각형의 가로가 세로보다 2 cm 더 길다면 넓이는 몇 cm^2인지 구해 보세요.

문제 스케치

해결하기

직사각형의 세로를 ■ cm라 하면 가로는 (■+2) cm이고

가로와 세로의 길이의 합은 $20 \div 2 =$ □ (cm)입니다.

■+2+■= □ , ■+■= □ , ■= □

직사각형의 세로는 □ cm, 가로는 □ +2= □ (cm)입니다.

➡ (직사각형의 넓이)= □ × □ = □ (cm^2)

5-1 둘레가 46 cm인 직사각형이 있습니다. 이 직사각형의 가로가 세로보다 5 cm 더 짧다면 넓이는 몇 cm^2인지 구해 보세요.

( )

5-2 둘레가 54 cm인 직사각형이 있습니다. 이 직사각형의 세로가 가로의 2배라면 넓이는 몇 cm^2인지 구해 보세요.

( )

정답과 풀이 45쪽

01 정다각형의 둘레는 몇 cm인지 구해 보세요.

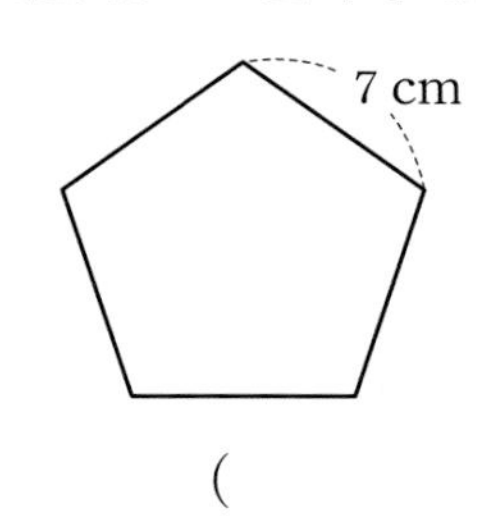

(　　　　　　　　　　　)

02 그림과 같이 한 변의 길이가 20 m인 정사각형 모양의 텃밭의 둘레를 따라 끈을 묶으려고 합니다. 필요한 끈의 길이는 몇 m인지 구해 보세요. (단, 끈을 묶는 매듭의 길이는 생각하지 않습니다.)

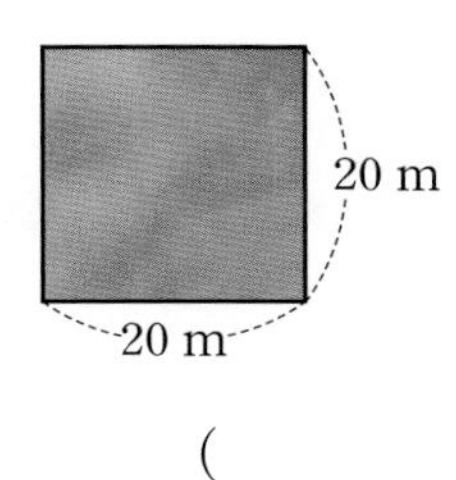

(　　　　　　　　　　　)

03 둘레가 더 긴 도형에 ○표 하세요.

한 변의 길이가 9 cm인 마름모 (　　　)

한 변의 길이가 5 cm인 정팔각형 (　　　)

04 중요 둘레가 84 cm인 직사각형 모양의 공책이 있습니다. 공책의 가로가 17 cm일 때 세로는 몇 cm인지 구해 보세요.

(　　　　　　　　　　　)

05 도형의 넓이는 몇 cm^2인지 구해 보세요.

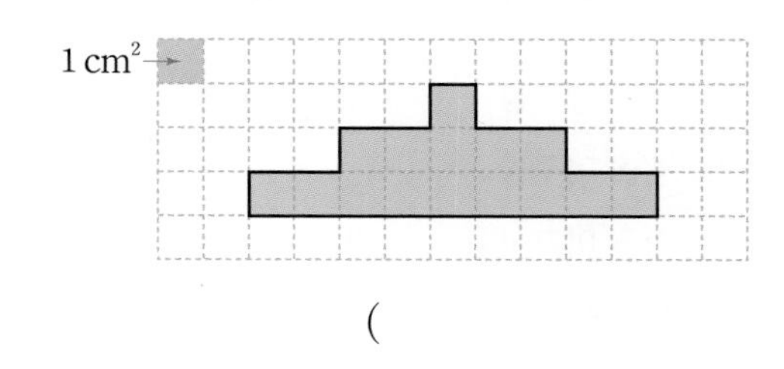

(　　　　　　　　　　　)

06 직사각형과 정사각형의 넓이의 차는 몇 cm^2인지 구해 보세요.

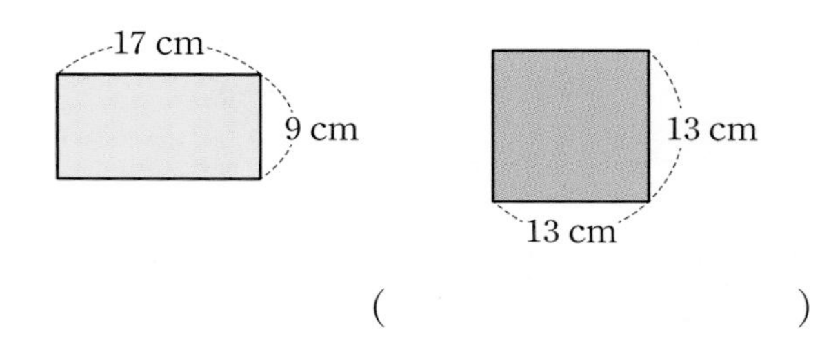

(　　　　　　　　　　　)

07 넓이가 81 cm^2인 정사각형의 한 변의 길이를 구해 보세요.

(　　　　　　　　　　　)

08 □ 안에 알맞은 수를 써넣으세요.

(1) 9 km^2= □ m^2

(2) 25000000 m^2= □ km^2

09 각 지역의 야구 경기장의 넓이를 알맞은 단위로 나타내려고 합니다. 빈칸에 알맞은 수를 써넣으세요.

야구 경기장	넓이(cm^2)	넓이(m^2)
잠실 야구장		13880
수원 야구장	123010000	
부산 사직 야구장		12790

10 밑변의 길이가 8 cm, 높이가 3 cm인 평행사변형의 넓이는 몇 cm^2인지 구해 보세요.

( )

11 두 평행사변형의 넓이가 같을 때, □ 안에 알맞은 수를 구해 보세요.

중요

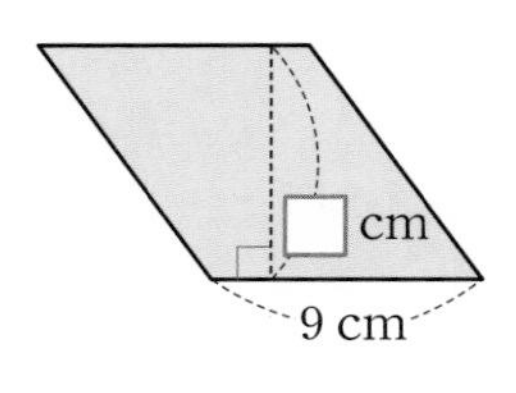

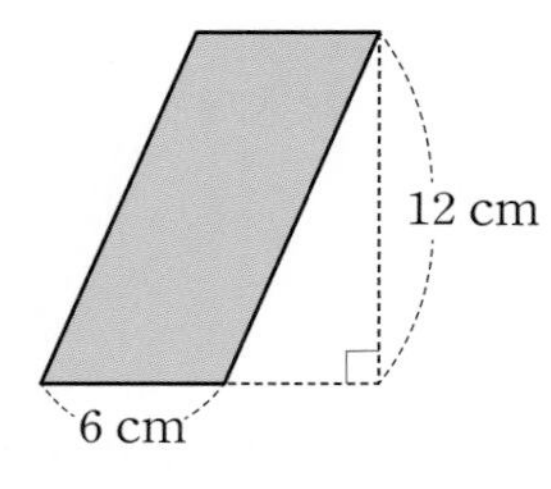

( )

12 아래에 제시된 삼각형과 넓이가 같고 모양이 다른 삼각형을 1개 그려 보세요.

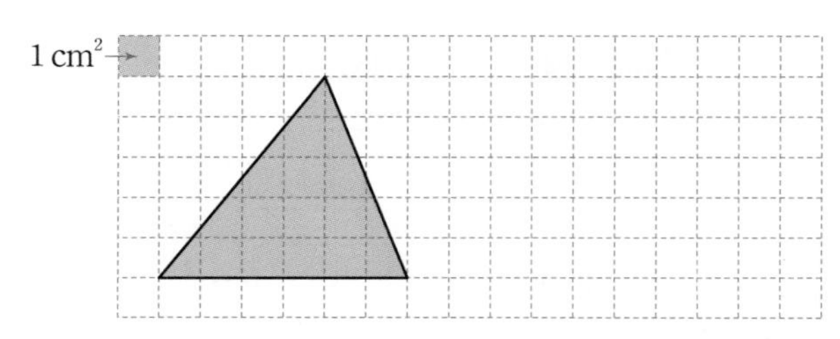

13 □ 안에 알맞은 수를 구해 보세요.

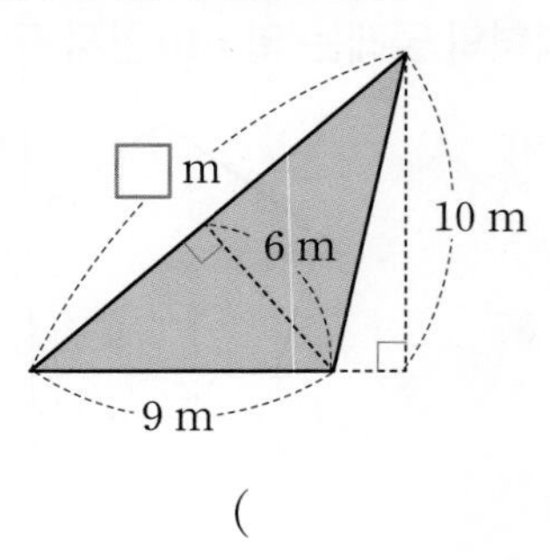

( )

14 색칠한 부분의 넓이는 몇 cm^2인지 구해 보세요.

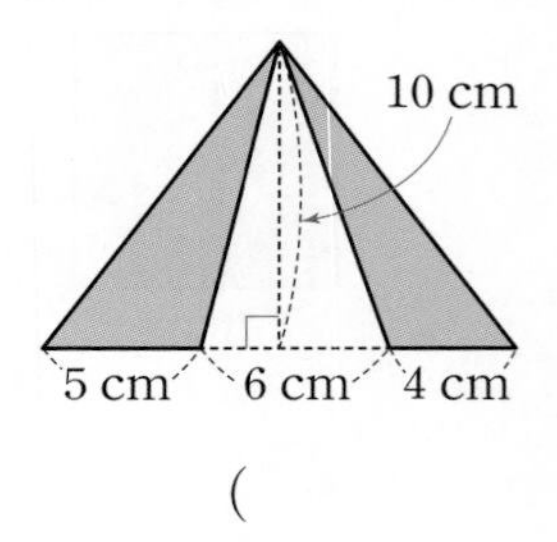

( )

15 둘레가 42 cm인 직사각형의 각 변의 가운데 점을 이어 마름모를 그렸습니다. 마름모의 넓이를 구해 보세요.

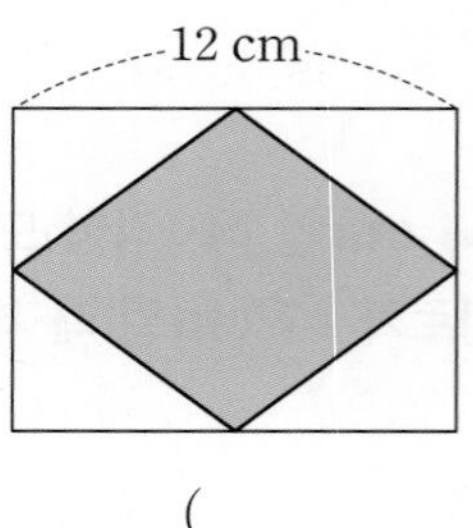

( )

16 지름이 20 cm인 원 안에 그릴 수 있는 가장 큰 마름모의 넓이는 몇 cm^2인지 구해 보세요.

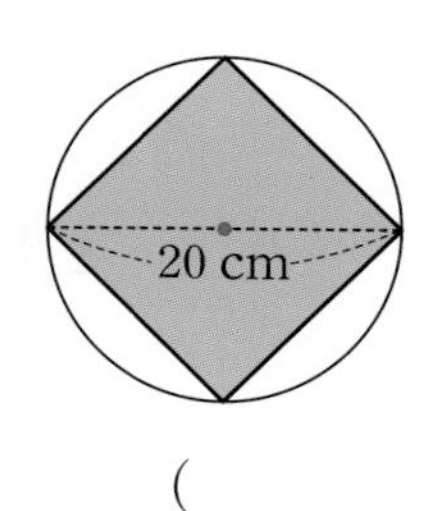

(　　　　　　　　　　)

17 사다리꼴의 넓이는 몇 cm^2인지 구해 보세요.

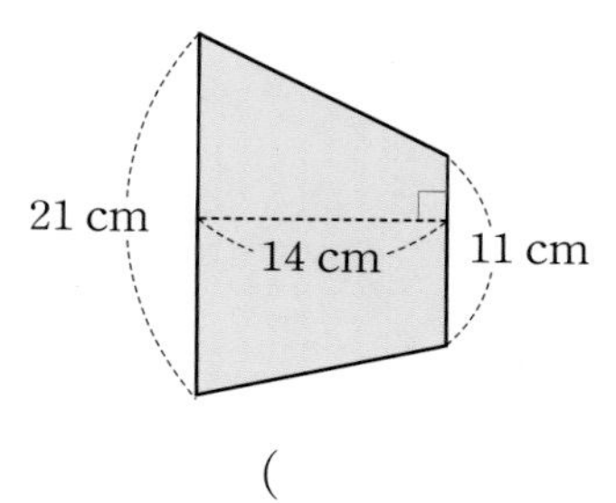

(　　　　　　　　　　)

18 어려운 문제

삼각형 ㅁㄴㄷ의 넓이는 42 cm^2입니다. 사다리꼴 ㄱㄴㄷㄹ의 넓이는 몇 cm^2인지 구해 보세요.

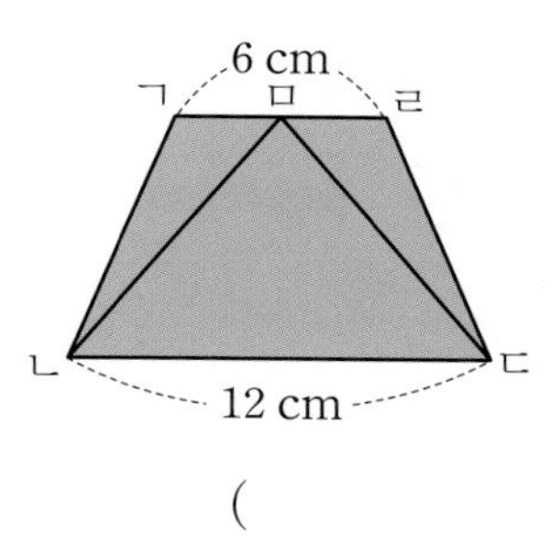

(　　　　　　　　　　)

서술형 문제

19 둘레가 20 cm인 평행사변형입니다. ㉠의 길이는 몇 cm인지 풀이 과정을 쓰고 답을 구해 보세요.

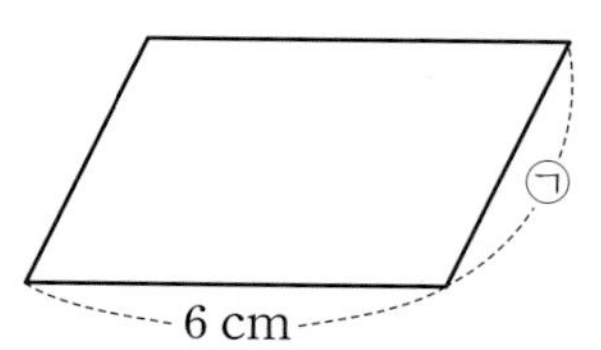

풀이

____

____

____

____

답 ______________

20 삼각형의 넓이는 마름모의 넓이보다 몇 cm^2 더 넓은지 풀이 과정을 쓰고 답을 구해 보세요.

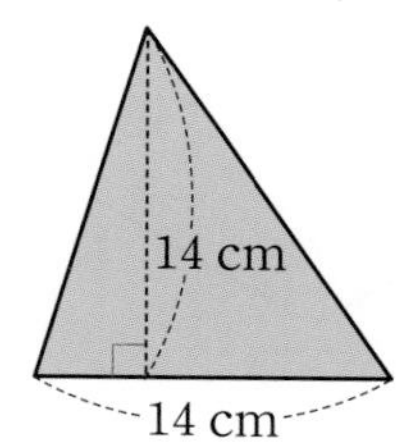

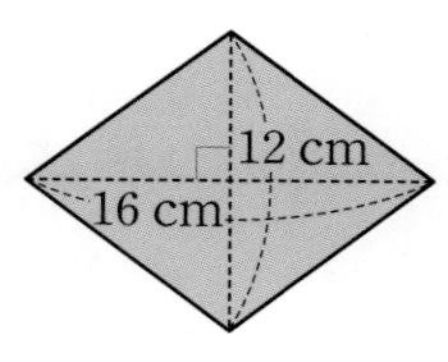

풀이

____

____

____

____

답 ______________

단원 평가 LEVEL ❷

01 한 변의 길이가 3 cm인 정구각형이 있습니다. 이 정구각형의 둘레는 몇 cm인지 구해 보세요.

(　　　　　　　　)

02 둘레의 길이가 96 cm인 정십이각형이 있습니다. 이 정십이각형의 한 변의 길이는 몇 cm인지 구해 보세요.

(　　　　　　　　)

03 마름모의 둘레는 몇 cm인지 구해 보세요.

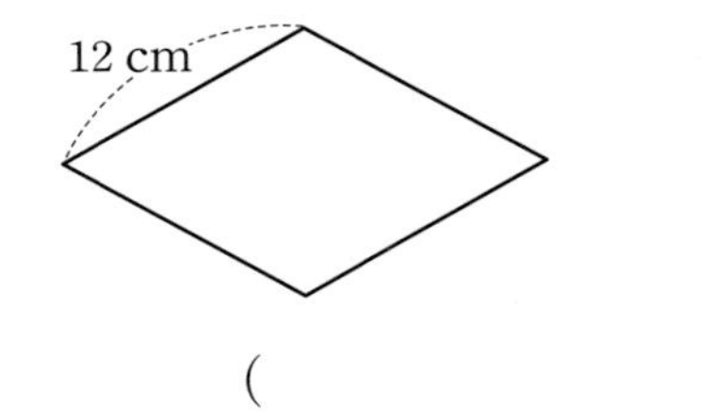

(　　　　　　　　)

04 평행사변형의 둘레는 40 cm입니다. □ 안에 알맞은 수를 써넣으세요.

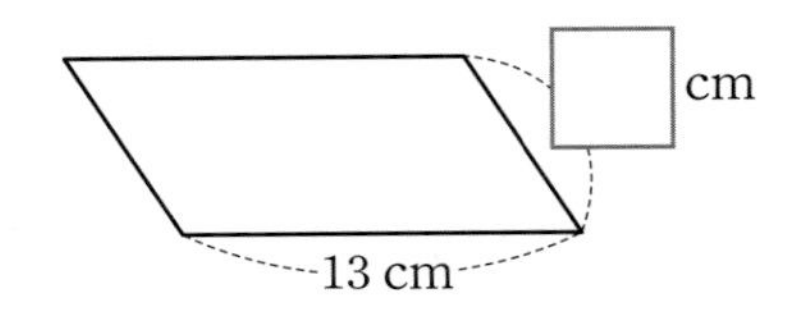

05 도형 가와 나의 넓이를 각각 구해 보세요.

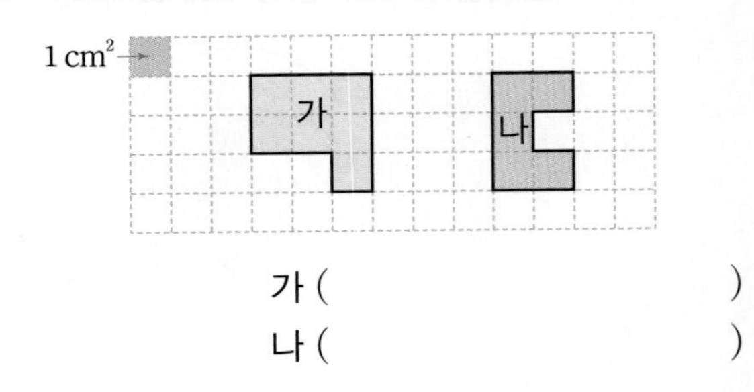

가 (　　　　　　　　)

나 (　　　　　　　　)

06 넓이가 더 넓은 도형의 기호를 써 보세요.

> ㉠ 가로가 3 cm, 세로가 7 cm인 직사각형
> ㉡ 한 변의 길이가 5 cm인 정사각형

(　　　　　　　　)

07 오른쪽 직사각형의 넓이가 108 cm^2일 때 □ 안에 알맞은 수를 구해 보세요.

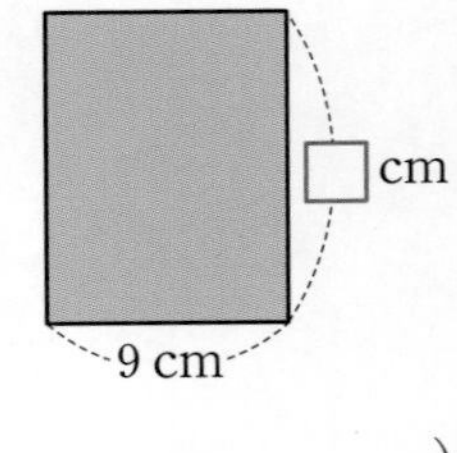

(　　　　　　　　)

08 넓이가 12 cm^2이고 모양이 서로 다른 직사각형을 2개 그려 보세요.

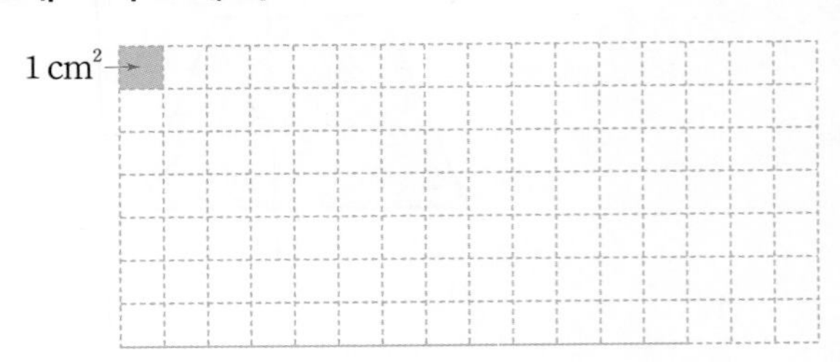

09 중요 둘레가 64 cm인 정사각형이 있습니다. 이 정사각형의 넓이는 몇 cm^2인지 구해 보세요.

( )

10 넓이를 비교하여 ○ 안에 >, =, <를 알맞게 써넣으세요.

(1) $6000\ cm^2$ ○ $3\ m^2$

(2) $9\ km^2$ ○ $90000\ m^2$

11 직사각형의 넓이는 몇 km^2인지 구해 보세요.

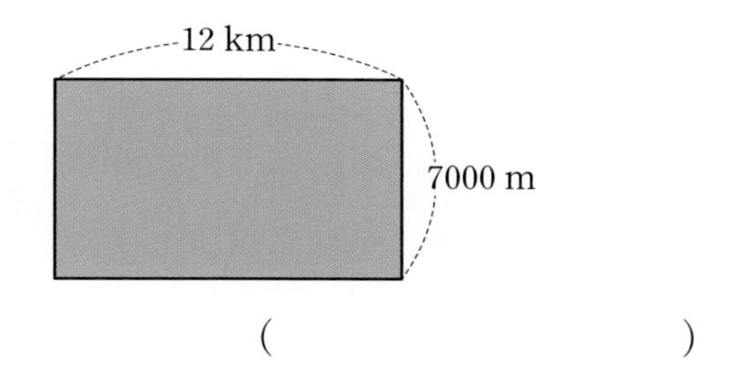

( )

12 넓이가 나머지와 다른 평행사변형을 찾아 기호를 써 보세요.

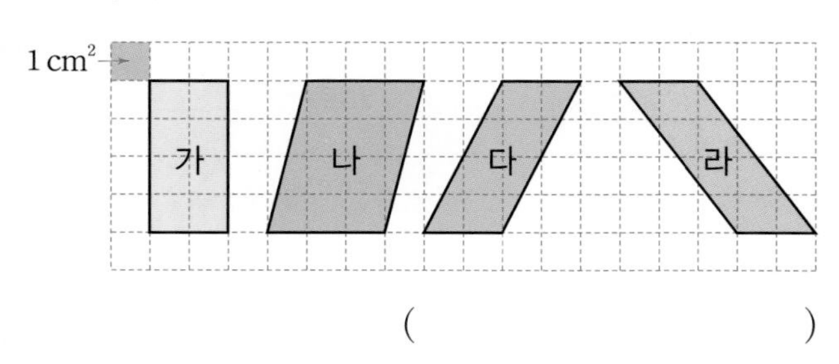

( )

13 평행사변형과 삼각형 중 넓이가 더 넓은 것은 무엇인지 써 보세요.

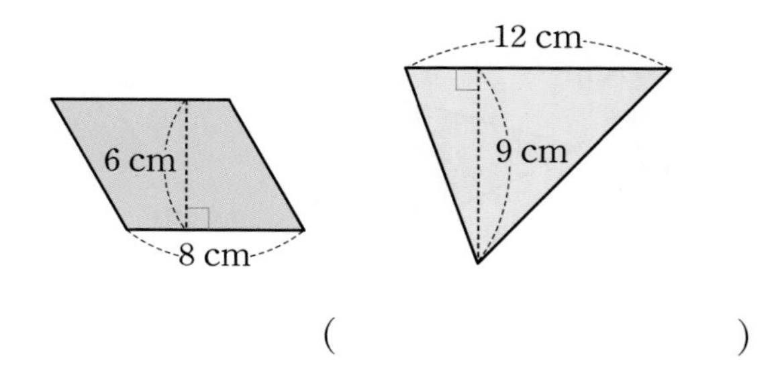

( )

14 밑변의 길이가 5 cm인 삼각형의 넓이가 $20\ cm^2$일 때 삼각형의 높이는 몇 cm인지 구해 보세요.

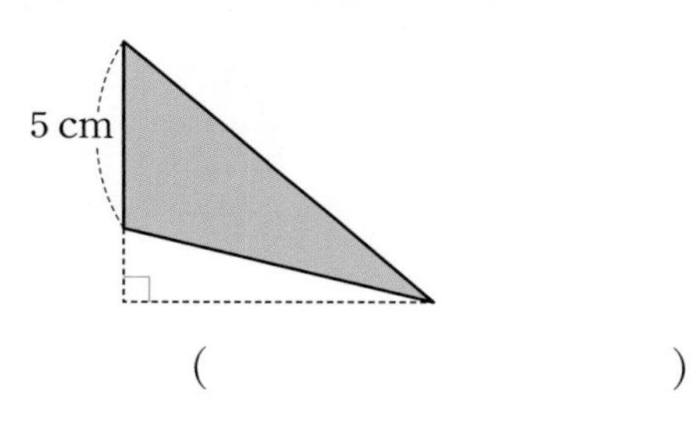

( )

15 중요 다음 마름모의 넓이는 $60\ cm^2$입니다. 이 마름모에서 대각선 ㄱㄷ의 길이는 몇 cm인지 구해 보세요.

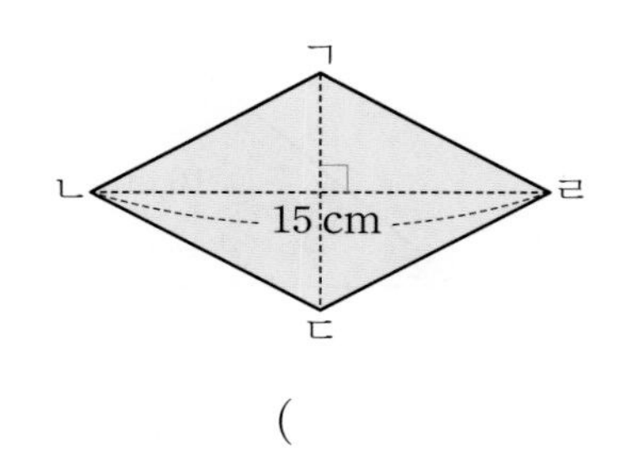

( )

6 단원

16 사다리꼴과 마름모의 넓이는 같습니다. □ 안에 알맞은 수를 구해 보세요.

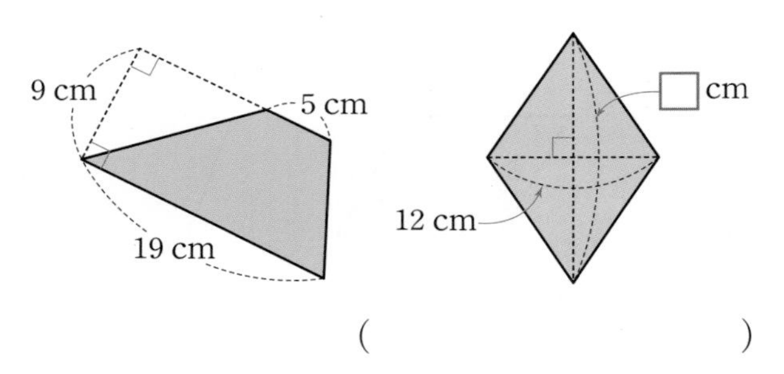

(   )

17 다각형의 둘레와 넓이를 각각 구해 보세요.

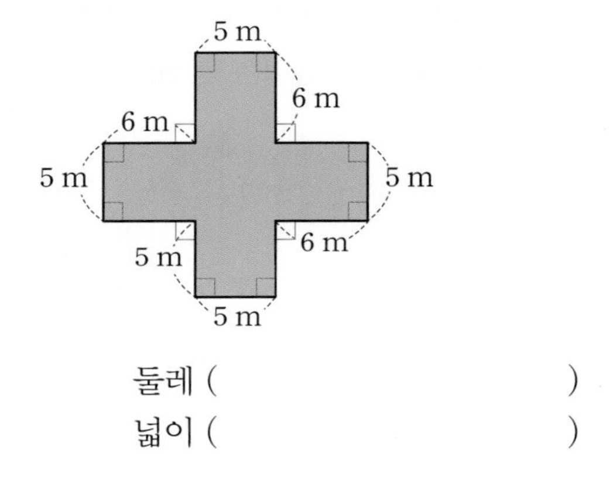

둘레 (   )

넓이 (   )

18 사다리꼴 ㄱㄴㄷㄹ의 넓이는 몇 cm^2인지 구해 보세요.

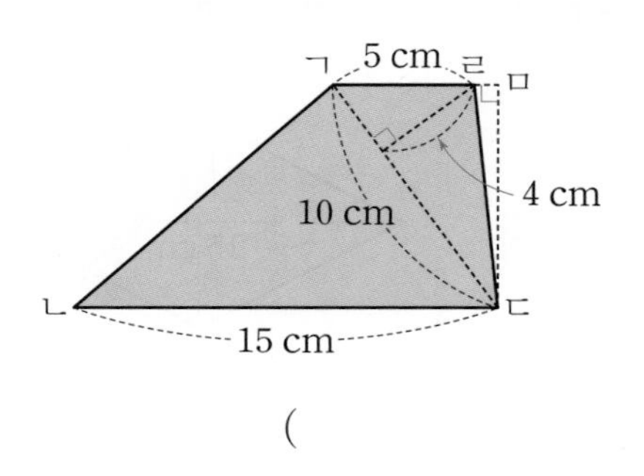

(   )

서술형 문제

19 정육각형과 마름모 중 어느 것의 둘레가 몇 cm 더 긴지 풀이 과정을 쓰고 답을 구해 보세요.

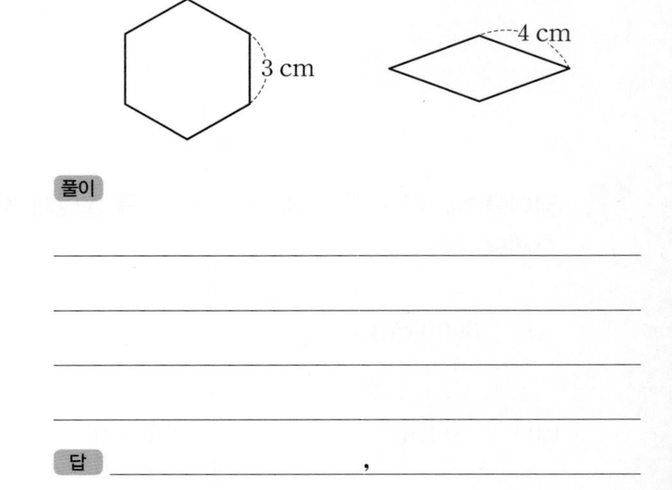

풀이

답 __________, __________

20 평행사변형과 사다리꼴의 넓이가 같을 때 사다리꼴의 높이는 몇 cm인지 풀이 과정을 쓰고 답을 구해 보세요.

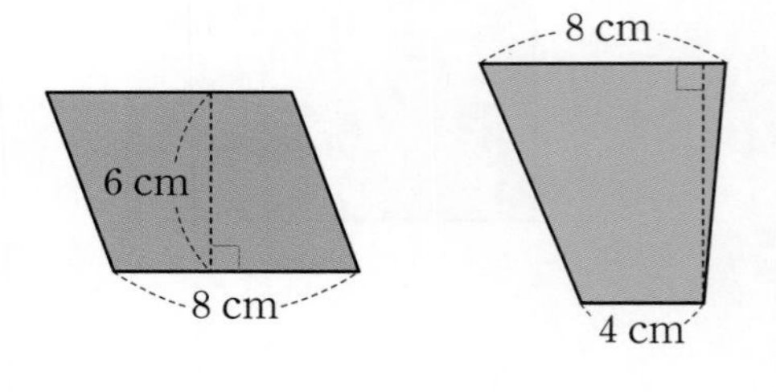

풀이

답 __________

교과서 기본과 응용 문제를
한 번에 잡는 **교과서 기본+응용**

BOOK 2
복습책

5-1

01 계산 순서를 보고 □ 안에 알맞은 수를 써넣으세요.

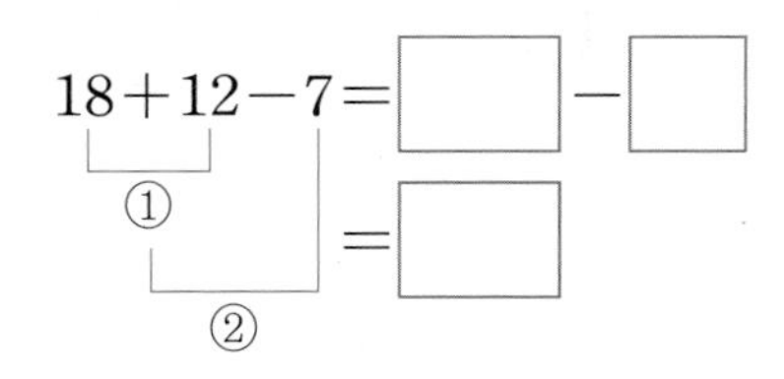

02 보기 와 같이 계산 순서를 나타내고, 계산해 보세요.

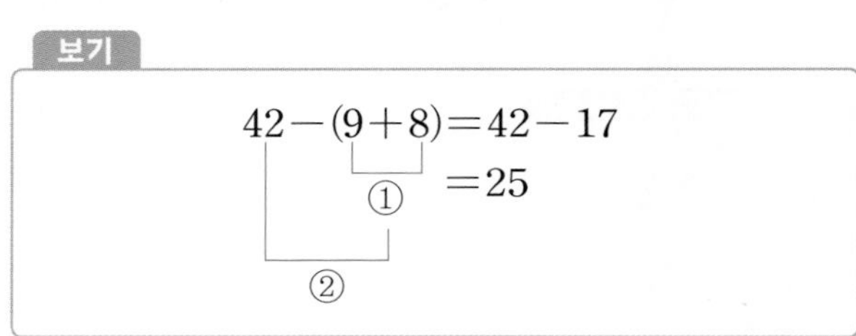

$63-(36-17)$

03 계산해 보세요.

(1) $54+19-28$

(2) $40-(22+9)$

04 석주는 700원짜리 지우개 1개와 1800원짜리 공책 1권을 사고 5000원짜리 지폐를 냈습니다. 석주가 받은 거스름돈은 얼마인지 하나의 식으로 나타내어 구해 보세요.

식 ____________________

답 ____________________

05 계산 결과를 찾아 이어 보세요.

$84\div6\times2$ • • 7

$84\div(6\times2)$ • • 28

06 계산 결과를 비교하여 ○ 안에 >, =, <를 알맞게 써넣으세요.

$56\div8\times4$ ○ $6\times15\div5$

07 두 식의 계산 결과의 차를 구해 보세요.

$64\div8+16$ $81-5\times7$

( )

08 다음 식을 이용하여 해결할 수 있는 문제를 완성하고 답을 구해 보세요.

$(52+37)\times2-8$

문제

남학생이 52명, 여학생이 37명 있습니다. 풍선을 한 명당 □개씩 나누어 주려고 하니 □개가 모자랐습니다. 풍선은 모두 몇 개인지 구해 보세요.

답 ____________

09 계산 결과가 큰 것부터 차례로 기호를 써 보세요.

㉠ $56\div(5+2)-1$
㉡ $(26+46)\div8-3$
㉢ $4\times13-37+16$

(   )

10 다음 식에서 가장 먼저 계산해야 하는 부분은 어느 것인가요? (   )

$46+8\times(3+12)\div6-12$

① $+$ (46과 8 사이), ② $\times$, ③ $+$ (3과 12 사이), ④ $\div$, ⑤ $-$

11 계산해 보세요.

$7\times5-16+(22+29)\div3$

12 ○ 안에 >, =, <를 알맞게 써넣으세요.

$7\times(84-24)\div6+25$ ○ 87

13 현진이는 하루에 딱지를 8개씩 만들 수 있고 동생은 6개씩 만들 수 있습니다. 두 사람이 함께 100개의 딱지를 만들려고 합니다. 4일 동안 딱지를 만들었다면 앞으로 딱지를 몇 개 더 만들어야 하는지 하나의 식으로 나타내어 구해 보세요.

식 ____________

답 ____________

1 단원

유형 1 □ 안에 들어갈 수 있는 수 구하기

01 1부터 9까지의 자연수 중에서 □ 안에 들어갈 수 있는 수는 모두 몇 개인지 구해 보세요.

$5-27\div9+3>\square$

(　　　　　　　　)

비법
□< ◎에서 □ 안에 들어갈 수 있는 자연수는 1부터 ◎−1까지의 수입니다.

02 □ 안에 들어갈 수 있는 자연수를 모두 구해 보세요.

$250\div(5\times5)\times2<\square<37-8+15-21$

(　　　　　　　　)

03 □ 안에 들어갈 수 있는 자연수 중에서 가장 큰 수와 가장 작은 수의 차를 구해 보세요.

$5\times14\div(9-7)-16<\square<98\div(8+6)\times12-37$

(　　　　　　　　)

유형 2 이어 붙인 종이테이프의 길이 구하기

04 길이가 17 cm인 종이테이프와 길이가 19 cm인 종이테이프를 3 cm가 겹치도록 이어 붙였습니다. 이어 붙인 종이테이프 전체의 길이는 몇 cm인지 구해 보세요.

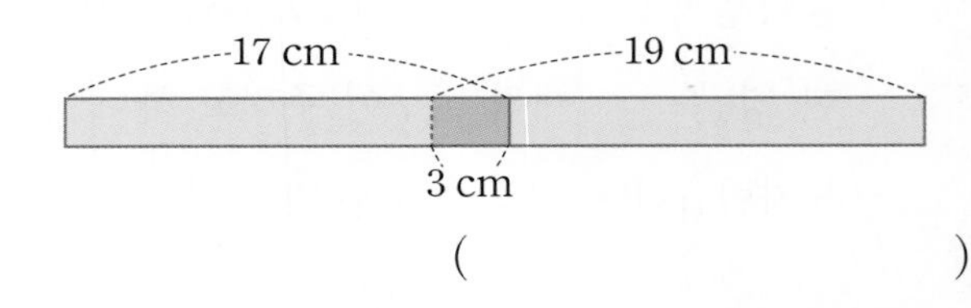

(　　　　　　　　)

비법
두 종이테이프의 길이를 더한 후 겹친 부분의 길이만큼 뺍니다.

05 길이가 11 cm인 종이테이프와 길이가 152 cm인 종이테이프를 8등분 한 것 중의 하나를 2 cm가 겹치도록 이어 붙였습니다. 이어 붙인 종이테이프 전체의 길이는 몇 cm인지 구해 보세요.

(　　　　　　　　)

06 길이가 117 cm인 종이테이프를 9등분 한 것 중의 하나와 길이가 144 cm인 종이테이프를 8등분 한 것 중의 하나를 4 cm가 겹치도록 이어 붙였습니다. 이어 붙인 종이테이프 전체의 길이는 몇 cm인지 구해 보세요.

(　　　　　　　　)

유형 3 식이 성립하도록 ( )로 묶기

07 다음 식이 성립하도록 ( )로 묶어 보세요.

$$55 - 6 \times 7 - 2 = 25$$

비법
여러 가지 방법으로 ( )로 묶어 계산해 봅니다.

08 다음 식이 성립하도록 ( )로 묶어 보세요.

$$115 \div 23 - 18 + 4 \times 6 = 47$$

09 다음 식이 성립하도록 ( )로 묶어 보세요.

$$81 - 6 \times 15 - 9 \div 3 = 69$$

유형 4 덧셈, 뺄셈, 곱셈이 섞여 있는 식의 활용

10 철사가 72 cm 있습니다. 이 철사로 한 변의 길이가 각각 9 cm, 3 cm인 정사각형을 2개 만들었다면 남은 철사의 길이는 몇 cm인지 하나의 식으로 나타내어 구해 보세요.

식 ______________________

답 ______________

비법
먼저 계산해야 하는 부분은 ( )를 사용합니다.

11 민석이는 5000원을 가지고 있었습니다. 이 돈으로 400원짜리 사탕 6개를 산 후 어머니로부터 1200원을 받아서 가진 돈 모두를 책을 사는 데 썼습니다. 민석이가 책을 사는 데 쓴 돈은 얼마인지 하나의 식으로 나타내어 구해 보세요.

식 ______________________

답 ______________

12 정원이는 10일 중 3일은 쉬고 나머지 날은 매일 줄넘기를 80번씩 하였고, 준영이는 10일 동안 매일 줄넘기를 60번씩 하였습니다. 두 사람이 10일 동안 줄넘기를 모두 몇 번 했는지 하나의 식으로 나타내어 구해 보세요.

식 ______________________

답 ______________

01 성훈이는 딱지를 35개 가지고 있었습니다. 딱지치기를 하여 어제는 19개를 잃었고 오늘은 17개를 땄습니다. 성훈이가 지금 가지고 있는 딱지는 몇 개인지 풀이 과정을 쓰고 답을 구해 보세요.

풀이

답

02 하율이는 3500원이 있었습니다. 이번 주에 용돈으로 5700원을 받고 4800원을 썼다면 하율이가 지금 가지고 있는 돈은 얼마인지 풀이 과정을 쓰고 답을 구해 보세요.

풀이

답

03 감 5개의 무게는 650 g입니다. 감 3개의 무게는 몇 g인지 풀이 과정을 쓰고 답을 구해 보세요.

풀이

답

04 어느 빵집에서 케이크 하나를 만드는 데 달걀이 6개 필요합니다. 한 판에 30개씩 들어 있는 달걀을 4판 사서 케이크를 만드는 데 모두 사용하면 케이크는 모두 몇 개 만들 수 있는지 풀이 과정을 쓰고 답을 구해 보세요.

풀이

답

05 빨간 색종이 28장과 파란 색종이 36장을 채연이네 모둠 학생 8명이 똑같이 나누어 가졌습니다. 채연이가 5장을 사용했다면 채연이에게 남은 색종이는 몇 장인지 풀이 과정을 쓰고 답을 구해 보세요.

풀이

답

06 젤리는 3개에 2850원이고, 초콜릿은 5개에 4350원입니다. 젤리 한 개는 초콜릿 한 개보다 얼마나 더 비싼지 풀이 과정을 쓰고 답을 구해 보세요.

풀이

답

07 인하는 매일 500원씩 30일 동안 모아서 12400원짜리 동생 생일 선물을 산 뒤 매일 800원씩 7일 동안 더 모았습니다. 지금 인하가 가지고 있는 돈은 얼마인지 풀이 과정을 쓰고 답을 구해 보세요.

풀이

답

08 연수는 줄넘기를 일주일 동안 매일 같은 횟수씩 모두 980번을 넘기로 했습니다. 첫째 날 아침과 점심에 각각 55번씩 넘었다면 저녁에 몇 번을 더 넘어야 하는지 풀이 과정을 쓰고 답을 구해 보세요.

풀이

답

09 1분에 2 km씩 가는 기차와 15분에 21 km씩 가는 자동차가 있습니다. 45분 동안 기차는 자동차보다 몇 km 더 멀리 가는지 풀이 과정을 쓰고 답을 구해 보세요.

풀이

답

10 경훈이는 카레를 만들기 위해 9000원으로 다음 재료를 샀습니다. 재료를 사고 남은 돈은 얼마인지 풀이 과정을 쓰고 답을 구해 보세요.

재료	가격	사 온 양
당근	1개에 900원	2개
양파	3개에 1500원	4개
돼지고기	600 g에 9000원	300 g

풀이

답

01 보기 와 같이 계산해 보세요.

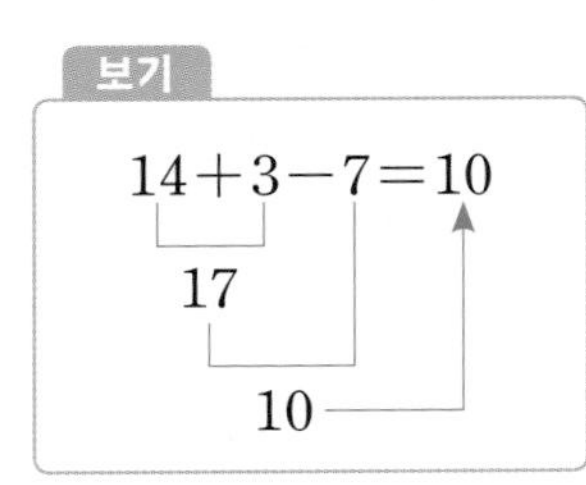

$54-(29+3)$

02 계산 결과를 비교하여 ○ 안에 >, =, <를 알맞게 써넣으세요.

$76-38+19$ ○ $76-(38+19)$

03 계산에서 잘못된 부분을 찾아 바르게 계산해 보세요.

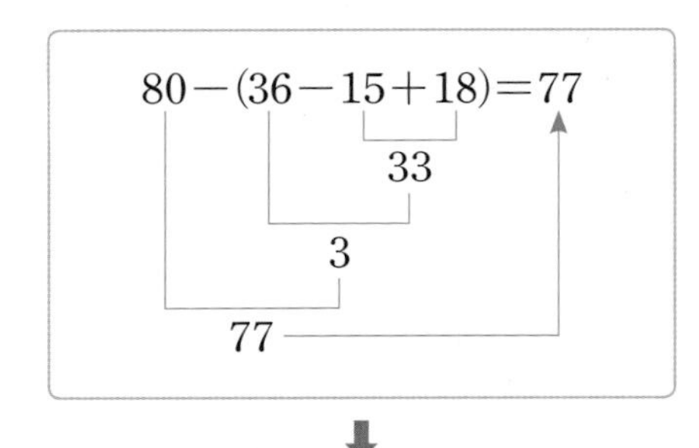

⬇

$80-(36-15+18)$

04 두 식의 계산 결과의 합을 구해 보세요.

- $35\div7\times3$
- $42\div(2\times3)$

(   )

05 과일 가게에서 귤 180개를 한 바구니에 12개씩 담아 3000원씩 받고 팔았습니다. 귤을 모두 팔고 받은 돈은 얼마인지 하나의 식으로 나타내어 구해 보세요.

식 ____________________

답 ____________________

06 계산해 보세요.

$29+(64-48)\times2$

07 색종이 80장을 남학생 12명과 여학생 13명에게 한 사람당 3장씩 나누어 주었습니다. 나누어 주고 남은 색종이는 몇 장인지 구해 보세요.

(   )

08 다음 식이 성립하도록 (　　)로 묶어 보세요.

$$2 \times 24 - 15 + 15 = 18$$

09 서술형 은주와 미정이의 대화를 읽고 두 사람이 일주일 동안 운동을 한 시간은 모두 몇 시간 몇 분인지 풀이 과정을 쓰고 답을 구해 보세요.

은주: 난 일주일 동안 매일 운동을 40분씩 했어.
미정: 난 일주일 중 2일은 쉬고 나머지 날은 매일 운동을 50분씩 했어.

풀이

답

10 혼합 계산에 대해 바르게 설명한 사람의 이름을 써 보세요.

준우: 덧셈과 뺄셈이 섞여 있는 식은 덧셈을 먼저 계산해야 해.
민재: 곱셈과 나눗셈이 섞여 있는 식은 앞에서부터 차례대로 계산해야 해.
정호: 덧셈, 뺄셈, 나눗셈이 섞여 있는 식은 덧셈을 먼저 계산해야 해.
서준: 덧셈과 곱셈이 섞여 있는 식은 앞에서부터 차례대로 계산해야 해.

(　　　　　　　　)

11 뺄셈을 가장 먼저 계산해야 하는 식은 어느 것인가요? (　　)

① $16+3\times8-12$
② $(59-29)\div5+15$
③ $44-16\div4+3$
④ $(4+12)\div8-2$
⑤ $24\div6-2+19$

12 다음과 같이 약속할 때 48◆6은 얼마인지 구해 보세요.

㉮◆㉯=(㉮+㉯)÷㉯−㉯

(　　　　　　　　)

13 계산 결과가 작은 것부터 차례로 기호를 써 보세요.

㉠ $72\div4+4\times5$
㉡ $72\div(4+4)\times5$
㉢ $72\div(4+4\times5)$

(　　　　　　　　)

1 단원

14 계산 결과가 같은 것을 찾아 기호를 써 보세요.

㉠ $(18+6)\times 7\div 12$
㉡ $6\div 2\times 15-31$
㉢ $32\div(8-4)\times 2$

(,)

15 계산 순서를 바르게 말한 사람의 이름을 써 보세요.

$64\div 8\times(17-13)+29$

지원	덧셈, 뺄셈, 곱셈, 나눗셈이 섞여 있으니까 곱셈을 먼저 계산해.
은채	( ) 안을 가장 먼저 계산해야 해.

( )

16 계산해 보세요.

$(15-8)\times 12-(5+43)\div 4\times 2$

17 계산 결과를 비교하여 ○ 안에 >, =, <를 알맞게 써넣으세요.

$45+72\div 8-11\times 2$ ○ $57-6\times 8\div 3+9$

서술형

18 현빈이는 4개에 3000원인 꽈배기 3개와 한 개에 1200원인 도넛 2개를 사고 5000원을 냈습니다. 현빈이가 받아야 할 거스름돈은 얼마인지 풀이 과정을 쓰고 답을 구해 보세요.

풀이

답

19 □ 안에 들어갈 수 있는 두 자리 수를 모두 구해 보세요.

$19+14\div(19-17)\times 11<\square$

( )

20 다음 식이 성립하도록 ○ 안에 +, −, ×, ÷를 알맞게 써넣으세요.

$15+48\div(6$ ○ $4)=17$

정답과 풀이 52쪽

01 곱셈식을 보고 27의 약수를 모두 구해 보세요.

$1 \times 27 = 27$, $3 \times 9 = 27$

(   )

02 40의 약수를 모두 구해 보세요.

(   )

03 13의 배수를 가장 작은 수부터 쓴 것입니다. □ 안에 알맞은 수를 구해 보세요.

13 26 39 □…

(   )

04 다음 조건을 만족하는 수가 아닌 것을 모두 고르세요. (   )

• 8의 배수입니다.
• 50보다 작습니다.

① 16 ② 24 ③ 30 ④ 48 ⑤ 56

05 다음 관계를 나타내는 곱셈식을 써 보세요.

8은 96의 약수이고,
96은 8의 배수입니다.

식 ____________________

06 두 수가 약수와 배수의 관계인 것에 ○표, 아닌 것에 ×표 하세요.

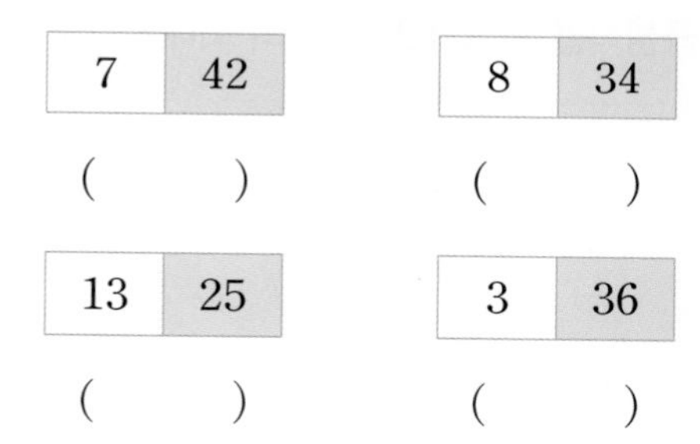

7	42
( )	

8	34
( )	

13	25
( )	

3	36
( )	

07 14와 21의 공약수를 모두 구해 보세요.

(   )

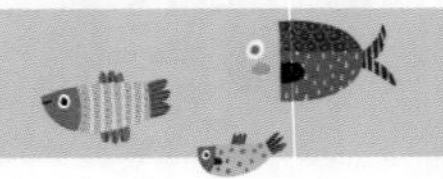

정답과 풀이 52쪽

08 12와 15의 최대공약수를 구하려고 합니다. □ 안에 알맞은 수를 써넣고, 최대공약수를 구해 보세요.

$$\begin{array}{r|rr} \square & 12 & 15 \\ \hline & 4 & 5 \end{array}$$

최대공약수 (　　　　　　　　)

09 곱셈식을 보고 12와 42의 최대공약수를 구해 보세요.

$12=2\times2\times3$　　　$42=2\times3\times7$

(　　　　　　　　)

10 18과 27을 어떤 수로 나누면 나누어떨어집니다. 어떤 수 중에서 가장 큰 수를 구해 보세요.

(　　　　　　　　)

11 어떤 두 수의 최소공배수가 16일 때 이 두 수의 공배수 중 세 번째로 작은 수를 구해 보세요.

(　　　　　　　　)

12 곱셈식을 보고 8과 10의 최소공배수를 구해 보세요.

$8=2\times4$　　　$10=2\times5$

(　　　　　　　　)

13 영훈이는 6일마다, 동화는 8일마다 도서관에 갑니다. 오늘 두 사람이 도서관에 갔다면 다음번에 같이 도서관에 가는 날은 며칠 후인지 구해 보세요.

(　　　　　　　　)

정답과 풀이 52쪽

유형 1 조건에 맞는 배수 구하기

01 15의 배수 중에서 200에 가장 가까운 수를 구해 보세요.

(　　　　　　　　)

비법
배수는 곱셈식을 이용하여 구할 수 있습니다.

02 40보다 크고 60보다 작은 수 중에서 14의 배수를 모두 써 보세요.

(　　　　　　　　)

03 수 카드를 한 번씩 사용하여 두 자리 수를 만들려고 합니다. 만들 수 있는 두 자리 수 중에서 4의 배수는 모두 몇 개인지 구해 보세요.

2　5　8

(　　　　　　　　)

유형 2 약수 구하기

04 30의 약수가 아닌 것은 어느 것인가요? (　　　)

$30=2\times3\times5$

① 1　② 3×3　③ 3×5
④ 2×3　⑤ $2\times3\times5$

비법
■$=$▲$\times$●에서 ■의 약수는 1, ▲, ●, ▲$\times$●입니다.

05 12의 약수가 아닌 것은 어느 것인가요? (　　　)

$12=2\times2\times3$

① 2　② 3　③ 2×3
④ $2\times2\times2$　⑤ $2\times2\times3$

06 70의 약수가 아닌 것은 어느 것인가요? (　　　)

$70=2\times5\times7$

① 1　② 2×5　③ 5×7
④ $2\times5\times7$　⑤ $2\times2\times7$

유형 3 공약수와 최대공약수의 관계

07 어떤 두 수의 최대공약수가 9일 때 두 수의 공약수는 모두 몇 개인지 구해 보세요.

( )

비법
두 수의 최대공약수의 약수는 두 수의 공약수와 같습니다.

08 ■와 ▲의 최대공약수는 45입니다. ■와 ▲의 공약수는 어느 것인가요? ( )

① 6 ② 8 ③ 12
④ 15 ⑤ 90

09 ㉠과 ㉡의 개수의 차는 몇 개인지 구해 보세요.

㉠ 최대공약수가 22인 두 수의 공약수
㉡ 최대공약수가 32인 두 수의 공약수

( )

유형 4 공배수와 최소공배수의 관계

10 어떤 두 수의 최소공배수가 16일 때 두 수의 공배수 중 50보다 작은 수는 모두 몇 개인지 구해 보세요.

( )

비법
두 수의 최소공배수의 배수는 두 수의 공배수와 같습니다.

11 어떤 두 수의 최소공배수가 25일 때 두 수의 공배수 중에서 두 자리 수를 모두 구해 보세요.

( )

12 다음 조건에 맞는 수를 구해 보세요.

- 80보다 큰 두 자리 수입니다.
- 12와 16의 공배수입니다.

( )

정답과 풀이 53쪽

01 10을 어떤 수로 나누었더니 나누어떨어졌습니다. 어떤 수가 될 수 있는 자연수를 모두 더하면 얼마인지 풀이 과정을 쓰고 답을 구해 보세요.

풀이

답

02 54의 약수 중에서 세 번째로 큰 수는 얼마인지 풀이 과정을 쓰고 답을 구해 보세요.

풀이

답

03 어떤 수의 배수를 가장 작은 수부터 쓴 것입니다. □ 안에 알맞은 수는 얼마인지 풀이 과정을 쓰고 답을 구해 보세요.

6, 12, 18, 24, 30, □, ...

풀이

답

04 16의 배수 중에서 100에 가장 가까운 수를 구하려고 합니다. 풀이 과정을 쓰고 답을 구해 보세요.

풀이

답

05 색종이 24장과 도화지 18장을 최대한 많은 친구에게 남김없이 똑같이 나누어 주려고 합니다. 최대 몇 명에게 나누어 줄 수 있는지 풀이 과정을 쓰고 답을 구해 보세요.

풀이

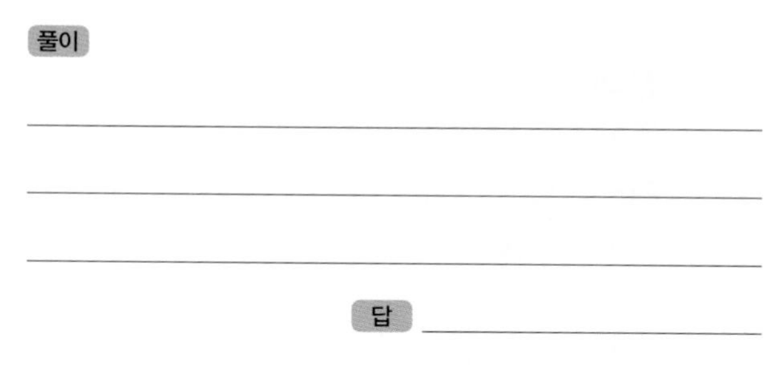

답

06 가로가 15 cm, 세로가 21 cm인 직사각형 모양의 종이를 크기가 같은 정사각형 모양으로 남는 부분 없이 자르려고 합니다. 가장 큰 정사각형 모양으로 자를 때 몇 장으로 자를 수 있는지 풀이 과정을 쓰고 답을 구해 보세요.

풀이

답

07 고속버스 터미널에서 강릉행 버스는 15분마다, 부산행 버스는 20분마다 한 대씩 출발한다고 합니다. 오전 10시에 강릉행과 부산행 버스가 동시에 출발하였을 때 다음번에 동시에 출발하는 시각을 구하려고 합니다. 풀이 과정을 쓰고 답을 구해 보세요.

풀이

답

08 진혁이는 1부터 100까지의 수를 차례로 말하면서 다음과 같은 놀이를 하였습니다. 손뼉을 치면서 동시에 제자리 발 구르기를 하는 수를 모두 구하려고 합니다. 풀이 과정을 쓰고 답을 구해 보세요.

- 6의 배수를 말하는 대신 손뼉을 칩니다.
- 10의 배수를 말하는 대신 제자리 발 구르기를 합니다.

풀이

답

09 혜리는 2일마다, 시영이는 8일마다 수영장에 갑니다. 두 사람이 5월 6일에 함께 수영장에 갔다면 5월 한 달 동안 두 사람은 수영장에 몇 번 함께 가는지 풀이 과정을 쓰고 답을 구해 보세요.

풀이

답

10 과일 가게에서 사과 30개와 배 24개를 최대한 많은 바구니에 남김없이 똑같이 나누어 담으려고 합니다. 한 바구니에 5000원씩 받고 모두 판다면 판매 금액은 얼마인지 풀이 과정을 쓰고 답을 구해 보세요.

풀이

답

정답과 풀이 54쪽

01 어떤 수의 약수를 가장 작은 수부터 모두 쓴 것입니다. □ 안에 알맞은 수를 구해 보세요.

1, 2, 3, 4, 6, 8, □, 16, 24, 48

(　　　　　　　　)

02 약수의 개수가 많은 수부터 차례로 기호를 써 보세요.

㉠ 20　　㉡ 42　　㉢ 58

(　　　　　　　　)

03 10보다 크고 30보다 작은 4의 배수를 모두 구해 보세요.

(　　　　　　　　)

04 9의 배수 중에서 50에 가장 가까운 수를 구해 보세요.

(　　　　　　　　)

05 곱셈식을 보고 설명한 것 중 옳지 않은 것은 어느 것인가요? (　　　)

$2 \times 5 = 10$

① 10은 2의 배수입니다.
② 10은 5의 배수입니다.
③ 5는 2의 약수입니다.
④ 2는 10의 약수입니다.
⑤ 5는 10의 약수입니다.

06 30과 약수와 배수의 관계가 아닌 수를 모두 찾아 써 보세요.

2　3　4　7　60　90

(　　　　　　　　)

07 21은 □의 배수입니다. □ 안에 들어갈 수 있는 수를 모두 구해 보세요.

(　　　　　　　　)

08 다음에서 설명하는 수 중 가장 큰 수를 구해 보세요.

- 30의 약수입니다.
- 36의 약수이기도 합니다.

(   )

09 다음을 보고 24와 42의 최대공약수를 구하는 식을 써 보세요.

$$\begin{array}{r|rr} 2 & 24 & 42 \\ \hline 3 & 12 & 21 \\ \hline & 4 & 7 \end{array}$$

식 ____________________

10 36과 60의 최대공약수를 구하고, 이를 이용하여 36과 60의 공약수를 모두 구해 보세요.

- 36과 60의 최대공약수
(   )
- 36과 60의 공약수
(   )

11 □ 안에 알맞은 수를 써넣고 ㉮와 ㉯의 최대공약수를 구해 보세요.

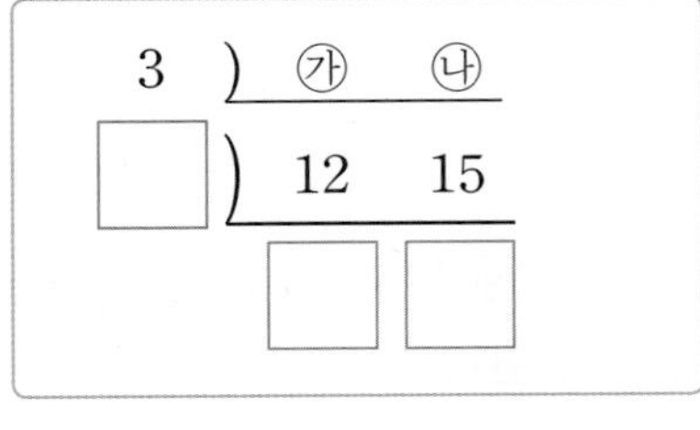

최대공약수 (   )

12 어떤 두 수의 최대공약수가 16일 때 두 수의 공약수는 모두 몇 개인지 구해 보세요.

(   )

13 두 수의 최대공약수가 작은 것부터 차례로 기호를 써 보세요.

㉠ 54 45
㉡ 24 40
㉢ 20 90

(   )

14 36과 84를 어떤 수로 나누면 두 수 모두 나누어떨어집니다. 어떤 수 중에서 가장 큰 수를 구해 보세요.

(   )

15 서술형 현승이는 빨간색 딱지 42개와 파란색 딱지 70개를 만들었습니다. 만든 딱지를 최대한 많은 친구에게 남김없이 똑같이 나누어 줄 때 한 명이 가지게 되는 딱지는 몇 개인지 풀이 과정을 쓰고 답을 구해 보세요.

풀이

____

____

____

____

답 ______________

16 1부터 40까지의 수 중에서 6으로도 나누어떨어지고, 5로도 나누어떨어지는 수를 구해 보세요.

(　　　　　　　　)

17 다음을 보고 28과 70의 최소공배수를 구해 보세요.

$$\begin{array}{r|rr} 2 & 28 & 70 \\ \hline 7 & 14 & 35 \\ \hline & 2 & 5 \end{array}$$

(　　　　　　　　)

18 어떤 두 수의 최소공배수가 15일 때 두 수의 공배수 중에서 세 번째로 작은 수를 구해 보세요.

(　　　　　　　　)

19 ㉮와 ㉯의 최대공약수는 21입니다. □ 안에 알맞은 수가 10보다 작을 때, ㉮와 ㉯의 최소공배수를 구해 보세요.

㉮$=3\times3\times7$　　　㉯$=3\times5\times\square$

(　　　　　　　　)

20 서술형 현주는 8일마다, 영훈이는 12일마다 미술학원에 갑니다. 두 사람이 4월 1일에 함께 미술학원에 갔다면 다음번에 두 사람이 함께 미술학원에 가는 날은 몇 월 며칠인지 풀이 과정을 쓰고 답을 구해 보세요.

풀이

____

____

____

____

답 ______________

2 단원

[01~04] 도형의 배열을 보고 물음에 답하세요.

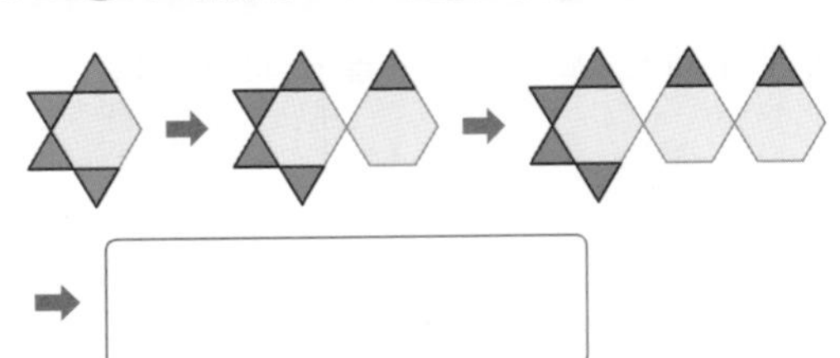

01 빈칸에 알맞은 모양에 ○표 하세요.

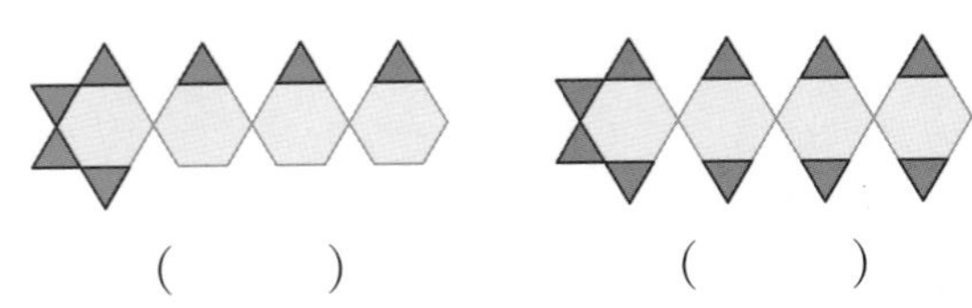

( ) ( )

02 삼각형의 수와 육각형의 수 사이의 대응 관계를 알아보려고 합니다. □ 안에 알맞은 수를 써넣으세요.

삼각형의 수는 육각형의 수보다 □개 많습니다.

03 육각형이 10개일 때 삼각형은 몇 개가 필요한가요?

( )

04 삼각형이 22개일 때 육각형은 몇 개가 필요한가요?

( )

[05~07] 사각형 조각으로 규칙적인 배열을 만들고, 배열 순서에 따라 수 카드를 놓았습니다. 물음에 답하세요.

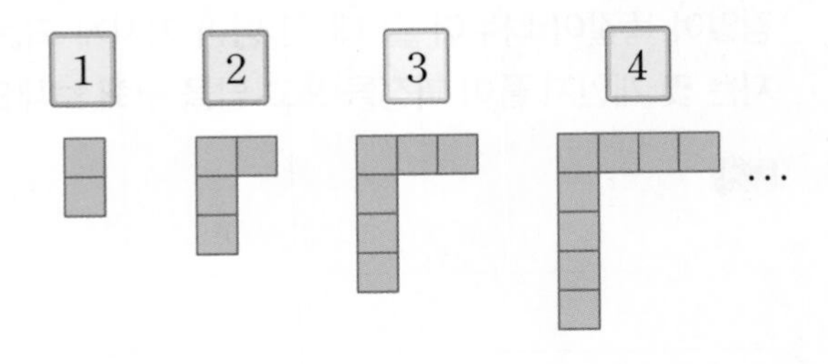

05 수 카드의 수에 따라 사각형 조각의 수가 어떻게 변하는지 표를 이용하여 알아보세요.

수 카드의 수	1	2	3	4	…
사각형 조각의 수(개)					…

06 수 카드의 수를 □, 사각형 조각의 수를 △라고 할 때, 두 양 사이의 대응 관계를 식으로 나타내어 보세요.

식 ____________________

07 수 카드의 수가 20일 때 사각형 조각은 몇 개가 필요한가요?

( )

정답과 풀이 56쪽

[08~10] 올해 형의 나이는 15살이고 동생의 나이는 12살입니다. 물음에 답하세요.

08 형과 동생의 나이 사이의 대응 관계를 표를 이용하여 알아보세요.

	올해	1년 후	2년 후	3년 후	4년 후	…
형의 나이(살)	15	16				…
동생의 나이(살)	12					…

09 알맞은 카드를 골라 표를 이용하여 알 수 있는 두 양 사이의 대응 관계를 식으로 나타내어 보세요.

형의 나이			동생의 나이	
+	−	×	÷	=
1	2	3	4	5

10 형의 나이를 □, 동생의 나이를 ○라고 할 때, 두 양 사이의 대응 관계를 식으로 나타내어 보세요.

식 ______

[11~12] 세발자전거의 수와 바퀴의 수 사이의 대응 관계를 알아보려고 합니다. 물음에 답하세요.

11 세발자전거의 수와 바퀴의 수 사이의 대응 관계를 표를 이용하여 알아보세요.

세발자전거의 수(대)	1	2	3	4	…
바퀴의 수(개)	3				…

12 세발자전거의 수를 △, 바퀴의 수를 □라고 할 때, 두 양 사이의 대응 관계를 식으로 나타내어 보세요.

식 ______

13 연필 한 상자에 연필이 12자루씩 들어 있습니다. 연필 상자의 수를 ♡, 연필의 수를 ◇라고 할 때, 두 양 사이의 대응 관계를 식으로 나타내어 보고, 연필 7상자에는 연필이 모두 몇 자루 들어 있는지 구해 보세요.

식 ______

(　　　　　　)

3 단원

유형 1 도형의 배열에서 개수 구하기

01 도형의 배열을 보고 사각형이 10개일 때 원은 몇 개가 필요한지 구해 보세요.

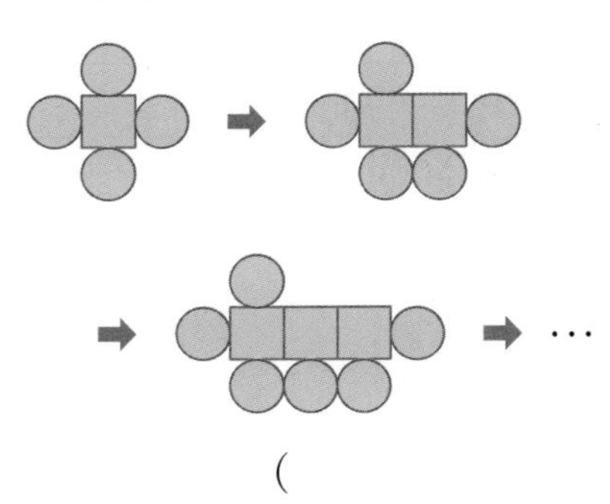

( )

비법
도형에서 변하지 않는 부분과 변하는 부분을 살펴보고 규칙을 찾습니다.

02 도형의 배열을 보고 삼각형이 15개일 때 사각형은 몇 개가 필요한지 구해 보세요.

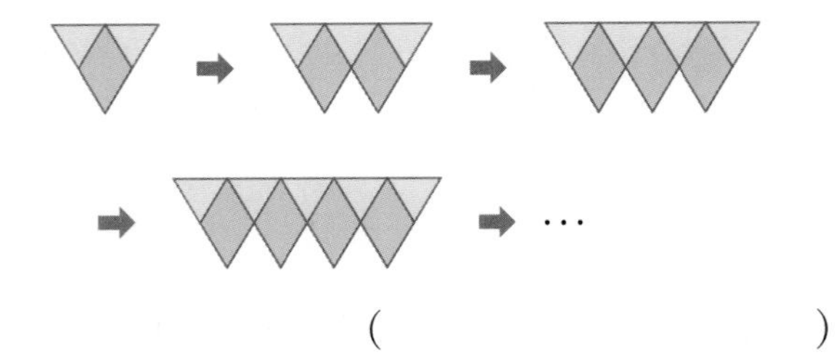

( )

03 도형의 배열을 보고 삼각형이 45개일 때 사각형은 몇 개가 필요한지 구해 보세요.

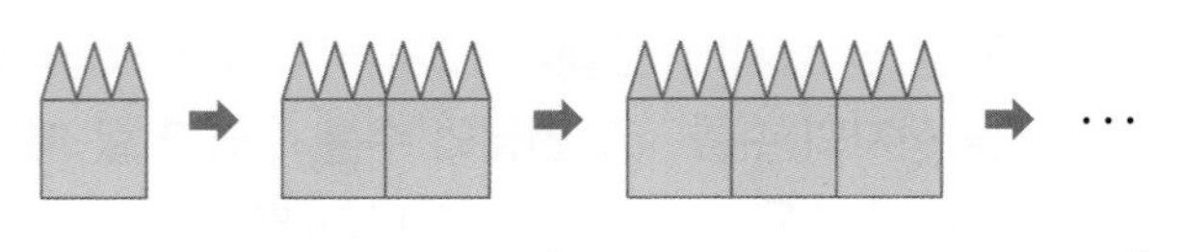

( )

유형 2 자르거나 붙였을 때 대응 관계

04 긴 나무 막대 한 개를 자르고 있습니다. 나무 막대를 자른 횟수와 자른 도막의 수 사이의 대응 관계를 표를 이용하여 알아보세요.

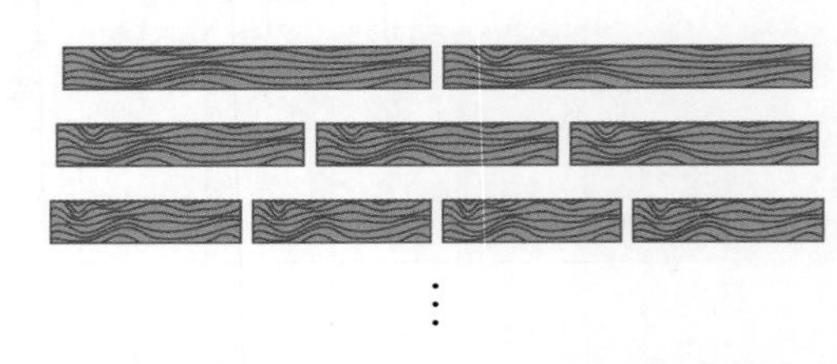

자른 횟수(번)	1	2	3	4	…
도막의 수(도막)					…

비법
한 번 자를 때마다 몇 도막이 늘어나는지 살펴봅니다.

[05~06] 종이테이프를 겹쳐서 풀칠하여 한 줄로 이어 붙이고 있습니다. 물음에 답하세요.

05 종이테이프의 수를 ○, 풀칠한 횟수를 △라고 할 때, 두 양 사이의 대응 관계를 식으로 나타내어 보세요.

식 ______________________

06 종이테이프를 17개 이어 붙이려면 풀칠을 몇 번 해야 하는지 구해 보세요.

( )

유형 3 연도와 나이 사이의 대응 관계

07 연도와 지호의 나이 사이의 대응 관계를 나타낸 표입니다. 2040년에 지호의 나이를 구해 보세요.

연도(년)	2022	2023	2024	…
지호의 나이(살)	9	10	11	…

( )

비법
연도가 1년씩 커질 때마다 나이도 1살씩 많아집니다.

08 연도와 은채의 나이 사이의 대응 관계를 나타낸 표입니다. 은채가 1살이었을 때의 연도를 구해 보세요.

연도(년)	2023	2024	2025	…
은채의 나이(살)	12	13	14	…

( )

09 월드컵 개최지를 연도별로 정리한 표입니다. 이탈리아에서 월드컵을 개최했을 때 아버지가 12살이었다면 독일에서 월드컵을 개최할 때 아버지의 나이는 몇 살이었는지 구해 보세요.

연도(년)	월드컵 개최지
1986	멕시코
1990	이탈리아
1994	미국
1998	프랑스
2002	한국/일본
2006	독일
2010	남아공

( )

유형 4 이동 시간과 이동 거리 사이의 대응 관계

10 일정한 빠르기로 이동하는 기차의 이동 시간과 이동 거리 사이의 대응 관계를 나타낸 표입니다. 이 기차가 같은 빠르기로 7시간을 이동했다면 몇 km를 갔을지 구해 보세요.

이동 시간 (시간)	1	2	3	4	…
이동 거리 (km)	70	140	210	280	…

( )

비법
먼저 대응 관계를 식으로 나타내어 봅니다.

11 한 시간에 75 km씩 이동하는 버스가 있습니다. 이 버스가 같은 빠르기로 375 km를 가려면 몇 시간을 이동해야 하는지 구해 보세요.

( )

12 일정한 빠르기로 이동하는 자동차의 이동 시간과 이동 거리 사이의 대응 관계를 나타낸 표입니다. 이 자동차가 같은 빠르기로 440 km를 가려면 몇 시간을 이동해야 하는지 구해 보세요.

이동 시간 (시간)	2	3	4	5	…
이동 거리 (km)	110	165	220	275	…

( )

서술형 수행 평가

[01~02] 도형의 배열을 보고 물음에 답하세요.

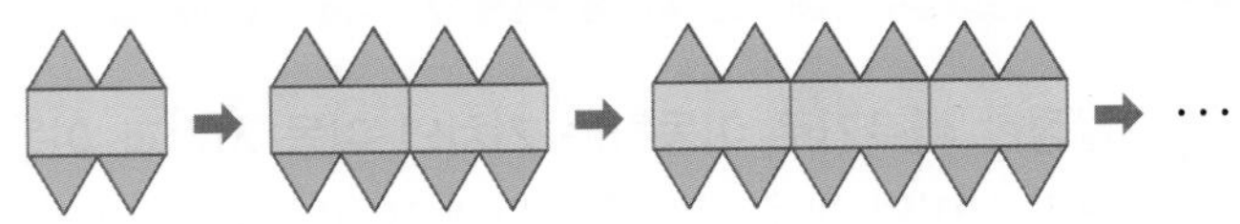

01 사각형의 수와 삼각형의 수 사이의 대응 관계를 2가지 방법으로 써 보세요.

방법 1 ______________________

방법 2 ______________________

02 도형의 배열을 보고 삼각형이 48개일 때 필요한 사각형은 몇 개인지 풀이 과정을 쓰고 답을 구해 보세요.

풀이

____

____

____

답 ______________

03 오각형의 수를 ○, 변의 수를 ▽라고 할 때, 두 양 사이의 대응 관계를 식으로 나타내려고 합니다. 풀이 과정을 쓰고 식을 구해 보세요.

풀이

____

____

____

식 ______________

[04~05] 우유를 한 개 사면 사은품으로 요구르트를 2개씩 주고 있습니다. 물음에 답하세요.

04 사은품으로 요구르트를 14개 받기 위해서는 우유를 몇 개 사야 하는지 풀이 과정을 쓰고 답을 구해 보세요.

풀이

____

____

____

답 ______________

05 우유 한 개가 2800원일 때 8400원으로는 요구르트를 몇 개 받을 수 있는지 풀이 과정을 쓰고 답을 구해 보세요.

풀이

____

____

____

답 ______________

06 준영이네 반에서 미술 시간에 합동 작품을 만드는 데 한 모둠에 색종이가 16장씩 필요합니다. 7개의 모둠에게 필요한 색종이는 모두 몇 장인지 풀이 과정을 쓰고 답을 구해 보세요.

풀이

____

____

____

답 ______________

[07~08] 굵기가 일정한 통나무를 한 번 자르는 데 5분이 걸립니다. 물음에 답하세요.

07 통나무를 자른 횟수를 ◎, 걸리는 시간을 △(분)이라고 할 때, 두 양 사이의 대응 관계를 식으로 나타내려고 합니다. 풀이 과정을 쓰고 식을 구해 보세요.

풀이

식

08 통나무 한 개를 쉬지 않고 10도막으로 자르려면 몇 분이 걸리는지 풀이 과정을 쓰고 답을 구해 보세요.

풀이

답

[09~10] 따뜻한 물이 나오는 수도꼭지에서는 1분에 6 L씩 물이 나오고, 찬물이 나오는 수도꼭지에서는 1분에 9 L씩 물이 나옵니다. 2개의 수도꼭지를 동시에 틀었을 때 물음에 답하세요.

09 물을 받은 시간을 □(분), 받은 물의 양을 △(L)라고 할 때, 두 양 사이의 대응 관계를 식으로 나타내려고 합니다. 풀이 과정을 쓰고 식을 구해 보세요.

풀이

식

10 물 270 L를 받으려면 몇 분이 걸리는지 풀이 과정을 쓰고 답을 구해 보세요.

풀이

답

3 단원

[01~04] 육각형과 삼각형으로 규칙적인 배열을 만들고 있습니다. 물음에 답하세요.

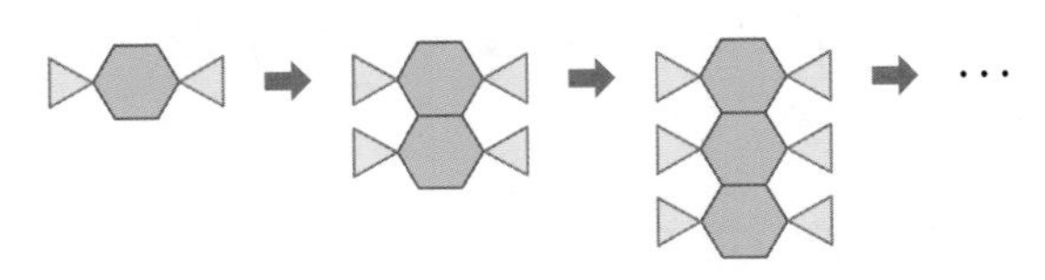

01 다음에 이어질 알맞은 모양을 그려 보세요.

02 육각형이 9개일 때 삼각형은 몇 개가 필요한가요?

( )

03 삼각형이 34개일 때 육각형은 몇 개가 필요한가요?

( )

04 육각형의 수와 삼각형의 수 사이의 대응 관계를 써 보세요.

[05~07] 삼각형과 원으로 규칙적인 배열을 만들고 있습니다. 물음에 답하세요.

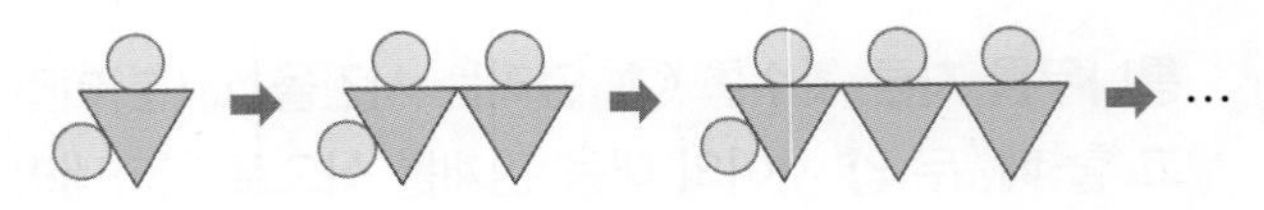

05 다음에 이어질 알맞은 모양을 그려 보세요.

06 삼각형의 수와 원의 수가 어떻게 변하는지 표를 이용하여 알아보세요.

삼각형의 수(개)	1	2	3	4	…
원의 수(개)	2				…

07 삼각형의 수와 원의 수 사이의 대응 관계를 써 보세요.

[08~09] 한 상자에 달걀이 15개씩 들어 있습니다. 물음에 답하세요.

08 상자의 수와 달걀의 수 사이의 대응 관계를 표를 이용하여 알아보세요.

상자의 수(상자)	1	2	3	4	…
달걀의 수(개)					…

09 상자의 수와 달걀의 수 사이의 대응 관계를 식으로 나타내려고 합니다. 알맞은 카드를 골라 식으로 나타내어 보세요.

상자의 수 달걀의 수

$+$ $-$ $\times$ $\div$ $=$

10 15 20 25

10 미술 시간에 다음과 같이 꽃을 만들 때 꽃의 수(△)와 꽃잎의 수(○) 사이의 대응 관계를 △와 ○를 사용하여 식으로 나타내어 보세요.

꽃 한 송이에 꽃잎이 5장이 되도록 만듭니다.

식

[11~13] 지윤이가 1분 동안 자전거를 탈 때 소모되는 열량은 4킬로칼로리입니다. 물음에 답하세요.

11 자전거를 탄 시간과 소모된 열량 사이의 대응 관계를 표를 이용하여 알아보세요.

시간(분)	1	2	3	4	5	…
열량(킬로칼로리)						…

12 자전거를 탄 시간을 ♡(분), 소모된 열량을 ☆(킬로칼로리)라고 할 때, 두 양 사이의 대응 관계를 식으로 나타내어 보세요.

식

13 지윤이가 자전거를 타면서 52킬로칼로리의 열량을 소모했다면 자전거를 탄 시간은 몇 분인가요?

( )

14 현서의 개월 수와 은혁이의 개월 수 사이의 대응 관계를 나타낸 표입니다. 현서의 개월 수와 은혁이의 개월 수 사이의 대응 관계를 식으로 나타내어 보세요.

현서의 개월 수(개월)	6	8	11	14	…
은혁이의 개월 수(개월)	1	3	6	9	…

식

[15~16] 영화관에 있는 의자를 보고 물음에 답하세요.

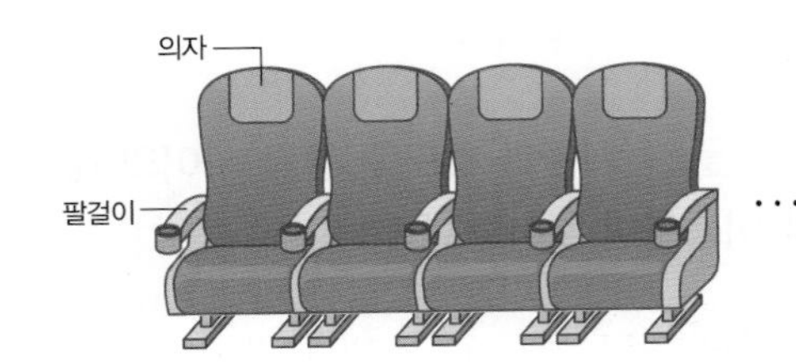

15 의자의 수를 ○, 팔걸이의 수를 □라고 할 때, ○와 □ 사이의 대응 관계를 식으로 나타내어 보세요.

식 ______________________

16 의자 15개에 있는 팔걸이는 몇 개인가요?

( )

17 서술형 대응 관계를 나타낸 식을 보고, 식에 알맞은 상황을 2가지 만들어 보세요.

△÷3=○

상황 1

____

상황 2

____

[18~19] 1분에 7 L의 물이 나오는 수도꼭지가 있습니다. 물음에 답하세요.

18 수도꼭지를 틀어 물을 받은 시간을 □(분), 받은 물의 양을 △(L)라고 할 때, 두 양 사이의 대응 관계를 식으로 나타내어 보세요.

식 ______________________

19 수도꼭지를 틀어 15분 동안 물을 받았을 때 받은 물의 양은 몇 L인가요?

( )

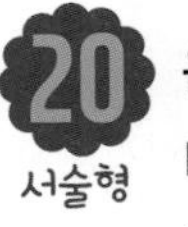

20 서술형 은비가 말한 수와 재민이가 답한 수를 나타낸 표입니다. 재민이가 답한 수가 41일 때 은비가 말한 수는 얼마인지 풀이 과정을 쓰고 답을 구해 보세요.

은비가 말한 수	2	5	14	23	···
재민이가 답한 수	7	10	19	28	···

풀이

____

답 ______________________

정답과 풀이 59쪽

01 크기가 같은 분수가 되도록 색칠하고, □ 안에 알맞은 분수를 써넣으세요.

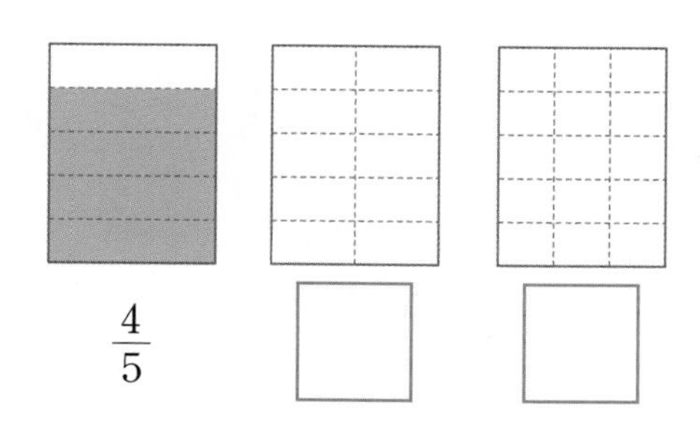

02 □ 안에 알맞은 수를 써넣어 크기가 같은 분수를 만들어 보세요.

(1) $\frac{7}{12}=\frac{\square}{24}=\frac{\square}{36}=\frac{28}{\square}$

(2) $\frac{18}{30}=\frac{9}{\square}=\frac{6}{\square}=\frac{\square}{5}$

03 $\frac{3}{8}$과 크기가 같은 분수를 모두 찾아 ○표 하세요.

$\frac{6}{16}$ $\frac{8}{24}$ $\frac{24}{56}$ $\frac{15}{40}$

04 $\frac{42}{48}$를 약분하려고 합니다. 분모와 분자를 나눌 수 있는 수를 모두 구해 보세요.

(　　　　　　　　)

05 $\frac{27}{63}$을 약분한 분수를 모두 써 보세요.

(　　　　　　　　)

06 기약분수로 나타내어 보세요.

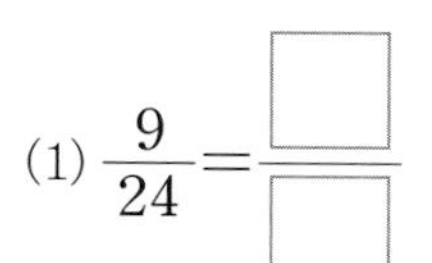

(1) $\frac{9}{24}=\frac{\square}{\square}$ (2) $\frac{36}{60}=\frac{\square}{\square}$

07 분모가 12인 진분수 중에서 기약분수는 모두 몇 개인지 구해 보세요.

(　　　　　　　　)

08 $\frac{7}{9}$과 $\frac{11}{21}$을 통분하려고 합니다. 공통분모가 될 수 있는 수를 가장 작은 수부터 차례로 3개 써 보세요.

( )

09 분수를 두 가지 방법으로 통분해 보세요.

방법 1 $\left(\frac{5}{6}, \frac{2}{9}\right) \Rightarrow \left(\quad , \quad \right)$

방법 2 $\left(\frac{5}{6}, \frac{2}{9}\right) \Rightarrow \left(\quad , \quad \right)$

10 두 분수의 크기를 비교하여 더 큰 분수를 써 보세요.

$\frac{7}{12}$ $\frac{8}{15}$

( )

11 세 분수의 크기를 비교하여 가장 큰 분수와 가장 작은 분수를 찾아 써 보세요.

$\frac{1}{3}$ $\frac{2}{5}$ $\frac{3}{10}$

가장 큰 분수 ( )

가장 작은 분수 ( )

12 분수와 소수의 크기를 비교하여 ○ 안에 $>$, $=$, $<$를 알맞게 써넣으세요.

$\frac{3}{5}$ ○ 0.7

13 학교에서 재하네 집까지의 거리는 0.55 km, 주연이네 집까지의 거리는 $\frac{4}{5}$ km, 상현이네 집까지의 거리는 0.7 km입니다. 학교에서 집까지의 거리가 가장 먼 사람의 이름을 써 보세요.

( )

응용 문제 복습

정답과 풀이 60쪽

유형 1 크기가 같은 분수 만들기

01 $\frac{3}{7}$과 크기가 같은 분수 중에서 분모가 분자보다 8만큼 더 큰 분수를 구해 보세요.

( )

비법
분모와 분자에 0이 아닌 같은 수를 곱하거나 분모와 분자를 0이 아닌 같은 수로 나누어 크기가 같은 분수를 만듭니다.

02 $\frac{4}{5}$와 크기가 같은 분수 중에서 분모가 분자보다 3만큼 더 큰 분수를 구해 보세요.

( )

03 $\frac{24}{36}$와 크기가 같은 분수 중에서 분모가 분자보다 4만큼 더 큰 분수를 구해 보세요.

( )

유형 2 조건에 알맞은 분수 구하기

04 $\frac{2}{3}$보다 크고 $\frac{7}{8}$보다 작은 분수 중에서 분모가 24인 분수를 모두 구해 보세요.

( )

비법
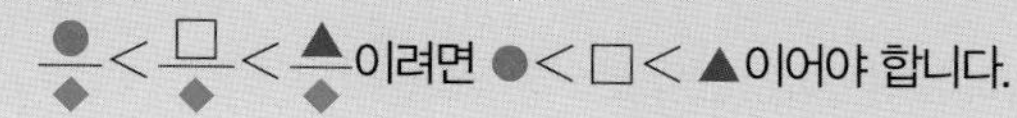
$\frac{●}{◆} < \frac{□}{◆} < \frac{▲}{◆}$이려면 ● < □ < ▲이어야 합니다.

05 $\frac{3}{4}$보다 크고 $\frac{9}{10}$보다 작은 분수 중에서 분모가 20인 분수를 모두 구해 보세요.

( )

06 $\frac{4}{9}$보다 크고 $\frac{7}{12}$보다 작은 분수 중에서 분모가 36인 기약분수는 모두 몇 개인지 구해 보세요.

( )

유형 3 처음 분수 구하기

07 어떤 분수의 분자에서 7을 뺀 후 분모와 분자를 4로 나누어 약분하면 $\frac{3}{5}$입니다. 어떤 분수를 구해 보세요.

( )

비법
거꾸로 생각하여 약분하기 전의 분수를 구합니다.

$$\frac{▲÷●}{■÷●}=\frac{◆}{★} \Leftrightarrow \frac{◆×●}{★×●}=\frac{▲}{■}$$

08 어떤 분수의 분모에 5를 더한 후 분모와 분자를 3으로 나누어 약분하면 $\frac{5}{9}$입니다. 어떤 분수를 구해 보세요.

( )

09 어떤 분수의 분자에 1을 더하고 분모에서 1을 뺀 후 분모와 분자를 6으로 나누어 약분하면 $\frac{3}{7}$입니다. 어떤 분수를 구해 보세요.

( )

유형 4 □ 안에 들어갈 수 있는 수 구하기

10 □ 안에 들어갈 수 있는 자연수 중 가장 작은 수를 구해 보세요.

$$\frac{5}{12}<\frac{\square}{18}$$

( )

비법
분모가 다른 분수는 통분한 후 크기를 비교합니다.

11 □ 안에 들어갈 수 있는 자연수 중 가장 큰 수를 구해 보세요.

$$\frac{\square}{15}<\frac{7}{9}$$

( )

12 □ 안에 들어갈 수 있는 자연수 중 가장 큰 수와 가장 작은 수를 구해 보세요.

$$\frac{2}{5}<\frac{\square}{10}<\frac{7}{8}$$

가장 큰 수 ( )
가장 작은 수 ( )

서술형 수행 평가

정답과 풀이 61쪽

01 $\frac{5}{7}$와 $\frac{20}{28}$은 크기가 같은 분수입니다. 그 이유를 두 가지 방법으로 설명해 보세요.

방법 1

방법 2

02 ㉠과 ㉡에 알맞은 수의 합은 얼마인지 풀이 과정을 쓰고 답을 구해 보세요.

$$\frac{4}{9}=\frac{20}{㉠}=\frac{㉡}{81}$$

풀이

답

03 두 분수를 통분하려고 합니다. 공통분모가 될 수 있는 수 중에서 가장 작은 세 자리 수는 얼마인지 풀이 과정을 쓰고 답을 구해 보세요.

$$\left(\frac{3}{4}, \frac{5}{18}\right)$$

풀이

답

04 0.5와 $\frac{3}{5}$의 크기를 두 가지 방법으로 비교해 보세요.

방법 1

방법 2

05 분모가 72인 진분수 중에서 약분하면 $\frac{5}{8}$가 되는 분수를 구하려고 합니다. 풀이 과정을 쓰고 답을 구해 보세요.

풀이

답

06 똑같은 수학문제집을 희주는 전체의 $\frac{3}{8}$만큼 풀었고, 민수는 전체의 $\frac{5}{12}$만큼 풀었습니다. 수학문제집을 더 많이 푼 사람은 누구인지 풀이 과정을 쓰고 답을 구해 보세요.

풀이

답

07 수 카드 4장 중에서 2장을 골라 진분수를 만들려고 합니다. 만들 수 있는 진분수 중 기약분수는 모두 몇 개인지 풀이 과정을 쓰고 답을 구해 보세요.

3　4　8　9

풀이

답

08 효정이네 반 학생들이 좋아하는 색깔을 조사하여 나타낸 표입니다. 노랑이나 파랑을 좋아하는 학생은 전체의 몇 분의 몇인지 기약분수로 나타내려고 합니다. 풀이 과정을 쓰고 답을 구해 보세요.

좋아하는 색깔별 학생 수

색깔	빨강	노랑	초록	파랑	기타	합계
학생 수 (명)	7	5	8	4	3	

풀이

답

09 분모가 36인 분수 중에서 $\frac{7}{12}$보다 크고 $\frac{13}{18}$보다 작은 기약분수를 모두 구하려고 합니다. 풀이 과정을 쓰고 답을 구해 보세요.

풀이

답

10 □ 안에 들어갈 수 있는 자연수는 모두 몇 개인지 풀이 과정을 쓰고 답을 구해 보세요.

$$\frac{7}{16} < \frac{\square}{24} < \frac{2}{3}$$

풀이

답

단원 평가

정답과 풀이 62쪽

01 □ 안에 알맞은 수를 써넣으세요.

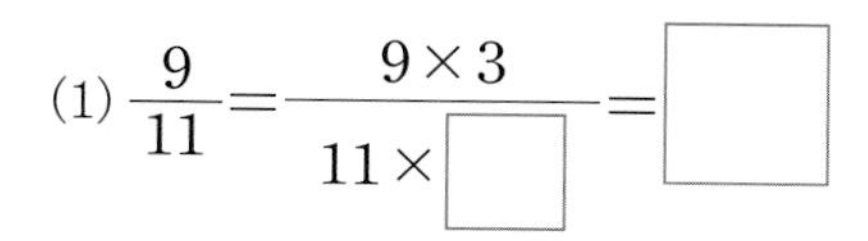

(1) $\frac{9}{11}=\frac{9\times3}{11\times\square}=\square$

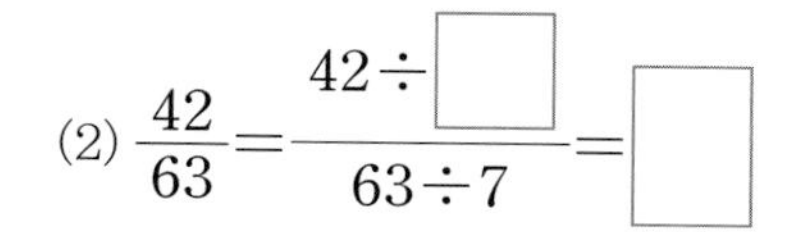

(2) $\frac{42}{63}=\frac{42\div\square}{63\div7}=\square$

02 $\frac{5}{6}$와 크기가 같은 분수를 분모가 가장 작은 것부터 차례로 3개 만들어 보세요.

(　　　　　　　　　　)

03 $\frac{3}{4}$과 크기가 같은 분수 중에서 분자가 27인 분수를 구해 보세요.

(　　　　　　　　　　)

04 $\frac{28}{42}$과 크기가 같은 분수를 모두 찾아 써 보세요.

$\frac{1}{2}$　　$\frac{2}{3}$　　$\frac{3}{6}$　　$\frac{4}{6}$　　$\frac{12}{21}$　　$\frac{14}{21}$

(　　　　　　　　　　)

05 왼쪽 분수를 약분한 분수를 오른쪽에서 찾아 이어 보세요.

$\frac{12}{28}$ •	• $\frac{6}{8}$
$\frac{30}{40}$ •	• $\frac{6}{14}$

06 $\frac{24}{66}$를 약분한 분수가 아닌 것을 찾아 기호를 써 보세요.

㉠ $\frac{12}{33}$　　㉡ $\frac{10}{22}$　　㉢ $\frac{4}{11}$

(　　　　　　　　　　)

07 $\frac{16}{28}$을 기약분수로 나타내려고 합니다. 분모와 분자를 어떤 수로 나누어야 하는지 쓰고 기약분수로 나타내어 보세요.

(　　　　　　　　　　), (　　　　　　　　　　)

08 석호가 가지고 있는 사탕 20개 중 8개가 자두 맛 사탕입니다. 자두 맛 사탕은 전체 사탕의 몇 분의 몇인지 기약분수로 나타내어 보세요.

(　　　　　　　　)

09 $\frac{3}{8}$과 $\frac{9}{20}$를 통분하려고 합니다. 공통분모가 될 수 있는 수를 가장 작은 수부터 3개 써 보세요.

(　　　　　　　　)

10 두 분수를 가장 작은 공통분모로 통분해 보세요.

$\left(\frac{7}{12}, \frac{5}{18}\right)$ ➡ (　　　　,　　　　)

11 분모의 곱을 공통분모로 하여 통분하였습니다. □ 안에 알맞은 수를 써넣으세요.

$\left(\frac{\square}{7}, \frac{3}{\square}\right)$ ➡ $\left(\frac{60}{84}, \frac{21}{84}\right)$

12 어떤 두 기약분수를 통분하였더니 다음과 같았습니다. 통분하기 전의 두 기약분수를 구해 보세요.

$\left(\frac{16}{36}, \frac{15}{36}\right)$

(　　　　,　　　　)

13 서술형

두 분수의 공통분모가 될 수 있는 수 중에서 100에 가장 가까운 수를 공통분모로 하여 두 분수를 통분하려고 합니다. 풀이 과정을 쓰고 답을 구해 보세요.

$\left(\frac{1}{6}, \frac{9}{10}\right)$

풀이

답 　　　　,　　　　

14 ○ 안에 >, =, <를 알맞게 써넣으세요.

$\frac{5}{12}$ ○ $\frac{7}{16}$

15 분수의 크기가 작은 것부터 순서대로 1, 2, 3을 □ 안에 써넣으세요.

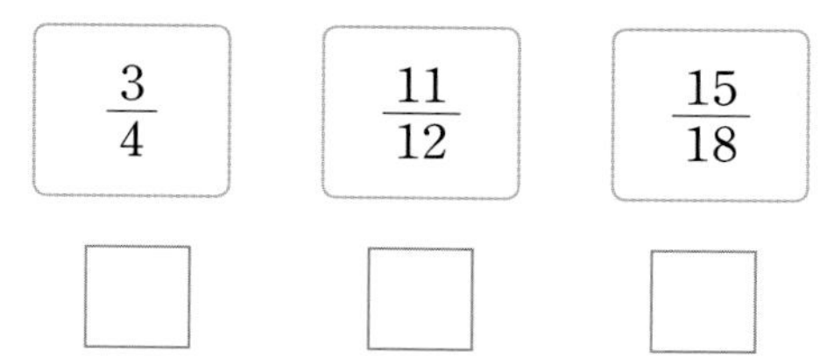

16 $\frac{2}{3}$보다 크고 $\frac{5}{6}$보다 작은 분수 중에서 분모가 12인 분수를 구해 보세요.

(　　　　　　　　　　)

17 분수를 소수로, 소수를 기약분수로 나타내려고 합니다. □ 안에 알맞은 수를 써넣으세요.

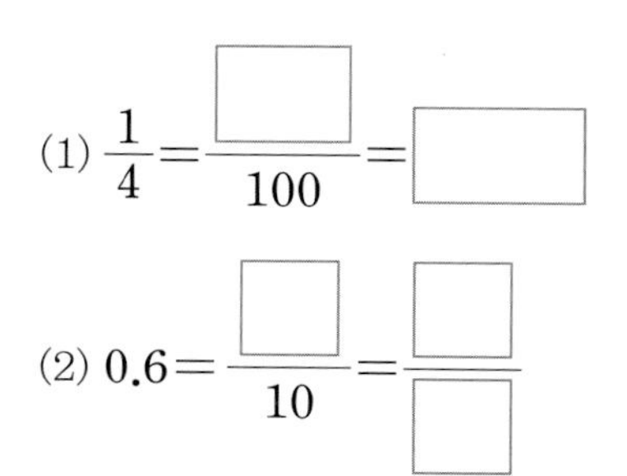

18 □ 안에 알맞은 수를 써넣고 두 수의 크기를 비교하여 ○ 안에 >, =, <를 알맞게 써넣으세요.

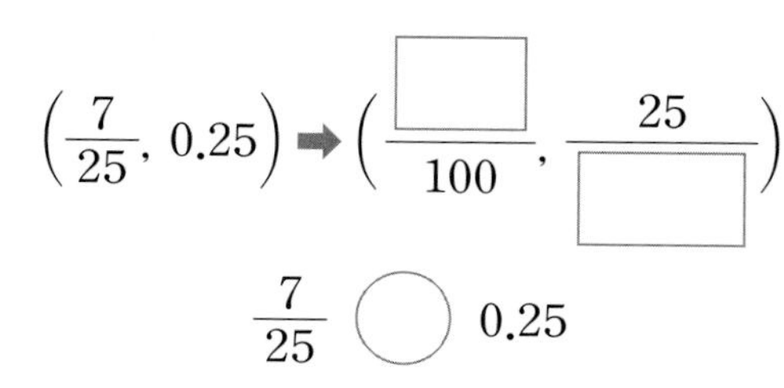

$\frac{7}{25}$ ○ 0.25

19 서술형 냉장고 안에 우유가 $\frac{21}{30}$ L, 주스가 $\frac{18}{20}$ L 있습니다. 우유와 주스 중에서 양이 더 많은 것은 무엇인지 풀이 과정을 쓰고 답을 구해 보세요.

풀이

답

20 수 카드 4장 중에서 2장을 골라 진분수를 만들려고 합니다. 만들 수 있는 진분수 중 가장 큰 수를 소수로 나타내어 보세요.

1　3　4　8

(　　　　　　　　　　)

4 단원

01 두 수의 합을 구해 보세요.

$\frac{5}{12}$ $\frac{1}{9}$

( )

02 선정이는 상자를 묶는 데 파란색 끈 $\frac{2}{7}$ m와 노란색 끈 $\frac{3}{8}$ m를 사용했습니다. 선정이가 사용한 끈은 모두 몇 m인지 구해 보세요.

( )

03 계산 결과가 다른 사람을 찾아 이름을 써 보세요.

승유: $\frac{1}{8}+\frac{11}{12}$
은주: $\frac{3}{4}+\frac{5}{8}$
지석: $\frac{17}{24}+\frac{1}{3}$

( )

04 계산 결과를 구해 보세요.

$3\frac{2}{5}+1\frac{3}{10}$

( )

05 $3\frac{1}{4}$보다 $2\frac{1}{6}$ 더 큰 수를 구해 보세요.

( )

06 그림을 보고 □ 안에 알맞은 수를 써넣으세요.

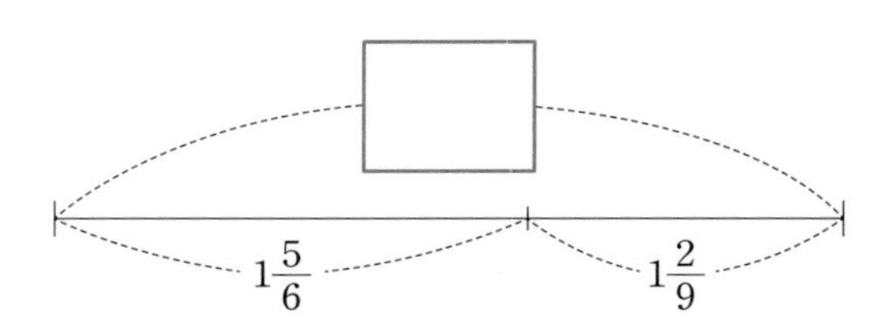

07 수호네 집에서 공원에 가려면 우체국을 지나야 합니다. 수호네 집에서 우체국을 거쳐 공원까지 가는 거리가 3 km가 안 되면 걸어가고, 3 km가 넘으면 자전거를 타고 가려고 합니다. 수호는 집에서 공원까지 어떻게 가야 할지 ○표 하세요.

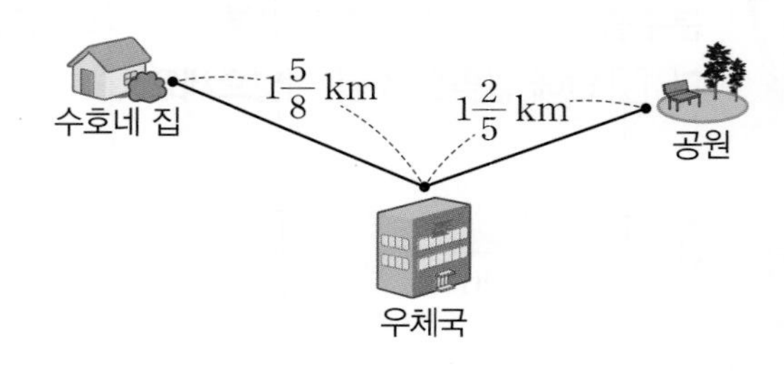

걸어가기	자전거를 타고 가기

08 보기 와 같이 계산해 보세요.

보기

$$\frac{9}{10}-\frac{3}{8}=\frac{36}{40}-\frac{15}{40}=\frac{21}{40}$$

$\frac{3}{4}-\frac{1}{6}$ ______________________

09 종하 어머니께서는 찌개에 소금 $\frac{1}{2}$큰술을 넣으려다가 $\frac{1}{5}$큰술을 덜어 내고 넣었습니다. 종하 어머니께서 찌개에 넣은 소금은 몇 큰술인지 구해 보세요.

( )

10 □ 안에 알맞은 수를 써넣으세요.

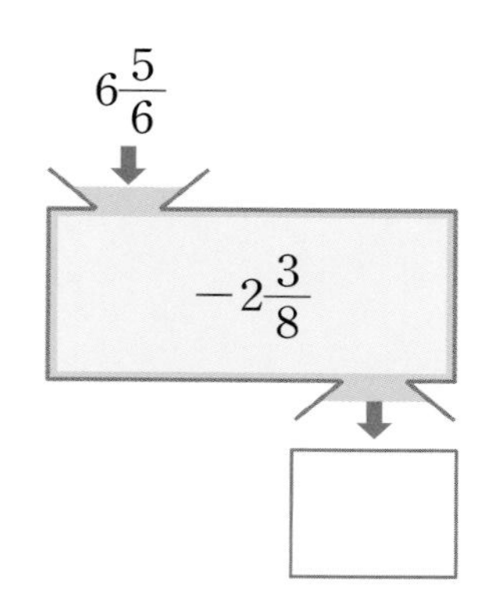

11 가장 큰 수와 가장 작은 수의 차를 구해 보세요.

$3\frac{3}{5}$ $2\frac{1}{4}$ $4\frac{9}{10}$

( )

12 계산 결과를 비교하여 ○ 안에 >, =, <를 알맞게 써넣으세요.

$4\frac{1}{6}-1\frac{11}{14}$ ◯ $3\frac{2}{3}-1\frac{3}{7}$

13 승현이는 피아노 연습을 $1\frac{5}{9}$시간 동안 하고 독서를 $2\frac{2}{5}$시간 동안 하였습니다. 독서를 피아노 연습보다 몇 시간 더 오래 하였는지 구해 보세요.

( )

유형 1 □ 안에 알맞은 수 구하기

01 □ 안에 알맞은 수를 구해 보세요.

$$\square-\frac{5}{8}=\frac{3}{4}$$

(　　　　　　　　)

비법
덧셈과 뺄셈의 관계를 이용하여 □를 구하는 식으로 바꿉니다.

02 □ 안에 알맞은 수를 구해 보세요.

$$\frac{9}{14}-\square=\frac{3}{8}$$

(　　　　　　　　)

03 □ 안에 알맞은 수를 구해 보세요.

$$\square+1\frac{17}{36}=4\frac{5}{24}$$

(　　　　　　　　)

유형 2 세 분수의 덧셈과 뺄셈

04 그림을 보고 □ 안에 알맞은 수를 써넣으세요.

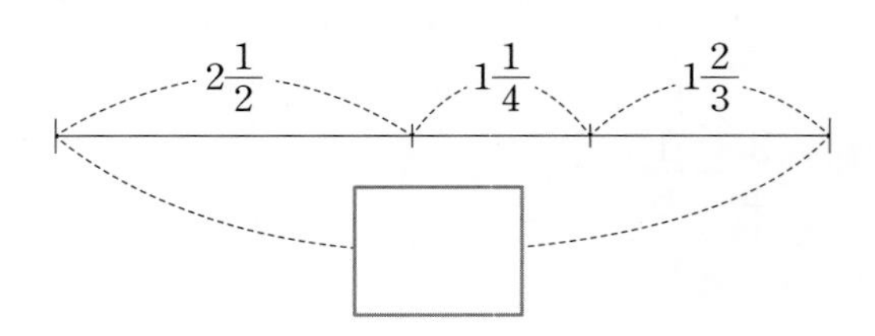

비법
세 분수의 덧셈과 뺄셈은 앞에서부터 두 수씩 차례로 계산합니다.

05 빈칸에 알맞은 수를 써넣으세요.

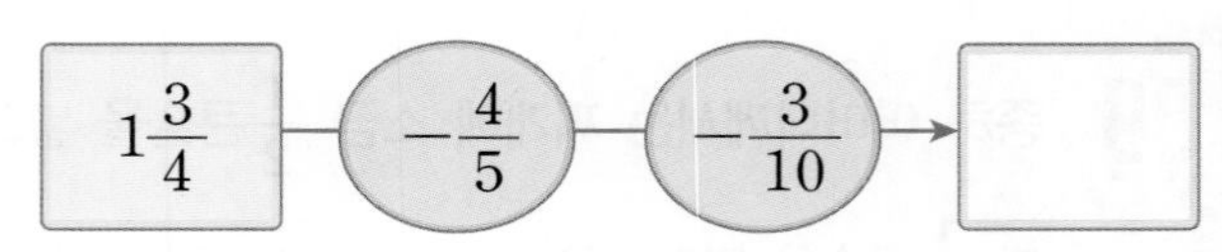

06 물이 $3\frac{2}{5}$ L 들어 있던 물통에서 $\frac{7}{10}$ L의 물을 따라 쓰고 다시 $\frac{3}{4}$ L의 물을 물통에 부었습니다. 지금 물통에 들어 있는 물은 몇 L인지 구해 보세요.

(　　　　　　　　)

유형 3 바르게 계산한 값 구하기

07 어떤 수에 $\frac{3}{10}$을 더해야 할 것을 잘못하여 뺐더니 $\frac{5}{8}$가 되었습니다. 바르게 계산한 값을 구해 보세요.

(　　　　　　　　)

비법
먼저 잘못 계산한 식을 세운 다음 어떤 수를 구합니다.

08 어떤 수에서 $1\frac{2}{5}$를 빼야 할 것을 잘못하여 더했더니 $5\frac{3}{4}$이 되었습니다. 바르게 계산한 값을 구해 보세요.

(　　　　　　　　)

09 $5\frac{5}{6}$에 어떤 수를 더해야 할 것을 잘못하여 뺐더니 $3\frac{1}{3}$이 되었습니다. 바르게 계산한 값을 구해 보세요.

(　　　　　　　　)

유형 4 수 카드로 만든 진분수의 합과 차

10 3장의 수 카드 중 2장을 골라 진분수를 만들려고 합니다. 만들 수 있는 진분수 중에서 가장 큰 수와 가장 작은 수의 합을 구해 보세요.

2　3　7

(　　　　　　　　)

비법
먼저 분자가 분모보다 작은 진분수를 모두 만든 다음 크기를 비교합니다.

11 3장의 수 카드 중 2장을 골라 진분수를 만들려고 합니다. 만들 수 있는 진분수 중에서 가장 큰 수와 가장 작은 수의 차를 구해 보세요.

4　5　9

(　　　　　　　　)

12 3장의 수 카드 중 2장을 골라 진분수를 만들려고 합니다. 만들 수 있는 진분수 중에서 가장 큰 수와 두 번째로 큰 수의 합을 구해 보세요.

5　7　8

(　　　　　　　　)

01 계산이 잘못된 부분을 찾아 이유를 쓰고 바르게 고쳐 계산해 보세요.

$$\frac{2}{3}+\frac{2}{9}=\frac{2\times2}{3\times3}+\frac{2}{9}=\frac{4}{9}+\frac{2}{9}=\frac{6}{9}=\frac{2}{3}$$

이유

바른 계산

02 밀가루 $\frac{9}{10}$ kg 중 $\frac{5}{8}$ kg을 사용하여 식빵을 만들었습니다. 식빵을 만들고 남은 밀가루는 몇 kg인지 풀이 과정을 쓰고 답을 구해 보세요.

풀이

답

03 어떤 물통에 물을 미주는 한 시간에 전체의 $\frac{1}{15}$을, 재서는 전체의 $\frac{1}{10}$을 채웁니다. 두 사람이 함께 물통 하나를 가득 채우는 데 걸리는 시간은 몇 시간인지 풀이 과정을 쓰고 답을 구해 보세요.

풀이

답

04 □ 안에 알맞은 수를 구하려고 합니다. 풀이 과정을 쓰고 답을 구해 보세요.

$$\square-2\frac{7}{12}=2\frac{5}{8}$$

풀이

답

05 계산 결과가 더 큰 것의 기호를 쓰려고 합니다. 풀이 과정을 쓰고 답을 구해 보세요.

㉠ $2\frac{5}{8}+\frac{1}{2}$　　㉡ $5\frac{2}{9}-2\frac{5}{6}$

풀이

답

06 다음과 같이 약속할 때 $3\frac{7}{9}◆2\frac{3}{4}$은 얼마인지 풀이 과정을 쓰고 답을 구해 보세요.

㉠◆㉡ $=$ ㉠ $+$ ㉡ $-1\frac{5}{6}$

풀이

답

07 길이가 각각 $\frac{2}{5}$ m, $\frac{1}{2}$ m인 색 테이프를 그림과 같이 $\frac{1}{10}$ m만큼 겹치게 이어 붙였습니다. 이어 붙인 색 테이프의 전체 길이는 몇 m인지 풀이 과정을 쓰고 답을 구해 보세요.

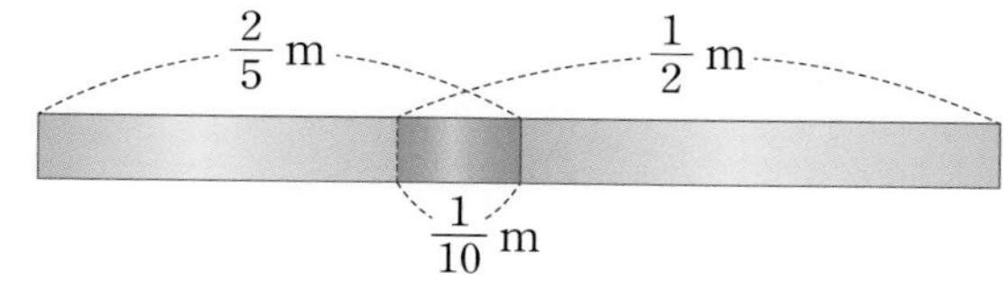

풀이

답

08 들이가 4 L인 식용유 병에 식용유가 $1\frac{8}{9}$ L 들어 있었습니다. 이 중에서 $\frac{3}{5}$ L를 사용한 후 다시 $1\frac{2}{15}$ L를 부었습니다. 이 식용유 병에 식용유를 가득 채우려면 몇 L를 더 부어야 하는지 풀이 과정을 쓰고 답을 구해 보세요.

풀이

답

09 어떤 수에 $\frac{5}{7}$를 더해야 할 것을 잘못하여 뺐더니 $\frac{3}{4}$이 되었습니다. 바르게 계산한 값은 얼마인지 풀이 과정을 쓰고 답을 구해 보세요.

풀이

답

10 구슬이 가득 들어 있는 상자의 무게를 재었더니 $7\frac{2}{15}$ kg이었습니다. 구슬의 반을 덜어 낸 다음 상자의 무게를 재었더니 $4\frac{7}{18}$ kg이었습니다. 빈 상자의 무게는 몇 kg인지 풀이 과정을 쓰고 답을 구해 보세요.

풀이

답

01 계산해 보세요.

(1) $\frac{3}{8}+\frac{5}{12}$　　(2) $\frac{6}{7}+\frac{3}{5}$

02 계산 결과가 가장 큰 것을 찾아 기호를 써 보세요.

㉠ $\frac{11}{24}+\frac{1}{3}$　㉡ $\frac{7}{12}+\frac{1}{4}$　㉢ $\frac{5}{6}-\frac{1}{8}$

(　　　　　　)

03 빈칸에 알맞은 수를 써넣으세요.

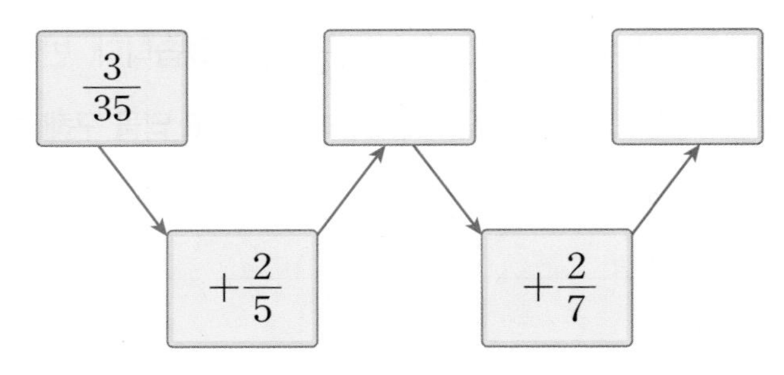

04 다음 수를 구해 보세요.

$\frac{5}{8}$와 $\frac{13}{20}$의 합

(　　　　　　)

05 직사각형의 가로와 세로의 합은 몇 m인지 구해 보세요.

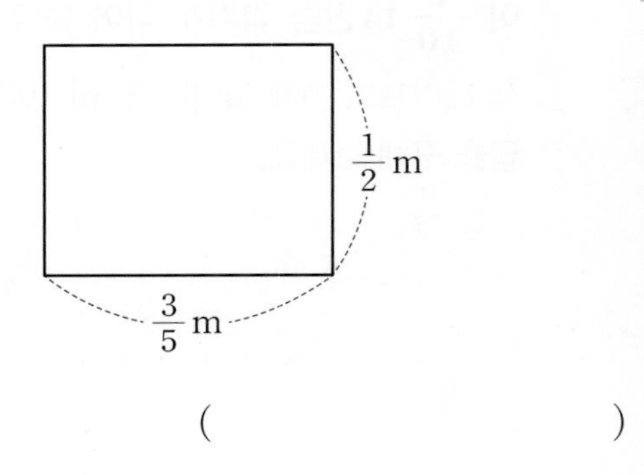

(　　　　　　)

06 가게에 식용유 $2\frac{3}{7}$ L와 올리브유 $3\frac{1}{6}$ L가 있습니다. 식용유와 올리브유는 모두 몇 L 있는지 구해 보세요.

(　　　　　　)

07 보기 와 같이 계산해 보세요.

보기

$$2\frac{7}{10}+2\frac{3}{4}=\frac{27}{10}+\frac{11}{4}=\frac{54}{20}+\frac{55}{20}$$
$$=\frac{109}{20}=5\frac{9}{20}$$

$1\frac{5}{9}+2\frac{2}{3}$ ____________________

____

08 계산 결과가 7과 8 사이에 있는 것의 기호를 써 보세요.

㉠ $4\frac{2}{7}+2\frac{1}{2}$	㉡ $3\frac{4}{9}+3\frac{5}{6}$

(   )

09 □ 안에 들어갈 수 있는 자연수를 모두 구해 보세요.

$1\frac{1}{4}+2\frac{5}{8}<\square<5\frac{1}{2}+2\frac{3}{5}$

(   )

10 서술형

진하의 몸무게는 $30\frac{3}{4}$ kg이고, 동영이는 진하보다 $1\frac{2}{7}$ kg 더 무겁습니다. 진하와 동영이의 몸무게의 합은 몇 kg인지 풀이 과정을 쓰고 답을 구해 보세요.

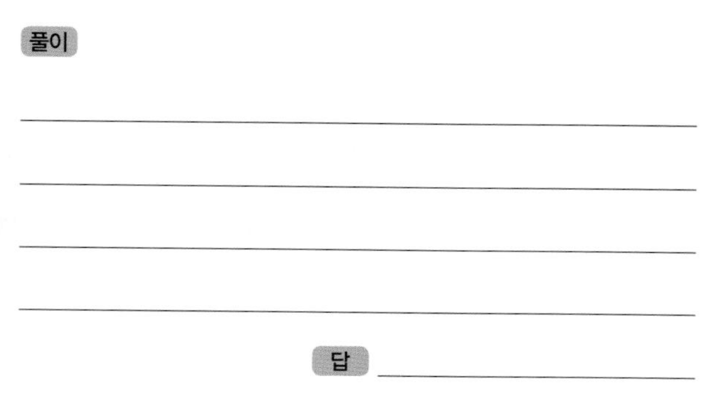

11 두 분모의 최소공배수를 공통분모로 하여 계산해 보세요.

$\frac{7}{12}-\frac{3}{8}$ ____________________

____

12 빈칸에 알맞은 수를 써넣으세요.

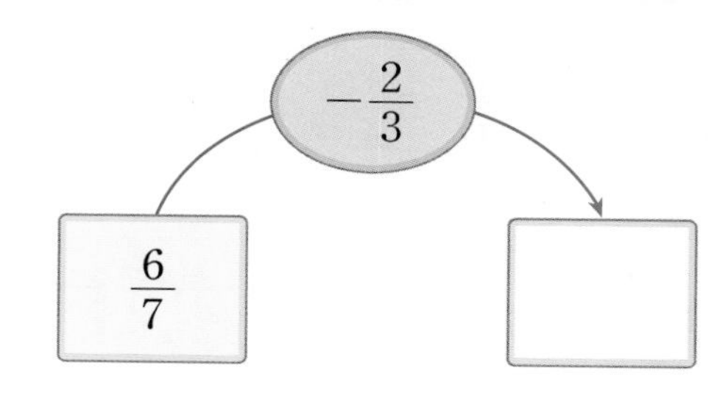

13 ㉠과 ㉡의 차를 구해 보세요.

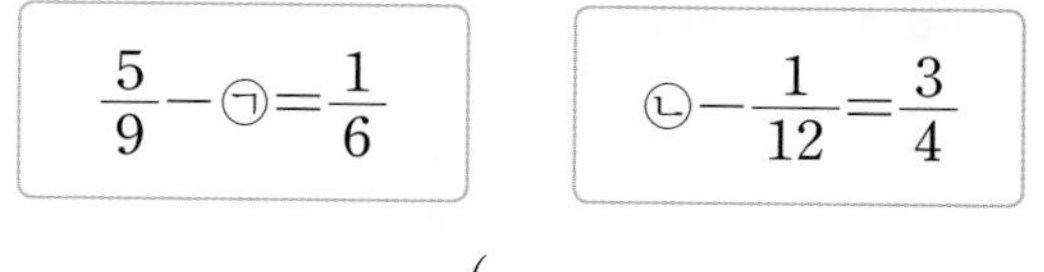

(   )

14 $9\frac{5}{6}-5\frac{3}{8}$을 계산할 때 공통분모가 될 수 없는 수를 찾아 써 보세요.

24	36	48

(   )

15 우진이는 동화책을 어제는 $1\frac{5}{6}$시간 동안 읽었고 오늘은 어제보다 $\frac{1}{4}$시간 덜 읽었습니다. 우진이는 오늘 동화책을 몇 시간 동안 읽었는지 구해 보세요.

( )

16 빈칸에 두 수의 차를 써넣으세요.

$5\frac{8}{9}$	$2\frac{5}{6}$

17 서술형 진우네 집에서 공원과 도서관 중 어느 곳이 몇 km 더 가까운지 알아보려고 합니다. 풀이 과정을 쓰고 답을 구해 보세요.

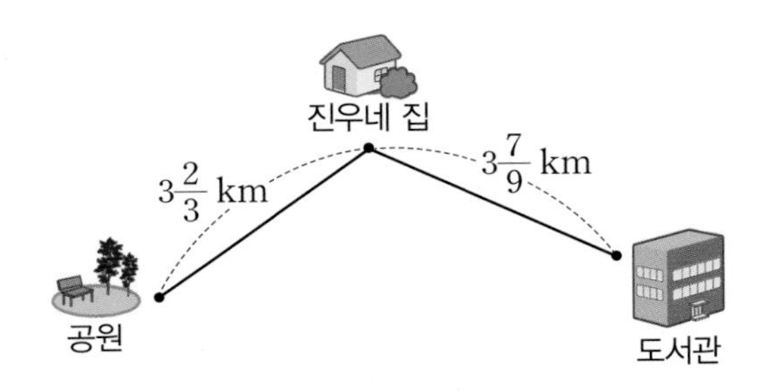

풀이

답 ,

18 계산 결과를 비교하여 ○ 안에 >, =, <를 알맞게 써넣으세요.

$$7\frac{3}{10}-3\frac{5}{8} \bigcirc 8\frac{3}{5}-4\frac{1}{4}$$

19 3장의 수 카드를 한 번씩 사용하여 대분수를 만들려고 합니다. 만들 수 있는 대분수 중에서 가장 큰 수와 가장 작은 수의 차를 구해 보세요.

2 5 8

( )

20 어떤 수에서 $4\frac{5}{7}$를 빼야 할 것을 잘못하여 더했더니 $10\frac{2}{9}$가 되었습니다. 바르게 계산하면 얼마인지 구해 보세요.

( )

정답과 풀이 68쪽

01 정다각형의 둘레는 몇 cm인지 구해 보세요.

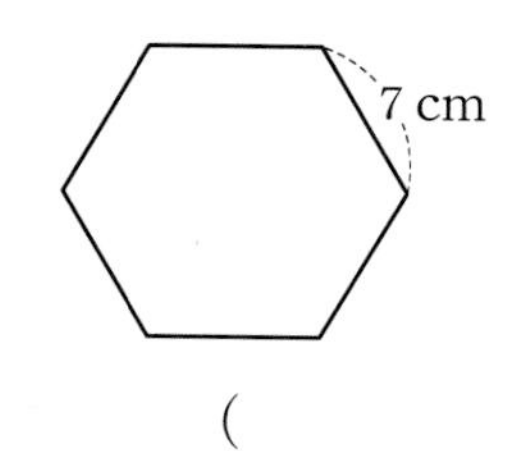

(　　　　　　　　　　)

02 길이가 16 cm인 철사를 사용하여 만들 수 있는 가장 큰 정사각형의 한 변의 길이는 몇 cm인지 구해 보세요.

(　　　　　　　　　　)

03 마름모와 평행사변형입니다. 둘레가 더 긴 도형에 ○표 하세요.

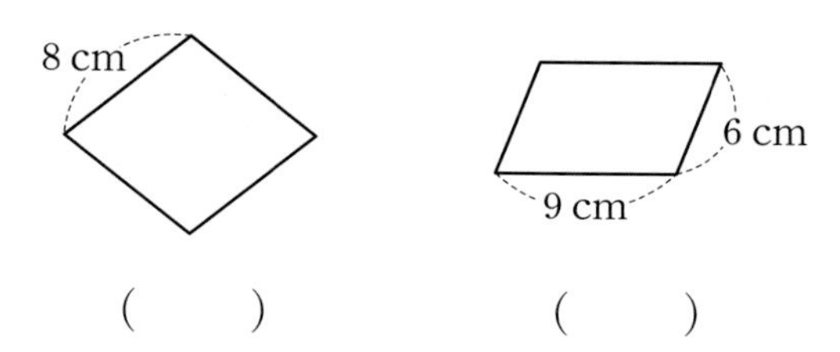

(　　)　　(　　)

04 둘레가 40 cm인 직사각형입니다. 이 직사각형의 세로는 몇 cm인지 구해 보세요.

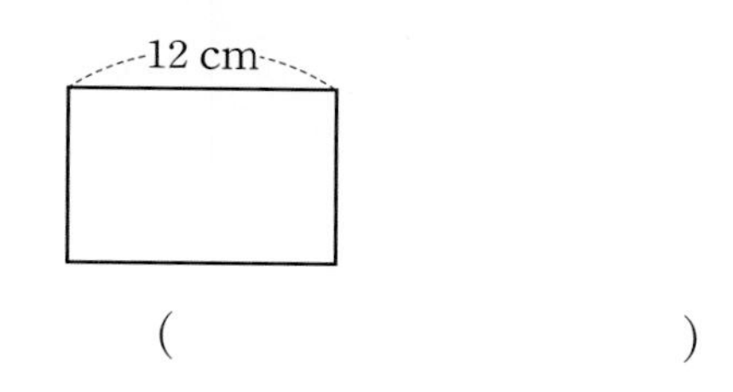

(　　　　　　　　　　)

05 가장 넓은 도형과 가장 좁은 도형의 넓이의 차는 몇 cm^2인지 구해 보세요.

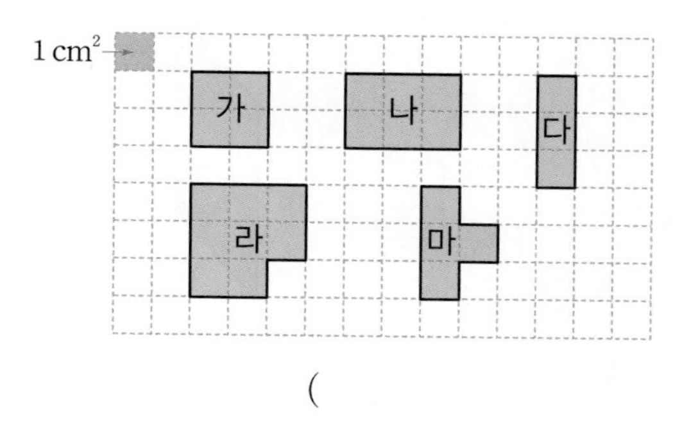

(　　　　　　　　　　)

06 직사각형의 넓이가 91 cm^2일 때 □ 안에 알맞은 수를 써넣으세요.

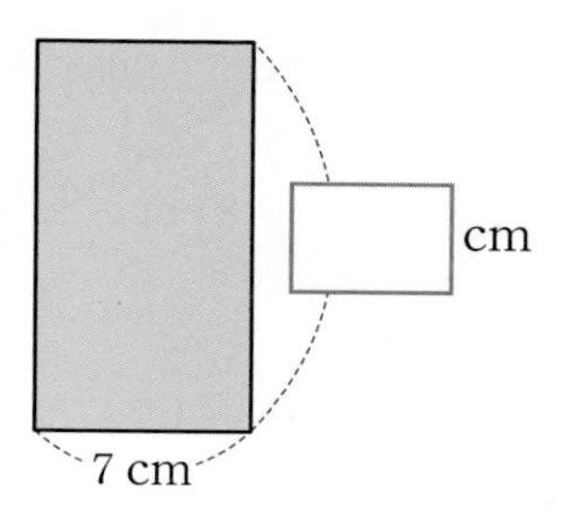

07 □ 안에 알맞은 수를 써넣으세요.

(1) $3\ m^2=$ □ cm^2

(2) $4\ km^2=$ □ m^2

(3) $700000\ cm^2=$ □ m^2

(4) $50000000\ m^2=$ □ km^2

08 평행사변형에서 □ 안에 알맞은 수를 써넣으세요.

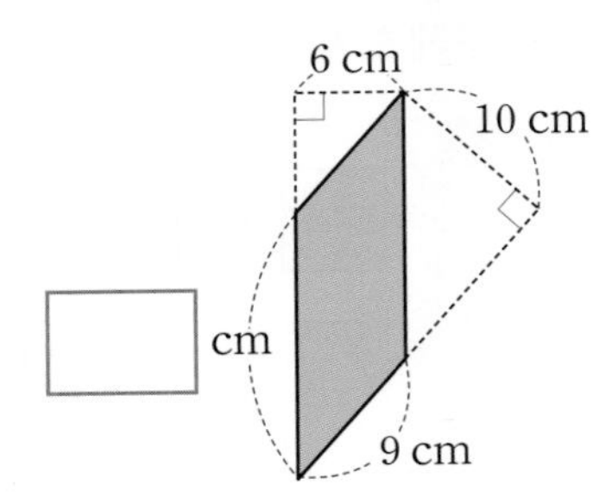

09 삼각형의 넓이는 몇 cm^2인지 구해 보세요.

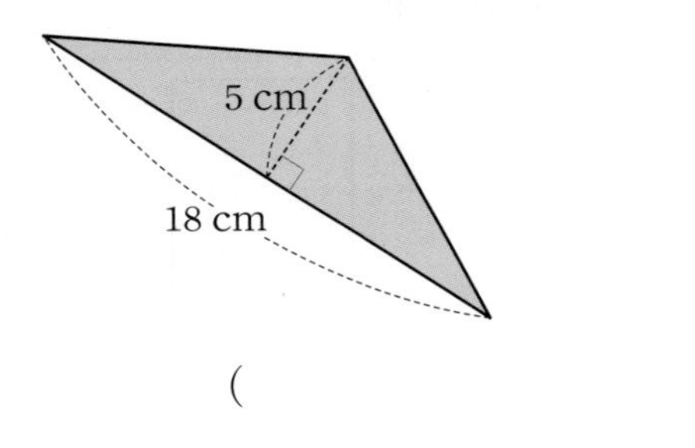

(　　　　　　　　)

10 넓이가 나머지와 다른 삼각형을 찾아 기호를 써 보세요.

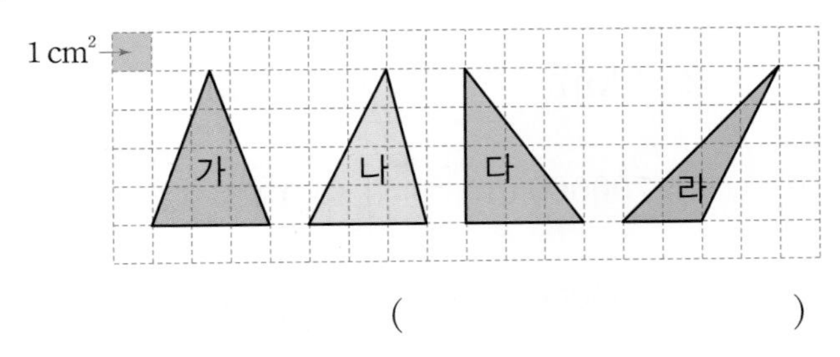

(　　　　　　　　)

11 마름모의 넓이는 몇 cm^2인지 구해 보세요.

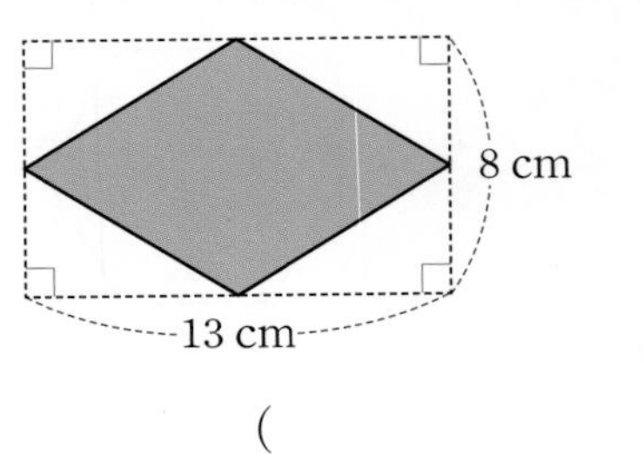

(　　　　　　　　)

12 평행사변형과 사다리꼴 중 넓이가 더 넓은 것을 써 보세요.

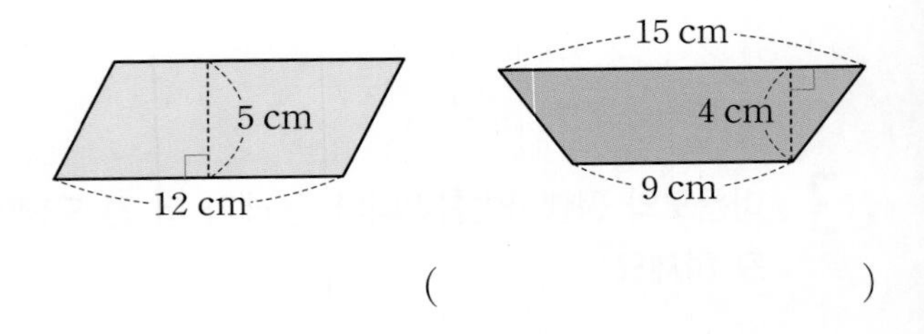

(　　　　　　　　)

13 사다리꼴의 넓이가 다음과 같을 때 □ 안에 알맞은 수를 구해 보세요.

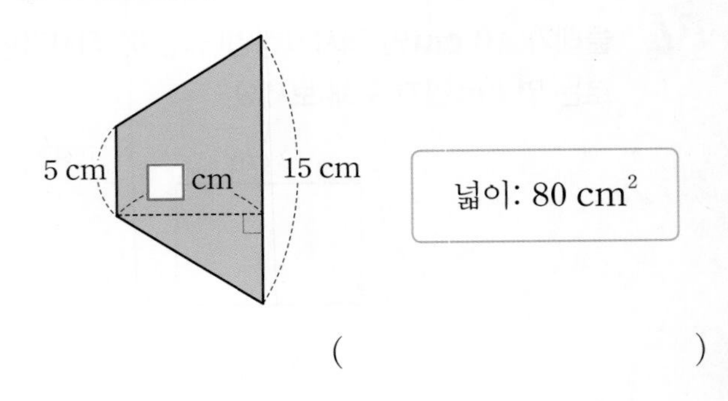

(　　　　　　　　)

정답과 풀이 69쪽

유형 1 둘레를 알 때 변의 길이 구하기

01 마름모와 정육각형의 둘레가 같습니다. 정육각형의 한 변의 길이는 몇 cm인지 구해 보세요.

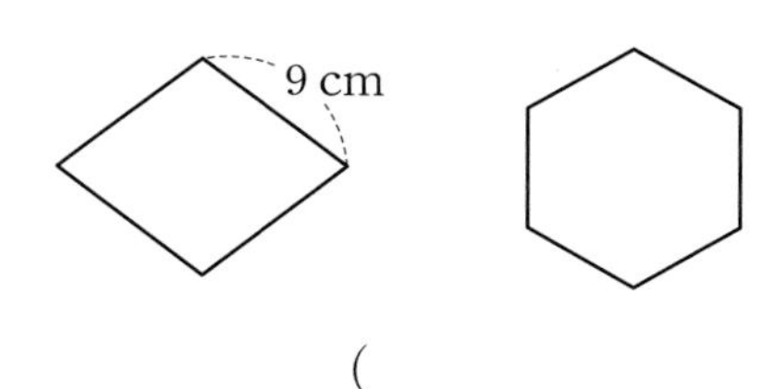

(　　　　　　　　)

비법
정●각형은 ●개의 변의 길이가 모두 같습니다.

02 두 정다각형의 둘레가 같습니다. 정사각형의 한 변의 길이는 몇 cm인지 구해 보세요.

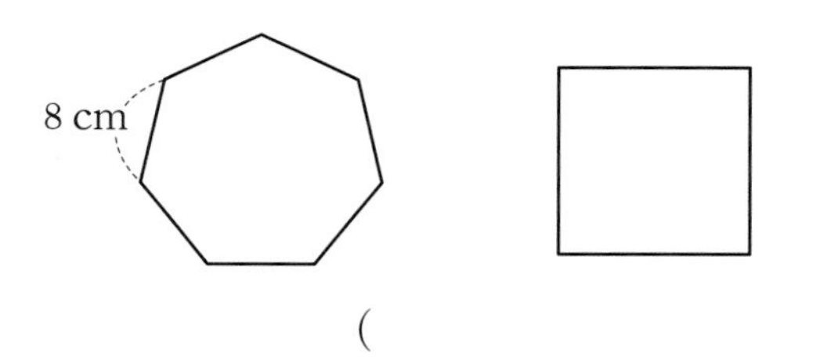

(　　　　　　　　)

03 마름모와 평행사변형의 둘레가 같습니다. ㉠은 몇 cm인지 구해 보세요.

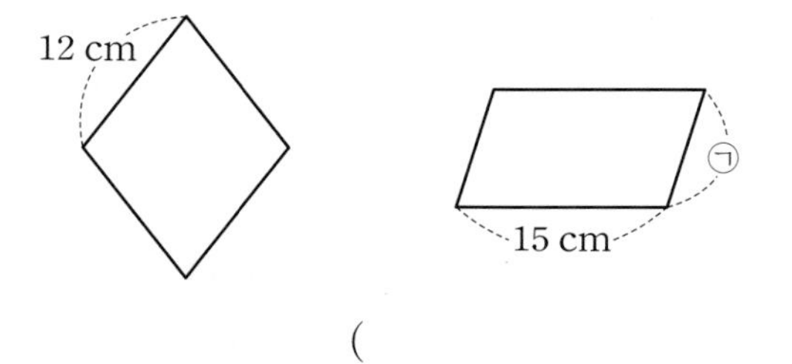

(　　　　　　　　)

유형 2 넓이를 알 때 변의 길이 구하기

04 삼각형과 직사각형의 넓이가 같습니다. 직사각형에서 □ 안에 알맞은 수를 구해 보세요.

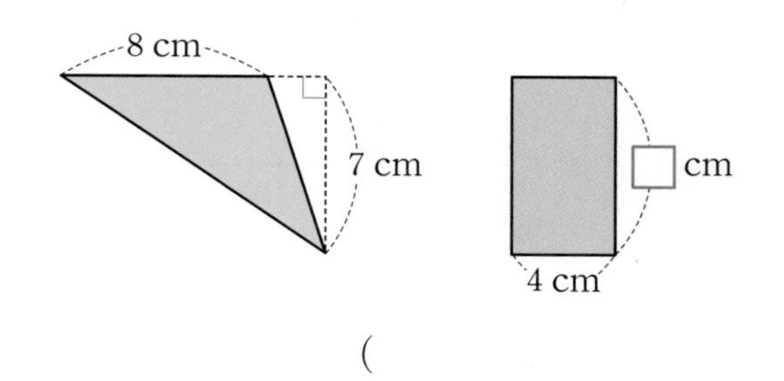

(　　　　　　　　)

비법
구할 수 있는 도형의 넓이를 구한 다음 □를 이용하여 식을 세웁니다.

05 정사각형과 마름모의 넓이가 같습니다. 마름모에서 □ 안에 알맞은 수를 구해 보세요.

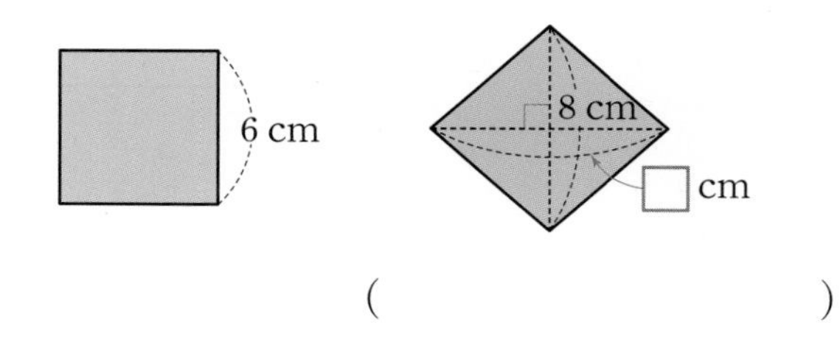

(　　　　　　　　)

06 직사각형과 사다리꼴의 넓이가 같습니다. 사다리꼴의 높이는 몇 cm인지 구해 보세요.

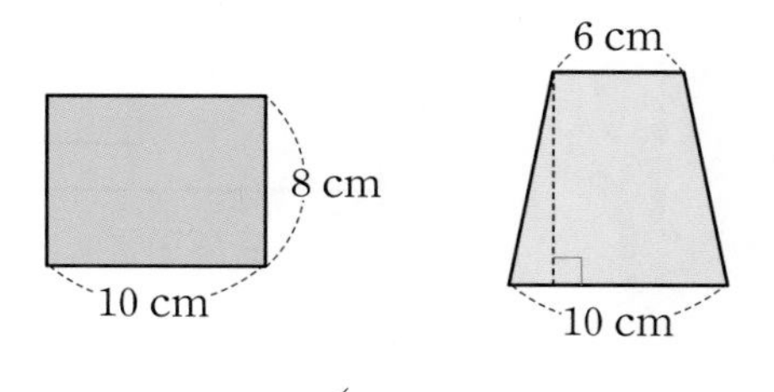

(　　　　　　　　)

유형 3 직각으로 이루어진 도형의 둘레 구하기

07 도형의 둘레는 몇 cm인지 구해 보세요.

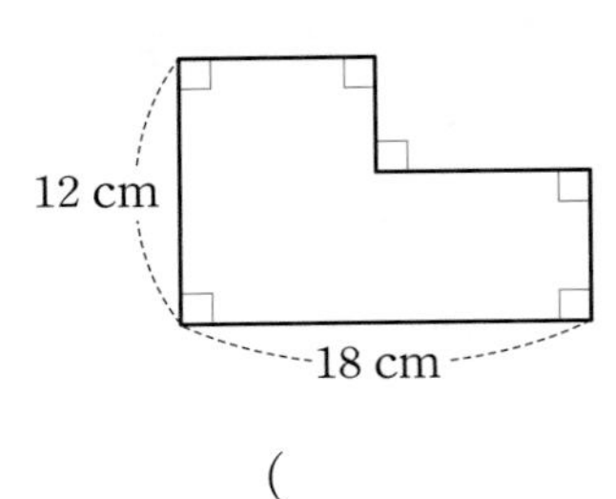

(　　　　　　　　　　)

비법
도형의 변을 이동시켜서 직사각형을 만들어 봅니다.

08 도형의 둘레는 몇 cm인지 구해 보세요.

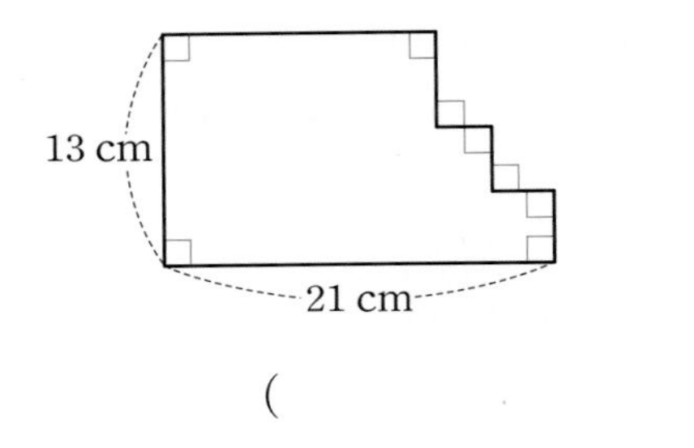

(　　　　　　　　　　)

09 도형의 둘레는 몇 cm인지 구해 보세요.

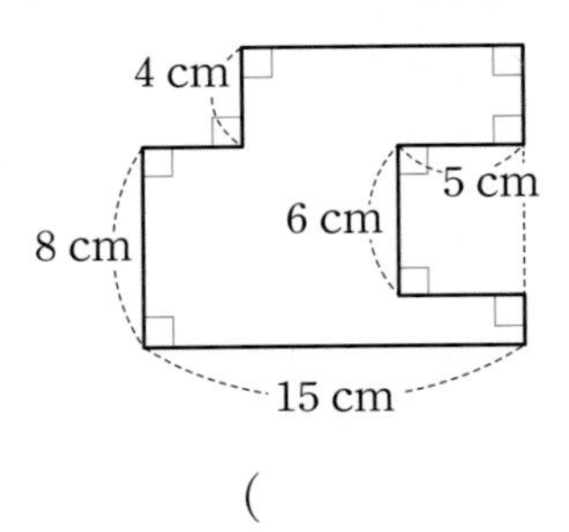

(　　　　　　　　　　)

유형 4 다각형의 넓이 구하기

10 다각형의 넓이는 몇 cm^2인지 구해 보세요.

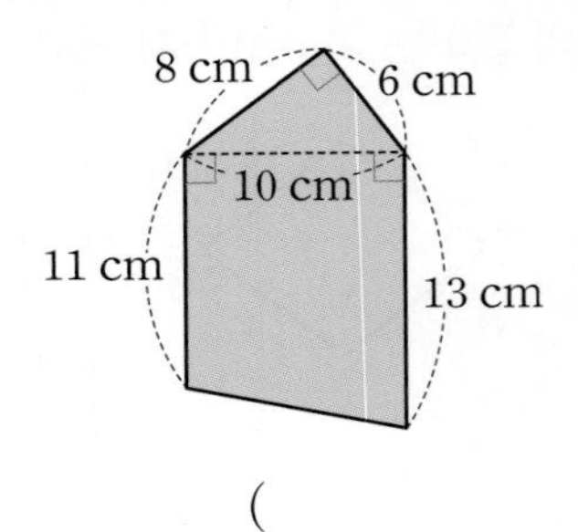

(　　　　　　　　　　)

비법
다각형을 여러 가지 도형으로 나눕니다.

11 마름모와 삼각형을 이어 붙인 다각형의 넓이는 몇 cm^2인지 구해 보세요.

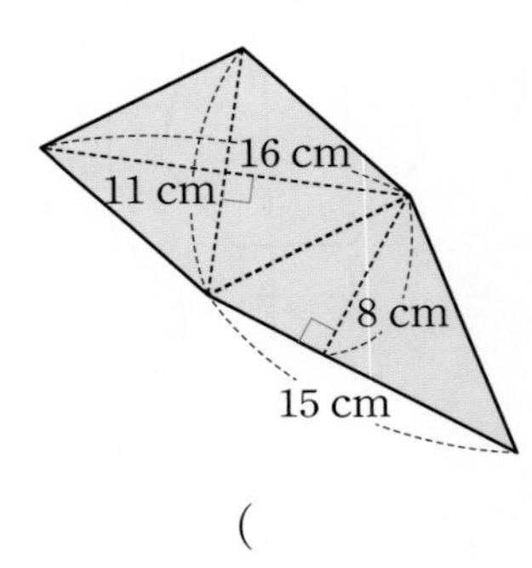

(　　　　　　　　　　)

12 색칠한 부분의 넓이는 몇 cm^2인지 구해 보세요.

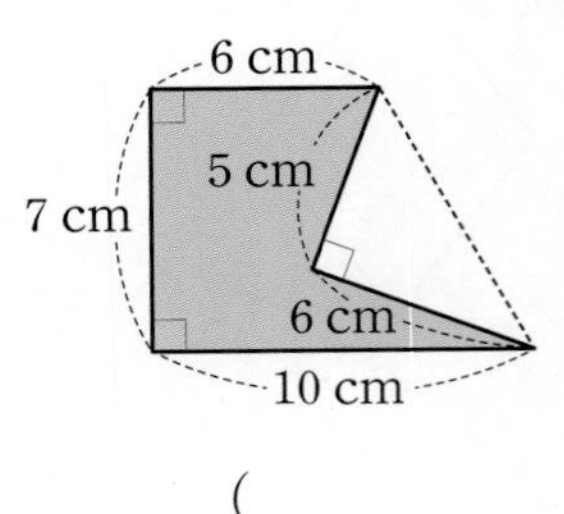

(　　　　　　　　　　)

01 두 정다각형의 둘레의 합은 몇 cm인지 풀이 과정을 쓰고 답을 구해 보세요.

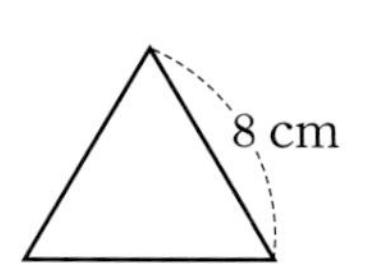

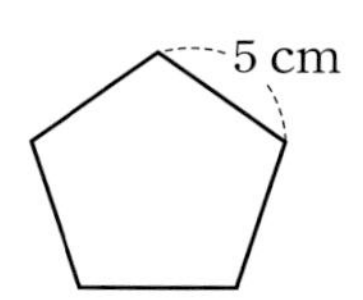

풀이

답

02 두 도형의 둘레의 차는 몇 cm인지 풀이 과정을 쓰고 답을 구해 보세요.

- 한 변의 길이가 9 cm인 마름모
- 두 변의 길이가 6 cm, 13 cm인 평행사변형

풀이

답

03 정사각형과 사다리꼴 중 넓이가 더 넓은 것은 어느 것인지 풀이 과정을 쓰고 답을 구해 보세요.

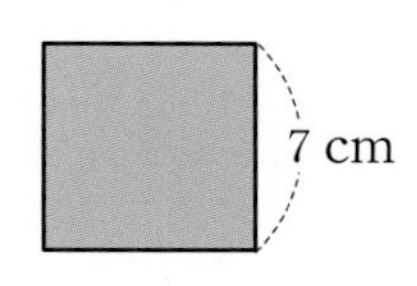

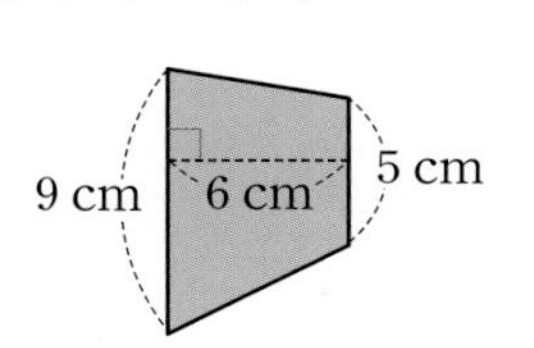

풀이

답

04 오른쪽 삼각형의 둘레는 35 cm입니다. 이 삼각형의 넓이는 몇 cm^2인지 풀이 과정을 쓰고 답을 구해 보세요.

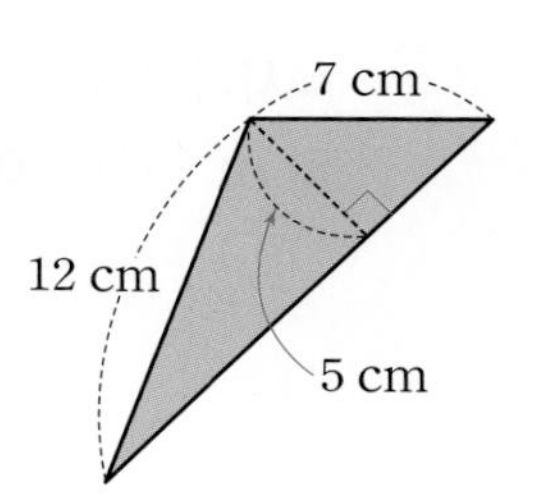

풀이

답

05 직사각형 안에 마름모를 그렸습니다. 색칠한 부분의 넓이는 몇 cm^2인지 풀이 과정을 쓰고 답을 구해 보세요.

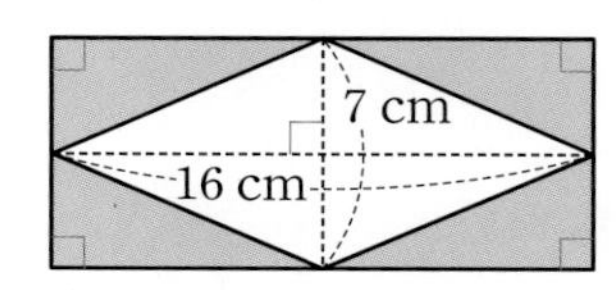

풀이

답

06 도형의 둘레는 몇 cm인지 풀이 과정을 쓰고 답을 구해 보세요.

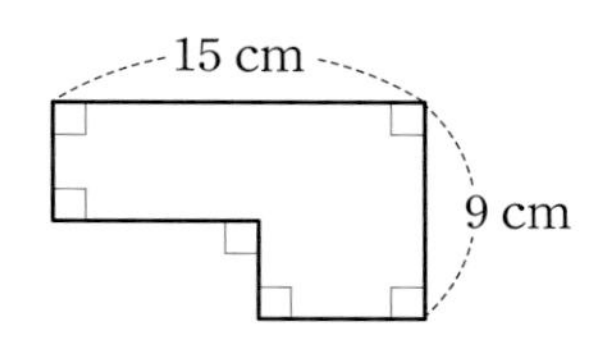

풀이

답

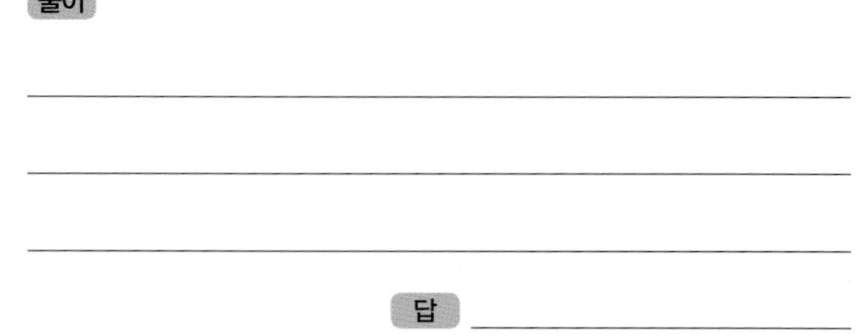

07 직사각형의 둘레가 52 m입니다. 직사각형의 넓이는 몇 m^2인지 풀이 과정을 쓰고 답을 구해 보세요.

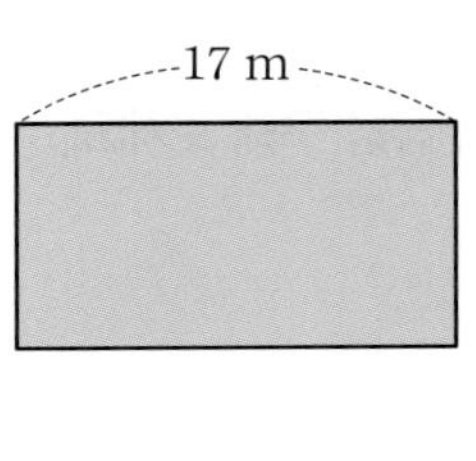

풀이

답

08 다각형의 넓이는 몇 cm^2인지 풀이 과정을 쓰고 답을 구해 보세요.

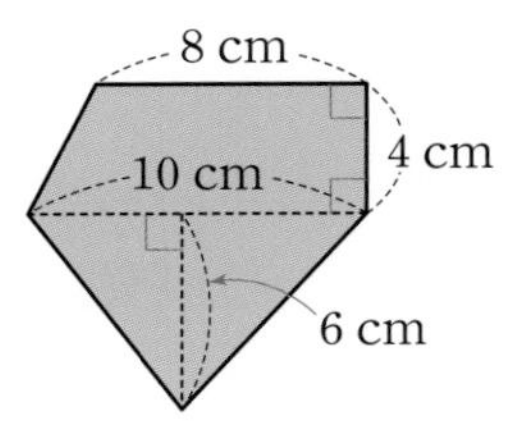

풀이

답

09 평행사변형 ㄱㄴㄷㅁ의 넓이는 63 cm^2입니다. 평행사변형 ㅂㄷㄹㅁ의 넓이는 몇 cm^2인지 풀이 과정을 쓰고 답을 구해 보세요.

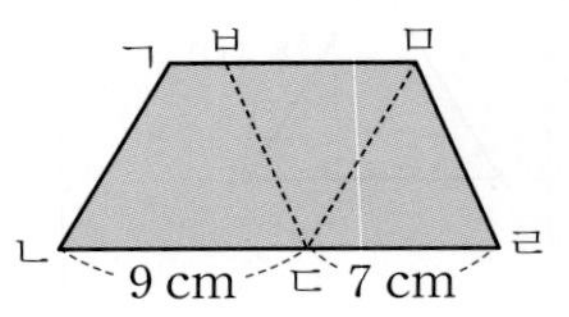

풀이

답

10 사다리꼴 ㄱㄴㄷㄹ의 넓이는 몇 cm^2인지 풀이 과정을 쓰고 답을 구해 보세요.

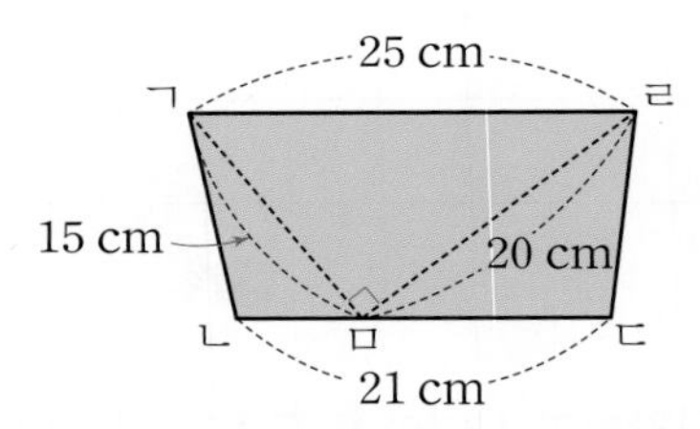

풀이

답

단원 평가

정답과 풀이 70쪽

01 둘레가 14 cm인 정칠각형의 한 변의 길이는 몇 cm인지 구해 보세요.

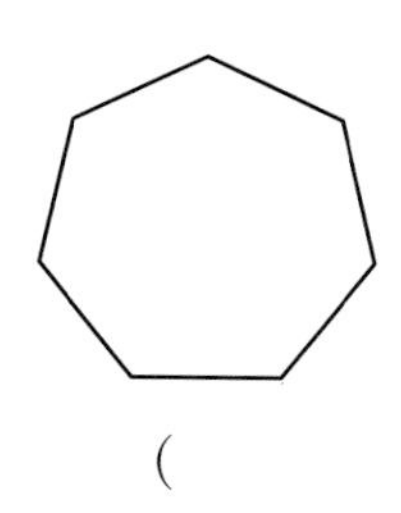

( )

02 둘레가 68 cm인 정사각형이 있습니다. 이 정사각형과 한 변의 길이가 같은 정삼각형의 둘레는 몇 cm인지 구해 보세요.

( )

03 평행사변형의 둘레는 몇 m인지 구해 보세요.

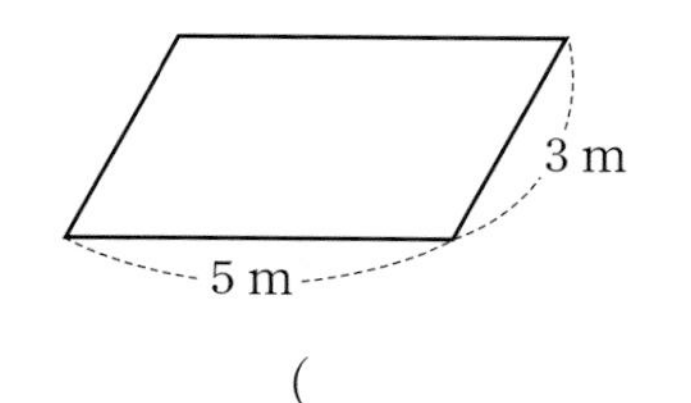

( )

04 세로가 14 cm인 직사각형의 둘레가 66 cm일 때 가로는 몇 cm인지 구해 보세요.

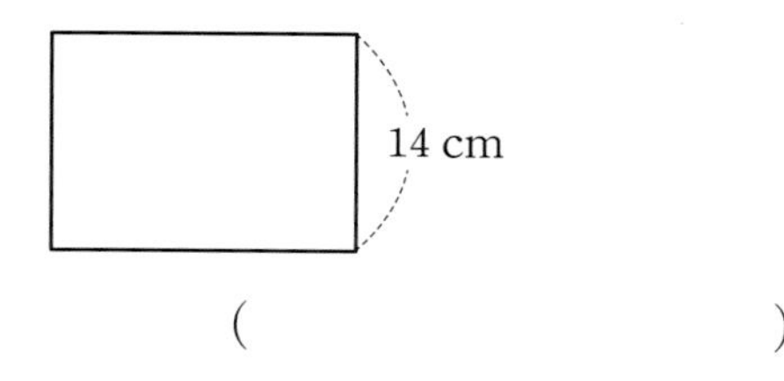

( )

05 서술형

직사각형 가와 정사각형 나의 둘레가 같을 때 정사각형 나의 한 변의 길이는 몇 cm인지 풀이 과정을 쓰고 답을 구해 보세요.

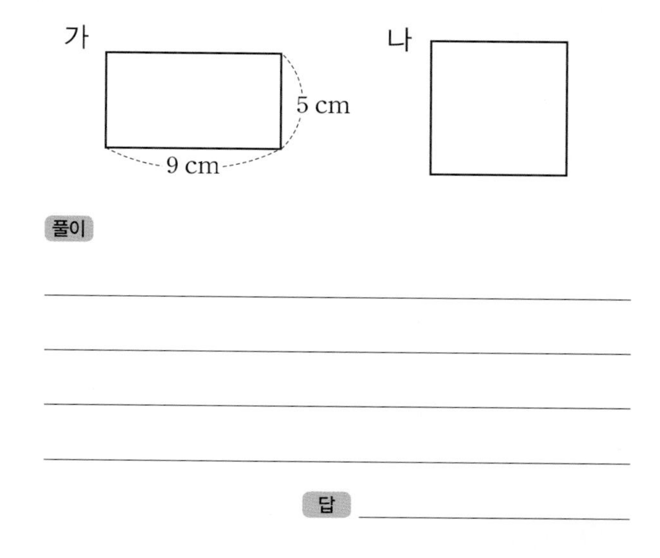

풀이

답

06 한 변의 길이가 140 m인 마름모 모양의 호숫가에 20 m 간격으로 나무를 심으려고 합니다. 나무는 모두 몇 그루 심을 수 있는지 구해 보세요. (단, 네 꼭짓점에 나무를 심습니다.)

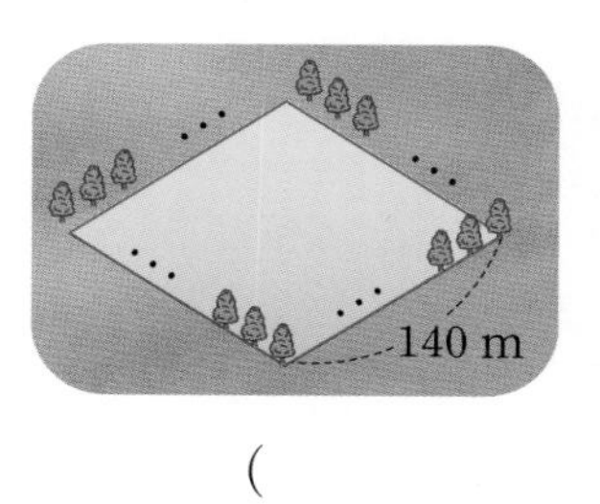

( )

07 도형의 넓이는 몇 cm^2인지 구해 보세요.

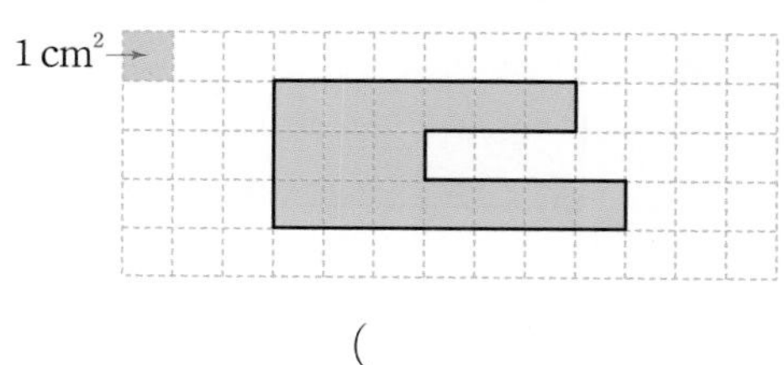

( )

08 넓이가 더 넓은 도형의 기호를 써 보세요.

㉠ 둘레가 52 cm인 정사각형
㉡ 가로가 16 cm이고 둘레가 52 cm인 직사각형

( )

09 넓이를 주어진 단위로 바꾸어 나타내어 보세요.

(1) $20\ m^2$ → □ cm^2

(2) $605\ km^2$ → □ m^2

10 직사각형의 넓이가 $126\ m^2$일 때 ㉠은 몇 cm인지 구해 보세요.

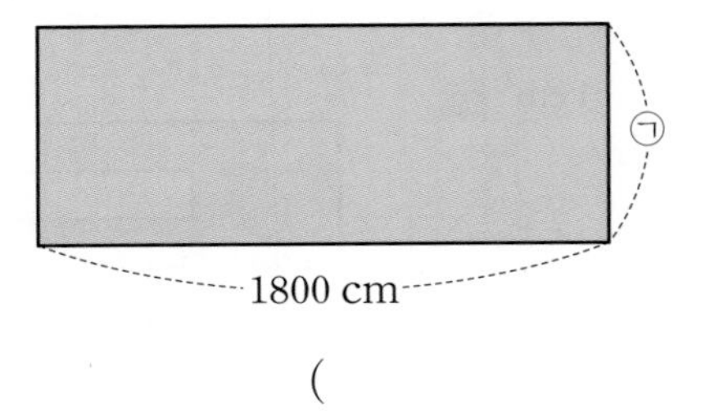

( )

11 평행사변형의 넓이는 몇 km^2인지 구해 보세요.

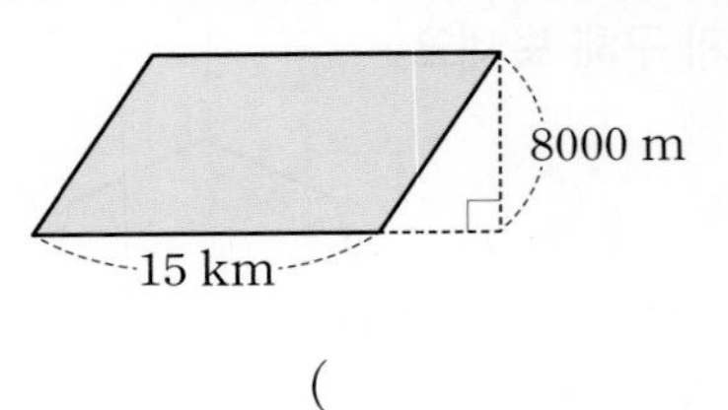

( )

12 평행사변형의 넓이가 $72\ cm^2$일 때 □ 안에 알맞은 수를 구해 보세요.

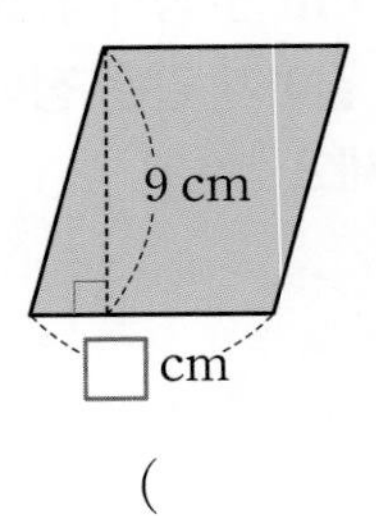

( )

13 밑변의 길이가 7 cm, 높이가 20 cm인 삼각형이 있습니다. 이 삼각형의 넓이는 몇 cm^2인지 구해 보세요.

( )

14 직사각형과 삼각형의 넓이가 같습니다. 삼각형에서 □ 안에 알맞은 수를 구해 보세요.

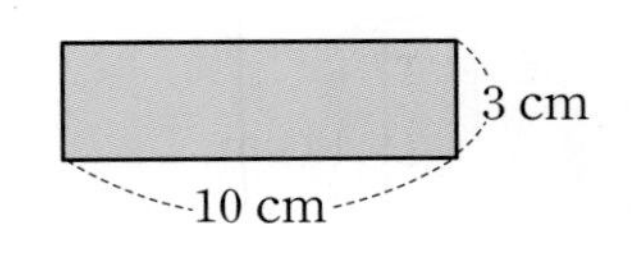

( )

15 두 마름모의 넓이의 차는 몇 cm^2인지 구해 보세요.

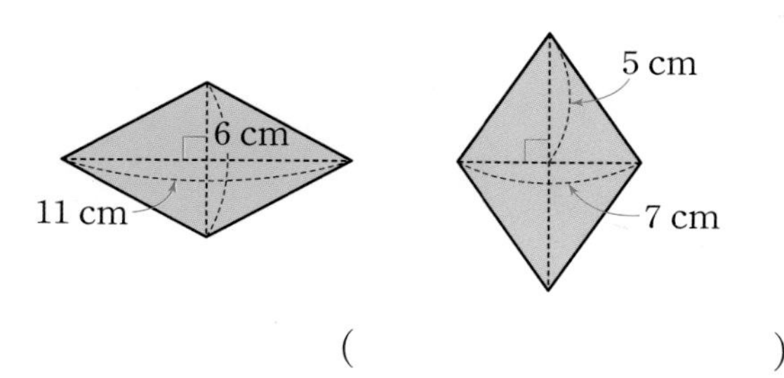

( )

16 직사각형 ㄱㄴㄷㄹ의 각 변의 가운데에 점을 찍고, 그 점을 연결하여 마름모 ㅁㅂㅅㅇ을 그렸습니다. 직사각형 ㄱㄴㄷㄹ의 넓이가 76 cm^2일 때 마름모 ㅁㅂㅅㅇ의 넓이는 몇 cm^2인지 구해 보세요.

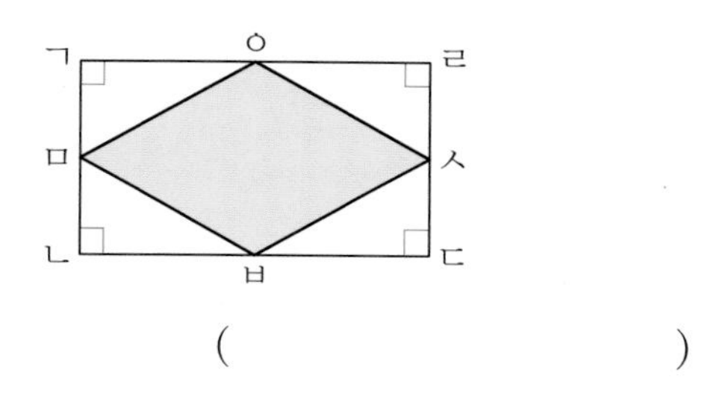

( )

17 네 변의 길이가 모두 같은 사각형이 있습니다. 사각형의 한 대각선의 길이가 25 cm이고 넓이가 200 cm^2입니다. 이 사각형의 다른 대각선의 길이는 몇 cm인지 구해 보세요.

( )

18 평행사변형 ㄱㄴㄷㄹ에서 색칠한 부분의 넓이는 몇 cm^2인지 구해 보세요.

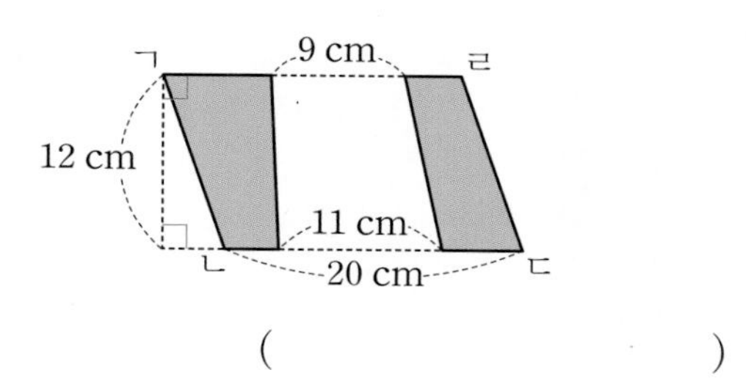

( )

19 서술형

윗변의 길이가 9 cm, 높이가 16 cm인 사다리꼴이 있습니다. 이 사다리꼴의 넓이가 128 cm^2일 때 아랫변의 길이는 몇 cm인지 풀이 과정을 쓰고 답을 구해 보세요.

풀이

답

20 사다리꼴 ㄱㄴㄷㄹ의 넓이는 몇 cm^2인지 구해 보세요.

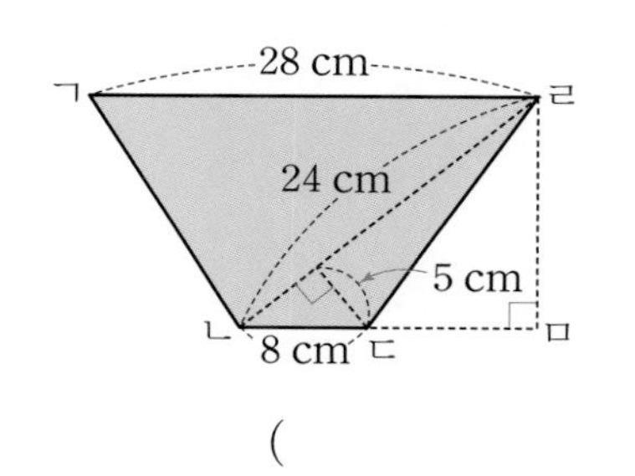

( )

MEMO

교과서 기본과 응용 문제를
한 번에 잡는 **교과서 기본+응용**

BOOK 3

풀이책

5-1

1단원 자연수의 혼합 계산

교과서 개념 다지기 8~10쪽

01 22, 8, 14
02 30, 22, 8
03 30, 2, 15
04 32, 8, 4
05 27, 6, 10, 33, 10, 23
06 25, 33, 9, 58, 9, 49
07 곱셈, ( )
08 (위에서부터) 35, 6, 24, 35
09 ( )
(○)
10 6, 17, 9, 23, 9, 14
11 (위에서부터) 6, 9, 8, 6
12 $(15+33)\div4-5=48\div4-5$
$=12-5$
$=7$
① ② ③

교과서 넘어 보기 11~14쪽

01 (1) $31-6+9$ (2) $31-(6+9)$
02 (1) $35-19+7=16+7$
$=23$
① ②
(2) $54-(23+16)=54-39$
$=15$
① ②
03 (1) 49 (2) 21
04 54
05 식 $36-18+5=23$ 답 23명
06 (1) $48\div(6\times2)=48\div12$
$=4$
① ②
(2) $36\div3\times5=12\times5$
$=60$
① ②
07 32, 16
08 $96\div4\times12=24\times12$
$=288$
09 ㉡
10 식 $6\times16\div8=12$ 답 12개
11

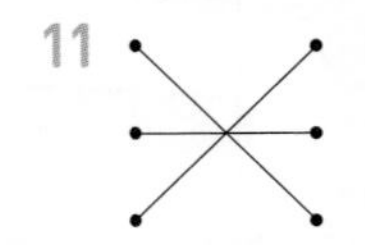

12 >
13 ㉡
14 식 $3000-(600+750\times3)=150$
답 150원
15 (1) $84\div(18-12)+11$ (2) $28-35\div7+19$
16 46
17 ㉣
18 ㉠, ㉢, ㉡
19 식 $1000-(3600\div12+230)=470$
답 470원
20 25, 9

교과서 속 응용 문제

21 ④
22 ⑤
23 42에 ○표, 6에 ○표, 모둠에 ○표
24 2400, 3, 10000 / 2800원
25 예 민희네 반은 한 모둠에 4명씩 6모둠입니다. 선생님께서 반 학생들에게 색종이 48장을 똑같이 나누어 주셨다면 한 사람이 받은 색종이는 몇 장입니까? / 예 2장

01 (1) $31-6+9=25+9=34$
(2) $31-(6+9)=31-15=16$

03 (1) $65+16-32=81-32=49$
(2) $43-(13+9)=43-22=21$

04 $9+108-89=117-89=28$
$154-(29+43)=154-72=82$
➡ $82-28=54$

05 (처음에 타고 있던 승객의 수)−(내린 승객의 수)+(탄 승객의 수)
$=36-18+5=18+5=23$(명)

07 보기 에서 가장 큰 수는 32입니다.

➡ $4\times32\div8=128\div8=16$

08 곱셈과 나눗셈이 섞여 있는 식에서는 앞에서부터 차례대로 계산합니다.

09 ㉠ $13\times4\div2=52\div2=26$

㉡ $8\times(72\div18)=8\times4=32$

㉢ $216\div(3\times4)=216\div12=18$

따라서 계산 결과가 가장 큰 것은 ㉡입니다.

10 (복숭아 16상자에 들어 있는 복숭아의 수)÷(사람 수)

$=6\times16\div8=96\div8=12$(개)

11 $16+8\times5-3=16+40-3$

$=56-3=53$

$(16+8)\times5-3=24\times5-3$

$=120-3=117$

$16+8\times(5-3)=16+8\times2$

$=16+16=32$

12 $91-(8-4)\times7=91-4\times7=91-28=63$

$4\times(28-19)+15=4\times9+15=36+15=51$

13 덧셈, 뺄셈, 곱셈이 섞여 있는 식은 곱셈을 먼저 계산합니다.

따라서 ㉡은 $30-3\times6+7$로 계산해야 합니다.

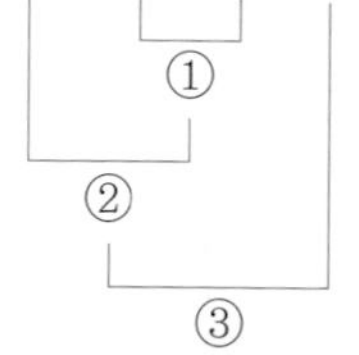

14 (거스름돈)

=(낸 돈)−((오이 1개의 값)+(당근 3개의 값))

$=3000-(600+750\times3)$

$=3000-(600+2250)$

$=3000-2850=150$(원)

15 (1) $84\div(18-12)+11=84\div6+11$

$=14+11=25$

(2) $28-35\div7+19=28-5+19$

$=23+19=42$

16 $42-28\div4+11=42-7+11=35+11=46$

17 ㉠ $16+20\div4-9=16+5-9=21-9=12$

㉡ $88\div8+21-20=11+21-20$

$=32-20=12$

㉢ $56\div(25-18)+4=56\div7+4=8+4=12$

㉣ $(5+28)\div3+7=33\div3+7=11+7=18$

따라서 계산 결과가 다른 하나는 ㉣입니다.

18 ㉠ $56-48\div4+7=56-12+7$

$=44+7=51$

㉡ $30\div5+15-9=6+15-9$

$=21-9=12$

㉢ $91\div7+12-5=13+12-5$

$=25-5=20$

따라서 계산 결과가 큰 것부터 차례로 기호를 쓰면 ㉠, ㉢, ㉡입니다.

19 (거스름돈)

=(낸 돈)−((연필 한 자루의 가격)+(지우개 한 개의 가격))

$=1000-(3600\div12+230)$

$=1000-(300+230)$

$=1000-530=470$(원)

20 계산 결과를 가장 크게 만들려면 36을 나누는 수가 가장 작아야 합니다.

➡ $36\div(3-1)+7=36\div2+7$

$=18+7=25$

계산 결과를 가장 작게 만들려면 36을 나누는 수가 가장 커야 합니다.

➡ $36\div(7-1)+3=36\div6+3$

$=6+3=9$

21 ④ 덧셈, 뺄셈, 곱셈이 섞여 있는 식에서는 곱셈을 먼저 계산하므로 곱셈에 있는 (　　)를 생략해도 그 계산 결과는 같습니다.

22 ⑤ 덧셈, 뺄셈, 나눗셈이 섞여 있는 식에서는 나눗셈을 먼저 계산하므로 나눗셈에 있는 (　　)를 생략해도 그 계산 결과는 같습니다.

23 $42 \div 6 \times 3 = 7 \times 3 = 21$(장)

24 (거스름돈)
$=$(낸 돈)$-$(빵 한 개의 가격)$\times$(빵의 수)
$= 10000 - 2400 \times 3$
$= 10000 - 7200 = 2800$(원)

25 (한 사람이 받은 색종이 수)
$=$(전체 색종이 수)$\div$(반 학생 수)
$= 48 \div (4 \times 6)$
$= 48 \div 24 = 2$(장)

교과서 개념 다지기

15~16쪽

01 ㉡, ㉣, ㉠, ㉢
02 20, 16, 20, 16, 3, 36, 3, 33
03 (위에서부터) 21, 42, 29, 13, 21
04 53, 32, 42, 14, 53, 32, 3, 21, 3, 24
05 ㉣, ㉡, ㉢, ㉠
06 ( )
(○)
07 5, 12, 6, 7, 60, 6, 7, 10, 7, 3
08 3, 16, 91, 7, 48, 91, 7, 48, 13, 61

교과서 넘어 보기

17~20쪽

26 ㉡
27 8, 8, 27, 34
28 $26 + 84 \div 6 - 3 \times 4 = 26 + 14 - 3 \times 4$
$= 26 + 14 - 12$
$= 40 - 12$
$= 28$

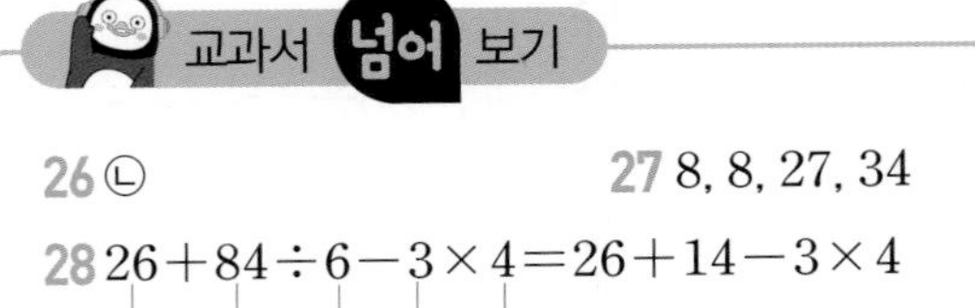

29 $26 + 84 \div (6 - 3) \times 4 = 26 + 84 \div 3 \times 4$
$= 26 + 28 \times 4$
$= 26 + 112$
$= 138$

30 4, 2, 1, 3, 5 / 56
31 ③
32 $52 - 12 \div 4 + 7 \times 2$
$= 52 - 3 + 7 \times 2$
$= 52 - 3 + 14$
$= 49 + 14$
$= 63$

이유 예 덧셈, 뺄셈, 곱셈, 나눗셈이 섞여 있는 식에서는 곱셈과 나눗셈을 먼저 계산해야 하는데 앞에서부터 차례대로 계산했습니다.

33 민재, 정원
34 ③
35 희진
36 ㉡
37 7
38 23
39 $>$
40
41 ㉡
42 102
43 $\div$
44 15도
45 식 $10000 - (2200 + 600 \times 2 + 5400 \div 2) = 3900$
답 3900원

교과서 속 응용 문제

46 80
47 22
48 식 $350 \div 7 - 17 \times 2 = 16$ 답 16쪽
49 식 $450 \div 2 - (35 + 40) \times 2 = 75$ 답 75권

26 덧셈, 뺄셈, 곱셈, 나눗셈이 섞여 있는 식에서는 곱셈과 나눗셈을 먼저 계산합니다.

27 $35 - 64 \div 8 \times 1 + 7 = 35 - 8 \times 1 + 7$
$= 35 - 8 + 7$
$= 27 + 7 = 34$

30 ( )가 있는 식은 ( ) 안을 가장 먼저 계산하고, 곱셈과 나눗셈을 앞에서부터 차례대로 계산한 뒤 덧셈과 뺄셈을 앞에서부터 차례대로 계산합니다.
$60 - 32 \div (3 + 5) \times 2 + 4 = 60 - 32 \div 8 \times 2 + 4$
$= 60 - 4 \times 2 + 4$
$= 60 - 8 + 4$
$= 52 + 4$
$= 56$

31 $17-4\times3\div6+15=17-12\div6+15$
$=17-2+15$
$=15+15=30$

①~⑤에 알맞은 수는 ① 12, ② 6, ③ 2, ④ 15, ⑤ 30 입니다.

따라서 알맞은 수가 아닌 것은 ③ 18입니다.

33 $90\div(5\times3)+4$

①
②
③

민재: 덧셈, 곱셈, 나눗셈이 섞여 있는 식에서 ( )가 있으면 ( ) 안을 먼저 계산합니다.

정원: $90\div(5\times3)+4=90\div15+4$
$=6+4=10$

34 $27+15\times(13-6)\div3-2$

①
②
③
④
⑤

35 희진: 덧셈, 뺄셈, 곱셈, 나눗셈이 섞여 있는 식에서는 곱셈과 나눗셈을 앞에서부터 차례대로 계산합니다. 따라서 $28-16\div8\times4+21$에서 $16\div8$을 가장 먼저 계산해야 합니다.

36 $12\div(13-7)\times2+12$
$=12\div6\times2+12$
$=2\times2+12$
$=4+12=16$

㉡에서 $12\div6$보다 6×2를 먼저 계산하였으므로 처음으로 잘못된 부분은 ㉡입니다.

37 $73-54\div9\times(22-11)=73-54\div9\times11$
$=73-6\times11$
$=73-66=7$

38 $6\times9\div2+14=54\div2+14$
$=27+14=41$

$72\div9\times(35-27)=72\div9\times8$
$=8\times8=64$

➡ $64-41=23$

39 $(42-29)\times3+28\div7=13\times3+28\div7$
$=39+4=43$

$15+(18-2)\times3\div6=15+16\times3\div6$
$=15+48\div6$
$=15+8=23$

➡ $43>23$

40 $8\times3+(41-5)\div6=24+36\div6$
$=24+6=30$

$50-(4+5)\times3\div9=50-9\times3\div9$
$=50-27\div9$
$=50-3=47$

$60\div5+(11-7)\times4=12+4\times4$
$=12+16=28$

41 ㉠ $6\times2-(41+4)\div9=6\times2-45\div9$
$=12-45\div9$
$=12-5=7$

㉡ $17-3\times(7+4)\div11=17-3\times11\div11$
$=17-33\div11$
$=17-3=14$

㉢ $2\times3+(31-16)\div15=2\times3+15\div15$
$=6+15\div15$
$=6+1=7$

42 • $81\div(9-6)+2\times7=81\div3+2\times7$
$=27+14=41$

• $4\times16-(13+8)\div7=4\times16-21\div7$
$=64-3=61$

• $65-7\times(12-8)\div2=65-7\times4\div2$
$=65-28\div2$
$=65-14=51$

가장 큰 값은 61이고 가장 작은 값은 41이므로 합은 $61+41=102$입니다.

43 $15+(15-7)\times6○12=15+8\times6○12$

$=15+48○12$

$15+\underline{4}=19$이므로 $48○12=4$입니다.

따라서 ○ 안에는 ÷를 써넣어야 합니다.

44 ((화씨온도)$-32)\times10\div18=$(섭씨온도)

$(59-32)\times10\div18=27\times10\div18$

$=270\div18=15$

따라서 현재 기온을 섭씨로 나타내면 15도입니다.

45 10000−((감자 4인분의 값)+(양파 4인분의 값)+(당근 4인분의 값))을 구해야 합니다.

$10000-(2200+600\times2+5400\div2)$

$=10000-(2200+1200+5400\div2)$

$=10000-(2200+1200+2700)$

$=10000-6100=3900$(원)

46 $20●5=20+(20-5)\times20\div5$

$=20+15\times20\div5$

$=20+300\div5$

$=20+60=80$

47 $15★3=15\div3+15\times3-3$

$=5+45-3$

$=50-3=47$

$9♥3=9\times3-(9-3)\div3$

$=9\times3-6\div3$

$=27-6\div3$

$=27-2=25$

➡ $(15★3)-(9♥3)=47-25=22$

48 하루에 읽으려고 했던 쪽수: $350\div7$

첫째 날 읽은 쪽수: 17×2

➡ (첫째 날 읽지 못한 쪽수)$=350\div7-17\times2$

$=50-17\times2$

$=50-34$

$=16$(쪽)

49 하루에 나누어 주려고 했던 공책의 수: $450\div2$

첫째 날 공책을 받아 간 학생의 수: $35+40$

첫째 날 나누어 준 공책의 수: $(35+40)\times2$

(첫째 날 남은 공책의 수)$=450\div2-(35+40)\times2$

$=450\div2-75\times2$

$=225-75\times2$

$=225-150$

$=75$(권)

응용력 높이기

21~25쪽

대표 응용 1 33, $44-11$, $25+(44-11)\div3=36$

1-1 $55-8\times3\div(11-5)+9=60$

1-2 $9\times(6+5)-63\div21\times4=87$

대표 응용 2 5, 4, 5, 40, 4, 5, 10, 5, 5, 5

2-1 식 $12\times4\div6+3=11$ 답 11개

2-2 식 $420\times3+480\div3\times5-300=1760$

답 1760 g

대표 응용 3 6, 25, 6, 25, 66, 66, 6, 11, 11, 6, 25, 125

3-1 8 **3-2** 81

대표 응용 4 24, 144, 151, 30, 4, 11, 13, 24, 13, 312, $120\div(5\times6)+7=11$

4-1 $96\div(4+8)-3=5$

4-2 $6\times(25-14)+12\div3=70$

대표 응용 5 4, 6, 8, 8, 4, 8, 4, 2, 6, 8, 6, 2, 4

5-1 9, 8, 4, 1

5-2 7, 5, 6, 4 (또는 7, 6, 5, 4) / 73

1-1 $11-5=6$

$55-8\times3\div6+9=60$

➡ $55-8\times3\div(11-5)+9=60$

1-2 $6+5=11$ $63\div21=3$

$9\times11-3\times4=87$

➡ $9\times(6+5)-63\div21\times4=87$

2-1 (미나가 가지고 있는 구슬 수)

$=$(처음에 가지고 있던 구슬 수)$+$(동생에게 받은 구슬 수)

$=12\times4\div6+3$

$=48\div6+3$

$=8+3=11$(개)

2-2 (위인전 3권의 무게)$=420\times3$

(동화책 5권의 무게)$=480\div3\times5$

(백과사전 한 권의 무게)

$=$(위인전 3권의 무게)$+$(동화책 5권의 무게)-300

$=420\times3+480\div3\times5-300$

$=1260+480\div3\times5-300$

$=1260+160\times5-300$

$=1260+800-300$

$=2060-300=1760$(g)

3-1 어떤 수를 □라 하면 잘못 계산한 식은

$\square\times5+25=100$입니다.

$\square\times5=100-25=75$,

$\square=75\div5=15$

따라서 바르게 계산하면 $(15+25)\div5=40\div5=8$입니다.

3-2 민지가 생각한 수를 □라 하면 잘못 계산한 식은

$\square+7\times8-15=46$입니다.

$\square+56-15=46$이므로

$\square+56=46+15=61$, $\square=61-56=5$입니다.

따라서 바르게 계산하면

$(5+7)\times8-15=12\times8-15=96-15=81$입니다.

4-1 $96\div(4+8)-3=96\div12-3$

$=8-3=5$

4-2 $6\times(25-14)+12\div3=6\times11+12\div3$

$=66+12\div3$

$=66+4=70$

5-1 수 카드 2장을 골라 만들 수 있는 나눗셈은

$4\div1$, $8\div1$, $9\div1$, $8\div4$입니다.

나누는 수가 1인 경우는 식을 만족시키지 못하므로

$\square-8\div4+\square=8$이 되어야 합니다.

맨 앞의 □ 안에 1을 넣으면 뺄 수 없으므로 9를 넣어야 합니다.

➡ $9-8\div4+1=9-2+1=7+1=8$

5-2 계산 결과가 가장 크게 되려면 가장 작은 수를 빼야 하므로 맨 마지막 □ 안에는 4를 넣어야 합니다.

$\square\times(\square+\square)$에서 □ 안에 5, 6, 7을 한 번씩 넣으면

$5\times(6+7)=5\times13=65$,

$6\times(5+7)=6\times12=72$,

$7\times(5+6)=7\times11=77$입니다.

따라서 계산 결과가 가장 크게 되는 식은

$7\times(5+6)-4=7\times11-4=77-4=73$입니다.

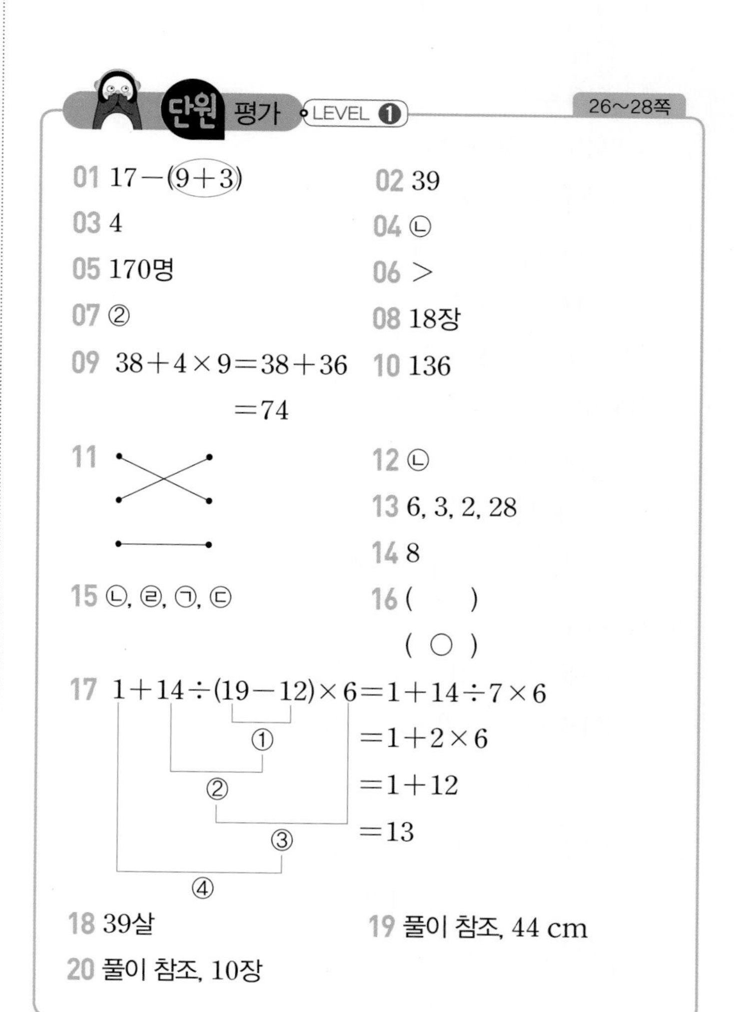

단원 평가 LEVEL ❶ 26~28쪽

01 $17-(9+3)$

02 39

03 4

04 ㉡

05 170명

06 $>$

07 ②

08 18장

09 $38+4\times9=38+36$

$=74$

10 136

11

12 ㉡

13 6, 3, 2, 28

14 8

15 ㉡, ㉣, ㉠, ㉢

16 (　　)

(　○　)

17 $1+14\div(19-12)\times6=1+14\div7\times6$

$=1+2\times6$

$=1+12$

$=13$

①, ②, ③, ④

18 39살

19 풀이 참조, 44 cm

20 풀이 참조, 10장

01 덧셈과 뺄셈이 섞여 있는 식은 앞에서부터 차례대로 계산합니다.
덧셈과 뺄셈이 섞여 있고 (   )가 있는 식은 (   ) 안을 먼저 계산합니다.

02 $32+15-8=47-8=39$

03 $46-(8+29)-5=46-37-5=9-5=4$

04 (   )가 있는 식의 계산 순서에 주의하여 계산합니다.
㉠ $32-(19+5)=32-24=8$
①
②

㉡ $32-19+5=13+5=18$
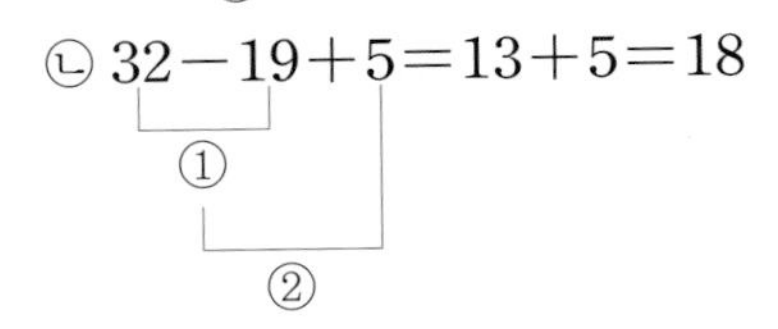
①
②

05 (지금 타고 있는 승객 수)
=(처음에 타고 있던 승객 수)−(내린 승객 수)+(탄 승객 수)
$=240-156+86$
$=84+86=170$(명)

06 (   )가 없으면 앞에서부터 차례대로 계산하지만 (   )가 있으면 (   ) 안을 먼저 계산해야 합니다.
$36\div4\times3=9\times3=27$
$36\div(4\times3)=36\div12=3$

07 ② 곱셈과 나눗셈이 섞여 있는 식은 앞에서부터 차례대로 계산합니다.
따라서 가장 먼저 계산해야 하는 부분은 $80\div4$입니다.

08 (준비해야 할 도화지 수)
=(모둠 수)×(한 모둠에 나누어 줄 도화지 수)
$=24\div4\times3=6\times3=18$(장)

09 덧셈과 곱셈이 섞여 있는 식은 곱셈부터 계산합니다.

10 $(28-7)\times6+10=21\times6+10$
$=126+10=136$

11 $25+8\times5-2=25+40-2$
$=65-2=63$
$(25+8)\times5-2=33\times5-2$
$=165-2=163$
$25+8\times(5-2)=25+8\times3$
$=25+24=49$

12 ㉡ 뺄셈과 곱셈이 섞여 있는 식은 곱셈을 먼저 계산해야 합니다.

13 $26+(8-2)\div3=26+6\div3$
$=26+2=28$

14 • $50-8+12\div2=50-8+6$
$=42+6=48$
② ① ③

• $50-(8+12)\div2=50-20\div2$
$=50-10=40$
① ② ③

➡ $48-40=8$

15 $49+3\times8-144\div2$
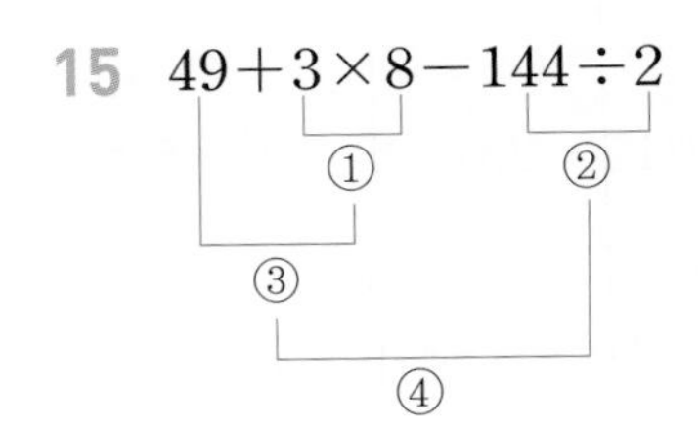
① ② ③ ④

16 $51-(8+3)\times6\div3=51-11\times6\div3$
$=51-66\div3$
$=51-22=29$
$7\times2+(47-12)\div5=7\times2+35\div5$
$=14+7=21$

18 (어머니의 나이)$=(12+9)\times2-6\div2$
$=21\times2-6\div2$
$=42-6\div2$
$=42-3=39$(살)

19 예 (철사의 길이)
=(정삼각형의 둘레의 길이)+(정사각형의 둘레의 길이)
$=4\times3+8\times4$ ··· 50 %
$=12+32=44$(cm) ··· 50 %

20 예 (남는 색종이 수)
$=$(전체 색종이 수)$-$(나누어 줄 색종이 수)
$=30-(2+3)\times4$ ⋯ 50 %
$=30-5\times4$
$=30-20=10$(장) ⋯ 50 %

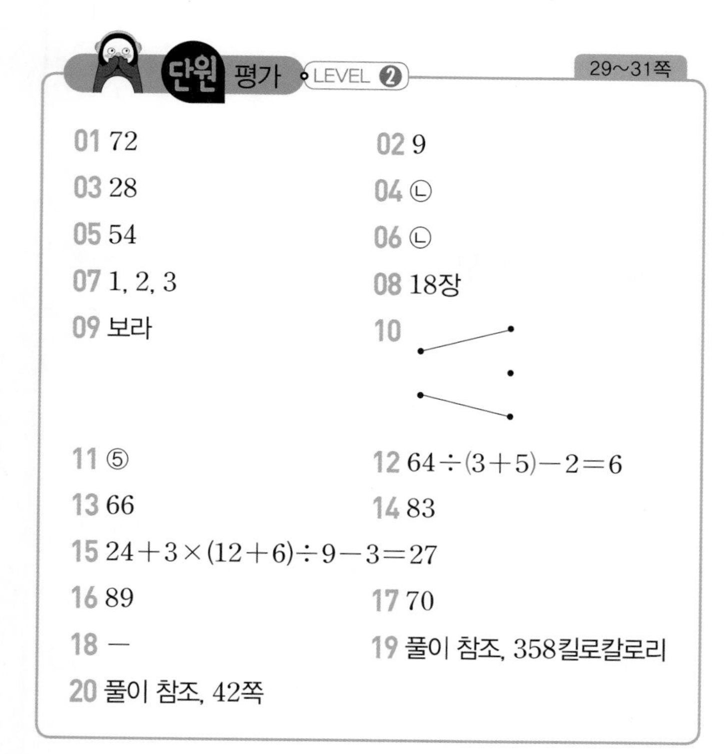

단원 평가 LEVEL ❷ 29~31쪽

01 72 **02** 9
03 28 **04** ㉡
05 54 **06** ㉡
07 1, 2, 3 **08** 18장
09 보라 **10** (선 잇기)
11 ⑤ **12** $64\div(3+5)-2=6$
13 66 **14** 83
15 $24+3\times(12+6)\div9-3=27$
16 89 **17** 70
18 $-$ **19** 풀이 참조, 358킬로칼로리
20 풀이 참조, 42쪽

01 $33-16+55=17+55=72$

02 $41-(13+19)=41-32=9$

03 $44-(16-7)=44-9=35$
$35+19-28=54-28=26$
따라서 보기 에서 계산 결과가 아닌 수를 찾으면 28입니다.

04 ㉠ $102-95+47=7+47=54$
㉡ $43-6+29-18=37+29-18$
$=66-18=48$
㉢ $64-(9+9)+5=64-18+5=46+5=51$
$48<51<54$이므로 계산 결과가 가장 작은 것은 ㉡입니다.

05 $18\div3\times9=6\times9=54$

06 (종이꽃 72개를 만드는 데 걸리는 시간)
$=72\div$(3명이 한 시간 동안 만드는 종이꽃 수)
$=72\div(8\times3)$

07 $25\times6\div15=150\div15=10$
$51\div17\times\square=3\times\square$
따라서 $10>3\times\square$이므로 $\square$ 안에 들어갈 수 있는 자연수는 1, 2, 3입니다.

08 (한 묶음의 색종이 수)$\times$(묶음 수)$\div$(사람 수)
$=24\times6\div8$
$=144\div8=18$(장)

09 주원: $48\div(6+2)=6$
8
6

10 $21+84\div7-25=21+12-25$
$=33-25=8$
$15+12\times3-47=15+36-47$
$=51-47=4$

11 ⑤ 뺄셈과 곱셈이 섞여 있는 식은 곱셈을 먼저 계산해야 합니다.

12 $64\div(3+5)-2=64\div8-2$
$=8-2=6$

13 $16+18\times3-64\div16=16+54-64\div16$
$=16+54-4$
$=70-4$
$=66$

14 $60\div12+(8-2)\times13=60\div12+6\times13$
$=5+6\times13$
$=5+78$
$=83$

15 $12+6=18$
$24+3\times18\div9-3=27$
➡ $24+3\times(12+6)\div9-3=27$

16 $8◎5=(8+5)\times8-(8-5)\times5$
$=13\times8-3\times5$
$=104-3\times5$
$=104-15=89$

17 $36\div(18-15)\times5+9=36\div3\times5+9$
$=12\times5+9$
$=60+9=69$

따라서 69보다 큰 수 중에서 가장 작은 자연수는 70입니다.

18 $15+24\div(19○15)=21$
$15+\underline{6}=21$이므로 $24\div(19○15)=6$,
$24\div\underline{4}=6$이므로 $19○15=4$입니다.
따라서 ○ 안에는 $-$를 써넣어야 합니다.

19 예 딸기 200 g의 열량은 딸기 100 g의 열량의 2배이고, 단팥빵 반 개의 열량은 단팥빵 1개의 열량의 반입니다.
$140+38\times2+284\div2$ … 50 %
$=140+76+284\div2$
$=140+76+142$
$=216+142$
$=358$(킬로칼로리) … 50 %

20 예 (셋째 날부터 하루 동안 읽어야 하는 책의 쪽수)
$=$((전체 쪽수)$-$(첫째 날과 둘째 날에 읽은 책의 쪽수))
$\div$(나머지 날수)
$=(270-30\times2)\div5$ … 50 %
$=(270-60)\div5$
$=210\div5$
$=42$(쪽) … 50 %

2단원 약수와 배수

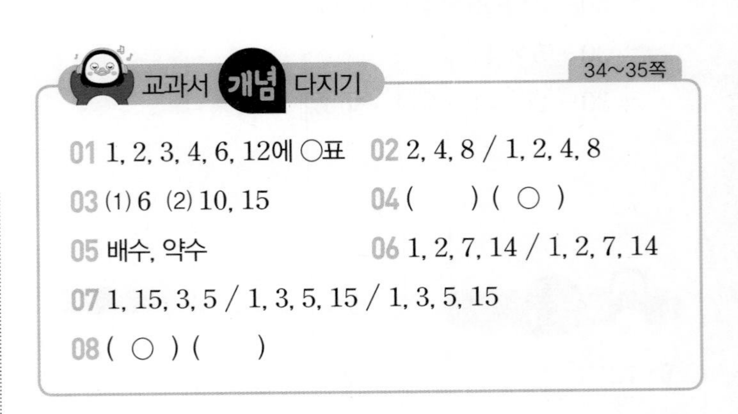
교과서 개념 다지기 34~35쪽

01 1, 2, 3, 4, 6, 12에 ○표
02 2, 4, 8 / 1, 2, 4, 8
03 (1) 6 (2) 10, 15
04 ( ) (○)
05 배수, 약수
06 1, 2, 7, 14 / 1, 2, 7, 14
07 1, 15, 3, 5 / 1, 3, 5, 15 / 1, 3, 5, 15
08 (○) ( )

교과서 넘어 보기 36~38쪽

01 2, 3, 6
02 (1) 1, 2, 4 (2) 1, 2, 3, 6, 9, 18
03 (○) (×) (○)
04 4개
05 8개
06 ②
07 24
08 (1) 4, 8, 12 (2) 7, 14, 21
09 (수직선: 0, 10, 20, 30 / 8, 16, 24, 32)
10 27
11 (○) ( ) (○)
12 ㉢
13 1, 2, 3, 6

교과서 속 응용 문제

14 9개
15 48
16 49
17 35, 42, 49, 56
18 4개
19 198

02 나누어떨어지게 하는 수를 모두 구합니다.

03 오른쪽 수를 왼쪽 수로 나누었을 때 나누어떨어지면 약수입니다.
$65\div13=5$, $40\div6=6\cdots4$, $81\div9=9$

04 $15\div1=15$, $15\div3=5$, $15\div5=3$, $15\div15=1$이므로 어떤 수가 될 수 있는 자연수는 1, 3, 5, 15로 모두 4개입니다.

05 24의 약수: 1, 2, 3, 4, 6, 8, 12, 24 ➡ 8개

06 ① 5의 약수: 1, 5 ➡ 2개
② 12의 약수: 1, 2, 3, 4, 6, 12 ➡ 6개
③ 14의 약수: 1, 2, 7, 14 ➡ 4개
④ 26의 약수: 1, 2, 13, 26 ➡ 4개
⑤ 49의 약수: 1, 7, 49 ➡ 3개

07 30의 약수: 1, 2, 3, 5, 6, 10, 15, 30
30의 약수 중에서 홀수의 합: $1+3+5+15=24$

08 (1) 4의 배수는 $4\times1=4$, $4\times2=8$, $4\times3=12$, ... 입니다.
(2) 7의 배수는 $7\times1=7$, $7\times2=14$, $7\times3=21$, ... 입니다.

09 $8\times1=8$, $8\times2=16$, $8\times3=24$, $8\times4=32$, ... 이므로 8의 배수는 8, 16, 24, 32, ... 입니다.

10 9의 배수는 $9\times1=9$, $9\times2=18$, $9\times3=27$, $9\times4=36$, ... 입니다.
이 중에서 20보다 크고 30보다 작은 수는 27입니다.

11 $4\times6=24$ ➡ 4와 24는 약수와 배수의 관계입니다.
$7\times7=49$ ➡ 7과 49는 약수와 배수의 관계입니다.

12 ㉢ 45는 9와 5의 배수입니다.

13 주사위를 던져 나올 수 있는 눈의 수는 1, 2, 3, 4, 5, 6입니다.
이 중 6과 약수와 배수의 관계인 수는 1, 2, 3, 6입니다.

14 36의 약수: 1, 2, 3, 4, 6, 9, 12, 18, 36 ➡ 9개

15 12의 약수: 1, 2, 3, 4, 6, 12 ➡ 6개
25의 약수: 1, 5, 25 ➡ 3개
34의 약수: 1, 2, 17, 34 ➡ 4개
48의 약수: 1, 2, 3, 4, 6, 8, 12, 16, 24, 48 ➡ 10개
따라서 약수의 개수가 가장 많은 수는 48입니다.

16 8의 약수: 1, 2, 4, 8 ➡ 4개
10의 약수: 1, 2, 5, 10 ➡ 4개
26의 약수: 1, 2, 13, 26 ➡ 4개
49의 약수: 1, 7, 49 ➡ 3개
따라서 약수의 개수가 다른 하나는 49입니다.

17 $7\times4=28$, $7\times5=35$, $7\times6=42$, $7\times7=49$, $7\times8=56$, $7\times9=63$, ...이므로 30보다 크고 60보다 작은 7의 배수는 35, 42, 49, 56입니다.

18 $8\times2=16$, $8\times3=24$, $8\times4=32$, $8\times5=40$, $8\times6=48$, $8\times7=56$, ...이므로 20보다 크고 50보다 작은 8의 배수는 24, 32, 40, 48입니다.
따라서 모두 4개입니다.

19 $18\times11=198$, $18\times12=216$이므로 18의 배수 중에서 200에 가장 가까운 수는 198입니다.

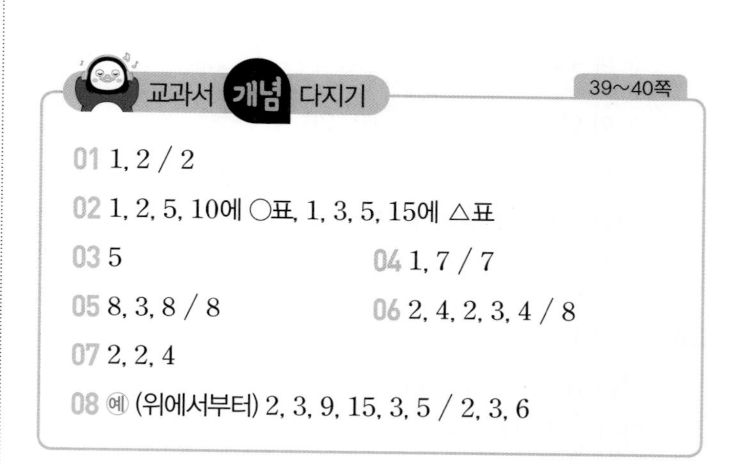

교과서 개념 다지기 39~40쪽

01 1, 2 / 2
02 1, 2, 5, 10에 ○표, 1, 3, 5, 15에 △표
03 5
04 1, 7 / 7
05 8, 3, 8 / 8
06 2, 4, 2, 3, 4 / 8
07 2, 2, 4
08 예 (위에서부터) 2, 3, 9, 15, 3, 5 / 2, 3, 6

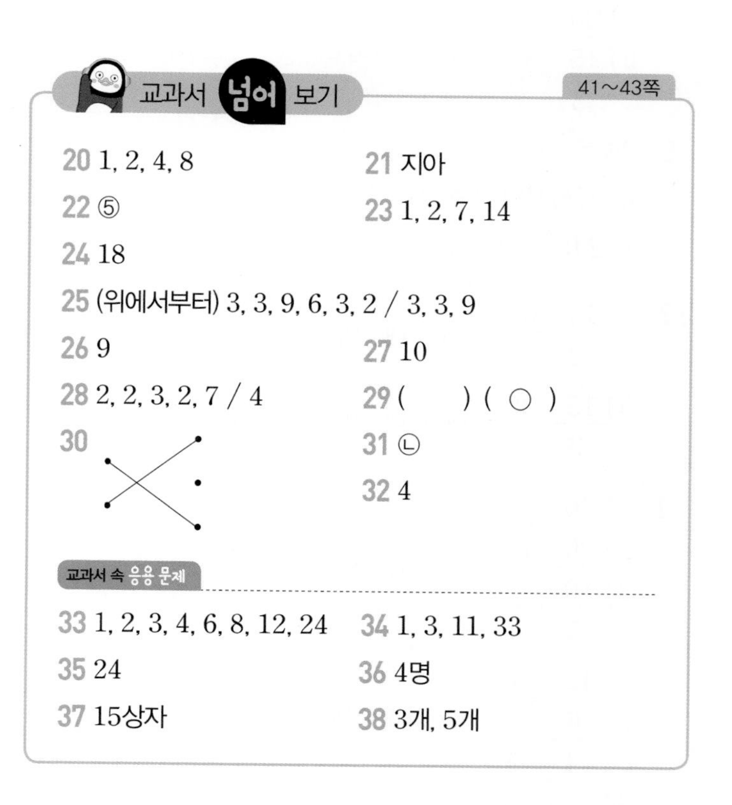

교과서 넘어 보기 41~43쪽

20 1, 2, 4, 8
21 지아
22 ⑤
23 1, 2, 7, 14
24 18
25 (위에서부터) 3, 3, 9, 6, 3, 2 / 3, 3, 9
26 9
27 10
28 2, 2, 3, 2, 7 / 4
29 ( ) (○)
30
31 ㉡
32 4

교과서 속 응용 문제

33 1, 2, 3, 4, 6, 8, 12, 24
34 1, 3, 11, 33
35 24
36 4명
37 15상자
38 3개, 5개

20 24와 32의 약수 중 공통인 수를 찾아봅니다.

21 4의 약수는 1, 2, 4이고, 8의 약수는 1, 2, 4, 8입니다. 따라서 두 수의 공약수는 1, 2, 4이고 가장 큰 수는 4입니다.

22 12와 30의 공약수는 1, 2, 3, 6이고, 최대공약수는 6입니다.
최대공약수인 6의 약수가 1, 2, 3, 6이므로 12와 30의 공약수는 12와 30의 최대공약수의 약수와 같습니다.

23 28의 약수: 1, 2, 4, 7, 14, 28
42의 약수: 1, 2, 3, 6, 7, 14, 21, 42
28과 42의 공약수: 1, 2, 7, 14

24 20의 약수: 1, 2, 4, 5, 10, 20
30의 약수: 1, 2, 3, 5, 6, 10, 15, 30
20과 30의 공약수: 1, 2, 5, 10
➡ $1+2+5+10=18$

26 ㉠$=\underline{3\times3}\times4$, ㉡$=7\times\underline{3\times3}$이므로 공통으로 들어 있는 곱셈식은 3×3입니다.
따라서 최대공약수는 $3\times3=9$입니다.

27
2) 30 70
5) 15 35
3 7
➡ 최대공약수: $2\times5=10$

28 $24=\underline{2\times2}\times2\times3$, $28=\underline{2\times2}\times7$
두 곱셈식에 공통으로 들어 있는 곱셈식은 2×2이므로 24와 28의 최대공약수는 $2\times2=4$입니다.

29
7) 14 63
2 9
➡ 최대공약수: 7

5) 15 25
3 5
➡ 최대공약수: 5

30
2) 40 32
2) 20 16
2) 10 8
5 4
➡ 최대공약수: $2\times2\times2=8$

2) 12 30
3) 6 15
2 5
➡ 최대공약수: $2\times3=6$

31
㉠ 5) 10 15
2 3
➡ 최대공약수: 5

㉡ 2) 24 18
3) 12 9
4 3
➡ 최대공약수: $2\times3=6$

㉢ 5) 20 45
4 9
➡ 최대공약수: 5

32
2) 24 60
2) 12 30
3) 6 15
2 5
➡ 최대공약수: $2\times2\times3=12$

2) 12 8
2) 6 4
3 2
➡ 최대공약수: $2\times2=4$

33 최대공약수가 24인 두 수의 공약수를 찾는 것은 24의 약수를 찾는 것과 같습니다.
$1\times24=24$, $2\times12=24$, $3\times8=24$, $4\times6=24$에서 24의 약수는 1, 2, 3, 4, 6, 8, 12, 24이므로 두 수의 공약수는 1, 2, 3, 4, 6, 8, 12, 24입니다.

34 최대공약수가 33인 두 수의 공약수를 찾는 것은 33의 약수를 찾는 것과 같습니다.
$1\times33=33$, $3\times11=33$에서 33의 약수는 1, 3, 11, 33이므로 두 수의 공약수는 1, 3, 11, 33입니다.

35 최대공약수가 15인 두 수의 공약수를 찾는 것은 15의 약수를 찾는 것과 같습니다. $1\times15=15$, $3\times5=15$이므로 15의 약수는 1, 3, 5, 15입니다.
➡ $1+3+5+15=24$

36
2) 32 28
2) 16 14
8 7

32와 28의 최대공약수는 $2\times2=4$이므로 최대 4명의 친구에게 나누어 줄 수 있습니다.

37
3) 60 105
5) 20 35
4 7

60과 105의 최대공약수가 $3\times5=15$이므로 최대 15상자에 나누어 담을 수 있습니다.

38
2) 18 30
3) 9 15
3 5

18과 30의 최대공약수는 $2\times3=6$이므로 최대 6명의 친구에게 나누어 줄 수 있습니다.

따라서 한 명이 받을 수 있는 딸기는 $18 \div 6 = 3$(개), 귤은 $30 \div 6 = 5$(개)입니다.

교과서 개념 다지기 (44~45쪽)

01 12, 24, 36 / 12

02 6, 12, 18, 24, 30, 36, 42, 48 / 8, 16, 24, 32, 40, 48, 56, 64

03 24, 48에 ○표, 24, 48에 ○표 / 24

04 40, 80, 120 / 40

05 4, 4, 5 / 40

06 2, 2, 2, 2, 5 / 40

07 7, 5, 210

08 (위에서부터) 2, 2, 14, 30, 7, 15 / 2, 2, 7, 15, 420

교과서 넘어 보기 (46~48쪽)

39 3, 6, 9, 12에 ○표, 4, 8, 12에 △표 / 12

40 10, 20

41 ④

42 48, 96

43 20, 40, 60 / 20

44 (1) 30, 60, 90 (2) 30 (3) 30, 60, 90 (4) 같습니다.

45 36

46 2, 7 / 2, 7, 84

47 60

48 (1) 120 (2) 96

49 7

50 <

51 ㉢, ㉡, ㉠

교과서 속 응용 문제

52 16, 32, 48

53 81

54 40, 80

55 10시 8분

56 15주 후

57 4월 25일

39 3의 배수: $3 \times 1 = 3$, $3 \times 2 = 6$, $3 \times 3 = 9$, $3 \times 4 = 12$
4의 배수: $4 \times 1 = 4$, $4 \times 2 = 8$, $4 \times 3 = 12$
➡ 3과 4의 공배수: 12

40 2의 배수: 2, 4, 6, 8, 10, 12, 14, 16, 18, 20, ...
5의 배수: 5, 10, 15, 20, 25, ...
➡ 2와 5의 공배수: 10, 20, ...

41 6의 배수이면서 8의 배수인 수는 6과 8의 공배수입니다.
6의 배수: 6, 12, 18, 24, 30, 36, 42, 48, ...
8의 배수: 8, 16, 24, 32, 40, 48, 56, ...
➡ 6과 8의 공배수: 24, 48, ...

42 12의 배수: 12, 24, 36, 48, 60, 72, 84, 96, ...
16의 배수: 16, 32, 48, 64, 80, 96, ...
➡ 12와 16의 공배수: 48, 96, ...

43 10의 배수: 10, 20, 30, 40, 50, 60, 70, ...
20의 배수: 20, 40, 60, 80, ...
따라서 두 수의 공배수는 20, 40, 60, ...이고, 두 수의 최소공배수는 20입니다.

45 6의 배수: 6, 12, 18, 24, 30, 36, 42, 48, 54, 60, ...
4의 배수: 4, 8, 12, 16, 20, 24, 28, 32, 36, 40, 44, 48, 52, 56, 60, ...
➡ 6과 4의 공배수: 12, 24, 36, 48, 60, ...
6과 4의 공배수 중에서 10보다 크고 50보다 작은 수는 12, 24, 36, 48이고, 이중에서 십의 자리 숫자와 일의 자리 숫자의 합이 9인 수는 36입니다.

47 두 수에 공통으로 들어 있는 곱셈식을 찾아 공통인 수와 남은 수를 곱합니다.
$20 = \underline{2} \times 2 \times \underline{5}$
$30 = \underline{2} \times 3 \times \underline{5}$
➡ 최소공배수: $\underline{2 \times 5} \times 2 \times 3 = 60$

48 (1)
```
2) 24  60
2) 12  30
3)  6  15
    2   5
```
➡ 최소공배수: $2 \times 2 \times 3 \times 2 \times 5 = 120$

(2)
```
2) 32  48
2) 16  24
2)  8  12
2)  4   6
    2   3
```
➡ 최소공배수: $2 \times 2 \times 2 \times 2 \times 2 \times 3 = 96$

49 $18 = \underline{2 \times 3} \times 3$
$60 = \underline{2} \times 2 \times \underline{3} \times 5$
➡ 최소공배수: $\underline{2 \times 3} \times 3 \times 2 \times 5$
따라서 □ 안에 알맞은 수가 아닌 수는 7입니다.

50 3) 9　15
　　3　5
➡ 최소공배수: $3\times3\times5=45$

5) 10　35
　　2　7
➡ 최소공배수: $5\times2\times7=70$

51 ㉠ 5) 15　10
　　3　2
➡ 최소공배수: $5\times3\times2=30$

㉡ 2) 24　18
3) 12　9
　　4　3
➡ 최소공배수: $2\times3\times4\times3=72$

㉢ 5) 20　45
　　4　9
➡ 최소공배수: $5\times4\times9=180$

52 두 수의 공배수는 두 수의 최소공배수의 배수와 같습니다. 따라서 두 수의 공배수를 가장 작은 수부터 3개 쓰면 $16\times1=16$, $16\times2=32$, $16\times3=48$입니다.

53 두 수의 공배수는 두 수의 최소공배수의 배수와 같으므로 27의 배수 중 80보다 크고 100보다 작은 수는 $27\times3=81$입니다.

54 8과 10의 최소공배수는 40입니다.
100보다 작은 자연수 중에서 40의 배수는 40, 80입니다.

55 2) 4　8
2) 2　4
　　1　2
4와 8의 최소공배수는 $2\times2\times1\times2=8$이므로 다음번에 동시에 초록색 불이 켜지는 시각은 10시 8분입니다.

56 3과 5의 공약수는 1뿐입니다.
3과 5의 최소공배수가 $3\times5=15$이므로 다음번에 두 가족이 함께 봉사 활동을 하는 때는 15주 후입니다.

57 3) 6　9
　　2　3
6과 9의 최소공배수가 $3\times2\times3=18$이므로 다음번에 두 가게가 동시에 쉬는 날은 4월 7일부터 18일 후인 4월 $7+18=25$(일)입니다.

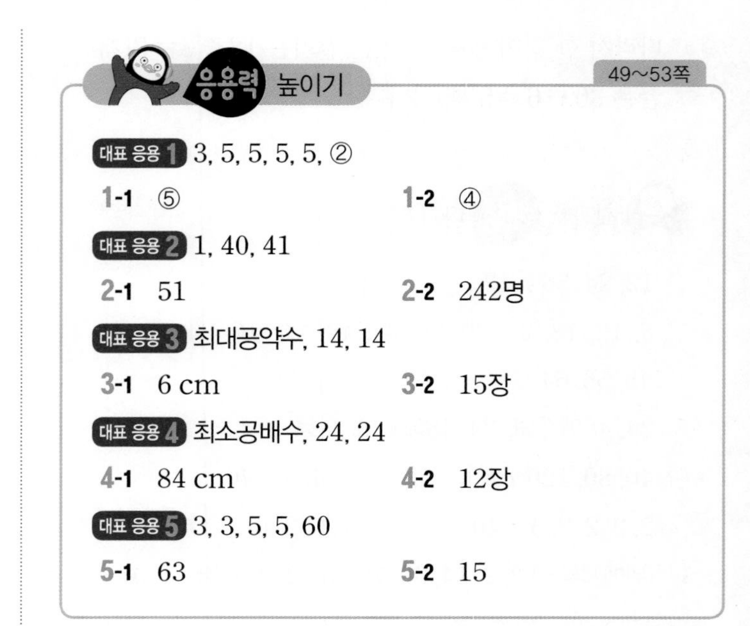
응용력 높이기　49~53쪽

대표 응용 1 3, 5, 5, 5, 5, ②
1-1 ⑤　　1-2 ④
대표 응용 2 1, 40, 41
2-1 51　　2-2 242명
대표 응용 3 최대공약수, 14, 14
3-1 6 cm　　3-2 15장
대표 응용 4 최소공배수, 24, 24
4-1 84 cm　　4-2 12장
대표 응용 5 3, 3, 5, 5, 60
5-1 63　　5-2 15

1-1 42의 약수는 1, 2, 3, 7, 2×3, 2×7, 3×7, $2\times3\times7$입니다.

1-2 36의 약수는 1, 2, 3, 2×2, 2×3, 3×3, $2\times2\times3$, $2\times3\times3$, $2\times2\times3\times3$입니다.

2-1 16으로 나누어도 3이 남고 24로 나누어도 3이 남는 수는 16과 24의 공배수보다 3 큰 수입니다.
2) 16　24
2) 8　12
2) 4　6
　　2　3
➡ 최소공배수: $2\times2\times2\times2\times3=48$
따라서 어떤 수가 될 수 있는 수 중에서 가장 작은 수는 $48+3=51$입니다.

2-2 20으로 나누어도 2가 남고 24로 나누어도 2가 남는 수는 20과 24의 공배수보다 2 큰 수입니다.
2) 20　24
2) 10　12
　　5　6
➡ 최소공배수: $2\times2\times5\times6=120$
20과 24의 공배수는 120, 240, 360, ... 이므로 200명과 300명 사이인 5학년 학생 수는 $240+2=242$(명)입니다.

3-1 2) 36　42
3) 18　21
　　6　7
➡ 최대공약수: $2\times3=6$

따라서 자를 수 있는 가장 큰 정사각형의 한 변의 길이는 6 cm입니다.

3-2

$$\begin{array}{r|rr} 2 & 90 & 54 \\ \hline 3 & 45 & 27 \\ \hline 3 & 15 & 9 \\ \hline & 5 & 3 \end{array}$$

➡ 최대공약수: $2\times3\times3=18$

한 변의 길이가 18 cm인 정사각형 모양의 종이를 붙일 수 있습니다.

가로로 $90\div18=5$(장), 세로로 $54\div18=3$(장)씩 붙일 수 있으므로 정사각형 모양의 종이는 모두 $5\times3=15$(장) 필요합니다.

4-1

$$\begin{array}{r|rr} 2 & 12 & 14 \\ \hline & 6 & 7 \end{array}$$

➡ 최소공배수: $2\times6\times7=84$

따라서 만들 수 있는 가장 작은 정사각형의 한 변의 길이는 84 cm입니다.

4-2

$$\begin{array}{r|rr} 2 & 18 & 24 \\ \hline 3 & 9 & 12 \\ \hline & 3 & 4 \end{array}$$

➡ 최소공배수: $2\times3\times3\times4=72$

만들 수 있는 가장 작은 정사각형의 한 변의 길이는 72 cm입니다.

가로로 $72\div18=4$(장), 세로로 $72\div24=3$(장)씩 놓아야 하므로 색종이는 모두 $4\times3=12$(장) 필요합니다.

5-1 18과 ㉮의 최대공약수가 9이므로 다음과 같습니다.

$$\begin{array}{r|rr} 9 & 18 & ㉮ \\ \hline & 2 & ㉠ \end{array}$$

18과 ㉮의 최소공배수가 126이므로

$9\times2\times$㉠$=126$, $18\times$㉠$=126$, ㉠$=7$입니다.

따라서 ㉮$=9\times7=63$입니다.

5-2 어떤 수를 ㉮라 하면 ㉮와 60의 최대공약수가 15이므로 다음과 같습니다.

$$\begin{array}{r|rr} 15 & ㉮ & 60 \\ \hline & ㉠ & 4 \end{array}$$

㉮와 60의 최소공배수가 180이므로

$15\times$㉠$\times4=180$, $15\times$㉠$=45$, ㉠$=3$입니다.

㉮$=15\times3=45$입니다.

➡ $60-45=15$

54~56쪽

01	1, 3, 5, 15 / 1, 3, 5, 15	02	1, 2, 3, 4, 6, 12
03	④	04	6, 12, 18, 24
05	7개	06	⑤
07	2, 5, 5 / 1, 2, 5, 10, 25, 50 / 1, 2, 5, 10, 25, 50		
08	14와 7, 6과 36	09	1, 2, 4
10	⑤	11	12, 36
12	(1) 10 (2) 8	13	8 / 1, 2, 4, 8
14	8개	15	3개
16	(1) ㉡ (2) 60	17	(1) 60 (2) 120
18	96 / 96, 192, 288	19	풀이 참조, 13장
20	풀이 참조, 오전 8시 24분		

01 $15\div1=15$, $15\div3=5$, $15\div5=3$, $15\div15=1$

➡ 15의 약수: 1, 3, 5, 15

02 $1\times12=12$, $2\times6=12$, $3\times4=12$이므로 12의 약수는 1, 2, 3, 4, 6, 12입니다.

03 $18\div1=18$, $18\div2=9$, $18\div3=6$, $18\div6=3$, $18\div9=2$, $18\div18=1$이므로

1, 2, 3, 6, 9, 18은 18의 약수입니다.

04 $6\times1=6$, $6\times2=12$, $6\times3=18$, $6\times4=24$이므로 6의 배수를 가장 작은 수부터 4개 쓰면 6, 12, 18, 24입니다.

05 10부터 99까지의 수 중에서 14의 배수는

$14\times1=14$, $14\times2=28$, $14\times3=42$,

$14\times4=56$, $14\times5=70$, $14\times6=84$,

$14\times7=98$로 모두 7개입니다.

06 ⑤ 20의 약수는 1, 2, 4, 5, 10, 20입니다.

08 $7\times2=14$이므로 7은 14의 약수이고 14는 7의 배수입니다.

$6\times6=36$이므로 6은 36의 약수이고 36은 6의 배수입니다.

09 20과 24의 공통된 약수는 1, 2, 4입니다.

10 30의 약수: 1, 2, 3, 5, 6, 10, 15, 30
40의 약수: 1, 2, 4, 5, 8, 10, 20, 40
따라서 30과 40의 공약수는 1, 2, 5, 10입니다.

11 최대공약수: $2\times2\times3=12$
최소공배수: $2\times2\times3\times1\times3=36$

12 (1)
2) 30 50
5) 15 25
3 5
➡ 최대공약수: $2\times5=10$

(2)
2) 56 32
2) 28 16
2) 14 8
7 4
➡ 최대공약수: $2\times2\times2=8$

13
2) 24 32
2) 12 16
2) 6 8
3 4
➡ 최대공약수: $2\times2\times2=8$

24와 32의 최대공약수가 8이고 24와 32의 공약수는 최대공약수인 8의 약수이므로 1, 2, 4, 8입니다.

14 두 수의 공약수는 두 수의 최대공약수인 24의 약수와 같습니다.
24의 약수: 1, 2, 3, 4, 6, 8, 12, 24 ➡ 8개

15 5의 배수: 5, 10, 15, $\underline{20}$, 25, 30, 35, $\underline{40}$, ...
4의 배수: 4, 8, 12, 16, $\underline{20}$, 24, 28, 32, 36, $\underline{40}$, ...
➡ 5와 4의 공배수: 20, 40, 60, 80, ...
따라서 20부터 60까지의 수 중에서 5와 4의 공배수는 20, 40, 60으로 모두 3개입니다.

16 (1) $12=2\times\underline{2\times3}$, $30=\underline{2\times3}\times5$
(2) 12와 30의 최소공배수는 $2\times3\times2\times5=60$입니다.

17 (1)
3) 15 12
5 4
➡ 최소공배수: $3\times5\times4=60$

(2)
2) 24 40
2) 12 20
2) 6 10
3 5
➡ 최소공배수: $2\times2\times2\times3\times5=120$

18
2) 24 32
2) 12 16
2) 6 8
3 4
➡ 최소공배수: $2\times2\times2\times3\times4=96$

24와 32의 최소공배수가 96이고 24와 32의 공배수는 최소공배수인 96의 배수이므로 96, 192, 288, ...입니다.

19 예 24와 15의 최대공약수가 3이므로 최대 3명에게 나누어 줄 수 있습니다. … 50 %
따라서 한 명이 받는 빨간 색종이는 $24\div3=8$(장)이고, 노란 색종이는 $15\div3=5$(장)이므로 모두 13장입니다. … 50 %

20 예 6과 8의 최소공배수가 $2\times3\times4=24$이므로 두 버스는 24분마다 동시에 출발합니다. … 70 %
따라서 두 버스가 다음번에 동시에 출발하는 시각은 오전 8시 24분입니다. … 30 %

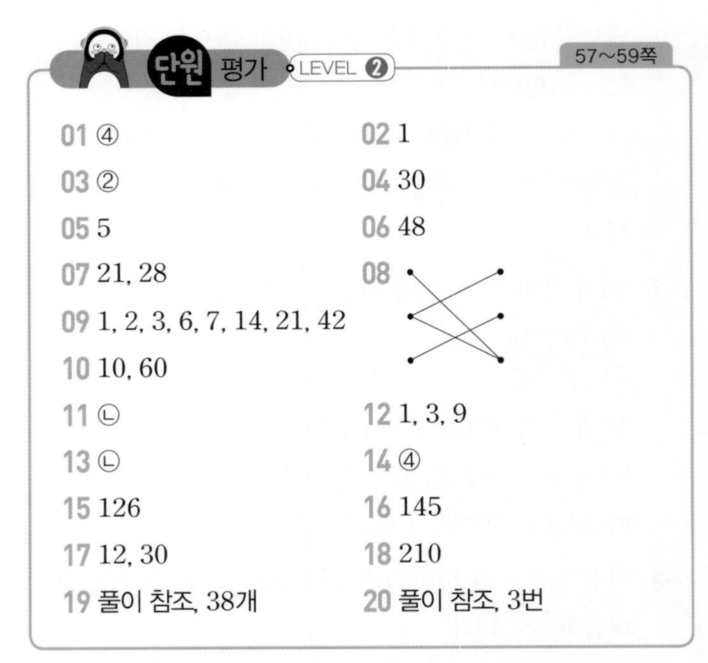

단원 평가 LEVEL ❷

57~59쪽

01 ④ **02** 1
03 ② **04** 30
05 5 **06** 48
07 21, 28 **08** 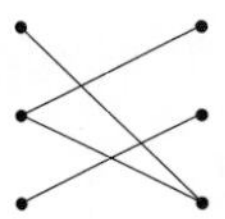
09 1, 2, 3, 6, 7, 14, 21, 42
10 10, 60
11 ㉡ **12** 1, 3, 9
13 ㉡ **14** ④
15 126 **16** 145
17 12, 30 **18** 210
19 풀이 참조, 38개 **20** 풀이 참조, 3번

01 $1\times32=32$, $2\times16=32$, $4\times8=32$이므로 32의 약수는 1, 2, 4, 8, 16, 32입니다.

02 1은 모든 수의 약수입니다.

03 ① 16의 약수: 1, 2, 4, 8, 16
② 17의 약수: 1, 17

③ 20의 약수: 1, 2, 4, 5, 10, 20

④ 28의 약수: 1, 2, 4, 7, 14, 28

⑤ 54의 약수: 1, 2, 3, 6, 9, 18, 27, 54

따라서 약수가 모두 홀수인 수는 ② 17입니다.

04 16의 약수: 1, 2, 4, 8, 16 ➡ 5개

30의 약수: 1, 2, 3, 5, 6, 10, 15, 30 ➡ 8개

39의 약수: 1, 3, 13, 39 ➡ 4개

55의 약수: 1, 5, 11, 55 ➡ 4개

05 $5\times1=5$, $5\times2=10$, $5\times3=15$, ...이므로 5의 배수입니다.

06 6의 배수는 6, 12, 18, 24, 30, 36, 42, 48, 54, ...이므로 50에 가장 가까운 수는 48입니다.

07 $7\times2=14$, $7\times3=21$, $7\times4=28$, $7\times5=35$이므로 20과 30 사이에 있는 7의 배수는 21, 28입니다.

08 큰 수를 작은 수로 나누었을 때 나누어떨어지면 두 수는 약수와 배수의 관계입니다.

$36\div4=9$, $45\div9=5$, $36\div9=4$, $35\div7=5$이므로 4와 36, 9와 45, 9와 36, 7과 35는 약수와 배수의 관계입니다.

09 42는 ㉠의 배수이므로 ㉠은 42의 약수입니다.

$42=1\times42$, $42=2\times21$, $42=3\times14$, $42=6\times7$이므로 42의 약수는 1, 2, 3, 6, 7, 14, 21, 42입니다.

따라서 ㉠이 될 수 있는 수는 1, 2, 3, 6, 7, 14, 21, 42입니다.

10
```
2) 20  30
5) 10  15
    2   3
```
➡ 최대공약수: $2\times5=10$

최소공배수: $2\times5\times2\times3=60$

11 ㉠
```
2) 24  40
2) 12  20
2)  6  10
    3   5
```
➡ 최대공약수: $2\times2\times2=8$

㉡
```
2) 70  42
7) 35  21
    5   3
```
➡ 최대공약수: $2\times7=14$

12 27과 45의 최대공약수는 $3\times3=9$이므로 27과 45의 공약수는 9의 약수인 1, 3, 9입니다.

13 두 수의 최대공약수의 약수가 두 수의 공약수입니다.

㉠ 18과 12의 최대공약수가 6이므로

18과 12의 공약수는 1, 2, 3, 6으로 4개입니다.

㉡ 36과 24의 최대공약수가 12이므로

36과 24의 공약수는 1, 2, 3, 4, 6, 12로 6개입니다.

㉢ 18과 38의 최대공약수가 2이므로

18과 38의 공약수는 1, 2로 2개입니다.

14 두 수의 공배수는 두 수의 최소공배수의 배수와 같습니다. 따라서 두 수의 공배수는 16의 배수인 16, 32, 48, 64, ...입니다.

15 ㉠ $2\times\underline{3\times7}$, ㉡ $3\times\underline{3\times7}$

㉠과 ㉡의 최소공배수는 $\underline{3\times7}\times2\times3=126$입니다.

16 18로 나누어도 1이 남고 48로 나누어도 1이 남는 수는 18과 48의 공배수보다 1 큰 수입니다.
```
2) 18  48
3)  9  24
    3   8
```
➡ 최소공배수: $2\times3\times3\times8=144$

따라서 어떤 수가 될 수 있는 수 중에서 가장 작은 수는 $144+1=145$입니다.

17 ㉠과 ㉡의 최소공배수가 60이므로

$\square\times3\times2\times5=60$, $\square\times30=60$, $\square=2$입니다.

㉠$\div2=6$, ㉠$=6\times2=12$

㉡$\div2=15$, ㉡$=15\times2=30$

18 ㉮와 ㉯의 최대공약수가 $14=2\times7$이므로 두 곱셈식에 공통으로 들어 있는 곱셈식이 2×7이어야 합니다.

$\square=7$이므로 ㉮와 ㉯의 최소공배수는

$2\times7\times3\times5=210$입니다.

19 예 70과 63의 최대공약수는 7입니다. ··· 40 %

$70\div7=10$, $63\div7=9$이므로 필요한 말뚝은 모두 $(10+9)\times2=38$(개)입니다. ··· 60 %

20 예 4와 6의 최소공배수는 $2\times2\times3=12$이므로 두 사람은 12분마다 공원 입구에서 만납니다. ··· 50 %

따라서 출발 후 40분 동안 공원 입구에서 12분 후, 24분 후, 36분 후에 3번 다시 만납니다. ··· 50 %

3단원 규칙과 대응

교과서 개념 다지기 62~63쪽

01 (   ) (○)
02 10
03 20
04 40
05 60
06 2
07 5, 6
08 7개
09 7개
10 3

교과서 넘어 보기 64~65쪽

01 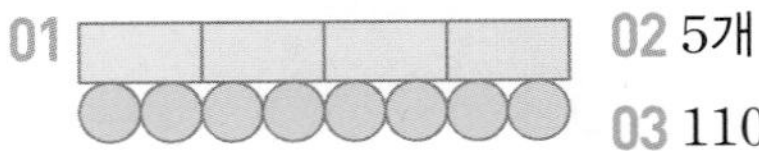
02 5개
03 110개
04 ㉠ 사각형의 수를 2배 하면 원의 수와 같습니다. (또는 원의 수를 2로 나누면 사각형의 수와 같습니다.)
05 3, 4, 5
06 9개
07 ㉠ 1만큼 더 큽니다.
08 14, 21, 28, 35
09 ㉠ 종이꽃의 수에 7을 곱하면 필요한 색종이의 수와 같습니다. (또는 필요한 색종이의 수를 7로 나누면 종이꽃의 수와 같습니다.)
10 ㉠ ☆ 조각의 수는 ☒ 조각의 수보다 2만큼 더 큽니다.

교과서 속 응용 문제

11 4, 8, 12, 16 / ㉠ 돼지 다리의 수는 돼지의 수의 4배입니다. (또는 돼지 다리의 수를 4로 나누면 돼지의 수와 같습니다.)
12 9, 18, 27, 36 / ㉠ 의자의 수는 탁자의 수의 9배입니다. (또는 의자의 수를 9로 나누면 탁자의 수와 같습니다.)
13 9, 10, 11, 12 / ㉠ 동생의 나이는 성현이의 나이보다 3살 적습니다. (또는 성현이의 나이는 동생의 나이보다 3살 많습니다.)

01 사각형 1개에 원 2개가 놓입니다.
사각형이 2개이면 원이 4개이고 사각형이 3개이면 원이 6개입니다.
따라서 다음에 이어질 모양은 사각형 4개에 원 8개인 모양이 됩니다.

02 원의 수를 2로 나누면 사각형의 수이므로 원이 10개일 때 필요한 사각형은 $10 \div 2 = 5$(개)입니다.

03 원의 수는 사각형의 수의 2배이므로 사각형이 55개일 때 필요한 원은 $55 \times 2 = 110$(개)입니다.

05 처음에 만든 모양에서 위에 놓인 사각형 조각 1개는 그대로 있고, 아래에 놓인 사각형 조각 수는 수 카드의 수와 똑같이 늘어납니다.

06 사각형 조각의 수는 수 카드의 수에 1을 더한 수이므로 수 카드의 수가 8일 때 필요한 사각형 조각은 $8 + 1 = 9$(개)입니다.

08 종이꽃 한 개를 만들 때 색종이 7장이 필요하므로 종이꽃이 1개 늘어날 때마다 색종이는 7장씩 늘어납니다.

10

☒ 조각의 수(개)	1	2	3	4	5	…
☆ 조각의 수(개)	3	4	5	6	7	…

11 돼지 다리는 4개이므로 돼지가 1마리 늘어날 때마다 돼지 다리는 4개씩 늘어납니다.

12 탁자 한 개에 의자가 9개씩 놓여 있으므로 탁자가 1개 늘어날 때마다 의자는 9개씩 늘어납니다.

13 동생의 나이는 성현이의 나이보다 항상 $12 - 9 = 3$(살) 적습니다.

교과서 개념 다지기 66~67쪽

01 (위에서부터) 3000, 1000, 3500, 1500, 4000, 2000
02 −, 2000
03 ㉠ $○ - 2000 = △$(또는 $△ + 2000 = ○$)
04 4 / ㉠ $◎ \times 4 = ○$(또는 $○ \div 4 = ◎$)
05 같습니다 / ㉠ $◎ = △$
06 3 / ㉠ $△ \times 3 = ☆$(또는 $☆ \div 3 = △$)

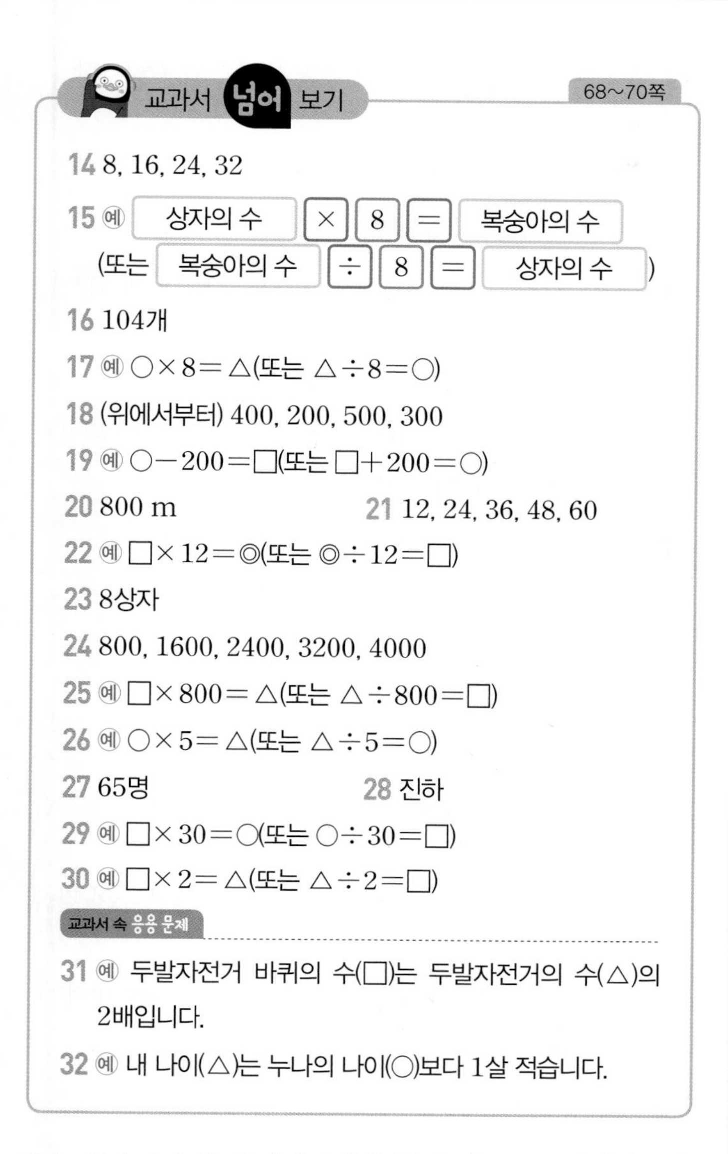

교과서 넘어 보기 68~70쪽

14 8, 16, 24, 32

15 예 상자의 수 × 8 = 복숭아의 수
(또는 복숭아의 수 ÷ 8 = 상자의 수)

16 104개

17 예 ○×8=△(또는 △÷8=○)

18 (위에서부터) 400, 200, 500, 300

19 예 ○−200=□(또는 □+200=○)

20 800 m

21 12, 24, 36, 48, 60

22 예 □×12=◎(또는 ◎÷12=□)

23 8상자

24 800, 1600, 2400, 3200, 4000

25 예 □×800=△(또는 △÷800=□)

26 예 ○×5=△(또는 △÷5=○)

27 65명

28 진하

29 예 □×30=○(또는 ○÷30=□)

30 예 □×2=△(또는 △÷2=□)

교과서 속 응용 문제

31 예 두발자전거 바퀴의 수(□)는 두발자전거의 수(△)의 2배입니다.

32 예 내 나이(△)는 누나의 나이(○)보다 1살 적습니다.

14 복숭아가 한 상자에 8개씩 들어 있으므로 상자가 1상자 늘어날 때마다 복숭아의 수는 8개씩 늘어납니다.

15 복숭아의 수는 상자의 수의 8배입니다.

16 복숭아가 한 상자에 8개씩 들어 있으므로 13상자에 들어 있는 복숭아는 13×8=104(개)입니다.

17 복숭아의 수(△)는 상자의 수(○)의 8배입니다.

18 민혁이가 걸은 거리와 승주가 걸은 거리는 각각 1분마다 100 m씩 늘어납니다.

19 민혁이가 200 m 앞에서 출발했으므로 승주가 걸은 거리(□)는 민혁이가 걸은 거리(○)보다 200 m 더 짧습니다.

20 1 km=1000 m
민혁이가 걸은 거리에서 200 m를 빼면 승주가 걸은 거리이므로 민혁이가 걸은 거리가 1000 m일 때 승주가 걸은 거리는 1000−200=800(m)입니다.

21 상자가 1상자 늘어날 때마다 과자 봉지의 수는 12봉지씩 늘어납니다.

22 과자 봉지의 수(◎)는 상자의 수(□)의 12배입니다.

23 과자 봉지의 수를 12로 나누면 상자의 수가 됩니다.
따라서 과자를 96봉지 사려면 96÷12=8(상자)를 사야 합니다.

24 지우개가 1개 늘어날 때마다 가격은 800원씩 늘어납니다.

25 가격(△)은 지우개의 수(□)의 800배입니다.

26 학생의 수(△)는 모둠의 수(○)의 5배입니다.

27 학생의 수는 모둠의 수의 5배이므로 13개의 모둠에 앉아 있는 학생은 모두 13×5=65(명)입니다.

28 주어진 식이 ♡가 □보다 6만큼 더 작으므로 알맞은 상황을 만든 사람은 진하입니다.
동욱: □=♡×6

29 달걀 한 판에 달걀이 30개씩 들어 있으므로 달걀의 수(○)는 달걀판의 수(□)의 30배입니다.

30

도넛을 자른 횟수(번)	1	2	3	4	…
도넛 조각의 수(개)	2	4	6	8	…

도넛 조각의 수(△)는 도넛을 자른 횟수(□)의 2배입니다.
도넛을 자른 횟수(□)는 도넛 조각의 수(△)를 2로 나눈 수입니다.

31 △에 2를 곱하면 □입니다.
주어진 식은 □가 △의 2배이므로 그런 관계가 이루어지는 두 양을 찾아 상황을 만듭니다.

32 ○에서 1을 빼면 △입니다.
주어진 식은 △가 ○보다 1만큼 더 작으므로 그런 관계가 이루어지는 두 양을 찾아 상황을 만듭니다.

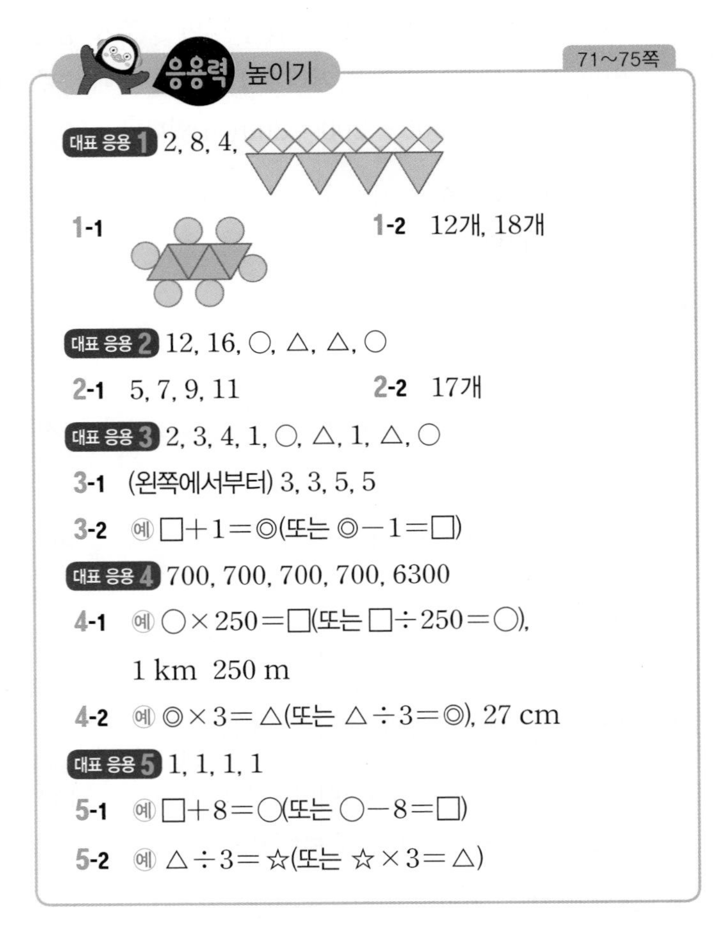

응용력 높이기 71~75쪽

대표 응용 1 2, 8, 4,

1-1

1-2 12개, 18개

대표 응용 2 12, 16, ○, △, △, ○

2-1 5, 7, 9, 11

2-2 17개

대표 응용 3 2, 3, 4, 1, ○, △, 1, △, ○

3-1 (왼쪽에서부터) 3, 3, 5, 5

3-2 예 □+1=◎(또는 ◎−1=□)

대표 응용 4 700, 700, 700, 700, 6300

4-1 예 ○×250=□(또는 □÷250=○), 1 km 250 m

4-2 예 ◎×3=△(또는 △÷3=◎), 27 cm

대표 응용 5 1, 1, 1, 1

5-1 예 □+8=○(또는 ○−8=□)

5-2 예 △÷3=☆(또는 ☆×3=△)

1-1 삼각형의 왼쪽과 오른쪽에 있는 원 2개는 변하지 않고 나머지 위쪽과 아래쪽의 원의 수는 삼각형의 수와 같으므로 원의 수는 삼각형의 수보다 항상 2개가 많습니다. 따라서 다음에 이어질 알맞은 모양은 삼각형 4개에 원 6개인 모양입니다.

1-2 원의 수는 사각형의 수의 2배이고 삼각형의 수는 사각형의 수의 3배입니다.
따라서 사각형이 6개일 때 원은 $6\times2=12$(개)이고 삼각형은 $6\times3=18$(개)입니다.

2-1 배열 순서가 하나 늘어날 때마다 바둑돌의 수가 2개씩 늘어납니다.

2-2 배열 순서와 바둑돌의 수 사이의 대응 관계는 (배열 순서)×2+1=(바둑돌의 수)입니다.
따라서 배열 순서가 8째일 때 바둑돌은 $8\times2+1=17$(개)입니다.

3-1 누름 못의 수는 도화지의 수보다 1만큼 더 큽니다.

3-2 도화지의 수에 1을 더하면 누름 못의 수와 같습니다.
➡ □+1=◎
누름 못의 수에서 1을 빼면 도화지의 수와 같습니다.
➡ ◎−1=□

4-1 지연이가 간 거리는 자전거를 탄 시간의 250배입니다.
두 양 사이의 대응 관계를 식으로 나타내면
○×250=□ 또는 □÷250=○입니다.
따라서 5분 동안 간 거리는 $5\times250=1250$(m)입니다.
1250 m=1 km 250 m

4-2 용수철이 늘어난 길이는 추의 수의 3배입니다.
두 양 사이의 대응 관계를 식으로 나타내면
◎×3=△ 또는 △÷3=◎입니다.
따라서 추를 9개 매달았을 때 늘어난 길이는
$9\times3=27$(cm)입니다.

5-1 현서가 말한 수에 8을 더하면 명준이가 답한 수와 같습니다.
명준이가 답한 수에서 8을 빼면 현서가 말한 수와 같습니다.
따라서 명준이가 만든 대응 관계를 식으로 나타내면
□+8=○ 또는 ○−8=□입니다.

5-2 윤주가 말한 수를 3으로 나누면 민준이가 답한 수와 같습니다.
민준이가 답한 수에 3을 곱하면 윤주가 말한 수와 같습니다.
따라서 민준이가 만든 대응 관계를 식으로 나타내면
△÷3=☆ 또는 ☆×3=△입니다.

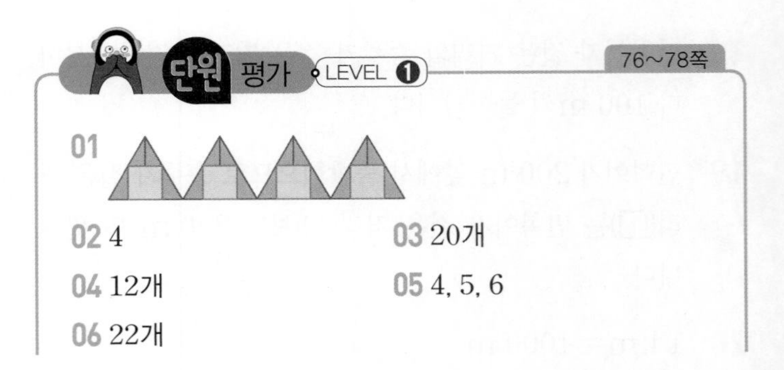

단원 평가 LEVEL 1 76~78쪽

01

02 4

03 20개

04 12개

05 4, 5, 6

06 22개

07 예 흰색 사각형의 수에 2를 더하면 빨간색 사각형의 수와 같습니다. (또는 빨간색 사각형의 수에서 2를 빼면 흰색 사각형의 수와 같습니다.)

08 (위에서부터) 2019, 27

09 예 서우의 나이 + 2008 = 연도
(또는 연도 − 2008 = 서우의 나이)

10 예 ○+2008=△(또는 △−2008=○)

11 6, 12, 18, 24

12 예 ○×6=△(또는 △÷6=○)

13 78개

14 예 △+1=○(또는 ○−1=△)

15 2600, 3900

16 5200원

17 예 ○×1300=△(또는 △÷1300=○)

18 9600원

19 풀이 참조,
예 △×900=☆(또는 ☆÷900=△), 6봉지

20 풀이 참조

02 사각형이 1개 늘어날 때마다 삼각형은 4개씩 늘어납니다. 따라서 삼각형의 수는 사각형의 수의 4배입니다.

03 삼각형은 사각형의 수의 4배만큼 필요하므로 사각형이 5개일 때 삼각형은 $5\times4=20$(개)가 필요합니다.

04 사각형은 삼각형의 수를 4로 나눈 수만큼 필요하므로 삼각형이 48개일 때 사각형은 $48\div4=12$(개)가 필요합니다.

05 빨간색 사각형의 수는 흰색 사각형의 수보다 2만큼 더 큽니다.

06 (흰색 사각형의 수)+2=(빨간색 사각형의 수)이므로 흰색 사각형이 20개일 때 빨간색 사각형은 $20+2=22$(개)가 필요합니다.

08 9살일 때 2017년이므로 2년 후인 11살일 때는 2019년이고, 2024년에 16살이므로 11년 후인 2035년에는 $16+11=27$(살)입니다.

09 연도는 서우의 나이보다 항상 2008만큼 더 큽니다.

10 서우의 나이에 2008을 더하면 연도입니다.
연도에서 2008을 빼면 서우의 나이입니다.
따라서 두 양 사이의 대응 관계를 식으로 나타내면 ○+2008=△ 또는 △−2008=○입니다.

11 육각형이 1개씩 늘어날 때마다 변의 수는 6개씩 늘어납니다.

12 변의 수는 육각형의 수의 6배이므로 ○×6=△ 또는 △÷6=○입니다.

13 육각형의 변의 수는 육각형의 수의 6배이므로 육각형이 13개일 때 변의 수는 $13\times6=78$(개)입니다.

14 자석의 수는 미술 작품의 수보다 1만큼 더 큽니다.
➡ △+1=○ 또는 ○−1=△

15 미국 돈 1달러가 우리나라 돈 1300원이므로 미국 돈이 2달러일 때 우리나라 돈은 $2\times1300=2600$(원), 미국 돈이 3달러일 때 우리나라 돈은 $3\times1300=3900$(원)입니다.

16 $4\times1300=5200$(원)

17 미국 돈 1달러가 우리나라 돈 1300원이므로 우리나라 돈은 미국 돈의 1300배입니다.
따라서 ○×1300=△ 또는 △÷1300=○입니다.

18 미국 돈 1달러가 우리나라 돈 1200원이므로 미국 돈 8달러는 우리나라 돈 $8\times1200=9600$(원)입니다.

19 예 과자의 가격은 과자 봉지의 수의 900배입니다.
두 양 사이의 대응 관계를 식으로 나타내면
△×900=☆ 또는 ☆÷900=△입니다. … 50 %
따라서 5400원으로 살 수 있는 과자는
$5400\div900=6$(봉지)입니다. … 50 %

20

이름	옳게 고쳐 보기
정원 … 50 %	예 대응 관계를 ▽÷4=○라고 나타낼 수도 있어. ▽는 색종이의 수를, ○는 사람의 수를 나타내지. … 50 %

단원 평가 LEVEL ❷ 79~81쪽

01 (그림)
02 16개
03 17개
04 예 육각형의 수에 2를 곱하면 삼각형의 수입니다.
(또는 삼각형의 수를 2로 나누면 육각형의 수입니다.)
05 2, 3, 4, 5
06 1
07 9개
08 (위에서부터) 13, 17, 2025, 18, 2026, 19
09 예 ○+4=△(또는 △−4=○)
10 예 ○+2011=☆(또는 ☆−2011=○)
11 23살
12 ㉢
13 예 △×3=☆(또는 ☆÷3=△)
14 16개
15 9
16 10도막
17 180 L
18 예 △÷6=☆(또는 ☆×6=△)
19 풀이 참조, 예 □×4=△(또는 △÷4=□)
20 풀이 참조, 16층

02 삼각형은 육각형의 수의 2배만큼 필요하므로 육각형이 8개일 때 삼각형은 8×2=16(개)가 필요합니다.

03 육각형은 삼각형의 수를 2로 나눈 수만큼 필요하므로 삼각형이 34개일 때 육각형은 34÷2=17(개)가 필요합니다.

05 삼각형의 수는 사각형의 수보다 1만큼 더 큽니다.

06 삼각형의 수는 사각형의 수보다 1만큼 더 크므로 사각형의 수에 1을 더하면 삼각형의 수와 같습니다.

07 사각형의 수는 삼각형의 수보다 1만큼 더 작으므로 삼각형이 10개일 때 사각형은 10−1=9(개)가 필요합니다.

09 16−12=4
오빠의 나이는 윤지의 나이보다 항상 4살 더 많으므로 ○+4=△ 또는 △−4=○입니다.

10 윤지의 나이에 2011을 더하면 연도이므로 ○+2011=☆ 또는 ☆−2011=○입니다.

11 연도에서 2007을 빼면 오빠의 나이입니다.
따라서 2030년에 오빠의 나이는 2030−2007=23(살)입니다.

12 ㉢ (연필의 수)÷12=(연필의 타 수)이므로 두 양 사이의 대응 관계는 △÷12=□로 나타낼 수 있습니다.

13 삼각형 한 개를 만드는 데 사용한 성냥개비는 3개이므로 사용한 성냥개비의 수는 만든 삼각형의 수의 3배입니다.
➡ △×3=☆ 또는 ☆÷3=△

14 13에서 ☆÷3=△이므로 사용한 성냥개비가 48개일 때 만든 삼각형은 48÷3=16(개)입니다.

15 ▽는 ♡보다 9만큼 더 작으므로 ♡−9=▽입니다.

16 1번 자르면 2도막이 되고, 2번 자르면 3도막이 되고 3번 자르면 4도막이 되므로 색 테이프 도막의 수는 자른 횟수보다 1만큼 더 큽니다.
따라서 색 테이프를 9번 자르면 9+1=10(도막)이 됩니다.

17 나온 물의 양은 샤워기를 사용한 시간의 12배입니다.
따라서 15분 동안 샤워기에서 나온 물의 양은 15×12=180(L)입니다.

18 은서가 말한 수를 6으로 나누면 성빈이가 답한 수와 같습니다. ➡ △÷6=☆
성빈이가 답한 수에 6을 곱하면 은서가 말한 수와 같습니다. ➡ ☆×6=△

19 예 1층으로 쌓을 때 이쑤시개는 4개, 2층으로 쌓을 때 이쑤시개는 8개, 3층으로 쌓을 때 이쑤시개는 12개가 필요합니다. … 50 %
이쑤시개의 수는 탑의 층수의 4배입니다.
따라서 대응 관계를 식으로 나타내면
□×4=△ 또는 △÷4=□입니다. … 50 %

20 예 19에서 △÷4=□이므로 … 30 %
이쑤시개 64개를 사용하여 64÷4=16(층)까지 쌓을 수 있습니다. … 70 %

4단원 약분과 통분

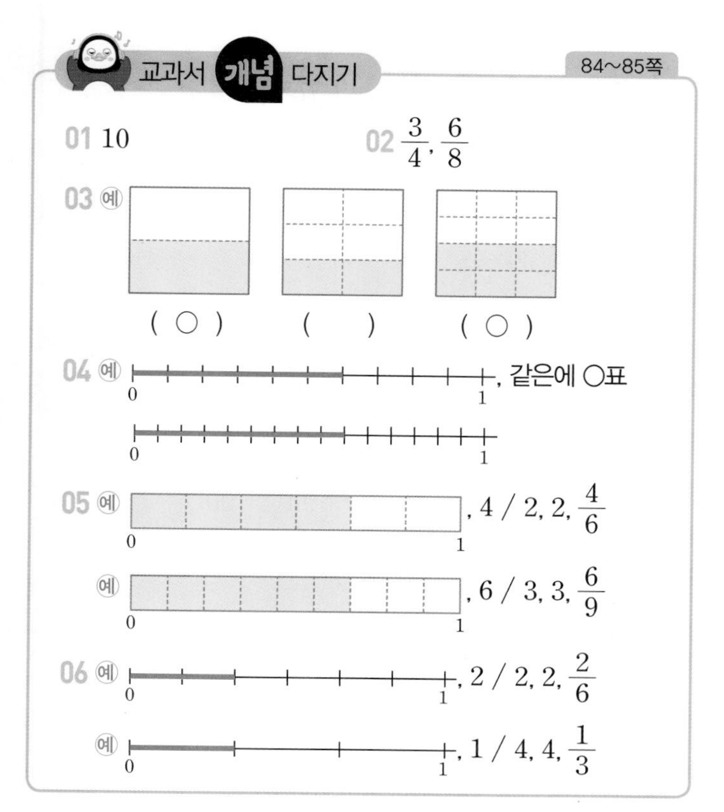

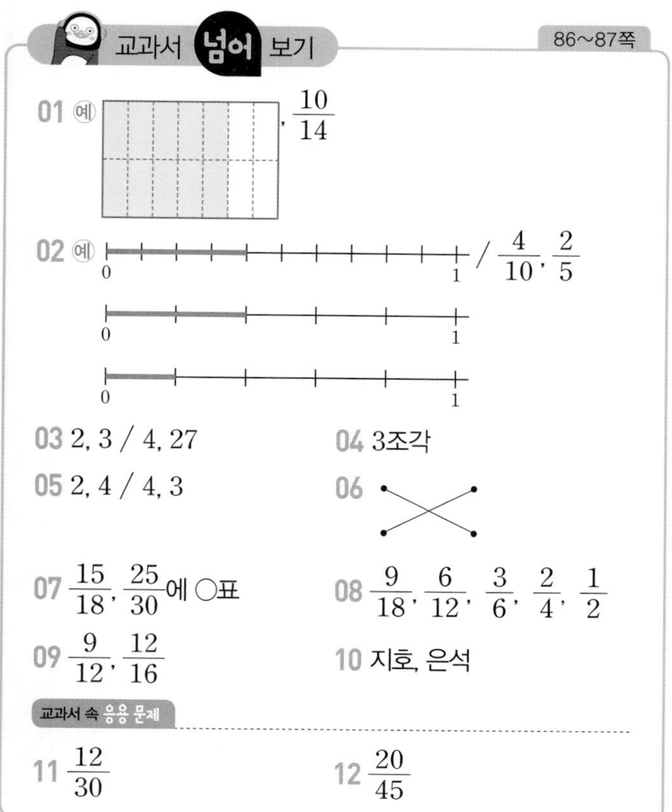

01 왼쪽 분수와 크기가 같도록 색칠하면 $\frac{10}{14}$입니다.

02 수직선에 표시한 길이가 같은 $\frac{4}{10}$와 $\frac{2}{5}$는 크기가 같은 분수입니다.

03 분모와 분자에 0이 아닌 같은 수를 곱하면 크기가 같은 분수가 됩니다.

$\frac{2}{9}=\frac{2\times2}{9\times2}=\frac{2\times3}{9\times3}$ ➡ $\frac{2}{9}=\frac{4}{18}=\frac{6}{27}$

04 다연이가 한 사람에게 나누어 준 전은 전체의 $\frac{1}{4}$입니다. $\frac{1}{4}$과 크기가 같은 분수 중에서 분모가 12인 분수는 $\frac{3}{12}$입니다.

따라서 새롬이는 한 사람에게 3조각씩 주어야 합니다.

05 분모와 분자를 0이 아닌 같은 수로 나누면 크기가 같은 분수가 됩니다.

$\frac{8}{12}=\frac{8\div2}{12\div2}=\frac{8\div4}{12\div4}$ ➡ $\frac{8}{12}=\frac{4}{6}=\frac{2}{3}$

06 $\frac{3}{8}=\frac{3\times5}{8\times5}=\frac{15}{40}$

$\frac{21}{27}=\frac{21\div3}{27\div3}=\frac{7}{9}$

07 $\frac{5}{6}=\frac{5\times2}{6\times2}=\frac{10}{12}$, $\frac{5}{6}=\frac{5\times3}{6\times3}=\frac{15}{18}$,

$\frac{5}{6}=\frac{5\times4}{6\times4}=\frac{20}{24}$, $\frac{5}{6}=\frac{5\times5}{6\times5}=\frac{25}{30}$,

$\frac{5}{6}=\frac{5\times6}{6\times6}=\frac{30}{36}$

따라서 $\frac{5}{6}$와 크기가 같은 분수는 $\frac{15}{18}$, $\frac{25}{30}$입니다.

08 36과 18의 최대공약수가 18이고 18의 약수가 1, 2, 3, 6, 9, 18이므로 분모와 분자를 2, 3, 6, 9, 18로 나눕니다.

$\frac{18}{36}=\frac{18\div2}{36\div2}=\frac{9}{18}$, $\frac{18}{36}=\frac{18\div3}{36\div3}=\frac{6}{12}$,

$\frac{18}{36}=\frac{18\div6}{36\div6}=\frac{3}{6}$, $\frac{18}{36}=\frac{18\div9}{36\div9}=\frac{2}{4}$,

$\frac{18}{36}=\frac{18\div18}{36\div18}=\frac{1}{2}$

09 $\frac{3}{4}$과 크기가 같은 분수는 $\frac{6}{8}$, $\frac{9}{12}$, $\frac{12}{16}$, $\frac{15}{20}$, ...이고, 이 중에서 분모와 분자의 합이 20보다 크고 30보다 작은 분수는 $\frac{9}{12}$와 $\frac{12}{16}$입니다.

10 지호와 은석이는 분모와 분자에 0이 아닌 같은 수를 곱하여 크기가 같은 분수를 만들었고, 홍민이는 분모와 분자를 0이 아닌 같은 수로 나누어 크기가 같은 분수를 만들었습니다.

11 분모와 분자에 0이 아닌 같은 수를 곱하여 크기가 같은 분수를 만듭니다.

➡ $\frac{2}{5}=\frac{2\times6}{5\times6}=\frac{12}{30}$

12 $\frac{12}{27}=\frac{12\div3}{27\div3}=\frac{4}{9}$이므로 $\frac{4}{9}$의 분모와 분자에 0이 아닌 같은 수를 곱하여 크기가 같은 분수를 만듭니다.

➡ $\frac{4}{9}=\frac{4\times5}{9\times5}=\frac{20}{45}$

교과서 개념 다지기 88~91쪽

01 (1) 1, 2, 3, 6 (2) 2, $\frac{6}{9}$ / 3, $\frac{4}{6}$ / 6, $\frac{2}{3}$

02 12, 8, 3

03 (○) (   ) (○)

04 4, 6, 8 / 12

05 4, 3 / 4, 4, 4, 3, 3, 3

06 6, 6, 9, 9 / 12, 45

07 2, 2, 3, 3 / 4, 15

08 21, 25, $<$

09 33, 32, $>$

10 (1) 5, $\frac{6}{15}$, $<$ / 4, $\frac{3}{10}$, $>$ / 10, $\frac{9}{30}$, $>$

(2) $\frac{2}{5}$, $\frac{1}{3}$, $\frac{3}{10}$

11 (1) 9, 7 / $>$ (2) 9, 7 / 0.9, 0.7 / $>$

12 (1) 6, 0.6 / 0.6, $<$, $<$ (2) 6, 7 / 6, $<$, 7, $<$

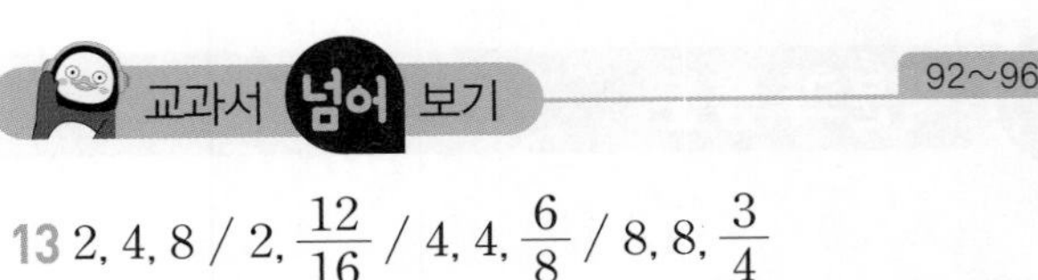

13 2, 4, 8 / 2, $\frac{12}{16}$ / 4, 4, $\frac{6}{8}$ / 8, 8, $\frac{3}{4}$

14 2, 3, 6

15 $\frac{8}{16}$, $\frac{4}{8}$

16

$\frac{5}{12}$	$\frac{3}{9}$	$\frac{14}{15}$	$\frac{11}{22}$

17 (1) $\frac{5}{13}$ (2) $\frac{9}{11}$

18 1, 5

19 나래

20 12, 5

21 $\frac{27}{36}$, $\frac{28}{36}$

22 $\frac{35}{60}$, $\frac{27}{60}$

23 ㉡

24 24, 4, 54

25 36, 72

26 $\frac{51}{90}$ L, $\frac{65}{90}$ L

27 (1) $>$ (2) $<$

28 지혜

29 (위에서부터) $\frac{11}{12}$, $\frac{11}{12}$, $\frac{9}{10}$

30 $\frac{2}{9}$

31 서점

32 미진

33 (위에서부터) $\frac{3}{10}$, $\frac{8}{10}$, 0.2, 0.5, 0.7

34 55, 0.55 / 52, 0.52 / $>$

35 0.3, 0.4 / ㉡

36 민주

37 (   ) (○) (   )

38 $3\frac{4}{5}$, 3.36, $1\frac{3}{4}$, 1.7

39 0.8

교과서 속 응용 문제

40 5, 12

41 $\frac{1}{4}$, $\frac{2}{7}$

42 $\frac{13}{30}$, $\frac{14}{30}$, $\frac{15}{30}$

43 2개

14 42와 18의 최대공약수가 6이고 6의 약수가 1, 2, 3, 6이므로 $\frac{18}{42}$의 분모와 분자를 나눌 수 있는 수는 2, 3, 6입니다.

15 32와 16의 최대공약수가 16이고 16의 약수가 1, 2, 4, 8, 16이므로 $\frac{16}{32}$의 분모와 분자를 나눌 수 있는 수는 2, 4, 8, 16입니다.

$\frac{16}{32}=\frac{16\div2}{32\div2}=\frac{8}{16}$, $\frac{16}{32}=\frac{16\div4}{32\div4}=\frac{4}{8}$,

$\frac{16}{32}=\frac{16\div8}{32\div8}=\frac{2}{4}$, $\frac{16}{32}=\frac{16\div16}{32\div16}=\frac{1}{2}$

16 기약분수는 분모와 분자의 공약수가 1뿐인 분수입니다.

17 (1) $\frac{25\div5}{65\div5}=\frac{5}{13}$ (2) $\frac{99\div11}{121\div11}=\frac{9}{11}$

18 $\frac{\square}{6}$는 진분수이므로 □ 안에는 1부터 5까지의 수가 들어갈 수 있습니다. □ 안의 수가 2, 3, 4이면 $\frac{\square}{6}$는 기약분수가 아니므로 □ 안에 들어갈 수 있는 수는 1, 5입니다.

19 $\frac{18}{30}$을 약분하여 만들 수 있는 분수는 $\frac{9}{15}$, $\frac{6}{10}$, $\frac{3}{5}$이므로 분모와 분자가 가장 큰 분수는 $\frac{9}{15}$입니다.

20 $\left(\frac{6}{7}, \frac{5}{14}\right) \Rightarrow \left(\frac{6\times2}{7\times2}, \frac{5}{14}\right) \Rightarrow \left(\frac{12}{14}, \frac{5}{14}\right)$

21 $\left(\frac{3}{4}, \frac{7}{9}\right) \Rightarrow \left(\frac{3\times9}{4\times9}, \frac{7\times4}{9\times4}\right) \Rightarrow \left(\frac{27}{36}, \frac{28}{36}\right)$

22 $\left(\frac{7}{12}, \frac{9}{20}\right) \Rightarrow \left(\frac{7\times5}{12\times5}, \frac{9\times3}{20\times3}\right) \Rightarrow \left(\frac{35}{60}, \frac{27}{60}\right)$

23 $\left(\frac{1}{6}, \frac{5}{8}\right) \Rightarrow \left(\frac{1\times4}{6\times4}, \frac{5\times3}{8\times3}\right) \Rightarrow \left(\frac{4}{24}, \frac{15}{24}\right)$

$\left(\frac{1}{6}, \frac{5}{8}\right) \Rightarrow \left(\frac{1\times8}{6\times8}, \frac{5\times6}{8\times6}\right) \Rightarrow \left(\frac{8}{48}, \frac{30}{48}\right)$

24 $\frac{㉠}{54}$과 $\frac{㉡}{㉢}$은 통분한 분수이므로 ㉢=54입니다.

$\frac{4}{9}=\frac{4\times6}{9\times6}=\frac{㉠}{54}$이므로 ㉠$=4\times6=24$이고,

$\frac{2}{27}=\frac{2\times2}{27\times2}=\frac{㉡}{54}$이므로 ㉡$=2\times2=4$입니다.

25 두 분모의 공배수가 공통분모가 될 수 있습니다.
두 분수의 분모인 9와 12의 공배수는 9와 12의 최소공배수 36의 배수인 36, 72, 108, ...이고, 이 중에서 100보다 작은 수는 36, 72입니다.

26 30과 18의 최소공배수인 90을 공통분모로 하여 통분합니다.

$\left(\frac{17}{30}, \frac{13}{18}\right) \Rightarrow \left(\frac{17\times3}{30\times3}, \frac{13\times5}{18\times5}\right) \Rightarrow \left(\frac{51}{90}, \frac{65}{90}\right)$

27 (1) $\left(\frac{7}{10}, \frac{5}{8}\right) \Rightarrow \left(\frac{28}{40}, \frac{25}{40}\right) \Rightarrow \frac{7}{10}>\frac{5}{8}$

(2) $\left(\frac{3}{8}, \frac{7}{18}\right) \Rightarrow \left(\frac{27}{72}, \frac{28}{72}\right) \Rightarrow \frac{3}{8}<\frac{7}{18}$

28 $\left(\frac{5}{8}, \frac{7}{12}\right) \Rightarrow \left(\frac{5\times3}{8\times3}, \frac{7\times2}{12\times2}\right) \Rightarrow \left(\frac{15}{24}, \frac{14}{24}\right)$

$\Rightarrow \frac{5}{8}>\frac{7}{12}$

따라서 지혜가 은혁이보다 동화책을 더 많이 읽었습니다.

29 $\left(\frac{8}{9}, \frac{11}{12}\right) \Rightarrow \left(\frac{32}{36}, \frac{33}{36}\right) \Rightarrow \frac{8}{9}<\frac{11}{12}$

$\left(\frac{11}{15}, \frac{9}{10}\right) \Rightarrow \left(\frac{22}{30}, \frac{27}{30}\right) \Rightarrow \frac{11}{15}<\frac{9}{10}$

$\left(\frac{11}{12}, \frac{9}{10}\right) \Rightarrow \left(\frac{55}{60}, \frac{54}{60}\right) \Rightarrow \frac{11}{12}>\frac{9}{10}$

참고 분자가 분모보다 1 작은 분수는 분모가 클수록 큰 수입니다. 따라서 $\frac{8}{9}<\frac{9}{10}<\frac{11}{12}$입니다.

30 $\left(\frac{1}{4}, \frac{2}{9}, \frac{5}{18}\right) \Rightarrow \left(\frac{9}{36}, \frac{8}{36}, \frac{10}{36}\right)$

$\Rightarrow \frac{10}{36}>\frac{9}{36}>\frac{8}{36} \Rightarrow \frac{5}{18}>\frac{1}{4}>\frac{2}{9}$

31 $\left(\frac{3}{7}, \frac{11}{21}\right) \Rightarrow \left(\frac{9}{21}, \frac{11}{21}\right) \Rightarrow \frac{3}{7}<\frac{11}{21}$

$\left(\frac{11}{21}, \frac{9}{14}\right) \Rightarrow \left(\frac{22}{42}, \frac{27}{42}\right) \Rightarrow \frac{11}{21}<\frac{9}{14}$

따라서 $\frac{3}{7}<\frac{11}{21}<\frac{9}{14}$이므로 지원이네 집에서 가장 먼 곳은 서점입니다.

32 미진: 분모가 다른 분수는 분모와 분자에 0이 아닌 같은 수를 곱해서 통분하여 크기를 비교합니다.

33 $\frac{■}{10}=0.■$

34 $\frac{11}{20}=\frac{11\times5}{20\times5}=\frac{55}{100}=0.55$

$\frac{13}{25}=\frac{13\times4}{25\times4}=\frac{52}{100}=0.52$

$\Rightarrow 0.55>0.52 \Rightarrow \frac{11}{20}>\frac{13}{25}$

35 ㉠ $\frac{3}{10}=0.3$ ㉡ $\frac{2}{5}=\frac{2\times2}{5\times2}=\frac{4}{10}=0.4$

➡ $0.3<0.4$

따라서 ㉡이 ㉠보다 더 큽니다.

36 $\frac{41}{50}=\frac{82}{100}=0.82$이고 $0.82>0.75$이므로

$\frac{41}{50}>0.75$입니다.

따라서 앵두를 더 많이 딴 사람은 민주입니다.

37 $\frac{3}{5}=\frac{3\times2}{5\times2}=\frac{6}{10}=0.6$

$\frac{17}{25}=\frac{17\times4}{25\times4}=\frac{68}{100}=0.68$

$0.6<0.65<0.68$이므로 가장 작은 수는 $\frac{3}{5}$입니다.

38 분수를 소수로 나타내어 크기를 비교해 봅니다.

$1\frac{3}{4}=1\frac{75}{100}=1.75$, $3\frac{4}{5}=3\frac{8}{10}=3.8$

➡ $3\frac{4}{5}>3.36>1\frac{3}{4}>1.7$

39 주어진 수 카드로 만들 수 있는 진분수는 $\frac{2}{3}$, $\frac{2}{4}$, $\frac{3}{4}$,

$\frac{2}{5}$, $\frac{3}{5}$, $\frac{4}{5}$이고, 이 중 가장 큰 수는 $\frac{4}{5}$입니다.

따라서 $\frac{4}{5}$를 소수로 나타내면 $\frac{4}{5}=\frac{8}{10}=0.8$입니다.

40 $\frac{15}{48}=\frac{15\div3}{48\div3}=\frac{\square}{16}$에서 $\square=15\div3=5$입니다.

$\frac{28}{48}=\frac{28\div4}{48\div4}=\frac{7}{\square}$에서 $\square=48\div4=12$입니다.

41 두 분수를 약분하여 기약분수로 나타내면

$\frac{7}{28}=\frac{7\div7}{28\div7}=\frac{1}{4}$, $\frac{8}{28}=\frac{8\div4}{28\div4}=\frac{2}{7}$이므로

통분하기 전의 두 기약분수는 $\frac{1}{4}$, $\frac{2}{7}$입니다.

42 분모가 30인 분수로 통분하면 $\frac{2}{5}=\frac{12}{30}$, $\frac{8}{15}=\frac{16}{30}$

입니다. 분모가 30인 분수를 $\frac{\square}{30}$라 하면

$\frac{2}{5}<\frac{\square}{30}<\frac{8}{15}$ ➡ $\frac{12}{30}<\frac{\square}{30}<\frac{16}{30}$에서

$12<\square<16$이므로 $\square$ 안에 들어갈 수 있는 자연수는 13, 14, 15입니다.

따라서 구하는 분수는 $\frac{13}{30}$, $\frac{14}{30}$, $\frac{15}{30}$입니다.

43 분모가 36인 분수로 통분하면 $\frac{5}{9}=\frac{20}{36}$, $\frac{13}{18}=\frac{26}{36}$

입니다. 분모가 36인 분수를 $\frac{\square}{36}$라 하면

$\frac{5}{9}<\frac{\square}{36}<\frac{13}{18}$ ➡ $\frac{20}{36}<\frac{\square}{36}<\frac{26}{36}$에서

$20<\square<26$이므로 $\square$ 안에 들어갈 수 있는 자연수는 21, 22, 23, 24, 25입니다.

$\frac{\square}{36}$가 기약분수가 되려면 분자는 23, 25이어야 하므로 구하는 분수는 $\frac{23}{36}$, $\frac{25}{36}$로 모두 2개입니다.

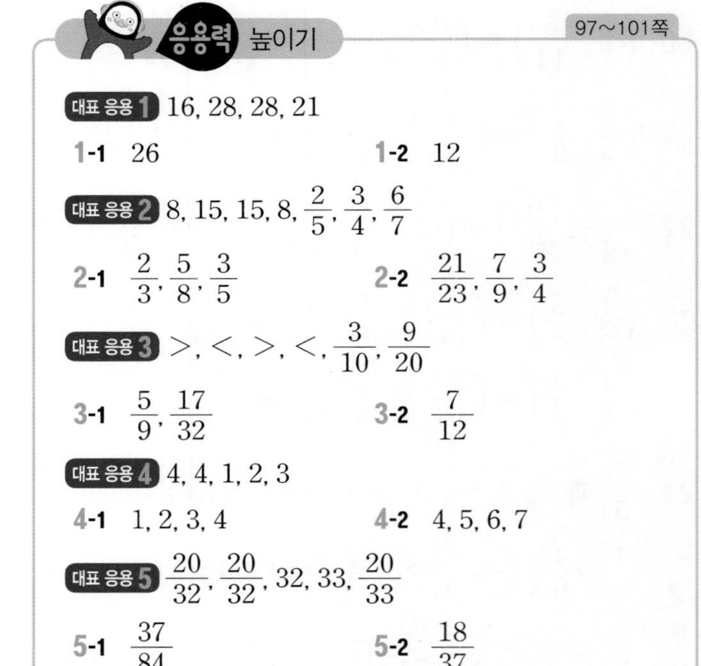

대표 응용 1 16, 28, 28, 21

1-1 26　　1-2 12

대표 응용 2 8, 15, 15, 8, $\frac{2}{5}$, $\frac{3}{4}$, $\frac{6}{7}$

2-1 $\frac{2}{3}$, $\frac{5}{8}$, $\frac{3}{5}$　　2-2 $\frac{21}{23}$, $\frac{7}{9}$, $\frac{3}{4}$

대표 응용 3 >, <, >, <, $\frac{3}{10}$, $\frac{9}{20}$

3-1 $\frac{5}{9}$, $\frac{17}{32}$　　3-2 $\frac{7}{12}$

대표 응용 4 4, 4, 1, 2, 3

4-1 1, 2, 3, 4　　4-2 4, 5, 6, 7

대표 응용 5 $\frac{20}{32}$, $\frac{20}{32}$, 32, 33, $\frac{20}{33}$

5-1 $\frac{37}{84}$　　5-2 $\frac{18}{37}$

1-1 분모는 $24+48=72$가 되므로 처음 분모 24의 3배가 됩니다.

분자도 3배를 하면 크기가 같은 분수가 되므로 분자는 $13\times3=39$가 되어야 합니다.

따라서 분자에 더해야 하는 수를 $\square$라 하면

$13+\square=39$, $\square=26$입니다.

1-2 $\frac{5}{9}=\frac{10}{18}=\frac{15}{27}=\frac{20}{36}=\frac{25}{45}=\frac{30}{54}=\cdots$

$\frac{13}{33}$의 분모와 분자에 같은 수를 더하여 $\frac{5}{9}$와 크기가 같은 분수가 되는 경우는 $\frac{13+12}{33+12}=\frac{25}{45}$이므로 분모와 분자에 12를 더해야 합니다.

참고 $\frac{13}{33}$의 분모와 분자의 차가 20이므로 $\frac{5}{9}$와 크기가 같은 분수 중 분모와 분자의 차가 20인 분수를 찾아봅니다.

2-1 세 분수를 분자가 30인 분수로 만들면

$\frac{3}{5}=\frac{30}{50}$, $\frac{5}{8}=\frac{30}{48}$, $\frac{2}{3}=\frac{30}{45}$이고 분자가 같은 분수는 분모가 작을수록 큰 수이므로 $\frac{30}{45}>\frac{30}{48}>\frac{30}{50}$입니다. 따라서 큰 수부터 차례로 쓰면 $\frac{2}{3}$, $\frac{5}{8}$, $\frac{3}{5}$입니다.

2-2 분모를 통분하려면 수가 커지므로 분자가 같은 분수로 만들어 크기를 비교합니다.

분자가 21인 분수로 만들면 $\frac{7}{9}=\frac{21}{27}$, $\frac{21}{23}$, $\frac{3}{4}=\frac{21}{28}$이고 분자가 같은 분수는 분모가 작을수록 큰 수이므로 $\frac{21}{23}>\frac{21}{27}>\frac{21}{28}$입니다.

따라서 큰 수부터 차례로 쓰면 $\frac{21}{23}$, $\frac{7}{9}$, $\frac{3}{4}$입니다.

3-1 $\frac{1}{2}$보다 큰 분수는 (분자)$\times 2>$(분모)입니다.

$5\times2>9$, $6\times2<13$, $17\times2>32$, $19\times2<40$이므로 $\frac{1}{2}$보다 큰 분수는 $\frac{5}{9}$, $\frac{17}{32}$입니다.

3-2 $6\times2>7$, $4\times2<9$, $5\times2<11$, $7\times2>12$이므로 $\frac{1}{2}$보다 큰 분수는 $\frac{6}{7}$, $\frac{7}{12}$입니다.

$\left(\frac{6}{7}, \frac{3}{4}\right) \Rightarrow \left(\frac{24}{28}, \frac{21}{28}\right) \Rightarrow \frac{6}{7}>\frac{3}{4}$

$\left(\frac{7}{12}, \frac{3}{4}\right) \Rightarrow \left(\frac{7}{12}, \frac{9}{12}\right) \Rightarrow \frac{7}{12}<\frac{3}{4}$

따라서 $\frac{1}{2}$보다 크고 $\frac{3}{4}$보다 작은 분수는 $\frac{7}{12}$입니다.

4-1 $\frac{\square}{6}<\frac{11}{15}$에서 $\frac{\square\times5}{30}<\frac{22}{30}$이므로 $\square\times5<22$입니다.

따라서 □ 안에 들어갈 수 있는 자연수는 1, 2, 3, 4입니다.

4-2 $\frac{1}{4}<\frac{\square}{12}<\frac{5}{8}$에서 24를 공통분모로 하여 통분하면 $\frac{6}{24}<\frac{\square\times2}{24}<\frac{15}{24}$이므로 $6<\square\times2<15$입니다.

따라서 □ 안에 들어갈 수 있는 자연수는 4, 5, 6, 7입니다.

5-1 7로 나누어 약분하기 전의 분수는 $\frac{7\times7}{12\times7}=\frac{49}{84}$입니다.

어떤 분수의 분자는 약분하기 전의 분수인 $\frac{49}{84}$의 분자에서 12를 뺀 수이므로 $49-12=37$입니다.

따라서 어떤 분수는 $\frac{37}{84}$입니다.

5-2 5로 나누어 약분하기 전의 분수는 $\frac{3\times5}{8\times5}=\frac{15}{40}$입니다.

어떤 분수를 $\frac{▲}{■}$라 하면 $\frac{▲-3}{■+3}=\frac{15}{40}$이므로

$▲-3=15$, $▲=18$이고, $■+3=40$, $■=37$입니다.

따라서 어떤 분수는 $\frac{18}{37}$입니다.

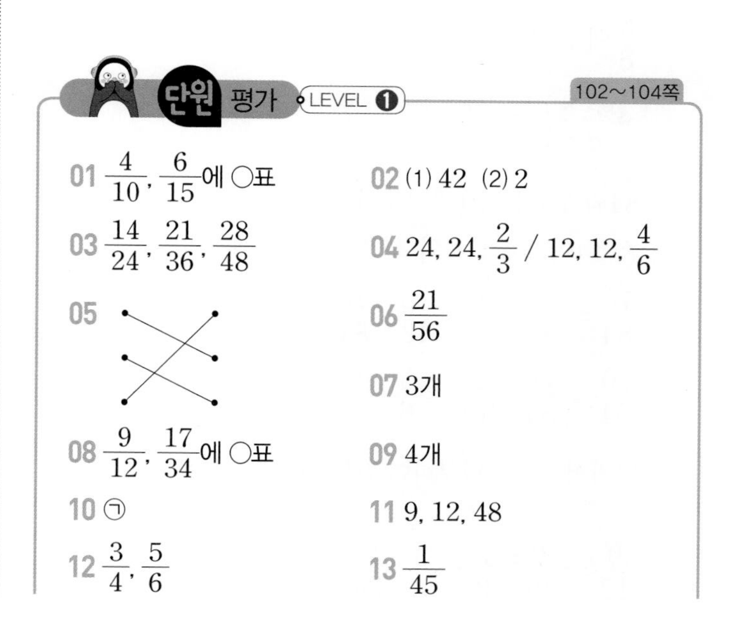
단원 평가 LEVEL ❶ 102~104쪽

01 $\frac{4}{10}$, $\frac{6}{15}$에 ○표
02 (1) 42 (2) 2
03 $\frac{14}{24}$, $\frac{21}{36}$, $\frac{28}{48}$
04 24, 24, $\frac{2}{3}$ / 12, 12, $\frac{4}{6}$
05
06 $\frac{21}{56}$
07 3개
08 $\frac{9}{12}$, $\frac{17}{34}$에 ○표
09 4개
10 ㉠
11 9, 12, 48
12 $\frac{3}{4}$, $\frac{5}{6}$
13 $\frac{1}{45}$

14 민지　15 9개

16 $\frac{5}{6}, \frac{6}{7}, \frac{13}{14}$　17 (○) (　)

18 1.5, $1\frac{2}{5}$, 0.9, $\frac{17}{20}$　19 풀이 참조, 72, 96

20 풀이 참조, $\frac{3}{4}, \frac{5}{8}$

01 $\frac{2}{5}=\frac{2\times2}{5\times2}=\frac{4}{10}$, $\frac{2}{5}=\frac{2\times3}{5\times3}=\frac{6}{15}$

02 (1) $\frac{5}{7}=\frac{5\times6}{7\times6}=\frac{30}{42}$

(2) $\frac{10}{15}=\frac{10\div5}{15\div5}=\frac{2}{3}$

03 $\frac{7}{12}=\frac{7\times2}{12\times2}=\frac{14}{24}$, $\frac{7}{12}=\frac{7\times3}{12\times3}=\frac{21}{36}$,

$\frac{7}{12}=\frac{7\times4}{12\times4}=\frac{28}{48}$

04 72와 48의 최대공약수가 24이므로 24의 약수인 1, 2, 3, 4, 6, 8, 12, 24 중에서 가장 큰 수 24와 두 번째로 큰 수 12로 분모와 분자를 나눕니다.

05 $\frac{8}{12}=\frac{8\div4}{12\div4}=\frac{2}{3}$, $\frac{18}{24}=\frac{18\div6}{24\div6}=\frac{3}{4}$,

$\frac{12}{32}=\frac{12\div4}{32\div4}=\frac{3}{8}$

06 약분하기 전의 분모가 56이고 약분하여 8이 되었다면 $\frac{3}{8}$의 분모와 분자에 7을 곱한 분수입니다.

➡ $\frac{3\times7}{8\times7}=\frac{21}{56}$

07 84와 70의 최대공약수가 14이고 14의 약수가 1, 2, 7, 14이므로 분모와 분자를 2, 7, 14로 나눕니다.

$\frac{70}{84}=\frac{70\div2}{84\div2}=\frac{35}{42}$, $\frac{70}{84}=\frac{70\div7}{84\div7}=\frac{10}{12}$,

$\frac{70}{84}=\frac{70\div14}{84\div14}=\frac{5}{6}$

따라서 $\frac{70}{84}$을 약분하여 만들 수 있는 분수는 3개입니다.

08 $\frac{9}{12}=\frac{9\div3}{12\div3}=\frac{3}{4}$, $\frac{17}{34}=\frac{17\div17}{34\div17}=\frac{1}{2}$

09 분모가 8인 진분수는 $\frac{1}{8}, \frac{2}{8}, \frac{3}{8}, \frac{4}{8}, \frac{5}{8}, \frac{6}{8}, \frac{7}{8}$이고 이 중에서 기약분수는 $\frac{1}{8}, \frac{3}{8}, \frac{5}{8}, \frac{7}{8}$이므로 모두 4개입니다.

10 ㉠의 공통분모는 48과 12의 최소공배수인 48입니다.
㉡의 공통분모는 15와 9의 최소공배수인 45입니다.
48＞45이므로 공통분모가 더 큰 것은 ㉠입니다.

11 $\frac{27}{48}$, $\frac{20}{㉢}$은 통분한 분수이므로 ㉢＝48입니다.

$\frac{㉠}{16}=\frac{㉠\times3}{16\times3}=\frac{27}{48}$이므로 ㉠＝9이고,

$\frac{5}{㉡}=\frac{5\times4}{㉡\times4}=\frac{20}{48}$이므로 ㉡＝12입니다.

12 $\frac{18}{24}=\frac{18\div6}{24\div6}=\frac{3}{4}$, $\frac{20}{24}=\frac{20\div4}{24\div4}=\frac{5}{6}$

13 $\frac{4}{5}$와 $\frac{8}{9}$ 사이를 4등분 한 것입니다.

$\frac{4}{5}$와 $\frac{8}{9}$을 통분하면 $\frac{4\times9}{5\times9}=\frac{36}{45}$과 $\frac{8\times5}{9\times5}=\frac{40}{45}$이 됩니다.

$\frac{36}{45}$ - $\frac{37}{45}$ - $\frac{38}{45}$ - $\frac{39}{45}$ - $\frac{40}{45}$

따라서 수직선에서 눈금 한 칸의 크기는 $\frac{1}{45}$입니다.

14 $\left(\frac{7}{15}, \frac{4}{9}\right)$ ➡ $\left(\frac{7\times3}{15\times3}, \frac{4\times5}{9\times5}\right)$ ➡ $\left(\frac{21}{45}, \frac{20}{45}\right)$

➡ $\frac{7}{15}>\frac{4}{9}$

$\left(\frac{11}{12}, \frac{14}{15}\right)$ ➡ $\left(\frac{11\times5}{12\times5}, \frac{14\times4}{15\times4}\right)$ ➡ $\left(\frac{55}{60}, \frac{56}{60}\right)$

➡ $\frac{11}{12}<\frac{14}{15}$

따라서 크기를 바르게 비교한 사람은 민지입니다.

15 분모가 48인 분수로 통분하면

$\frac{3}{8}=\frac{18}{48}$, $\frac{7}{12}=\frac{28}{48}$입니다.

분모가 48인 분수를 $\frac{\square}{48}$라 하면

$\frac{3}{8}<\frac{\square}{48}<\frac{7}{12}$ ➡ $\frac{18}{48}<\frac{\square}{48}<\frac{28}{48}$에서

$18<\square<28$이므로 $\square$ 안에 들어갈 수 있는 자연수는 19, 20, 21, 22, 23, 24, 25, 26, 27입니다.
따라서 구하는 분수는 모두 9개입니다.

16 $\left(\frac{13}{14}, \frac{5}{6}\right) \Rightarrow \left(\frac{13\times3}{14\times3}, \frac{5\times7}{6\times7}\right) \Rightarrow \left(\frac{39}{42}, \frac{35}{42}\right)$
$\Rightarrow \frac{13}{14}>\frac{5}{6}$
$\left(\frac{5}{6}, \frac{6}{7}\right) \Rightarrow \left(\frac{5\times7}{6\times7}, \frac{6\times6}{7\times6}\right) \Rightarrow \left(\frac{35}{42}, \frac{36}{42}\right)$
$\Rightarrow \frac{5}{6}<\frac{6}{7}$
$\left(\frac{13}{14}, \frac{6}{7}\right) \Rightarrow \left(\frac{13}{14}, \frac{6\times2}{7\times2}\right) \Rightarrow \left(\frac{13}{14}, \frac{12}{14}\right)$
$\Rightarrow \frac{13}{14}>\frac{6}{7}$
따라서 $\frac{5}{6}<\frac{6}{7}<\frac{13}{14}$이므로 작은 수부터 차례로 쓰면 $\frac{5}{6}, \frac{6}{7}, \frac{13}{14}$입니다.

17 $\frac{3}{4}=\frac{75}{100}=0.75$이고 $0.8>0.75$이므로 $0.8>\frac{3}{4}$입니다.

18 분수를 소수로 나타내어 크기를 비교해 봅니다.
$1\frac{2}{5}=1\frac{4}{10}=1.4$, $\frac{17}{20}=\frac{85}{100}=0.85$이므로
$1.5>1\frac{2}{5}>0.9>\frac{17}{20}$입니다.

19 예 $\frac{3}{8}$과 $\frac{11}{12}$을 통분할 때 공통분모가 될 수 있는 수는 분모 8과 12의 공배수인 24, 48, 72, 96, 120, ...입니다. … 50 %
이 중에서 50보다 크고 100보다 작은 수는 72, 96입니다. … 50 %

20 예 $\frac{1}{2}$보다 큰 분수는 (분자)$\times 2>$(분모)입니다.
… 20 %
$3\times2>4$, $1\times2<6$, $5\times2>8$, $7\times2<20$이므로
… 40 %
$\frac{1}{2}$보다 큰 분수는 $\frac{3}{4}$, $\frac{5}{8}$입니다. … 40 %

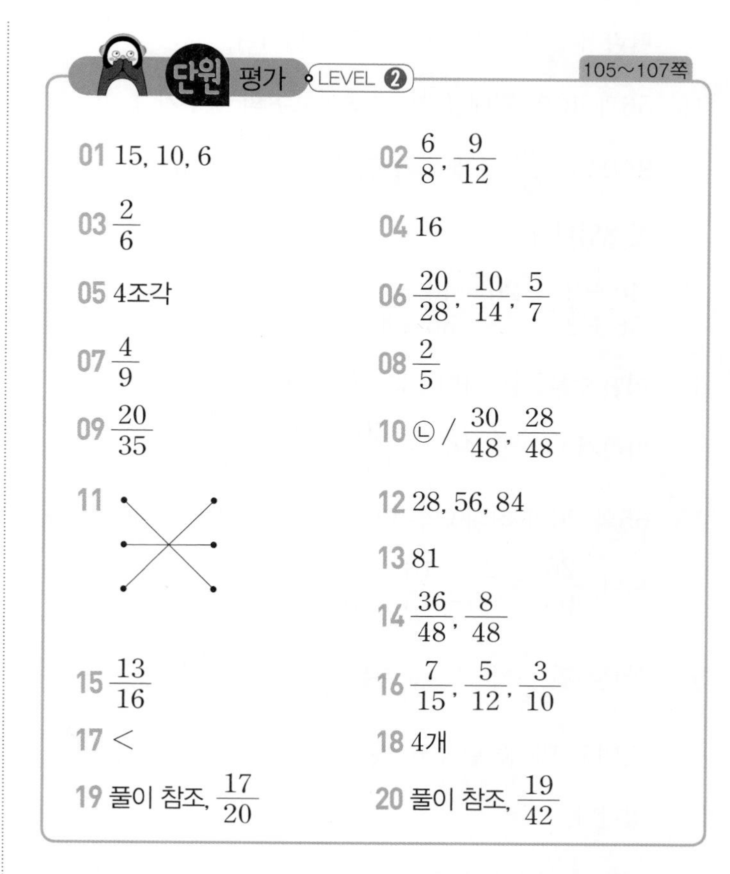

단원 평가 LEVEL 2

105~107쪽

01 15, 10, 6
02 $\frac{6}{8}$, $\frac{9}{12}$
03 $\frac{2}{6}$
04 16
05 4조각
06 $\frac{20}{28}$, $\frac{10}{14}$, $\frac{5}{7}$
07 $\frac{4}{9}$
08 $\frac{2}{5}$
09 $\frac{20}{35}$
10 ㉡ / $\frac{30}{48}$, $\frac{28}{48}$
11

12 28, 56, 84
13 81
14 $\frac{36}{48}$, $\frac{8}{48}$
15 $\frac{13}{16}$
16 $\frac{7}{15}$, $\frac{5}{12}$, $\frac{3}{10}$
17 $<$
18 4개
19 풀이 참조, $\frac{17}{20}$
20 풀이 참조, $\frac{19}{42}$

01 $\frac{30}{36}=\frac{30\div2}{36\div2}=\frac{15}{18}$, $\frac{30}{36}=\frac{30\div3}{36\div3}=\frac{10}{12}$,
$\frac{30}{36}=\frac{30\div6}{36\div6}=\frac{5}{6}$

02 $\frac{3}{4}=\frac{3\times2}{4\times2}=\frac{6}{8}$, $\frac{3}{4}=\frac{3\times3}{4\times3}=\frac{9}{12}$

03 $\frac{16}{48}=\frac{16\div8}{48\div8}=\frac{2}{6}$

04 분모는 $9+36=45$가 되므로 분모 9의 5배가 됩니다.
분자도 5배를 하면 크기가 같은 분수가 되므로 분자는 $4\times5=20$이 되어야 합니다.
따라서 분자에 더해야 하는 수를 $\square$라 하면
$4+\square=20$, $\square=16$입니다.

05 전체를 똑같이 3조각으로 나눈 것 중의 한 조각은 $\frac{1}{3}$이고 전체를 똑같이 12조각으로 나눈 것 중의 한 조각은 $\frac{1}{12}$입니다. $\frac{1}{3}$과 크기가 같은 분수 중에서 분모가 12인 분수는 $\frac{4}{12}$입니다.

따라서 윤지는 4조각을 먹어야 합니다.

06 56과 40의 최대공약수가 8이고 8의 약수가 1, 2, 4, 8이므로 $\frac{40}{56}$의 분모와 분자를 나눌 수 있는 수는 2, 4, 8입니다.

$\frac{40\div2}{56\div2}=\frac{20}{28}$, $\frac{40\div4}{56\div4}=\frac{10}{14}$, $\frac{40\div8}{56\div8}=\frac{5}{7}$

07 어떤 수를 □라 하면 135÷□=9이므로 □=15입니다. 따라서 약분한 분수는 $\frac{60\div15}{135\div15}=\frac{4}{9}$입니다.

08 65와 26의 최대공약수인 13으로 분모와 분자를 나눕니다. $\frac{26}{65}=\frac{26\div13}{65\div13}=\frac{2}{5}$

09 약분하면 $\frac{4}{7}$가 되는 분수는 $\frac{8}{14}$, $\frac{12}{21}$, $\frac{16}{28}$, $\frac{20}{35}$, $\frac{24}{42}$, ...이고 이 중 분모와 분자의 차가 15인 분수는 $\frac{20}{35}$입니다.

참고 $\frac{4}{7}$의 분모와 분자의 차가 7−4=3이므로 분모와 분자의 차가 15가 되려면 $\frac{4}{7}$의 분모와 분자에 각각 5를 곱해야 합니다.

10 $\left(\frac{5}{8}, \frac{7}{12}\right) \Rightarrow \left(\frac{5\times3}{8\times3}, \frac{7\times2}{12\times2}\right) \Rightarrow \left(\frac{15}{24}, \frac{14}{24}\right)$

$\left(\frac{5}{8}, \frac{7}{12}\right) \Rightarrow \left(\frac{5\times6}{8\times6}, \frac{7\times4}{12\times4}\right) \Rightarrow \left(\frac{30}{48}, \frac{28}{48}\right)$

11 두 분모의 최소공배수를 각각 구해 봅니다.
15와 4 ➡ 60, 18과 12 ➡ 36, 10과 8 ➡ 40
8과 20 ➡ 40, 9와 4 ➡ 36, 5와 12 ➡ 60

12 두 분수 $\frac{3}{4}$과 $\frac{9}{14}$를 통분할 때 공통분모가 될 수 있는 수는 분모 4와 14의 최소공배수인 28의 배수이므로 가장 작은 수부터 차례로 쓰면 28, 56, 84입니다.

13 ㉠×13=117, ㉠=117÷13=9

$\left(\frac{8}{13}, \frac{7}{9}\right) \Rightarrow \left(\frac{8\times9}{13\times9}, \frac{7\times13}{9\times13}\right) \Rightarrow \left(\frac{72}{117}, \frac{91}{117}\right)$

㉠=9, ㉡=72이므로 ㉠+㉡=9+72=81입니다.

14 4와 6의 공배수는 4와 6의 최소공배수 12의 배수인 12, 24, 36, 48, 60, ...입니다.
이 중에서 50에 가장 가까운 수는 48입니다.

$\left(\frac{3}{4}, \frac{1}{6}\right) \Rightarrow \left(\frac{3\times12}{4\times12}, \frac{1\times8}{6\times8}\right) \Rightarrow \left(\frac{36}{48}, \frac{8}{48}\right)$

15 $\left(\frac{5}{6}, \frac{13}{16}\right) \Rightarrow \left(\frac{40}{48}, \frac{39}{48}\right) \Rightarrow \frac{5}{6}>\frac{13}{16}$

16 $\left(\frac{3}{10}, \frac{5}{12}\right) \Rightarrow \left(\frac{18}{60}, \frac{25}{60}\right) \Rightarrow \frac{3}{10}<\frac{5}{12}$

$\left(\frac{5}{12}, \frac{7}{15}\right) \Rightarrow \left(\frac{25}{60}, \frac{28}{60}\right) \Rightarrow \frac{5}{12}<\frac{7}{15}$

따라서 $\frac{7}{15}>\frac{5}{12}>\frac{3}{10}$입니다.

17 $\frac{14}{25}=\frac{56}{100}=0.56$이고 $0.54<0.56$이므로 $0.54<\frac{14}{25}$입니다.

18 $\frac{□}{15}<0.3 \Rightarrow \frac{□}{15}<\frac{3}{10}$에서 $\frac{□\times2}{30}<\frac{9}{30}$이므로 □×2<9입니다.
따라서 □ 안에 들어갈 수 있는 자연수는 1, 2, 3, 4로 모두 4개입니다.

19 예 빌려 가고 남은 책은 160−24=136(권)이므로 전체의 $\frac{136}{160}$입니다. … 50 %

$\frac{136}{160}$을 기약분수로 나타내면

$\frac{136}{160}=\frac{136\div8}{160\div8}=\frac{17}{20}$입니다. … 50 %

20 예 분모가 42인 분수를 $\frac{□}{42}$라 하면 $\frac{3}{7}<\frac{□}{42}<\frac{11}{21}$

➡ $\frac{18}{42}<\frac{□}{42}<\frac{22}{42}$입니다. … 30 %

18<□<22이므로 □ 안에 들어갈 수 있는 자연수는 19, 20, 21입니다. … 30 %

따라서 구하는 분수는 $\frac{19}{42}$, $\frac{20}{42}$, $\frac{21}{42}$ 중에서 기약분수인 $\frac{19}{42}$입니다. … 40 %

5 단원 분수의 덧셈과 뺄셈

110~113쪽

01 3 / 예 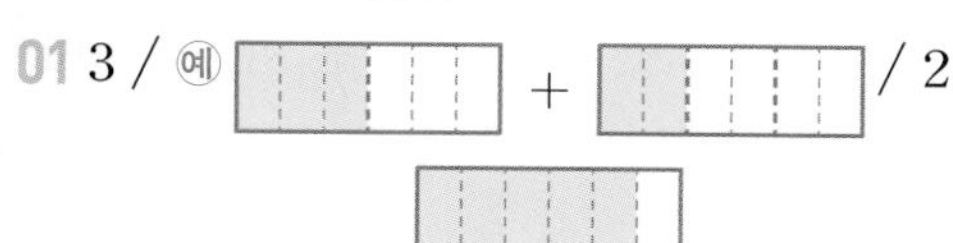

/ 3, 2, 5

02 5, 3, 3, 10, 3, 13

03 8, 6, 8, 30, 38, 19

04 4, 3, 4, 15, 19

05 3 / 예 / 4

/ 3, 4, 7, 1, 1

06 9, 9, 7, 7, 45, 28, 73, $1\frac{10}{63}$

07 $\frac{4}{9}+\frac{5}{6}=\frac{4\times6}{9\times6}+\frac{5\times9}{6\times9}=\frac{24}{54}+\frac{45}{54}$

$=\frac{69}{54}=1\frac{15}{54}=1\frac{5}{18}$

08 $\frac{7}{12}+\frac{5}{8}=\frac{7\times2}{12\times2}+\frac{5\times3}{8\times3}=\frac{14}{24}+\frac{15}{24}$

$=\frac{29}{24}=1\frac{5}{24}$

09 예 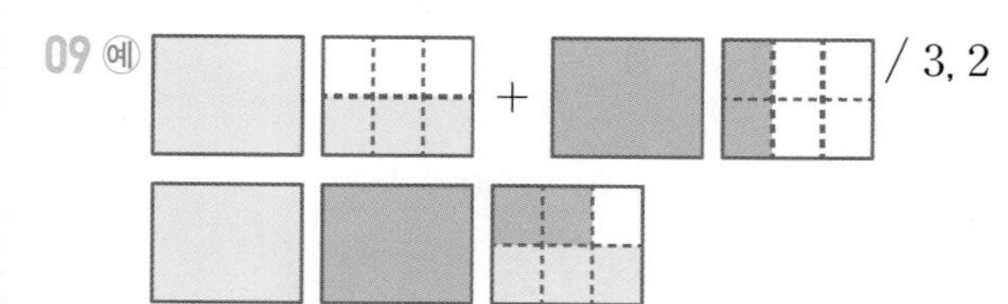

/ 3, 2, 2, 5, 2, 5

10 6, 14, 5, 20

11 9, 2, 9, 2, 3, 11, 3, 11

12 11, 7, 33, 14, 47, 3, 11

13 예 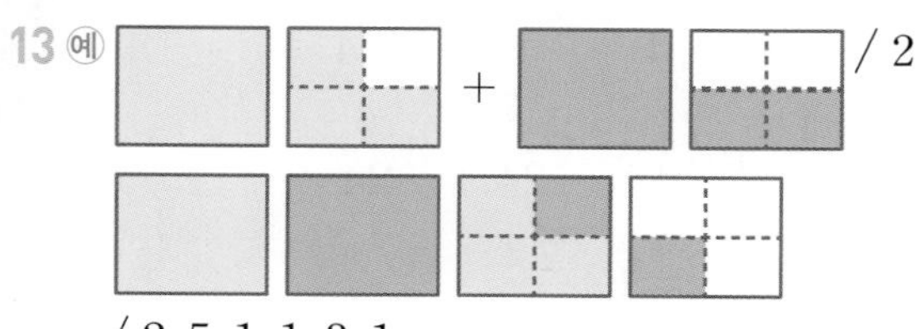

/ 2, 5, 1, 1, 3, 1

14 15, 20, 15, 20, 35, 1, 11, 5, 11

15 19, 5, 38, 25, 63, 6, 3

114~117쪽

01 $\frac{5}{8}+\frac{1}{6}=\frac{5\times3}{8\times3}+\frac{1\times4}{6\times4}=\frac{15}{24}+\frac{4}{24}=\frac{19}{24}$

02 (1) $\frac{11}{15}$ (2) $\frac{37}{72}$

03 $\frac{5}{6}$, $\frac{13}{15}$, $\frac{23}{30}$

04 $\frac{23}{24}$

05 $\frac{4\times1}{9\times4}$에 ○표 /

$\frac{4}{9}+\frac{1}{4}=\frac{4\times4}{9\times4}+\frac{1\times9}{4\times9}=\frac{16}{36}+\frac{9}{36}=\frac{25}{36}$

06 $\frac{14}{15}$컵

07 방법 1 예 $\frac{1}{4}+\frac{5}{6}=\frac{1\times6}{4\times6}+\frac{5\times4}{6\times4}=\frac{6}{24}+\frac{20}{24}$

$=\frac{26}{24}=1\frac{2}{24}=1\frac{1}{12}$

방법 2 예 $\frac{1}{4}+\frac{5}{6}=\frac{1\times3}{4\times3}+\frac{5\times2}{6\times2}=\frac{3}{12}+\frac{10}{12}$

$=\frac{13}{12}=1\frac{1}{12}$

08 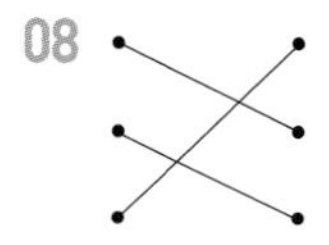

09 (　　) (○)

10 상자

11 예 자연수는 자연수끼리, 분수는 분수끼리 계산했습니다.

/ 예 대분수를 가분수로 고쳐서 계산했습니다.

12 $1\frac{29}{36}$

13 $5\frac{7}{8}$

14 ㉠

15 $4\frac{65}{84}$

16 $3\frac{2}{9}$ kg

17 $12\frac{7}{24}$

18 $10\frac{1}{12}$

19 $12\frac{2}{15}$

교과서 속 응용 문제

20 $1\frac{3}{14}$

21 $3\frac{5}{24}$

22 $5\frac{1}{3}$

23 $1\frac{19}{40}$

24 $3\frac{11}{24}$

25 $2\frac{3}{10}$ kg

01 두 분모의 최소공배수를 공통분모로 하여 통분한 후 계산합니다.

02 (1) $\frac{7}{12}+\frac{3}{20}=\frac{7\times5}{12\times5}+\frac{3\times3}{20\times3}$
$=\frac{35}{60}+\frac{9}{60}=\frac{44}{60}=\frac{11}{15}$

(2) $\frac{3}{8}+\frac{5}{36}=\frac{3\times9}{8\times9}+\frac{5\times2}{36\times2}$
$=\frac{27}{72}+\frac{10}{72}=\frac{37}{72}$

03 • $\frac{1}{6}+\frac{2}{3}=\frac{1}{6}+\frac{4}{6}=\frac{5}{6}$
• $\frac{1}{6}+\frac{7}{10}=\frac{5}{30}+\frac{21}{30}=\frac{26}{30}=\frac{13}{15}$
• $\frac{1}{6}+\frac{3}{5}=\frac{5}{30}+\frac{18}{30}=\frac{23}{30}$

04 $\frac{3}{8}+\frac{7}{12}=\frac{9}{24}+\frac{14}{24}=\frac{23}{24}$

05 통분하는 과정에서 분수의 분모와 분자에 같은 수를 곱해야 하는데 $\frac{4}{9}$의 분모에는 4를, 분자에는 1을 곱하여 잘못 계산했습니다.

06 (땅콩 가루와 다진 아몬드의 합)
$=\frac{3}{5}+\frac{1}{3}=\frac{9}{15}+\frac{5}{15}=\frac{14}{15}$(컵)

07 분모가 다른 진분수의 덧셈은 두 분모의 곱을 공통분모로 하거나 두 분모의 최소공배수를 공통분모로 하여 통분한 후 계산합니다.

08 • $\frac{3}{4}+\frac{5}{7}=\frac{21}{28}+\frac{20}{28}=\frac{41}{28}=1\frac{13}{28}$
• $\frac{2}{3}+\frac{5}{6}=\frac{4}{6}+\frac{5}{6}=\frac{9}{6}=1\frac{3}{6}=1\frac{1}{2}$
• $\frac{13}{18}+\frac{4}{9}=\frac{13}{18}+\frac{8}{18}=\frac{21}{18}=1\frac{3}{18}=1\frac{1}{6}$

09 • $\frac{1}{8}+\frac{5}{6}=\frac{3}{24}+\frac{20}{24}=\frac{23}{24}$
• $\frac{5}{7}+\frac{7}{21}=\frac{15}{21}+\frac{7}{21}=\frac{22}{21}=1\frac{1}{21}$

따라서 1보다 큰 것은 $\frac{5}{7}+\frac{7}{21}$입니다.

10 (감자와 고구마의 무게의 합)
$=\frac{2}{5}+\frac{3}{4}=\frac{8}{20}+\frac{15}{20}=\frac{23}{20}=1\frac{3}{20}$(kg)

$1\frac{3}{20}$ kg은 1 kg을 넘으므로 상자에 담아야 합니다.

11 분모가 다른 대분수의 덧셈을 자연수는 자연수끼리, 분수는 분수끼리 계산하거나 대분수를 가분수로 고쳐서 계산했습니다.

12 $\frac{7}{12}+1\frac{2}{9}=\frac{21}{36}+1\frac{8}{36}=1\frac{29}{36}$(m)

13 $4\frac{1}{8}+1\frac{3}{4}=4\frac{1}{8}+1\frac{6}{8}=(4+1)+\left(\frac{1}{8}+\frac{6}{8}\right)$
$=5+\frac{7}{8}=5\frac{7}{8}$

14 ㉠ $\frac{5}{6}+2\frac{3}{20}=\frac{50}{60}+2\frac{9}{60}=2\frac{59}{60}$
㉡ $1\frac{1}{12}+1\frac{4}{5}=1\frac{5}{60}+1\frac{48}{60}=2\frac{53}{60}$

15 $1\frac{11}{12}+2\frac{6}{7}=1\frac{77}{84}+2\frac{72}{84}=(1+2)+\left(\frac{77}{84}+\frac{72}{84}\right)$
$=3+\frac{149}{84}=3+1\frac{65}{84}=4\frac{65}{84}$

16 (돼지고기의 무게)+(소고기의 무게)
$=1\frac{2}{3}+1\frac{5}{9}=1\frac{6}{9}+1\frac{5}{9}$
$=2+\frac{11}{9}=2+1\frac{2}{9}=3\frac{2}{9}$(kg)

17 $1\frac{1}{6}+2\frac{7}{8}=1\frac{4}{24}+2\frac{21}{24}=3+\frac{25}{24}$
$=3+1\frac{1}{24}=4\frac{1}{24}$

$5\frac{3}{4}+2\frac{1}{2}=5\frac{3}{4}+2\frac{2}{4}=7+\frac{5}{4}=7+1\frac{1}{4}=8\frac{1}{4}$

㉠$=4\frac{1}{24}+8\frac{1}{4}=4\frac{1}{24}+8\frac{6}{24}$
$=12+\frac{7}{24}=12\frac{7}{24}$

18 가장 큰 수는 $5\frac{1}{4}$입니다.

$\left(4\frac{5}{6}, 4\frac{9}{10}\right) \Rightarrow \left(4\frac{25}{30}, 4\frac{27}{30}\right) \Rightarrow 4\frac{5}{6}<4\frac{9}{10}$

따라서 가장 큰 수 $5\frac{1}{4}$과 가장 작은 수 $4\frac{5}{6}$의 합은

$5\frac{1}{4}+4\frac{5}{6}=5\frac{3}{12}+4\frac{10}{12}$

$=9+\frac{13}{12}=9+1\frac{1}{12}$

$=10\frac{1}{12}$입니다.

19 효빈이가 만든 가장 큰 대분수: $4\frac{1}{3}$

민혁이가 만든 가장 큰 대분수: $7\frac{4}{5}$

➡ (두 사람이 만든 대분수의 합)

$=4\frac{1}{3}+7\frac{4}{5}=4\frac{5}{15}+7\frac{12}{15}$

$=11+\frac{17}{15}=11+1\frac{2}{15}=12\frac{2}{15}$

20 $\square-\frac{5}{14}=\frac{6}{7}$,

$\square=\frac{6}{7}+\frac{5}{14}=\frac{12}{14}+\frac{5}{14}=\frac{17}{14}=1\frac{3}{14}$

21 어떤 수를 □라 하면 $\square-\frac{5}{6}=2\frac{3}{8}$입니다.

$\square=2\frac{3}{8}+\frac{5}{6}=2\frac{9}{24}+\frac{20}{24}=2+\frac{29}{24}$

$=2+1\frac{5}{24}=3\frac{5}{24}$

22 어떤 수를 □라 하면 $\square-1\frac{7}{8}=1\frac{7}{12}$입니다.

$\square=1\frac{7}{12}+1\frac{7}{8}=1\frac{14}{24}+1\frac{21}{24}=2+\frac{35}{24}$

$=2+1\frac{11}{24}=3\frac{11}{24}$

따라서 바르게 계산하면

$3\frac{11}{24}+1\frac{7}{8}=3\frac{11}{24}+1\frac{21}{24}=4+\frac{32}{24}$

$=4+1\frac{8}{24}=5\frac{8}{24}=5\frac{1}{3}$입니다.

23 $\frac{3}{8}+\frac{4}{5}+\frac{3}{10}=\left(\frac{15}{40}+\frac{32}{40}\right)+\frac{3}{10}=\frac{47}{40}+\frac{3}{10}$

$=\frac{47}{40}+\frac{12}{40}=\frac{59}{40}=1\frac{19}{40}$

24 $1\frac{1}{4}+\frac{5}{6}+1\frac{3}{8}=\left(1\frac{3}{12}+\frac{10}{12}\right)+1\frac{3}{8}$

$=1\frac{13}{12}+1\frac{3}{8}=2\frac{1}{12}+1\frac{3}{8}$

$=2\frac{2}{24}+1\frac{9}{24}=3\frac{11}{24}$

25 (사과의 무게)+(귤의 무게)+(감의 무게)

$=\frac{4}{5}+\frac{2}{3}+\frac{5}{6}=\left(\frac{12}{15}+\frac{10}{15}\right)+\frac{5}{6}=\frac{22}{15}+\frac{5}{6}$

$=\frac{44}{30}+\frac{25}{30}=\frac{69}{30}=2\frac{9}{30}=2\frac{3}{10}$(kg)

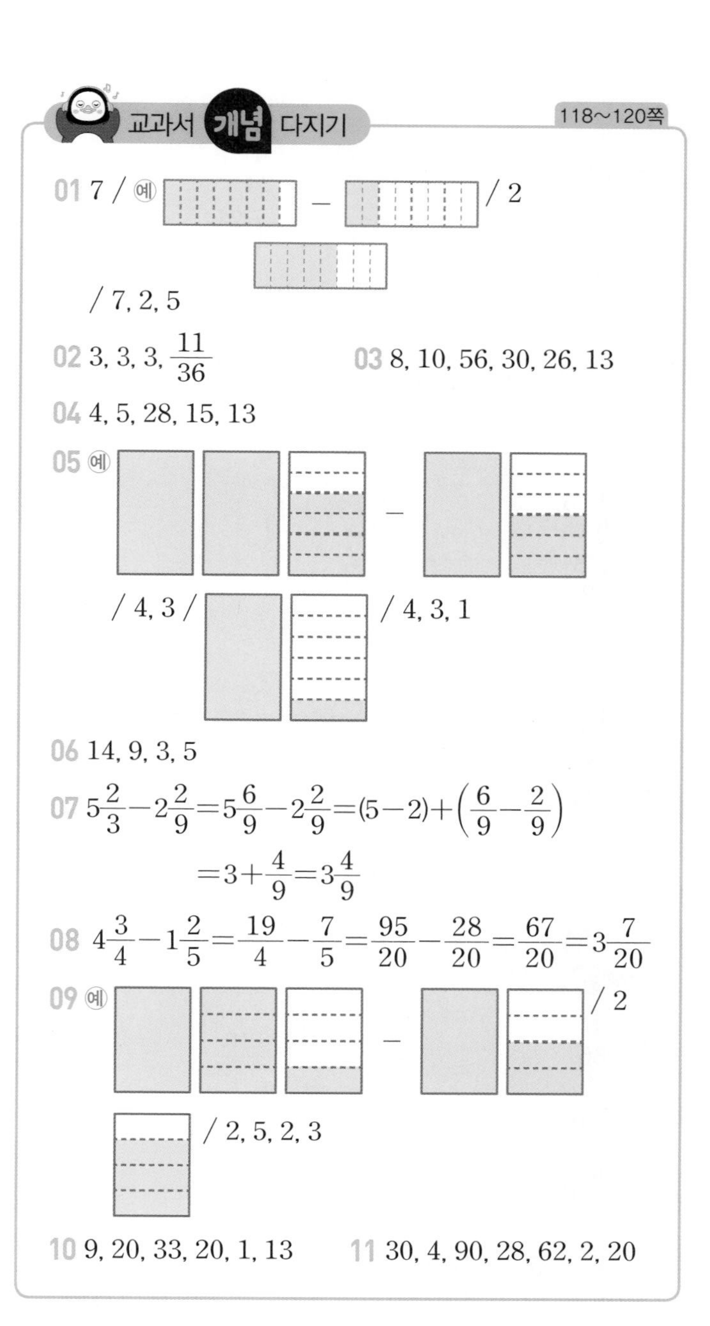

교과서 개념 다지기 118~120쪽

01 7 / 예 / 2 / 7, 2, 5

02 3, 3, 3, $\frac{11}{36}$

03 8, 10, 56, 30, 26, 13

04 4, 5, 28, 15, 13

05 예 / 4, 3 / / 4, 3, 1

06 14, 9, 3, 5

07 $5\frac{2}{3}-2\frac{2}{9}=5\frac{6}{9}-2\frac{2}{9}=(5-2)+\left(\frac{6}{9}-\frac{2}{9}\right)$

$=3+\frac{4}{9}=3\frac{4}{9}$

08 $4\frac{3}{4}-1\frac{2}{5}=\frac{19}{4}-\frac{7}{5}=\frac{95}{20}-\frac{28}{20}=\frac{67}{20}=3\frac{7}{20}$

09 예 / 2 / 2, 5, 2, 3

10 9, 20, 33, 20, 1, 13

11 30, 4, 90, 28, 62, 2, 20

121~124쪽

26 $\frac{5}{12}$

27 예 두 분모의 곱을 공통분모로 하여 통분한 후 계산했습니다. / 예 두 분모의 최소공배수를 공통분모로 하여 통분한 후 계산했습니다.

28 4, 3, $\frac{1}{6}$

29 (1) $\frac{7}{24}$ (2) $\frac{1}{15}$

30 $\frac{7}{36}$

31 $\frac{11}{20}$ kg

32 지후

33

34 방법 1 예 $5\frac{7}{8}-2\frac{1}{6}=5\frac{21}{24}-2\frac{4}{24}$
$=(5-2)+\left(\frac{21}{24}-\frac{4}{24}\right)$
$=3+\frac{17}{24}=3\frac{17}{24}$

방법 2 예 $5\frac{7}{8}-2\frac{1}{6}=\frac{47}{8}-\frac{13}{6}=\frac{141}{24}-\frac{52}{24}$
$=\frac{89}{24}=3\frac{17}{24}$

35 $\frac{1}{6}$, $2\frac{1}{45}$

36 $1\frac{9}{20}$

37 $2\frac{3}{28}$

38 $2\frac{3}{20}$ km

39 (1) $2\frac{11}{20}$ (2) $1\frac{17}{36}$

40 $3\frac{2}{5}-1\frac{3}{4}=\frac{17}{5}-\frac{7}{4}=\frac{68}{20}-\frac{35}{20}=\frac{33}{20}=1\frac{13}{20}$

41 $3\frac{13}{24}$

42 ㉠

43 $2\frac{13}{24}$ cm

44 감자, $1\frac{9}{14}$ kg

45 $1\frac{47}{54}$

교과서 속 응용 문제

46 $\frac{5}{36}$

47 $1\frac{1}{2}$ cm

48 $1\frac{7}{40}$

49 $2\frac{13}{24}$ km

50 $9\frac{1}{10}$ L

26 $\frac{5}{6}-\frac{5}{12}=\frac{10}{12}-\frac{5}{12}=\frac{5}{12}$

27 분모가 다른 진분수의 뺄셈을 두 분모의 곱과 두 분모의 최소공배수를 공통분모로 하여 각각 통분한 후 계산했습니다.

28 $\frac{2}{3}=\frac{4}{6}$는 $\frac{1}{6}$이 4개, $\frac{1}{2}=\frac{3}{6}$은 $\frac{1}{6}$이 3개입니다.
$\frac{2}{3}-\frac{1}{2}=\frac{4}{6}-\frac{3}{6}=\frac{1}{6}$

29 (1) $\frac{11}{12}-\frac{5}{8}=\frac{11\times2}{12\times2}-\frac{5\times3}{8\times3}=\frac{22}{24}-\frac{15}{24}=\frac{7}{24}$
(2) $\frac{9}{10}-\frac{5}{6}=\frac{9\times3}{10\times3}-\frac{5\times5}{6\times5}=\frac{27}{30}-\frac{25}{30}$
$=\frac{2}{30}=\frac{1}{15}$

30 분자가 같은 분수는 분모가 작을수록 더 큽니다.
$\frac{7}{9}-\frac{7}{12}=\frac{28}{36}-\frac{21}{36}=\frac{7}{36}$

31 (남은 소고기의 양)
$=\frac{4}{5}-\frac{1}{4}=\frac{16}{20}-\frac{5}{20}=\frac{11}{20}$(kg)

32 은솔이가 말한 수: $\frac{8}{9}-\frac{5}{6}=\frac{16}{18}-\frac{15}{18}=\frac{1}{18}$
지후가 말한 수: $\frac{2}{3}-\frac{5}{9}=\frac{6}{9}-\frac{5}{9}=\frac{1}{9}$
$\frac{1}{18}<\frac{1}{9}$이므로 더 큰 수를 말한 사람은 지후입니다.

33 • $2\frac{1}{2}-1\frac{1}{8}=2\frac{4}{8}-1\frac{1}{8}=1\frac{3}{8}$
• $2\frac{5}{12}-1\frac{3}{8}=2\frac{10}{24}-1\frac{9}{24}=1\frac{1}{24}$
• $2\frac{11}{12}-1\frac{5}{8}=2\frac{22}{24}-1\frac{15}{24}=1\frac{7}{24}$

34 분모가 다른 대분수의 뺄셈은 자연수는 자연수끼리, 분수는 분수끼리 계산하거나 대분수를 가분수로 고쳐서 계산합니다.

35 • $1\frac{9}{10}-1\frac{11}{15}=1\frac{27}{30}-1\frac{22}{30}=\frac{5}{30}=\frac{1}{6}$
• $5\frac{4}{5}-3\frac{7}{9}=5\frac{36}{45}-3\frac{35}{45}=2\frac{1}{45}$

36 $4\frac{7}{10}-3\frac{1}{4}=4\frac{14}{20}-3\frac{5}{20}=1\frac{9}{20}$

37 $4\frac{6}{7}-2\frac{3}{4}=4\frac{24}{28}-2\frac{21}{28}=2\frac{3}{28}$

38 (지후네 집에서 서점까지의 거리)

−(지후네 집에서 주민센터까지의 거리)

$=3\frac{9}{10}-1\frac{3}{4}=3\frac{18}{20}-1\frac{15}{20}=2\frac{3}{20}$(km)

39 (1) $6\frac{3}{10}-3\frac{3}{4}=6\frac{6}{20}-3\frac{15}{20}$

$=5\frac{26}{20}-3\frac{15}{20}=2\frac{11}{20}$

(2) $4\frac{1}{18}-2\frac{7}{12}=4\frac{2}{36}-2\frac{21}{36}$

$=3\frac{38}{36}-2\frac{21}{36}=1\frac{17}{36}$

40 받아내림이 있는 대분수의 뺄셈을 대분수를 가분수로 고쳐서 계산합니다.

41 $6\frac{1}{6}-2\frac{5}{8}=6\frac{4}{24}-2\frac{15}{24}=5\frac{28}{24}-2\frac{15}{24}=3\frac{13}{24}$

42 ㉠ $4\frac{3}{8}-1\frac{4}{5}=4\frac{15}{40}-1\frac{32}{40}$

$=3\frac{55}{40}-1\frac{32}{40}=2\frac{23}{40}$

㉡ $7\frac{3}{10}-4\frac{5}{8}=7\frac{12}{40}-4\frac{25}{40}$

$=6\frac{52}{40}-4\frac{25}{40}=2\frac{27}{40}$

따라서 계산 결과가 더 작은 것은 ㉠입니다.

43 $5\frac{3}{8}-2\frac{5}{6}=5\frac{9}{24}-2\frac{20}{24}$

$=4\frac{33}{24}-2\frac{20}{24}=2\frac{13}{24}$(cm)

44 $3\frac{4}{7}<5\frac{3}{14}$이므로 감자가

$5\frac{3}{14}-3\frac{4}{7}=5\frac{3}{14}-3\frac{8}{14}$

$=4\frac{17}{14}-3\frac{8}{14}=1\frac{9}{14}$(kg)

더 무겁습니다.

45 $\square+2\frac{8}{27}=4\frac{3}{18}$,

$\square=4\frac{3}{18}-2\frac{8}{27}=4\frac{9}{54}-2\frac{16}{54}$

$=3\frac{63}{54}-2\frac{16}{54}=1\frac{47}{54}$

46 세 분수를 통분하면

$\left(\frac{5}{6}, \frac{7}{9}, \frac{11}{12}\right) \Rightarrow \left(\frac{30}{36}, \frac{28}{36}, \frac{33}{36}\right)$이므로

가장 큰 수는 $\frac{11}{12}$이고, 가장 작은 수는 $\frac{7}{9}$입니다.

$\Rightarrow \frac{11}{12}-\frac{7}{9}=\frac{33}{36}-\frac{28}{36}=\frac{5}{36}$

47 $\left(2\frac{4}{9}, 2\frac{1}{6}\right) \Rightarrow \left(2\frac{8}{18}, 2\frac{3}{18}\right) \Rightarrow 2\frac{4}{9}>2\frac{1}{6}$이므로

가장 긴 변의 길이는 $3\frac{2}{3}$ cm, 가장 짧은 변의 길이는

$2\frac{1}{6}$ cm입니다.

$\Rightarrow 3\frac{2}{3}-2\frac{1}{6}=3\frac{4}{6}-2\frac{1}{6}=1\frac{3}{6}=1\frac{1}{2}$(cm)

48 $\frac{5}{8}+\frac{17}{20}-\frac{3}{10}=\left(\frac{25}{40}+\frac{34}{40}\right)-\frac{3}{10}$

$=\frac{59}{40}-\frac{3}{10}=\frac{59}{40}-\frac{12}{40}$

$=\frac{47}{40}=1\frac{7}{40}$

49 (㉡~㉢)=(㉠~㉣)−(㉠~㉡)−(㉢~㉣)

$=7\frac{5}{8}-2\frac{5}{6}-2\frac{1}{4}=\left(7\frac{15}{24}-2\frac{20}{24}\right)-2\frac{1}{4}$

$=\left(6\frac{39}{24}-2\frac{20}{24}\right)-2\frac{1}{4}=4\frac{19}{24}-2\frac{1}{4}$

$=4\frac{19}{24}-2\frac{6}{24}=2\frac{13}{24}$(km)

50 (물통에 들어 있는 물의 양)

$=9\frac{7}{15}-3\frac{1}{6}+2\frac{4}{5}$

$=\left(9\frac{14}{30}-3\frac{5}{30}\right)+2\frac{4}{5}=6\frac{9}{30}+2\frac{4}{5}$

$=6\frac{3}{10}+2\frac{4}{5}=6\frac{3}{10}+2\frac{8}{10}$

$=8\frac{11}{10}=9\frac{1}{10}$(L)

125~129쪽

대표 응용 1 $\frac{5}{6}$, $\frac{5}{6}$, $\frac{23}{24}$, $\frac{23}{24}$, $1\frac{19}{24}$

1-1 $1\frac{6}{7}$　　1-2 $3\frac{11}{35}$

대표 응용 2 $18\frac{1}{2}$, 17

2-1 $7\frac{3}{20}$ m　　2-2 $6\frac{7}{15}$ m

대표 응용 3 $8\frac{3}{5}$, $3\frac{5}{8}$, $8\frac{3}{5}$, $3\frac{5}{8}$, $4\frac{39}{40}$

3-1 $4\frac{50}{63}$　　3-2 $6\frac{7}{24}$

대표 응용 4 9, 2, $\frac{7}{12}$, $\frac{7}{12}$, 7, 4

4-1 1, 2, 3, 4　　4-2 4

대표 응용 5 1, 5, 1, 5, 50, 1, 50

5-1 4시간 35분　　5-2 1시간 40분

1-1 어떤 수를 □라 하면 잘못 계산한 식은

$\square-\frac{3}{4}=\frac{5}{14}$이므로

$\square=\frac{5}{14}+\frac{3}{4}=\frac{10}{28}+\frac{21}{28}=\frac{31}{28}=1\frac{3}{28}$입니다.

따라서 바르게 계산하면

$1\frac{3}{28}+\frac{3}{4}=1\frac{3}{28}+\frac{21}{28}=1\frac{24}{28}=1\frac{6}{7}$입니다.

1-2 어떤 수를 □라 하면 잘못 계산한 식은

$5\frac{6}{7}+\square=8\frac{2}{5}$이므로

$\square=8\frac{2}{5}-5\frac{6}{7}=8\frac{14}{35}-5\frac{30}{35}$

$=7\frac{49}{35}-5\frac{30}{35}=2\frac{19}{35}$입니다.

따라서 바르게 계산하면

$5\frac{6}{7}-2\frac{19}{35}=5\frac{30}{35}-2\frac{19}{35}=3\frac{11}{35}$입니다.

2-1 (이어 붙인 색 테이프의 전체 길이)

$=3\frac{7}{10}+3\frac{7}{10}-\frac{1}{4}=7\frac{4}{10}-\frac{1}{4}$

$=7\frac{8}{20}-\frac{5}{20}=7\frac{3}{20}$(m)

2-2 (이어 붙인 색 테이프의 전체 길이)

=(색 테이프의 길이의 합)−(겹쳐진 부분의 길이의 합)

$=\left(2\frac{3}{5}+2\frac{3}{5}+2\frac{3}{5}\right)-\left(\frac{2}{3}+\frac{2}{3}\right)$

$=6\frac{9}{5}-\frac{4}{3}=7\frac{4}{5}-1\frac{1}{3}$

$=7\frac{12}{15}-1\frac{5}{15}=6\frac{7}{15}$(m)

3-1 만들 수 있는 가장 큰 대분수는 자연수 부분이 가장 큰 $9\frac{4}{7}$이고, 가장 작은 대분수는 자연수 부분이 가장 작은 $4\frac{7}{9}$입니다. 따라서 두 수의 차는

$9\frac{4}{7}-4\frac{7}{9}=9\frac{36}{63}-4\frac{49}{63}=8\frac{99}{63}-4\frac{49}{63}=4\frac{50}{63}$

입니다.

3-2 자연수 부분이 가장 큰 분수 $8\frac{2}{3}$, $8\frac{2}{7}$, $8\frac{3}{7}$ 중 가장 큰 대분수는 $8\frac{2}{3}$입니다.

자연수 부분이 가장 작은 분수 $2\frac{3}{7}$, $2\frac{3}{8}$, $2\frac{7}{8}$ 중 가장 작은 대분수는 $2\frac{3}{8}$입니다.

따라서 두 수의 차는

$8\frac{2}{3}-2\frac{3}{8}=8\frac{16}{24}-2\frac{9}{24}=6\frac{7}{24}$입니다.

4-1 $\frac{4}{9}+\frac{5}{6}=\frac{8}{18}+\frac{15}{18}=\frac{23}{18}=1\frac{5}{18}$

$1\frac{\square}{18}<1\frac{5}{18}$에서 $\square<5$이므로 □ 안에 들어갈 수 있는 자연수는 1, 2, 3, 4입니다.

4-2 $6\frac{2}{9}-2\frac{5}{6}=6\frac{4}{18}-2\frac{15}{18}=5\frac{22}{18}-2\frac{15}{18}=3\frac{7}{18}$

$2\frac{1}{2}+1\frac{2}{9}=2\frac{9}{18}+1\frac{4}{18}=3\frac{13}{18}$

$3\frac{7}{18}<3\frac{\square}{18}<3\frac{13}{18}$이므로 □ 안에 들어갈 수 있는 자연수는 8, 9, 10, 11, 12입니다.

따라서 가장 큰 수인 12와 가장 작은 수인 8의 차는 $12-8=4$입니다.

5-1 (기차와 버스를 탄 시간)

$=2\frac{3}{4}+1\frac{5}{6}=2\frac{9}{12}+1\frac{10}{12}=3\frac{19}{12}=4\frac{7}{12}$(시간)

$4\frac{7}{12}$시간$=4\frac{35}{60}$시간이므로 윤지네 가족이 기차와 버스를 탄 시간은 모두 4시간 35분입니다.

5-2 1시간=60분이므로 20분$=\frac{20}{60}$시간$=\frac{1}{3}$시간입니다.

(농구 연습을 시작할 때부터 끝낼 때까지 걸린 시간)

$=\frac{7}{12}+\frac{1}{3}+\frac{3}{4}=\frac{7}{12}+\frac{4}{12}+\frac{9}{12}$

$=\frac{20}{12}=1\frac{8}{12}=1\frac{2}{3}$(시간)

$1\frac{2}{3}$시간$=1\frac{40}{60}$시간이므로 농구 연습을 시작할 때부터 끝낼 때까지 걸린 시간은 모두 1시간 40분입니다.

단원 평가 LEVEL ❶

130~132쪽

01 4, 9, 13	**02** ㉠
03 $\frac{7}{10}+\frac{3}{4}=\frac{14}{20}+\frac{15}{20}=\frac{29}{20}=1\frac{9}{20}$	
04 $1\frac{7}{24}$ m	**05** ②
06 $3\frac{20}{21}$	**07** $4\frac{3}{10}$
08 $4\frac{1}{5}$ km	**09** $\frac{9}{20}$
10 $\frac{1}{20}$	**11** $\frac{8}{35}$
12 $4\frac{37}{60}$, $2\frac{1}{12}$	**13** $1\frac{7}{36}$ L
14 $7\frac{2}{9}-4\frac{13}{27}=7\frac{6}{27}-4\frac{13}{27}=6\frac{33}{27}-4\frac{13}{27}=2\frac{20}{27}$	
15 27	**16** $\frac{19}{21}$
17 $3\frac{4}{9}$, $\frac{32}{45}$	**18** $6\frac{17}{21}$ m
19 풀이 참조, $\frac{5}{8}$ m	**20** 풀이 참조, $11\frac{14}{15}$

01 두 분모의 최소공배수를 공통분모로 하여 통분한 후 계산합니다.

02 ㉠ $\frac{2}{3}+\frac{1}{6}=\frac{4}{6}+\frac{1}{6}=\frac{5}{6}$

㉡ $\frac{5}{12}+\frac{7}{18}=\frac{15}{36}+\frac{14}{36}=\frac{29}{36}$

$\frac{5}{6}=\frac{30}{36}$이므로 $\frac{5}{6}>\frac{29}{36}$입니다.

04 가장 긴 변은 $\frac{7}{8}$ m, 가장 짧은 변은 $\frac{5}{12}$ m이므로 길이의 합은

$\frac{7}{8}+\frac{5}{12}=\frac{21}{24}+\frac{10}{24}=\frac{31}{24}=1\frac{7}{24}$(m)입니다.

05 공통분모가 될 수 있는 수는 4와 12의 공배수인 12, 24, 36, 48, ...입니다.

06 $1\frac{2}{3}+2\frac{2}{7}=1\frac{14}{21}+2\frac{6}{21}=3\frac{20}{21}$

07 $2\frac{3}{5}+1\frac{7}{10}=2\frac{6}{10}+1\frac{7}{10}=3\frac{13}{10}=4\frac{3}{10}$

08 (도서관에서 재하네 집까지의 거리)

+(재하네 집에서 학교까지의 거리)

$=1\frac{8}{15}+2\frac{2}{3}=1\frac{8}{15}+2\frac{10}{15}$

$=3\frac{18}{15}=4\frac{3}{15}=4\frac{1}{5}$(km)

09 $\frac{7}{10}-\frac{1}{4}=\frac{14}{20}-\frac{5}{20}=\frac{9}{20}$

10 어떤 수를 □라 하면 $□+\frac{7}{10}=\frac{3}{4}$입니다.

$□=\frac{3}{4}-\frac{7}{10}=\frac{15}{20}-\frac{14}{20}=\frac{1}{20}$

11 만들 수 있는 진분수가 $\frac{4}{5}$, $\frac{4}{7}$, $\frac{5}{7}$이므로 가장 큰 진분수는 $\frac{4}{5}$이고, 가장 작은 진분수는 $\frac{4}{7}$입니다.

따라서 두 수의 차는 $\frac{4}{5}-\frac{4}{7}=\frac{28}{35}-\frac{20}{35}=\frac{8}{35}$입니다.

12 합: $1\frac{4}{15}+3\frac{7}{20}=1\frac{16}{60}+3\frac{21}{60}=4\frac{37}{60}$

차: $3\frac{7}{20}-1\frac{4}{15}=3\frac{21}{60}-1\frac{16}{60}=2\frac{5}{60}=2\frac{1}{12}$

13 (남은 우유의 양)

$=3\frac{4}{9}-2\frac{1}{4}=3\frac{16}{36}-2\frac{9}{36}=1\frac{7}{36}$(L)

14 빼지는 대분수의 분수 부분이 빼는 대분수의 분수 부분보다 작으면 빼지는 대분수의 자연수 중 1을 가분수로 바꾸고 자연수 부분이 1 작아집니다.

15 $8\frac{1}{3}-3\frac{7}{11}=8\frac{11}{33}-3\frac{21}{33}=7\frac{44}{33}-3\frac{21}{33}=4\frac{23}{33}$

이므로 ㉠$=4$, ㉡$=23$입니다.

➡ ㉠$+$㉡$=4+23=27$

16 $\square=2\frac{1}{3}-1\frac{3}{7}=2\frac{7}{21}-1\frac{9}{21}$

$=1\frac{28}{21}-1\frac{9}{21}=\frac{19}{21}$

17 $5\frac{1}{9}-1\frac{2}{3}=5\frac{1}{9}-1\frac{6}{9}=4\frac{10}{9}-1\frac{6}{9}=3\frac{4}{9}$

$3\frac{4}{9}-2\frac{11}{15}=3\frac{20}{45}-2\frac{33}{45}=2\frac{65}{45}-2\frac{33}{45}=\frac{32}{45}$

18 색 테이프 3개의 길이의 합은

$2\frac{5}{7}+2\frac{5}{7}+2\frac{5}{7}=6\frac{15}{7}=8\frac{1}{7}$(m)입니다.

겹쳐진 부분의 길이의 합은 $\frac{2}{3}+\frac{2}{3}=1\frac{1}{3}$(m)입니다.

따라서 이어 붙인 색 테이프 전체의 길이는

$8\frac{1}{7}-1\frac{1}{3}=8\frac{3}{21}-1\frac{7}{21}=7\frac{24}{21}-1\frac{7}{21}=6\frac{17}{21}$(m)

입니다.

19 예 강낭콩의 키는 $1-\frac{1}{8}=\frac{8}{8}-\frac{1}{8}=\frac{7}{8}$(m)입니다.

… 30 %

완두콩의 키는 $\frac{7}{8}$ m보다 $\frac{1}{4}$ m 더 작으므로

$\frac{7}{8}-\frac{1}{4}=\frac{7}{8}-\frac{2}{8}=\frac{5}{8}$(m)입니다. … 70 %

20 예 ●$=$■$-1\frac{4}{15}=6\frac{3}{5}-1\frac{4}{15}=6\frac{9}{15}-1\frac{4}{15}$

$=5\frac{5}{15}=5\frac{1}{3}$ … 50 %

따라서 ●와 ■의 합은

$5\frac{1}{3}+6\frac{3}{5}=5\frac{5}{15}+6\frac{9}{15}=11\frac{14}{15}$입니다. … 50 %

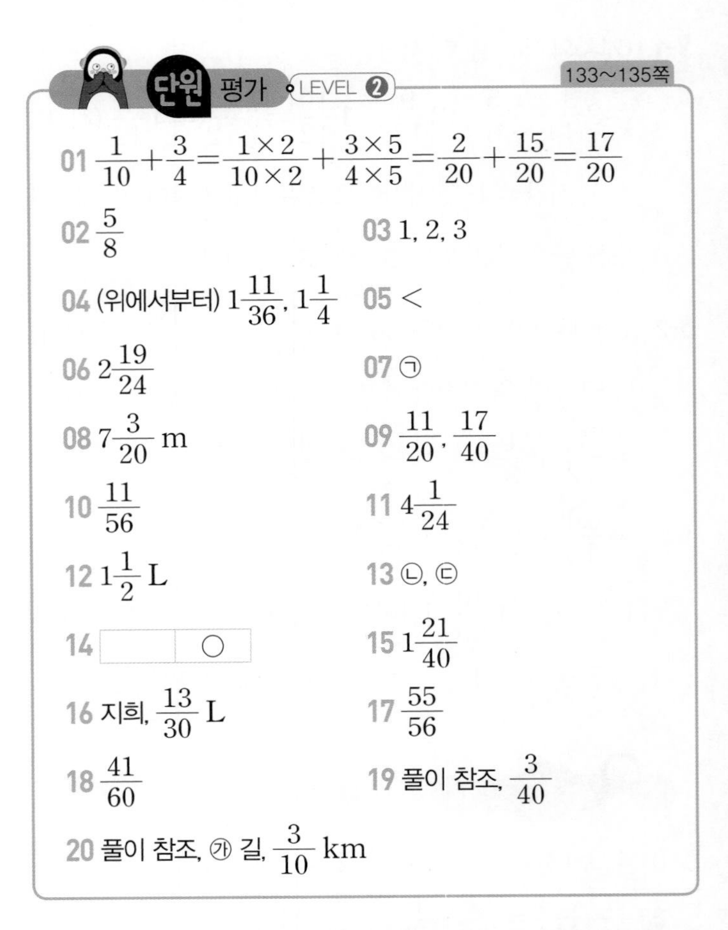

단원 평가 LEVEL 2 133~135쪽

01 $\frac{1}{10}+\frac{3}{4}=\frac{1\times2}{10\times2}+\frac{3\times5}{4\times5}=\frac{2}{20}+\frac{15}{20}=\frac{17}{20}$

02 $\frac{5}{8}$

03 1, 2, 3

04 (위에서부터) $1\frac{11}{36}$, $1\frac{1}{4}$

05 <

06 $2\frac{19}{24}$

07 ㉠

08 $7\frac{3}{20}$ m

09 $\frac{11}{20}$, $\frac{17}{40}$

10 $\frac{11}{56}$

11 $4\frac{1}{24}$

12 $1\frac{1}{2}$ L

13 ㉡, ㉢

14

	○

15 $1\frac{21}{40}$

16 지희, $\frac{13}{30}$ L

17 $\frac{55}{56}$

18 $\frac{41}{60}$

19 풀이 참조, $\frac{3}{40}$

20 풀이 참조, ㉮ 길, $\frac{3}{10}$ km

01 두 분모의 최소공배수를 공통분모로 하여 통분한 후 계산합니다.

02 ㉠$=\frac{3}{8}+\frac{1}{4}=\frac{3}{8}+\frac{2}{8}=\frac{5}{8}$

03 $\frac{3}{5}+\frac{\square}{10}=\frac{6}{10}+\frac{\square}{10}$

덧셈의 계산 결과로 나올 수 있는 가장 큰 진분수가 $\frac{9}{10}$이므로 □ 안에 들어갈 수 있는 자연수는 1, 2, 3 입니다.

04 • $\frac{3}{4}+\frac{5}{9}=\frac{27}{36}+\frac{20}{36}=\frac{47}{36}=1\frac{11}{36}$

• $\frac{3}{4}+\frac{1}{2}=\frac{3}{4}+\frac{2}{4}=\frac{5}{4}=1\frac{1}{4}$

05 $\frac{2}{7}+\frac{3}{5}=\frac{10}{35}+\frac{21}{35}=\frac{31}{35}$

$\frac{7}{10}+\frac{1}{3}=\frac{21}{30}+\frac{10}{30}=\frac{31}{30}=1\frac{1}{30}$

➡ $\frac{31}{35}<1\frac{1}{30}$

06 가장 큰 수는 $2\frac{1}{6}$이고 가장 작은 수는 $\frac{5}{8}$입니다.

➡ $2\frac{1}{6}+\frac{5}{8}=2\frac{4}{24}+\frac{15}{24}=2\frac{19}{24}$

07 ㉠ $3\frac{5}{6}+2\frac{3}{4}=3\frac{10}{12}+2\frac{9}{12}=5\frac{19}{12}=6\frac{7}{12}$

㉡ $2\frac{3}{8}+3\frac{1}{4}=2\frac{3}{8}+3\frac{2}{8}=5\frac{5}{8}$

08 (진수가 사용한 리본의 길이)

$=2\frac{3}{4}+4\frac{2}{5}=2\frac{15}{20}+4\frac{8}{20}=6\frac{23}{20}=7\frac{3}{20}$(m)

09 • $\frac{4}{5}-\frac{1}{4}=\frac{16}{20}-\frac{5}{20}=\frac{11}{20}$

• $\frac{11}{20}-\frac{1}{8}=\frac{22}{40}-\frac{5}{40}=\frac{17}{40}$

10 유라가 만들 수 있는 가장 작은 진분수: $\frac{4}{7}$,

기훈이가 만들 수 있는 가장 작은 진분수: $\frac{3}{8}$

(두 진분수의 차)$=\frac{4}{7}-\frac{3}{8}=\frac{32}{56}-\frac{21}{56}=\frac{11}{56}$

11 $5\frac{5}{8}-1\frac{7}{12}=5\frac{15}{24}-1\frac{14}{24}=4\frac{1}{24}$

12 (수정과의 양)−(식혜의 양)

$=2\frac{4}{5}-1\frac{3}{10}=2\frac{8}{10}-1\frac{3}{10}=1\frac{5}{10}=1\frac{1}{2}$(L)

13 ㉠ $\frac{1}{4}+\frac{5}{8}=\frac{2}{8}+\frac{5}{8}=\frac{7}{8}$

㉡ $\frac{5}{9}+\frac{4}{7}=\frac{35}{63}+\frac{36}{63}=\frac{71}{63}=1\frac{8}{63}$

㉢ $2\frac{2}{5}-1\frac{1}{3}=2\frac{6}{15}-1\frac{5}{15}=1\frac{1}{15}$

㉣ $6\frac{5}{6}-5\frac{9}{10}=6\frac{25}{30}-5\frac{27}{30}=5\frac{55}{30}-5\frac{27}{30}$

$=\frac{28}{30}=\frac{14}{15}$

14 $10\frac{7}{12}-8\frac{1}{8}=10\frac{14}{24}-8\frac{3}{24}=2\frac{11}{24}$

$4\frac{1}{8}-1\frac{5}{6}=4\frac{3}{24}-1\frac{20}{24}=3\frac{27}{24}-1\frac{20}{24}=2\frac{7}{24}$

15 어떤 수를 □라 하면 $□+2\frac{3}{5}=4\frac{1}{8}$입니다.

$□=4\frac{1}{8}-2\frac{3}{5}=4\frac{5}{40}-2\frac{24}{40}=3\frac{45}{40}-2\frac{24}{40}=1\frac{21}{40}$

16 (유미가 2주 동안 마신 우유의 양)

$=1\frac{4}{15}+2\frac{1}{3}=1\frac{4}{15}+2\frac{5}{15}=3\frac{9}{15}=3\frac{3}{5}$(L)

(지희가 2주 동안 마신 우유의 양)

$=2\frac{1}{5}+1\frac{5}{6}=2\frac{6}{30}+1\frac{25}{30}=3\frac{31}{30}=4\frac{1}{30}$(L)

따라서 2주 동안 우유를 지희가

$4\frac{1}{30}-3\frac{3}{5}=4\frac{1}{30}-3\frac{18}{30}=3\frac{31}{30}-3\frac{18}{30}=\frac{13}{30}$(L)

더 많이 마셨습니다.

17 ㉮ $1\frac{5}{7}+2\frac{3}{4}=1\frac{20}{28}+2\frac{21}{28}=3\frac{41}{28}=4\frac{13}{28}$

㉯ $4\frac{13}{28}-2\frac{5}{8}=4\frac{26}{56}-2\frac{35}{56}=3\frac{82}{56}-2\frac{35}{56}=1\frac{47}{56}$

㉰ $1\frac{47}{56}-\frac{6}{7}=1\frac{47}{56}-\frac{48}{56}=\frac{103}{56}-\frac{48}{56}=\frac{55}{56}$

18 $\frac{3}{4}◎\frac{2}{5}=\frac{3}{4}-\frac{2}{5}+\frac{1}{3}=\left(\frac{15}{20}-\frac{8}{20}\right)+\frac{1}{3}$

$=\frac{7}{20}+\frac{1}{3}=\frac{21}{60}+\frac{20}{60}=\frac{41}{60}$

19 예 $\frac{4}{5}<\frac{5}{6}<\frac{7}{8}$이므로 가장 큰 수는 $\frac{7}{8}$이고, 가장 작은 수는 $\frac{4}{5}$입니다. ⋯ 50 %

따라서 두 수의 차는 $\frac{7}{8}-\frac{4}{5}=\frac{35}{40}-\frac{32}{40}=\frac{3}{40}$입니다. ⋯ 50 %

20 예 ㉮ 길: $4\frac{2}{3}+4\frac{1}{5}=4\frac{10}{15}+4\frac{3}{15}=8\frac{13}{15}$(km) ⋯ 30 %

㉯ 길: $3\frac{5}{6}+5\frac{1}{3}=3\frac{5}{6}+5\frac{2}{6}=8\frac{7}{6}=9\frac{1}{6}$(km) ⋯ 30 %

따라서 ㉮ 길로 가는 것이

$9\frac{1}{6}-8\frac{13}{15}=9\frac{5}{30}-8\frac{26}{30}=8\frac{35}{30}-8\frac{26}{30}$

$=\frac{9}{30}=\frac{3}{10}$(km)

더 가깝습니다. ⋯ 40 %

6 단원 다각형의 둘레와 넓이

138~141쪽

01 (1) 5, 5, 5, 5, 25, 25 (2) 5, 25

02 9, 9, 9, 3, 27

03 (1) 8 (2) 16

04 8, 6, 48

05 8, 4, 24

06 5, 7, 2, 24

07 6, 4, 24

08 4, 6, 8

09 5, 2, 5, 2, 10

10 9, 6, 54

11 8, 8, 64

12 100, 100 / 10000

13 (1) 60000 (2) 50

14 1000, 1000 / 1000000

15 (1) 9000000 (2) 70

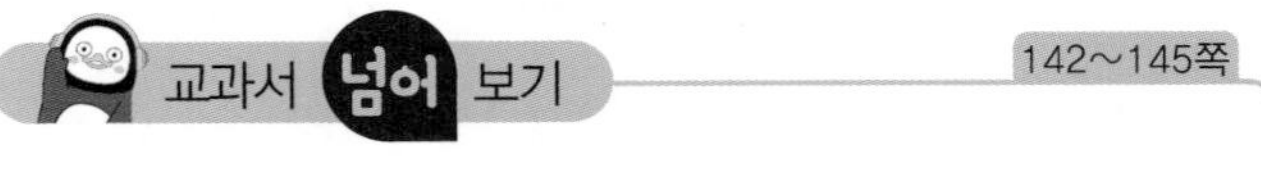

142~145쪽

01 12 cm

02 30 m

03 8, 10

04 8 cm

05 28 cm

06 마름모

07 18

08 예

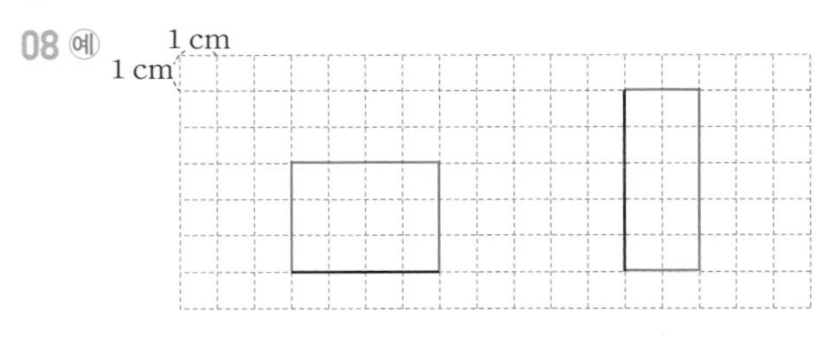

09 9 제곱센티미터

10 나, 다, 마

11 12 cm^2

12

13 63 cm^2

14 8 cm^2

15 (위에서부터) 3, 3 / 3, 4 / 6, 9, 12

16 (1) × (2) ○

17 36 cm^2

18

19 (1) 16 (2) 52

20

교과서 속 응용 문제

21 12 cm

22 16 cm

23 6 cm

24

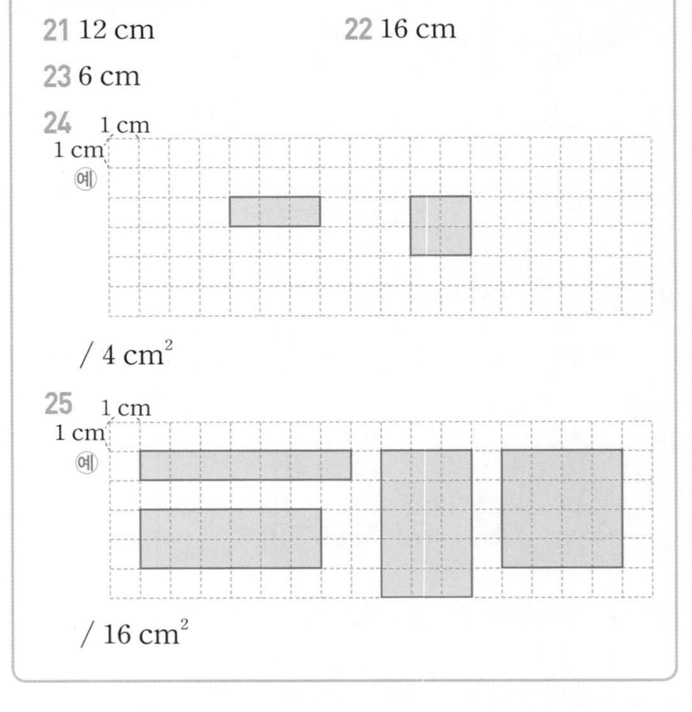

/ 4 cm^2

25 예

/ 16 cm^2

01 정삼각형은 세 변의 길이가 모두 같습니다.
(정삼각형의 둘레)$=4\times3=12$(cm)

02 꽃밭의 둘레는 한 변의 길이가 5 m이고 변이 6개인 정육각형의 둘레와 같습니다.
(꽃밭의 둘레)=(한 변의 길이)×(변의 수)
$=5\times6=30$(m)

03 (정오각형 가의 한 변의 길이)$=40\div5=8$(cm)
(정사각형 나의 한 변의 길이)$=40\div4=10$(cm)

04 정칠각형의 한 변의 길이를 □cm라 하면
□$\times7=56$, □$=56\div7=8$입니다.

05 (직사각형의 둘레)$=(8+6)\times2=28$(cm)

06 (평행사변형의 둘레)$=(8+5)\times2=26$(cm)
(마름모의 둘레)$=7\times4=28$(cm)
따라서 둘레가 더 긴 것은 마름모입니다.

07 평행사변형의 둘레가 58 cm이므로
(□$+11)\times2=58$입니다.
□$+11=29$, □$=29-11=18$

08 둘레가 14 cm인 직사각형의 (가로)+(세로)=7 cm

입니다.

왼쪽은 가로가 4 cm로 주어졌으므로 세로가 3 cm인 직사각형을 완성합니다.

오른쪽은 세로가 5 cm로 주어졌으므로 가로가 2 cm인 직사각형을 완성합니다.

09 cm^2는 제곱센티미터라고 읽습니다.

10 각 도형의 넓이는 다음과 같습니다.

(가의 넓이)$=$(■가 7개)$=7\ cm^2$

(나의 넓이)$=$(■가 6개)$=6\ cm^2$

(다의 넓이)$=$(■가 6개)$=6\ cm^2$

(라의 넓이)$=$(■가 7개)$=7\ cm^2$

(마의 넓이)$=$(■가 6개)$=6\ cm^2$

따라서 넓이가 $6\ cm^2$인 도형은 나, 다, 마입니다.

11 한 개의 넓이는 $4\ cm^2$이고, 그림에서 가 3개이므로 로 채워진 넓이는 $12\ cm^2$입니다.

12 도형을 그리는 규칙은 왼쪽 위, 오른쪽 위가 차례로 한 칸씩 늘어나는 것입니다. 따라서 빈칸에 알맞은 도형은 오른쪽 위가 한 칸 더 늘어나게 그립니다.

13 (직사각형의 넓이)$=7\times9=63(cm^2)$

14 (직사각형의 넓이)$=17\times8=136(cm^2)$

(정사각형의 넓이)$=12\times12=144(cm^2)$

➡ $144-136=8(cm^2)$

15 직사각형의 가로는 3 cm로 모두 같고, 세로는 첫째가 2 cm, 둘째가 3 cm, 셋째가 4 cm로 1 cm씩 커집니다.

16 (1) 세로가 1 cm만큼 커지면 넓이는 $3\ cm^2$만큼 커집니다.

(2) 넷째 직사각형은 가로가 3 cm, 세로가 5 cm이므로 넓이는 $3\times5=15(cm^2)$입니다.

17 정사각형의 한 변의 길이를 □ cm라 하면

$\square\times4=24$, $\square=6$입니다.

(정사각형의 넓이)$=6\times6=36(cm^2)$

18 $1000000\ m^2=1\ km^2$이므로

$4000000\ m^2=4\ km^2$, $40000000\ m^2=40\ km^2$

입니다.

19 (1) 400 cm$=$4 m이므로

(직사각형의 넓이)$=4\times4=16(m^2)$

(2) 8 km$=$8000 m이므로

(직사각형의 넓이)$=6500\times8000$

$=52000000(m^2)=52(km^2)$

21 (정육각형의 둘레)$=10\times6=60(cm)$

정육각형의 둘레가 60 cm이므로 정오각형의 둘레도 60 cm입니다.

정오각형의 한 변의 길이를 □ cm라 하면

$\square\times5=60$, $\square=60\div5=12$입니다.

22 (정팔각형의 둘레)$=6\times8=48(cm)$

정팔각형의 둘레가 48 cm이므로 정삼각형의 둘레도 48 cm입니다.

정삼각형의 한 변의 길이를 □ cm라 하면

$\square\times3=48$, $\square=48\div3=16$입니다.

23 (마름모의 둘레)$=8\times4=32(cm)$

직사각형의 둘레도 32 cm이므로 가로와 세로의 길이의 합은 $32\div2=16(cm)$이고 세로는 $16-10=6(cm)$입니다.

24 둘레가 8 cm인 직사각형의 가로와 세로의 길이의 합은 $8\div2=4(cm)$이므로 가로, 세로가 (1 cm, 3 cm), (2 cm, 2 cm)인 직사각형을 그릴 수 있습니다.

이 중에서 넓이가 더 넓은 직사각형은 한 변의 길이가 2 cm인 정사각형이고, 넓이는 $2\times2=4(cm^2)$입니다.

25 둘레가 16 cm인 직사각형의 가로와 세로의 길이의 합은 $16\div2=8(cm)$이므로 가로, 세로가 (1 cm, 7 cm), (2 cm, 6 cm), (3 cm, 5 cm), (4 cm, 4 cm)인 직사각형을 그릴 수 있습니다.

이 중에서 넓이가 가장 넓은 직사각형은 한 변의 길이가 4 cm인 정사각형이고, 넓이는 $4\times4=16(cm^2)$입니다.

147~149쪽

01 5 cm, 7 cm
02 6, 6, 3, 9
03 3, 3, 9
04 6, 78
05 $50\ cm^2$
06 (1) (위에서부터) 2, 2, 2 / 4, 4, 4 / 8, 8, 8
(2) 같습니다에 ○표
07 5 cm, 6 cm
08 5, 4, 10
09 5, 4, 10
10 8, 4, 2, 16
11 $18\ cm^2$
12 (1) (위에서부터) 4, 4, 4 / 4, 4, 4 / 8, 8, 8
(2) 같습니다에 ○표

교과서 넘어 보기

150~152쪽

26 ①, ⑤
27 5 cm, 8 cm에 ○표 / $40\ cm^2$
28 $18\ cm^2$
29 다
30 <
31 9 cm
32

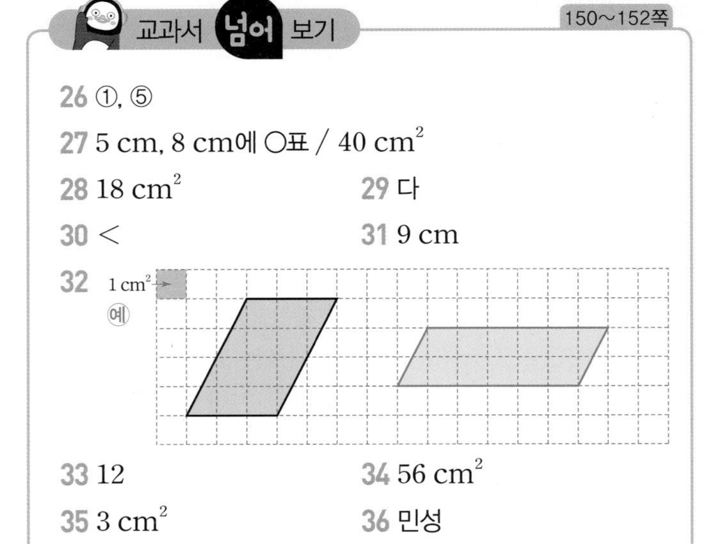

33 12
34 $56\ cm^2$
35 $3\ cm^2$
36 민성
37 나
38 10
39 다
40

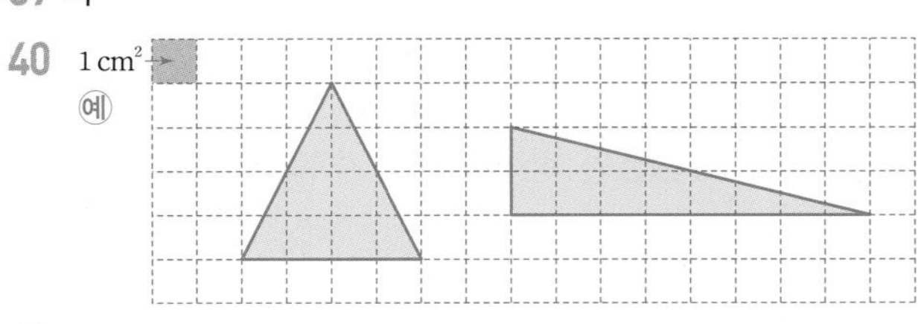

41 14 cm

교과서 속 응용 문제

42 12
43 8
44 21 cm

26 밑변이 ②일 때 높이는 ①이 됩니다.
밑변이 ③일 때 높이는 ⑤가 됩니다.

27 평행사변형의 넓이를 구하기 위해서는 밑변의 길이 8 cm와 높이 5 cm가 필요합니다.
(평행사변형의 넓이)$=8\times5=40(cm^2)$

28 (평행사변형 가의 넓이)$=8\times11=88(cm^2)$
(평행사변형 나의 넓이)$=14\times5=70(cm^2)$
두 평행사변형의 넓이의 차는 $88-70=18(cm^2)$입니다.

29 각 평행사변형의 높이는 4 cm로 같고, 밑변의 길이는 가, 나, 라는 3 cm, 다는 2 cm입니다.
따라서 넓이가 나머지와 다른 평행사변형은 다입니다.

30 (가의 넓이)$=10\times18=180(cm^2)$
(나의 넓이)$=14\times13=182(cm^2)$

31 (평행사변형의 넓이)$=$(밑변의 길이)$\times$(높이)
➡ (높이)$=108\div12=9(cm)$

32 주어진 평행사변형의 넓이는 $3\times4=12(cm^2)$입니다. 따라서 밑변의 길이와 높이의 곱이 12가 되는 평행사변형을 그립니다.
참고 두 수의 곱이 12가 되는 경우는 (1, 12), (2, 6), (3, 4)가 있습니다.

33 (평행사변형의 넓이)$=$(밑변의 길이)$\times$(높이)이므로 한 평행사변형에서 밑변의 길이와 높이의 곱은 같습니다.
밑변의 길이를 15 cm라 할 때 높이는 8 cm이고, 밑변의 길이를 10 cm라 할 때 높이는 □cm이므로 $15\times8=10\times\square$, $120=10\times\square$, $\square=12$입니다.

34 (삼각형의 넓이)$=14\times8\div2=56(cm^2)$

35 자로 재어 보면 밑변의 길이는 3 cm, 높이는 2 cm이므로 삼각형의 넓이는 $3\times2\div2=3(cm^2)$입니다.

36 평행사변형의 높이는 삼각형의 높이의 반입니다.

37 각 삼각형의 높이는 4 cm로 같고, 밑변의 길이는 가, 다, 라는 3 cm, 나는 4 cm입니다.
따라서 넓이가 나머지와 다른 삼각형은 나입니다.

38 넓이가 65 cm^2, 밑변의 길이가 13 cm인 삼각형의 높이가 □ cm이므로
$13 \times □ \div 2 = 65$, $13 \times □ = 65 \times 2$, $13 \times □ = 130$,
$□ = 130 \div 13 = 10$입니다.

39 밑변의 길이와 높이의 곱이 같은 삼각형은 넓이가 같습니다.
삼각형 가와 나는 밑변의 길이와 높이의 곱이 12로 같습니다.
삼각형 다는 밑변의 길이와 높이의 곱이 16으로 다르므로 넓이가 나머지와 다른 삼각형은 삼각형 다입니다.

40 삼각형의 넓이가 8 cm^2이므로 밑변의 길이와 높이의 곱이 16이 되는 삼각형을 그립니다.

41 삼각형에서 밑변의 길이를 24 cm라 하면 높이는 21 cm이고, 밑변의 길이를 36 cm라 하면 높이는 ㉠입니다.
(삼각형의 넓이) $= 24 \times 21 \div 2 = 252(cm^2)$
$36 \times ㉠ \div 2 = 252$, $36 \times ㉠ = 252 \times 2$,
$36 \times ㉠ = 504$, $㉠ = 504 \div 36 = 14(cm)$

42 직사각형과 평행사변형의 넓이가 같으므로
$18 \times 4 = 6 \times □$, $6 \times □ = 72$, $□ = 72 \div 6 = 12$입니다.

43 정사각형과 삼각형의 넓이가 같으므로
$6 \times 6 = 9 \times □ \div 2$, $9 \times □ \div 2 = 36$, $9 \times □ = 72$,
$□ = 72 \div 9 = 8$입니다.

44 삼각형의 높이를 □ cm라 하면
삼각형의 넓이는 평행사변형의 넓이와 같으므로
$12 \times 14 = 16 \times □ \div 2$, $16 \times □ \div 2 = 168$,
$16 \times □ = 168 \times 2$, $16 \times □ = 336$,
$□ = 336 \div 16 = 21$입니다.

교과서 개념 다지기 153~154쪽

01 (1) 4, 16 (2) 2, 4, 2, 8　02 8, 5, 20
03 5, 8, 2, 20　04 3, 7, 5, 2, 25
05 7, 13, 6, 60　06 4, 7, 8, 2, 44

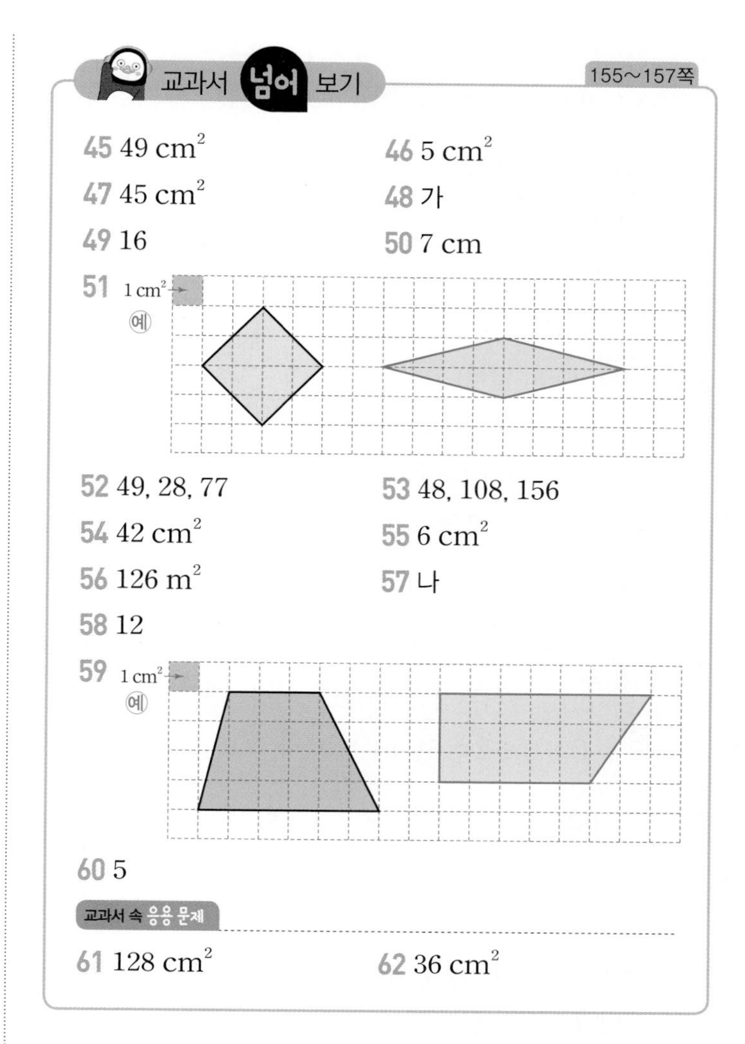
교과서 넘어 보기 155~157쪽

45 49 cm^2　46 5 cm^2
47 45 cm^2　48 가
49 16　50 7 cm
51
52 49, 28, 77　53 48, 108, 156
54 42 cm^2　55 6 cm^2
56 126 m^2　57 나
58 12
59
60 5
교과서 속 응용 문제
61 128 cm^2　62 36 cm^2

45 (마름모의 넓이) $= 14 \times 7 \div 2 = 49(cm^2)$

46 자로 재어 보면 두 대각선은 각각 5 cm, 2 cm이므로 마름모의 넓이는 $5 \times 2 \div 2 = 5(cm^2)$입니다.

47 마름모의 두 대각선은 15 cm와 $3 \times 2 = 6(cm)$이므로 넓이는 $15 \times 6 \div 2 = 45(cm^2)$입니다.

48 (마름모 가의 넓이) $= 9 \times 8 \div 2 = 36(cm^2)$
(마름모 나의 넓이) $= 7 \times 10 \div 2 = 35(cm^2)$

49 마름모의 넓이가 88 cm^2이므로 $11 \times □ \div 2 = 88$입니다.
$11 \times □ = 88 \times 2$, $11 \times □ = 176$, $□ = 176 \div 11 = 16$

50 직사각형의 가로를 □ cm라 하면 마름모의 두 대각선은 각각 □ cm, 6 cm이므로
$□ \times 6 \div 2 = 21$, $□ \times 6 = 21 \times 2$, $□ \times 6 = 42$, $□ = 7$입니다. 따라서 직사각형의 가로는 7 cm입니다.

51 주어진 마름모의 넓이가 $4\times4\div2=8(\text{cm}^2)$이므로 두 대각선의 길이의 곱이 16이 되는 마름모를 그립니다.

52 (사다리꼴의 넓이)
$=$(삼각형 가의 넓이)$+$(삼각형 나의 넓이)
$=14\times7\div2+8\times7\div2$
$=49+28=77(\text{cm}^2)$

53 (사다리꼴의 넓이)
$=$(삼각형 가의 넓이)$+$(평행사변형 나의 넓이)
$=(17-9)\times12\div2+9\times12$
$=48+108=156(\text{cm}^2)$

54 (사다리꼴의 넓이)$=(6+8)\times6\div2=42(\text{cm}^2)$

55 자로 재어 보면 윗변의 길이는 2 cm, 아랫변의 길이는 4 cm, 높이는 2 cm이므로 사다리꼴의 넓이는 $(2+4)\times2\div2=6(\text{cm}^2)$입니다.

56 두 밑변 사이의 거리는 높이이므로 사다리꼴의 높이는 9 m입니다.
(사다리꼴의 넓이)$=(12+16)\times9\div2=126(\text{m}^2)$

57 각 사다리꼴의 높이는 4 cm로 같고, 윗변의 길이와 아랫변의 길이의 합이 가, 다는 6 cm, 나는 5 cm입니다.
따라서 넓이가 나머지와 다른 사다리꼴은 나입니다.

58 사다리꼴의 넓이가 $135\ \text{cm}^2$이므로
$(\square+18)\times9\div2=135$입니다.
$(\square+18)\times9=135\times2$, $(\square+18)\times9=270$,
$\square+18=270\div9$, $\square+18=30$,
$\square=30-18=12$

59 주어진 사다리꼴의 넓이는 $(3+6)\times4\div2=18(\text{cm}^2)$입니다.
따라서 윗변과 아랫변의 길이의 합과 높이의 곱이 36이 되는 사다리꼴을 그립니다.

60 (삼각형 나의 넓이)$=4\times8\div2=16(\text{cm}^2)$
사다리꼴 가의 넓이가 삼각형 나의 넓이의 5배이므로 사다리꼴 가의 넓이는 $16\times5=80(\text{cm}^2)$입니다.
$(15+\square)\times8\div2=80$, $(15+\square)\times8=80\times2$,
$(15+\square)\times8=160$, $15+\square=160\div8$,
$15+\square=20$, $\square=20-15=5$

다른 풀이 사다리꼴 가와 삼각형 나의 높이가 같고 사다리꼴 가의 넓이가 삼각형 나의 넓이의 5배이므로 $15+\square$는 4의 5배입니다.
$15+\square=4\times5=20$, $\square=20-15=5$

61 마름모의 두 대각선의 길이는 각각 16 cm, 16 cm입니다.
따라서 넓이는 $16\times16\div2=128(\text{cm}^2)$입니다.

62 처음 마름모의 넓이는 $12\times12\div2=72(\text{cm}^2)$입니다.
색칠한 마름모의 넓이는 처음 마름모 넓이의 반이므로 $72\div2=36(\text{cm}^2)$입니다.

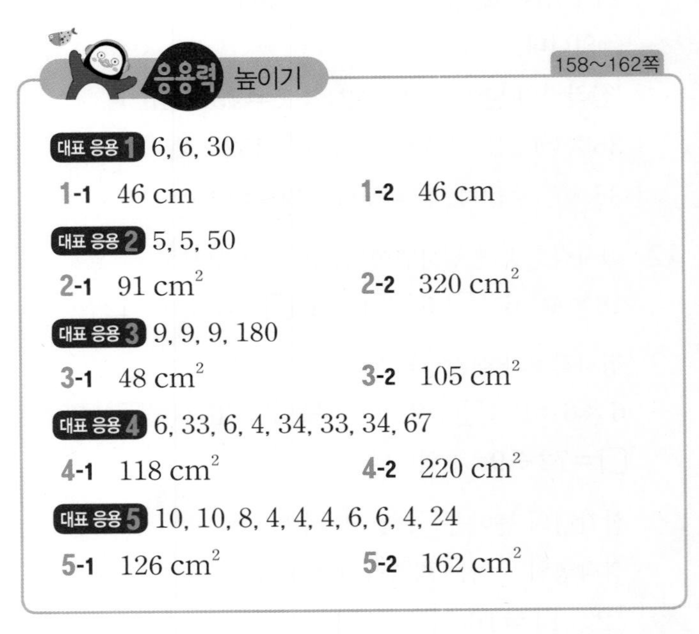
응용력 높이기 158~162쪽

대표 응용 1 6, 6, 30
1-1 46 cm　　1-2 46 cm
대표 응용 2 5, 5, 50
2-1 $91\ \text{cm}^2$　　2-2 $320\ \text{cm}^2$
대표 응용 3 9, 9, 9, 180
3-1 $48\ \text{cm}^2$　　3-2 $105\ \text{cm}^2$
대표 응용 4 6, 33, 6, 4, 34, 33, 34, 67
4-1 $118\ \text{cm}^2$　　4-2 $220\ \text{cm}^2$
대표 응용 5 10, 10, 8, 4, 4, 4, 6, 6, 4, 24
5-1 $126\ \text{cm}^2$　　5-2 $162\ \text{cm}^2$

1-1 도형의 둘레는 가로가 14 cm, 세로가 9 cm인 직사각형의 둘레와 같습니다.
➡ (도형의 둘레)$=(14+9)\times2=46(\text{cm})$

1-2 도형의 둘레는 가로가 10 cm, 세로가 8 cm인 직사각형의 둘레에 5 cm인 선분 2개를 더한 것과 같습니다.
➡ (도형의 둘레)$=(10+8)\times2+5\times2$
$=36+10=46(\text{cm})$

2-1 색칠한 두 부분을 하나로 이어 붙이면 윗변의 길이가

$12-7=5$(cm), 아랫변의 길이가 $16-7=9$(cm), 높이가 13 cm인 사다리꼴이 됩니다.
따라서 색칠한 부분의 넓이는
$(5+9)\times13\div2=91(\text{cm}^2)$입니다.

2-2 색칠한 부분을 모두 하나로 이어 붙이면 가로가 $32-8-4=20$(cm),
세로가 $28-8-4=16$(cm)인 직사각형이 됩니다.
따라서 색칠한 부분의 넓이는 $20\times16=320(\text{cm}^2)$입니다.

3-1 평행사변형의 높이를 □cm라 하면 $18\times□=216$입니다. $□=216\div18=12$
평행사변형 ㄱㄴㄷㄹ의 높이는 삼각형 ㄷㄹㅁ의 높이와 같으므로 삼각형 ㄷㄹㅁ의 넓이는
$8\times12\div2=48(\text{cm}^2)$입니다.

3-2 변 ㄷㄹ의 길이를 □cm라 하면
$(14+□)\times15\div2=180$입니다.
$(14+□)\times15=180\times2$, $(14+□)\times15=360$,
$14+□=360\div15$, $14+□=24$,
$□=24-14=10$
변 ㄴㄷ의 길이가 $24-10=14$(cm)이므로 삼각형 ㄱㄴㄷ의 넓이는 $14\times15\div2=105(\text{cm}^2)$입니다.

4-1 (다각형의 넓이)
=(밑변이 12 cm, 높이가 9 cm인 삼각형의 넓이)
+(밑변이 8 cm, 높이가 16 cm인 삼각형의 넓이)
$=12\times9\div2+8\times16\div2$
$=54+64=118(\text{cm}^2)$

4-2 (색칠한 부분의 넓이)
=(평행사변형의 넓이)−(삼각형의 넓이)
$=22\times13-6\times22\div2$
$=286-66=220(\text{cm}^2)$

5-1 직사각형의 세로를 □cm라 하면 가로는 (□−5) cm이고 가로와 세로의 길이의 합은 $46\div2=23$(cm)입니다.
$□-5+□=23$, $□+□=28$, $□=14$
직사각형의 가로는 $14-5=9$(cm), 세로는 14 cm이므로 직사각형의 넓이는 $9\times14=126(\text{cm}^2)$입니다.

5-2 직사각형의 가로를 □cm라 하면 세로는 (□+□) cm이고 가로와 세로의 길이의 합은 $54\div2=27$(cm)입니다.
$□+(□+□)=27$, $□=9$입니다.
직사각형의 가로는 9 cm, 세로는 $9+9=18$(cm)이므로 직사각형의 넓이는 $9\times18=162(\text{cm}^2)$입니다.

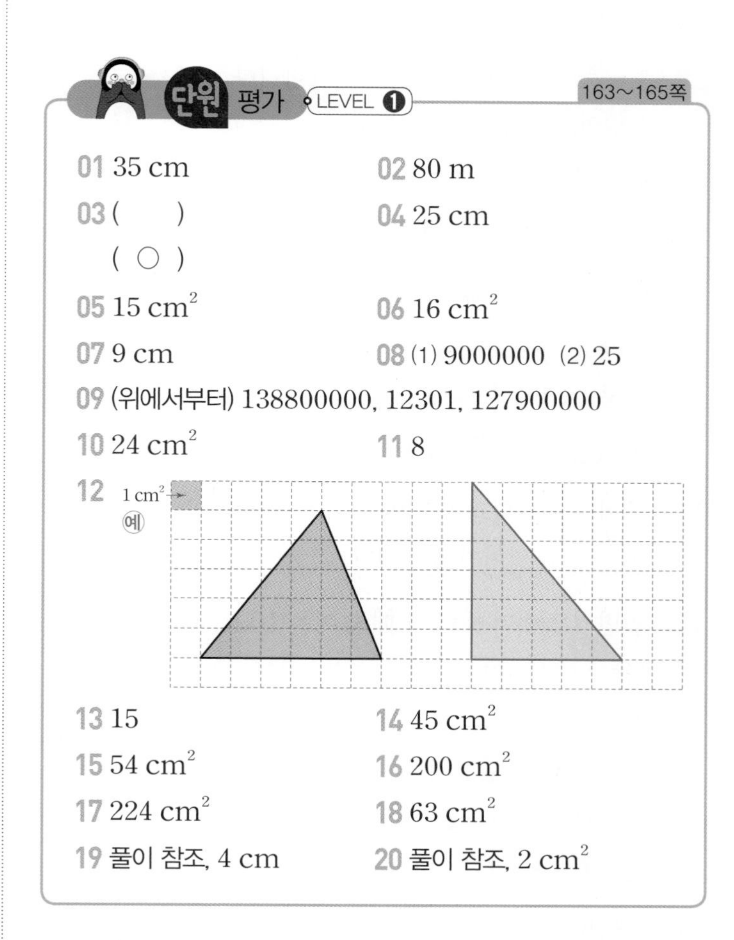
단원 평가 LEVEL ❶ 163~165쪽

01 35 cm
02 80 m
03 ( ) (○)
04 25 cm
05 15 cm²
06 16 cm²
07 9 cm
08 (1) 9000000 (2) 25
09 (위에서부터) 138800000, 12301, 127900000
10 24 cm²
11 8
12 1 cm² 예
13 15
14 45 cm²
15 54 cm²
16 200 cm²
17 224 cm²
18 63 cm²
19 풀이 참조, 4 cm
20 풀이 참조, 2 cm²

01 정오각형은 다섯 변의 길이가 모두 같습니다.
따라서 둘레는 $7\times5=35$(cm)입니다.

02 (텃밭의 둘레)$=20\times4=80$(m)

03 한 변의 길이가 9 cm인 마름모의 둘레는
$9\times4=36$(cm)입니다.
한 변의 길이가 5 cm인 정팔각형의 둘레는
$5\times8=40$(cm)입니다.

04 공책의 세로를 □cm라 하면 $(17+\square)\times 2=84$입니다.
$17+\square=84\div 2$, $17+\square=42$, $\square=42-17=25$

05 1 cm^2가 15개이므로 도형의 넓이는 15 cm^2입니다.

06 (직사각형의 넓이)$=17\times 9=153(cm^2)$
(정사각형의 넓이)$=13\times 13=169(cm^2)$
➡ $169-153=16(cm^2)$

07 정사각형의 한 변의 길이를 □cm라 하면
$\square\times\square=81$이고 $9\times 9=81$이므로 $\square=9$입니다.

08 1 km^2=1000000 m^2

09 1 m^2=10000 cm^2임을 이용합니다.
13880 m^2=138800000 cm^2
123010000 cm^2=12301 m^2
12790 m^2=127900000 cm^2

10 (평행사변형의 넓이)$=8\times 3=24(cm^2)$

11 (오른쪽 평행사변형의 넓이)$=6\times 12=72(cm^2)$
왼쪽 평행사변형의 넓이도 72 cm^2입니다.
$9\times\square=72$, $\square=72\div 9=8$

12 주어진 삼각형과 밑변의 길이와 높이의 곱이 같은 삼각형은 모두 넓이가 같습니다.

13 밑변의 길이가 9 m일 때 높이는 10 m이므로
(삼각형의 넓이)=(밑변의 길이)×(높이)÷2
$=9\times 10\div 2=45(m^2)$
이 삼각형의 밑변의 길이가 □m일 때의 높이는 6 m이므로 $\square\times 6\div 2=45$, $\square\times 6=45\times 2$,
$\square\times 6=90$, $\square=90\div 6=15$입니다.

14 (색칠한 부분의 넓이)
=(색칠한 2개의 삼각형의 넓이의 합)
$=5\times 10\div 2+4\times 10\div 2$
$=25+20=45(cm^2)$

15 직사각형의 가로와 세로의 합이 $42\div 2=21(cm)$이므로 직사각형의 세로는 $21-12=9(cm)$입니다.
마름모의 두 대각선의 길이는 각각 12 cm, 9 cm입니다.
(마름모의 넓이)$=12\times 9\div 2=54(cm^2)$

16 지름이 20 cm인 원 안에 그릴 수 있는 가장 큰 마름모는 두 대각선의 길이가 각각 20 cm입니다.
(마름모의 넓이)$=20\times 20\div 2=200(cm^2)$

17 (사다리꼴의 넓이)$=(21+11)\times 14\div 2=224(cm^2)$

18 삼각형 ㅁㄴㄷ의 높이를 □cm라 하면
$12\times\square\div 2=42$, $12\times\square=42\times 2$, $12\times\square=84$,
$\square=84\div 12=7$입니다.
사다리꼴 ㄱㄴㄷㄹ의 높이는 삼각형 ㅁㄴㄷ의 높이와 같으므로 사다리꼴 ㄱㄴㄷㄹ의 높이는 7 cm입니다.
(사다리꼴 ㄱㄴㄷㄹ의 넓이)
$=(6+12)\times 7\div 2=63(cm^2)$

19 예 평행사변형의 둘레가 20 cm이므로
(6+㉠)×2=20 … 50 %
따라서 6+㉠=20÷2, 6+㉠=10, ㉠=4(cm)입니다. … 50 %

20 예 (삼각형의 넓이)$=14\times 14\div 2=98(cm^2)$ … 40 %
(마름모의 넓이)$=16\times 12\div 2=96(cm^2)$ … 40 %
따라서 삼각형의 넓이는 마름모의 넓이보다
$98-96=2(cm^2)$ 더 넓습니다. … 20 %

단원 평가 LEVEL 2

166~168쪽

01 27 cm　**02** 8 cm
03 48 cm　**04** 7
05 7 cm^2, 5 cm^2　**06** ㉡
07 12
08 예

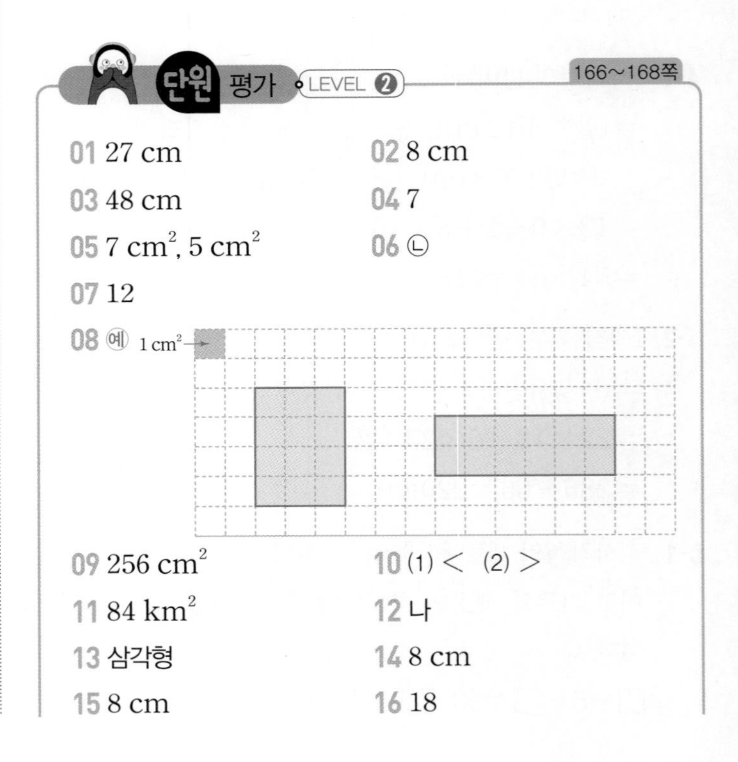

09 256 cm^2　**10** (1) < (2) >
11 84 km^2　**12** 나
13 삼각형　**14** 8 cm
15 8 cm　**16** 18

17 66 m, 140 m^2 18 80 cm^2
19 풀이 참조, 정육각형, 2 cm
20 풀이 참조, 8 cm

01 정구각형은 9개의 변의 길이가 모두 같으므로 둘레는 $3\times9=27$(cm)입니다.

02 정십이각형의 12개의 변의 길이는 모두 같습니다. 정십이각형의 한 변의 길이를 □cm라 하면 □$\times12=96$입니다. □$=96\div12=8$

03 (마름모의 둘레)$=12\times4=48$(cm)

04 $(13+$□$)\times2=40$, $13+$□$=40\div2$,
$13+$□$=20$, □$=20-13=7$

05 가: 1 cm^2가 7개이므로 7 cm^2입니다.
나: 1 cm^2가 5개이므로 5 cm^2입니다.

06 ㉠ (직사각형의 넓이)$=3\times7=21(cm^2)$
㉡ (정사각형의 넓이)$=5\times5=25(cm^2)$

07 (직사각형의 넓이)$=$(가로)$\times$(세로)이므로
$9\times$□$=108$, □$=108\div9=12$입니다.

08 넓이가 12 cm^2이므로 가로와 세로의 곱이 12인 직사각형을 그립니다.

09 정사각형의 한 변의 길이를 □cm라 하면 둘레가 64 cm이므로 □$\times4=64$입니다. □$=64\div4=16$
따라서 정사각형의 넓이는 $16\times16=256(cm^2)$입니다.

10 (1) 3 $m^2$$=$30000 cm^2이므로 6000 $cm^2$$<$3 m^2
(2) 9 $km^2$$=$9000000 m^2이므로 9 $km^2$$>$90000 m^2

11 7000 m$=$7 km
(직사각형의 넓이)$=12\times7=84(km^2)$

12 각 평행사변형의 높이는 4 cm로 같고, 밑변의 길이는 가, 다, 라는 2 cm, 나는 3 cm입니다.
따라서 넓이가 나머지와 다른 평행사변형은 나입니다.

13 (평행사변형의 넓이)$=8\times6=48(cm^2)$
(삼각형의 넓이)$=12\times9\div2=54(cm^2)$
따라서 삼각형의 넓이가 더 넓습니다.

14 넓이가 20 cm^2, 밑변의 길이가 5 cm인 삼각형의 높이를 □cm라 하면 $5\times$□$\div2=20$입니다.
$5\times$□$=20\times2$, $5\times$□$=40$, □$=8$

15 대각선 ㄱㄷ의 길이를 □cm라 하면
$15\times$□$\div2=60$, $15\times$□$=60\times2$,
$15\times$□$=120$, □$=120\div15=8$입니다.

16 (사다리꼴의 넓이)
$=(5+19)\times9\div2=108(cm^2)$
마름모의 넓이도 108 cm^2입니다.
$12\times$□$\div2=108$, $12\times$□$=108\times2$,
$12\times$□$=216$, □$=216\div12=18$

17 다각형의 둘레는 가로가 $6+5+6=17$(m), 세로가 $6+5+5=16$(m)인 직사각형의 둘레와 같습니다.
➡ (다각형의 둘레)$=(17+16)\times2=66$(m)
다각형의 넓이는 가로가 5 m, 세로가 6 m인 직사각형 3개와 한 변의 길이가 5 m인 정사각형 2개의 넓이의 합과 같습니다.
➡ (다각형의 넓이)$=(5\times6)\times3+(5\times5)\times2$
$=90+50=140(m^2)$

18 사다리꼴의 높이인 선분 ㅁㄷ의 길이를 □cm라 하면 삼각형 ㄱㄷㄹ에서 밑변의 길이와 높이의 곱은 일정하므로 $10\times4=5\times$□, $5\times$□$=40$, □$=8$입니다.
(사다리꼴의 넓이)$=(5+15)\times8\div2=80(cm^2)$

19 예 (정육각형의 둘레)$=3\times6=18$(cm) … 40 %
(마름모의 둘레)$=4\times4=16$(cm) … 40 %
따라서 정육각형의 둘레가 $18-16=2$(cm) 더 깁니다. … 20 %

20 예 (평행사변형의 넓이)$=8\times6=48(cm^2)$ … 30 %
사다리꼴의 넓이도 48 cm^2이므로 높이를 □cm라 하면 $(8+4)\times$□$\div2=48$ … 30 %
$12\times$□$\div2=48$, $12\times$□$=48\times2$, $12\times$□$=96$,
□$=96\div12=8$입니다. … 40 %

1 단원 자연수의 혼합 계산

1 단원 기본 문제 복습 2~3쪽

01 30, 7, 23

02 $63-(36-17)=63-19$
① $=44$
②

03 (1) 45 (2) 9

04 식 $5000-(700+1800)=2500$ 답 2500원

05 (선 잇기) 06 $>$

07 22 08 2, 8 / 170개

09 ㉢, ㉠, ㉡ 10 ③

11 36 12 $>$

13 식 $100-(8+6)\times 4=44$ 답 44개

03 (1) $54+19-28=73-28=45$
(2) $40-(22+9)=40-31=9$

04 (거스름돈)$=5000-$((지우개의 가격)$+$(공책의 가격))
$=5000-(700+1800)$
$=5000-2500=2500$(원)

05 $84\div 6\times 2=14\times 2=28$
$84\div(6\times 2)=84\div 12=7$

06 $56\div 8\times 4=7\times 4=28$
$6\times 15\div 5=90\div 5=18$
➡ $28>18$

07 $64\div 8+16=8+16=24$
$81-5\times 7=81-35=46$
➡ $46-24=22$

08 $(52+37)\times 2-8=89\times 2-8$
$=178-8=170$(개)

09 ㉠ $56\div(5+2)-1=56\div 7-1=8-1=7$
㉡ $(26+46)\div 8-3=72\div 8-3=9-3=6$
㉢ $4\times 13-37+16=52-37+16$
$=15+16=31$

11 $7\times 5-16+(22+29)\div 3=7\times 5-16+51\div 3$
$=35-16+51\div 3$
$=35-16+17$
$=19+17=36$

12 $7\times(84-24)\div 6+25=95$

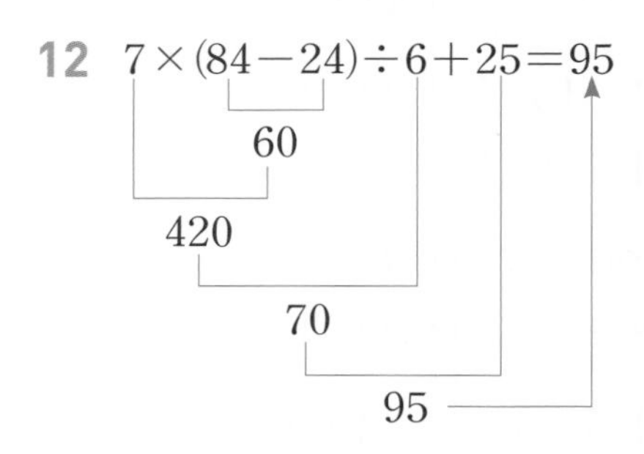

13 (앞으로 더 만들어야 하는 딱지의 수)
$=100-$(두 사람이 4일 동안 만든 딱지의 수)
$=100-(8+6)\times 4$
$=100-14\times 4=100-56=44$(개)

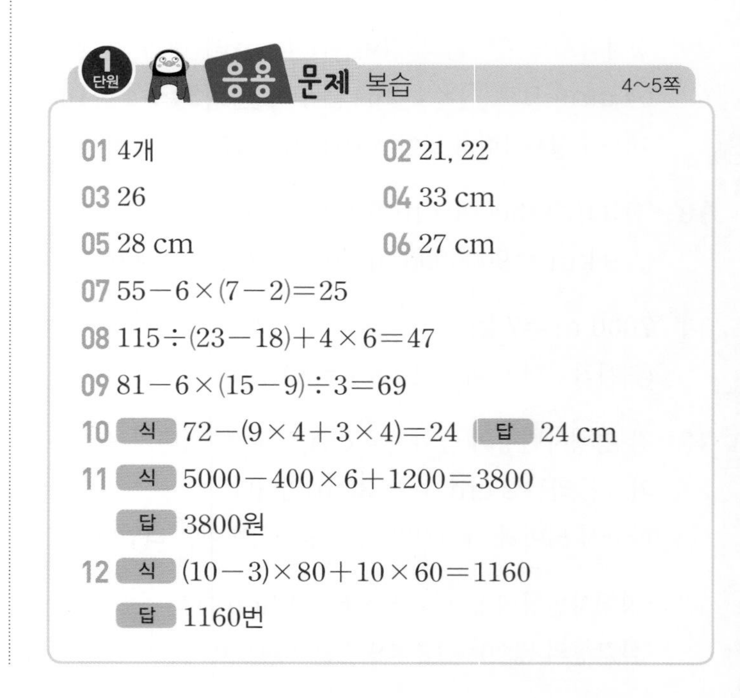

1 단원 응용 문제 복습 4~5쪽

01 4개 02 21, 22

03 26 04 33 cm

05 28 cm 06 27 cm

07 $55-6\times(7-2)=25$

08 $115\div(23-18)+4\times 6=47$

09 $81-6\times(15-9)\div 3=69$

10 식 $72-(9\times 4+3\times 4)=24$ 답 24 cm

11 식 $5000-400\times 6+1200=3800$
답 3800원

12 식 $(10-3)\times 80+10\times 60=1160$
답 1160번

01 $5-27\div9+3=5-3+3=2+3=5$

5>□이므로 □ 안에 들어갈 수 있는 자연수는 1, 2, 3, 4로 모두 4개입니다.

02 $250\div(5\times5)\times2=20$ $37-8+15-21=23$

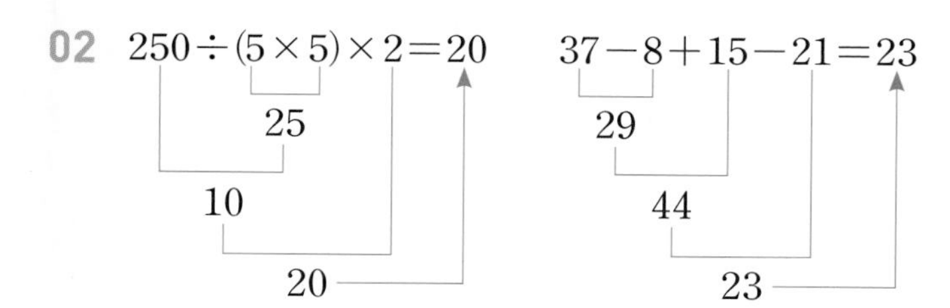

20<□<23이므로 □ 안에 들어갈 수 있는 자연수는 21, 22입니다.

03 $5\times14\div(9-7)-16=19$

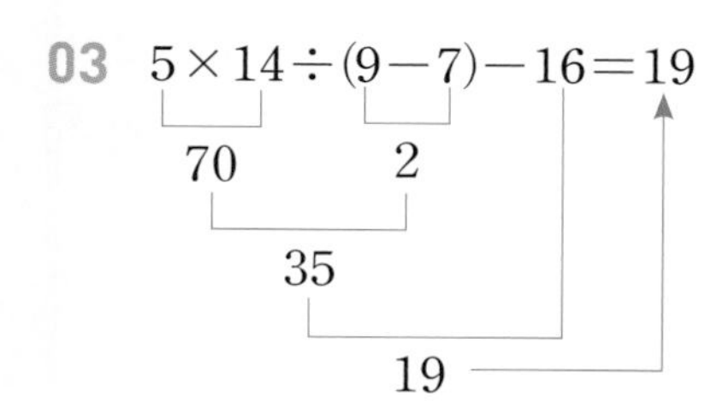

$98\div(8+6)\times12-37=47$

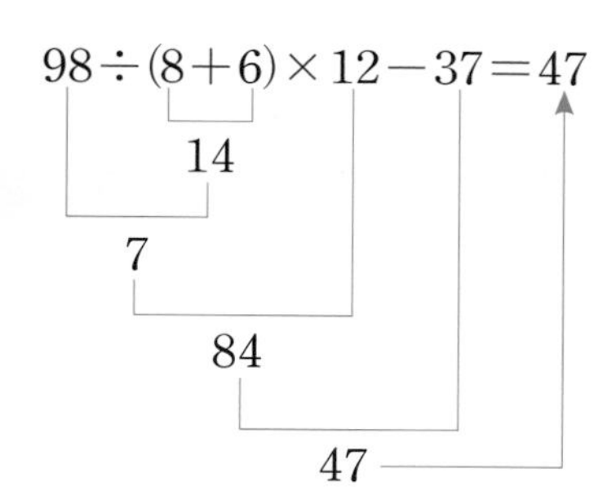

19<□<47이므로 □ 안에 들어갈 수 있는 자연수 중에서 가장 큰 수는 46이고 가장 작은 수는 20입니다.

➡ $46-20=26$

04 $17+19-3=36-3=33$(cm)

05 $11+152\div8-2=11+19-2$

$=30-2=28$(cm)

06 $117\div9+144\div8-4=13+18-4$

$=31-4=27$(cm)

07 $(55-6)\times7-2=49\times7-2=343-2=341$ (×)

$55-(6\times7)-2=55-42-2=13-2=11$ (×)

$55-6\times(7-2)=55-6\times5=55-30=25$ (○)

08 $115\div(23-18)+4\times6=115\div5+4\times6$

$=23+24=47$

09 $81-6\times(15-9)\div3=81-6\times6\div3$

$=81-36\div3$

$=81-12=69$

10 (남은 철사의 길이)

=(처음 철사의 길이)−(정사각형 2개의 둘레의 합)

$=72-(9\times4+3\times4)$

$=72-(36+12)$

$=72-48=24$(cm)

11 (책을 사는 데 쓴 돈)

=(처음에 가지고 있던 돈)−(사탕을 사는 데 쓴 돈)

+(어머니께 받은 돈)

$=5000-400\times6+1200$

$=5000-2400+1200$

$=2600+1200=3800$(원)

12 (두 사람이 한 줄넘기 횟수)

=(정원이가 한 줄넘기 횟수)+(준영이가 한 줄넘기 횟수)

$=(10-3)\times80+10\times60$

$=7\times80+10\times60$

$=560+600=1160$(번)

1 단원 서술형 수행 평가 6~7쪽

01 풀이 참조, 33개	02 풀이 참조, 4400원
03 풀이 참조, 390 g	04 풀이 참조, 20개
05 풀이 참조, 3장	06 풀이 참조, 80원
07 풀이 참조, 8200원	08 풀이 참조, 30번
09 풀이 참조, 27 km	10 풀이 참조, 700원

01 예 (성훈이가 가지고 있는 딱지 수)

$=35-19+17$ … 50 %

$=16+17=33$(개) … 50 %

02 예 (하율이가 지금 가지고 있는 돈)
$=3500+5700-4800$ … [50 %]
$=9200-4800=4400$(원) … [50 %]

03 예 감 1개의 무게: $650 \div 5$
(감 3개의 무게)
$=650 \div 5 \times 3$ … [50 %]
$=130 \times 3=390$(g) … [50 %]

04 예 달걀의 수: 30×4
(만들 수 있는 케이크의 수)
$=30 \times 4 \div 6$ … [50 %]
$=120 \div 6=20$(개) … [50 %]

05 예 전체 색종이 수: $28+36$
채연이가 받은 색종이 수: $(28+36) \div 8$
(채연이에게 남은 색종이 수)
$=(28+36) \div 8-5$ … [50 %]
$=64 \div 8-5$
$=8-5=3$(장) … [50 %]

06 예 (젤리 한 개의 값)$-$(초콜릿 한 개의 값)
$=2850 \div 3-4350 \div 5$ … [50 %]
$=950-4350 \div 5$
$=950-870=80$(원) … [50 %]

07 예 인하가 30일 동안 모은 돈: 500×30
생일 선물을 사고 남은 돈: $500 \times 30-12400$
(지금 인하가 가지고 있는 돈)
$=500 \times 30-12400+800 \times 7$ … [50 %]
$=15000-12400+5600$
$=2600+5600=8200$(원) … [50 %]

08 예 매일 넘어야 하는 줄넘기 횟수: $980 \div 7$
첫째 날 아침과 점심에 넘은 줄넘기 횟수: 55×2
(저녁에 넘어야 하는 줄넘기 횟수)
$=980 \div 7-55 \times 2$ … [50 %]
$=140-110=30$(번) … [50 %]

09 예 45분은 15분의 3배입니다.
자동차가 45분 동안 가는 거리: 21×3
(45분 동안 기차가 자동차보다 더 멀리 가는 거리)
$=2 \times 45-21 \times 3$ … [50 %]
$=90-21 \times 3$
$=90-63=27$(km) … [50 %]

10 예 당근 2개의 값: 900×2
양파 4개의 값: $1500 \div 3 \times 4$
돼지고기 300 g의 값: $9000 \div 2$
(재료를 사고 남은 돈)
$=9000-(900 \times 2+1500 \div 3 \times 4+9000 \div 2)$
… [50 %]
$=9000-(1800+2000+4500)$
$=9000-8300=700$(원) … [50 %]

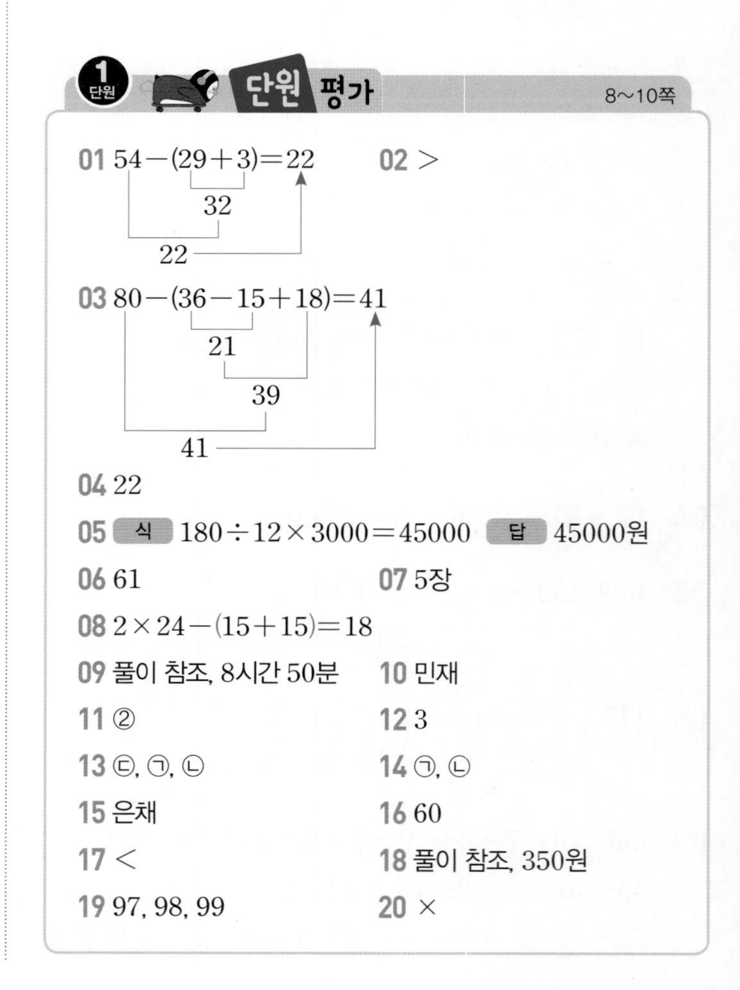

1단원 단원 평가 (8~10쪽)

01 $54-(29+3)=22$
32
22

02 $>$

03 $80-(36-15+18)=41$
21
39
41

04 22

05 식 $180 \div 12 \times 3000=45000$ 답 45000원

06 61

07 5장

08 $2 \times 24-(15+15)=18$

09 풀이 참조, 8시간 50분

10 민재

11 ②

12 3

13 ㉢, ㉠, ㉡

14 ㉠, ㉡

15 은채

16 60

17 $<$

18 풀이 참조, 350원

19 97, 98, 99

20 ×

02 $76-38+19=38+19=57$
$76-(38+19)=76-57=19$

03 ( ) 안의 덧셈과 뺄셈은 앞에서부터 차례대로 계산합니다.

04 • $35\div7\times3=5\times3=15$
• $42\div(2\times3)=42\div6=7$
➡ $15+7=22$

05 (귤을 팔고 받은 돈)
$=180\div12\times3000$
$=15\times3000=45000$(원)

06 $29+(64-48)\times2=29+16\times2$
$=29+32=61$

07 $80-(12+13)\times3=80-25\times3$
$=80-75=5$(장)

08 $2\times24-(15+15)=2\times24-30$
$=48-30=18$

09 예 (두 사람이 일주일 동안 운동을 한 시간)
$=7\times40+(7-2)\times50$ … 50 %
$=7\times40+5\times50$
$=280+5\times50=280+250=530$(분)
따라서 530분=8시간 50분입니다. … 50 %

10 곱셈, 나눗셈 → 덧셈, 뺄셈의 순서로 앞에서부터 차례대로 계산합니다.

11 ② ( ) 안에 뺄셈이 있으므로 뺄셈을 가장 먼저 계산합니다.

12 $48◆6=(48+6)\div6-6$
$=54\div6-6=9-6=3$

13 ㉠ $72\div4+4\times5=18+4\times5$
$=18+20=38$
㉡ $72\div(4+4)\times5=72\div8\times5$
$=9\times5=45$
㉢ $72\div(4+4\times5)=72\div(4+20)$
$=72\div24=3$

14 ㉠ $(18+6)\times7\div12=24\times7\div12$
$=168\div12=14$
㉡ $6\div2\times15-31=3\times15-31$
$=45-31=14$
㉢ $32\div(8-4)\times2=32\div4\times2$
$=8\times2=16$
따라서 계산 결과가 같은 것은 ㉠과 ㉡입니다.

16 $(15-8)\times12-(5+43)\div4\times2$
$=7\times12-48\div4\times2$
$=84-12\times2$
$=84-24=60$

17 $45+72\div8-11\times2=45+9-11\times2$
$=45+9-22$
$=54-22=32$
$57-6\times8\div3+9=57-48\div3+9$
$=57-16+9$
$=41+9=50$

18 예 꽈배기 3개의 가격: $3000\div4\times3$
도넛 2개의 가격: 1200×2
(거스름돈)
$=5000-(3000\div4\times3+1200\times2)$ … 50 %
$=5000-(750\times3+1200\times2)$
$=5000-(2250+2400)$
$=5000-4650=350$(원) … 50 %

19 $19+14\div(19-17)\times11$
$=19+14\div2\times11$
$=19+7\times11$
$=19+77=96$
$96<\square$에서 □ 안에 들어갈 수 있는 두 자리 수는 96보다 크고 100보다 작은 수이므로 97, 98, 99입니다.

20 $15+48\div(6○4)=17$,
$15+\underline{2}=17$이므로 $48\div(6○4)=2$,
$48\div\underline{24}=2$이므로 $6○4=24$입니다.
따라서 ○ 안에는 ×를 써넣어야 합니다.

2 단원 약수와 배수

2 단원 기본 문제 복습 11~12쪽

01 1, 3, 9, 27	02 1, 2, 4, 5, 8, 10, 20, 40
03 52	04 ③, ⑤
05 예 $8 \times 12 = 96$	06 (○) (×)
07 1, 7	(×) (○)
08 3 / 3	09 6
10 9	11 48
12 40	13 24일 후

01 $\underline{1} \times \underline{27} = 27$, $\underline{3} \times \underline{9} = 27$이므로 27의 약수는 1, 3, 9, 27입니다.

02 $40 \div 1 = 40$, $40 \div 2 = 20$, $40 \div 4 = 10$, $40 \div 5 = 8$, $40 \div 8 = 5$, $40 \div 10 = 4$, $40 \div 20 = 2$, $40 \div 40 = 1$
➡ 40의 약수: 1, 2, 4, 5, 8, 10, 20, 40

03 $13 \times 4 = 52$

04 8의 배수는 $8 \times 1 = 8$, $8 \times 2 = 16$, $8 \times 3 = 24$, $8 \times 4 = 32$, $8 \times 5 = 40$, $8 \times 6 = 48$, $8 \times 7 = 56$, ...입니다.
③ 30은 8의 배수가 아닙니다.
⑤ 56은 50보다 큽니다.

06 $7 \times 6 = 42$이므로 7과 42는 약수와 배수의 관계입니다.
$3 \times 12 = 36$이므로 3과 36은 약수와 배수의 관계입니다.

07 14의 약수: $\underline{1}$, 2, $\underline{7}$, 14
21의 약수: $\underline{1}$, 3, $\underline{7}$, 21
따라서 14와 21의 공약수는 1, 7입니다.

08 $$\begin{array}{r|rr} 3 & 12 & 15 \\ \hline & 4 & 5 \end{array}$$ ➡ 최대공약수: 3

09 12와 42의 최대공약수는 $2 \times 3 = 6$입니다.

10 $$\begin{array}{r|rr} 3 & 18 & 27 \\ \hline 3 & 6 & 9 \\ \hline & 2 & 3 \end{array}$$ ➡ 최대공약수: $3 \times 3 = 9$
따라서 어떤 수 중에서 가장 큰 수는 9입니다.

11 두 수의 공배수는 두 수의 최소공배수의 배수입니다.
따라서 세 번째로 작은 공배수는 $16 \times 3 = 48$입니다.

12 8과 10의 최소공배수는 $2 \times 4 \times 5 = 40$입니다.

13 $$\begin{array}{r|rr} 2 & 6 & 8 \\ \hline & 3 & 4 \end{array}$$
6과 8의 최소공배수가 $2 \times 3 \times 4 = 24$이므로 다음번에 같이 도서관에 가는 날은 24일 후입니다.

2 단원 응용 문제 복습 13~14쪽

01 195	02 42, 56
03 2개	04 ②
05 ④	06 ⑤
07 3개	08 ④
09 2개	10 3개
11 25, 50, 75	12 96

01 $15 \times 13 = 195$, $15 \times 14 = 210$
따라서 15의 배수 중에서 200에 가장 가까운 수는 195입니다.

02 14의 배수는 14, 28, 42, 56, 70, ...이므로 이 중에서 40보다 크고 60보다 작은 수는 42, 56입니다.

03 만들 수 있는 두 자리 수는 25, 28, 52, 58, 82, 85입니다.
이 중에서 4의 배수는 28, 52로 모두 2개입니다.

04 30의 약수는 1, 2, 3, 5, 2×3, 2×5, 3×5, $2 \times 3 \times 5$입니다.

05 12의 약수는 1, 2, 3, 2×2, 2×3, $2 \times 2 \times 3$입니다.

06 70의 약수는 1, 2, 5, 7, 2×5, 2×7, 5×7, $2 \times 5 \times 7$입니다.

07 두 수의 공약수는 두 수의 최대공약수인 9의 약수와 같습니다.

9의 약수는 1, 3, 9이므로 두 수의 공약수는 모두 3개 입니다.

08 두 수의 공약수는 두 수의 최대공약수인 45의 약수와 같습니다.

45의 약수는 1, 3, 5, 9, 15, 45이므로 두 수의 공약수는 ④ 15입니다.

09 ㉠ 최대공약수가 22인 두 수의 공약수는 22의 약수와 같습니다.

22의 약수는 1, 2, 11, 22이므로 4개입니다.

㉡ 최대공약수가 32인 두 수의 공약수는 32의 약수와 같습니다.

32의 약수는 1, 2, 4, 8, 16, 32이므로 6개입니다.

따라서 공약수의 개수의 차는 $6-4=2$(개)입니다.

10 두 수의 공배수는 두 수의 최소공배수인 16의 배수와 같으므로 16, 32, 48, 64, ... 입니다.

이 중에서 50보다 작은 수는 16, 32, 48로 모두 3개 입니다.

11 두 수의 공배수는 두 수의 최소공배수인 25의 배수와 같으므로 25, 50, 75, 100, ... 입니다.

이 중에서 두 자리 수는 25, 50, 75입니다.

12 12와 16의 공배수는 12와 16의 최소공배수인 48의 배수입니다.

48의 배수인 48, 96, 144, ... 중에서 80보다 큰 두 자리 수는 96입니다.

2 단원 서술형 수행 평가 15~16쪽

01 풀이 참조, 18	02 풀이 참조, 18
03 풀이 참조, 36	04 풀이 참조, 96
05 풀이 참조, 6명	06 풀이 참조, 35장
07 풀이 참조, 오전 11시	08 풀이 참조, 30, 60, 90
09 풀이 참조, 4번	10 풀이 참조, 30000원

01 예 10을 나누어떨어지게 하는 수는 10의 약수입니다. ··· 30 %

10의 약수는 1, 2, 5, 10입니다. ··· 40 %

따라서 모두 더하면 $1+2+5+10=18$입니다. ··· 30 %

02 예 54의 약수는 1, 2, 3, 6, 9, 18, 27, 54입니다. ··· 70 %

이 중에서 세 번째로 큰 수는 18입니다. ··· 30 %

03 예 어떤 수의 배수 중 가장 작은 수는 6이므로 어떤 수는 6입니다. ··· 50 %

따라서 □ 안에 알맞은 수는 $6\times6=36$입니다. ··· 50 %

04 예 16의 배수는 16, 32, 48, 64, 80, 96, 112, ... 입니다. ··· 30 %

16의 배수 중에서 100에 가까운 수는 96과 112이고,

$100-96=4$, $112-100=12$이므로

16의 배수 중에서 100에 가장 가까운 수는 96입니다. ··· 70 %

05 예 최대한 많은 친구에게 나누어 주려면 24와 18의 최대공약수를 이용해야 합니다. ··· 20 %

$$\begin{array}{r|rr} 2 & 24 & 18 \\ \hline 3 & 12 & 9 \\ \hline & 4 & 3 \end{array}$$

➡ 최대공약수: $2\times3=6$

따라서 최대 6명에게 나누어 줄 수 있습니다. ··· 80 %

06 예 15와 21의 최대공약수가 3이므로 한 변의 길이가 3 cm인 정사각형으로 자를 수 있습니다. ··· 50 %

가로로 $15\div3=5$(장)씩, 세로로 $21\div3=7$(장)씩 자를 수 있으므로 모두 $5\times7=35$(장)으로 자를 수 있습니다. ··· 50 %

07 예

$$\begin{array}{r|rr} 5 & 15 & 20 \\ \hline & 3 & 4 \end{array}$$

15와 20의 최소공배수가 $5\times3\times4=60$이므로 60분마다 두 버스가 동시에 출발합니다. ··· 80 %

따라서 오전 10시 이후 동시에 출발하는 시각은

60분=1시간 후인 오전 11시입니다. … 20 %

08 예 2) 6 10 / 3 5 ➡ 최소공배수: $2 \times 3 \times 5 = 30$

… 50 %

따라서 1부터 100까지의 수 중 손뼉을 치면서 동시에 제자리 발 구르기를 하는 수는 30의 배수인 30, 60, 90입니다. … 50 %

09 예 2) 2 8 / 1 4

2와 8의 최소공배수가 $2 \times 1 \times 4 = 8$이므로 두 사람은 8일마다 함께 수영장에 갑니다. … 40 %

5월에 수영장에 함께 가는 날은 5월 6일, 5월 14일, 5월 22일, 5월 30일입니다. … 40 %

따라서 두 사람은 수영장에 4번 함께 갑니다. … 20 %

10 예 2) 30 24 / 3) 15 12 / 5 4

30과 24의 최대공약수가 $2 \times 3 = 6$이므로

6개의 바구니에 나누어 담을 수 있습니다. … 70 %

따라서 판매 금액은 $5000 \times 6 = 30000$(원)입니다.

… 30 %

2단원 단원 평가 17~19쪽

01 12	02 ㉡, ㉠, ㉢
03 12, 16, 20, 24, 28	04 54
05 ③	06 4, 7
07 1, 3, 7, 21	08 6
09 $2 \times 3 = 6$	10 12 / 1, 2, 3, 4, 6, 12
11 3, 4, 5 / 9	12 5개
13 ㉡, ㉠, ㉢	14 12
15 풀이 참조, 8개	16 30
17 140	18 45
19 315	20 풀이 참조, 4월 25일

01 48의 약수를 구한 것입니다.
$4 \times 12 = 48$이므로 □ 안에 알맞은 수는 12입니다.

02 ㉠ 20의 약수: 1, 2, 4, 5, 10, 20 ➡ 6개
㉡ 42의 약수: 1, 2, 3, 6, 7, 14, 21, 42 ➡ 8개
㉢ 58의 약수: 1, 2, 29, 58 ➡ 4개
따라서 ㉡ 42, ㉠ 20, ㉢ 58 차례로 약수의 개수가 많습니다.

03 4의 배수는 4, 8, 12, 16, 20, 24, 28, 32, ...입니다.
이 중에서 10보다 크고 30보다 작은 4의 배수는 12, 16, 20, 24, 28입니다.

04 $9 \times 5 = 45$, $9 \times 6 = 54$
따라서 9의 배수 중에서 50에 가장 가까운 수는 50과의 차가 가장 작은 54입니다.

05 10은 2와 5의 배수입니다.
2와 5는 10의 약수입니다.

06 $30 \div 2 = 15$, $30 \div 3 = 10$, $30 \times 2 = 60$, $30 \times 3 = 90$이므로 2와 3은 30의 약수이고 60과 90은 30의 배수입니다.
따라서 30과 약수와 배수의 관계가 아닌 수는 4, 7입니다.

07 21이 □의 배수이므로 □는 21의 약수입니다.
따라서 □ 안에 들어갈 수 있는 수는 1, 3, 7, 21입니다.

08 30의 약수: 1, 2, 3, 5, 6, 10, 15, 30
36의 약수: 1, 2, 3, 4, 6, 9, 12, 18, 36
30의 약수이면서 36의 약수인 수는 1, 2, 3, 6입니다.
이 중에서 가장 큰 수는 6입니다.

09 나눈 공약수들의 곱이 두 수의 최대공약수이므로
최대공약수는 $2 \times 3 = 6$입니다.

10 2) 36 60 / 2) 18 30 / 3) 9 15 / 3 5
➡ 최대공약수: $2 \times 2 \times 3 = 12$

36과 60의 공약수는 36과 60의 최대공약수인 12의 약수와 같으므로 1, 2, 3, 4, 6, 12입니다.

11
$$\begin{array}{r|rr} 3 & ㉮ & ㉯ \\ \hline 3 & 12 & 15 \\ \hline & 4 & 5 \end{array}$$

➡ 최대공약수: $3 \times 3 = 9$

12 두 수의 공약수는 두 수의 최대공약수의 약수입니다. 16의 약수는 1, 2, 4, 8, 16이므로 5개입니다.

13 ㉠
$$\begin{array}{r|rr} 3 & 54 & 45 \\ \hline 3 & 18 & 15 \\ \hline & 6 & 5 \end{array}$$
➡ 최대공약수: $3 \times 3 = 9$

㉡
$$\begin{array}{r|rr} 2 & 24 & 40 \\ \hline 2 & 12 & 20 \\ \hline 2 & 6 & 10 \\ \hline & 3 & 5 \end{array}$$
➡ 최대공약수: $2 \times 2 \times 2 = 8$

㉢
$$\begin{array}{r|rr} 2 & 20 & 90 \\ \hline 5 & 10 & 45 \\ \hline & 2 & 9 \end{array}$$
➡ 최대공약수: $2 \times 5 = 10$

$8 < 9 < 10$이므로 최대공약수가 작은 것부터 차례로 기호를 쓰면 ㉡, ㉠, ㉢입니다.

14 36과 84를 어떤 수로 나누면 두 수 모두 나누어떨어지므로 어떤 수는 36과 84의 공약수입니다.
어떤 수 중에서 가장 큰 수는 36과 84의 최대공약수입니다.

$$\begin{array}{r|rr} 2 & 36 & 84 \\ \hline 2 & 18 & 42 \\ \hline 3 & 9 & 21 \\ \hline & 3 & 7 \end{array}$$

➡ 최대공약수: $2 \times 2 \times 3 = 12$

15 예
$$\begin{array}{r|rr} 2 & 42 & 70 \\ \hline 7 & 21 & 35 \\ \hline & 3 & 5 \end{array}$$

42와 70의 최대공약수는 $2 \times 7 = 14$이므로 최대 14명에게 나누어 줄 수 있습니다. … [40 %]
친구 한 명이 가지게 되는 빨간색 딱지는
$42 \div 14 = 3$(개), 파란색 딱지는 $70 \div 14 = 5$(개)입니다. … [40 %]
따라서 한 명이 가지게 되는 딱지는 $3 + 5 = 8$(개)입니다. … [20 %]

16 6으로도 나누어떨어지고, 5로도 나누어떨어지는 수는 6과 5의 공배수입니다.
1부터 40까지의 수 중에서 6과 5의 공배수는 30입니다.

17 최소공배수: $2 \times 7 \times 2 \times 5 = 140$

18 두 수의 공배수는 두 수의 최소공배수의 배수이므로 최소공배수가 15일 때 두 수의 공배수는 15, 30, 45, 60, ...입니다.
따라서 세 번째로 작은 수는 45입니다.
다른 풀이 두 수의 최소공배수가 15이므로 두 수의 공배수 중에서 세 번째로 작은 수는 $15 \times 3 = 45$입니다.

19 $21 = 3 \times 7$이므로 □ 안에 들어갈 수는 7의 배수이고, 10보다 작은 7의 배수는 7뿐이므로 □ 안에 들어갈 수는 7입니다.
따라서 ㉮와 ㉯의 최소공배수는 $3 \times 7 \times 3 \times 5 = 315$입니다.

20 예
$$\begin{array}{r|rr} 2 & 8 & 12 \\ \hline 2 & 4 & 6 \\ \hline & 2 & 3 \end{array}$$

➡ 최소공배수: $2 \times 2 \times 2 \times 3 = 24$ … [50 %]
다음번에 두 사람이 함께 미술학원에 가는 날은
4월 1일부터 24일 후인 4월 25일입니다. … [50 %]

3 단원 규칙과 대응

3단원 기본 문제 복습 20~21쪽

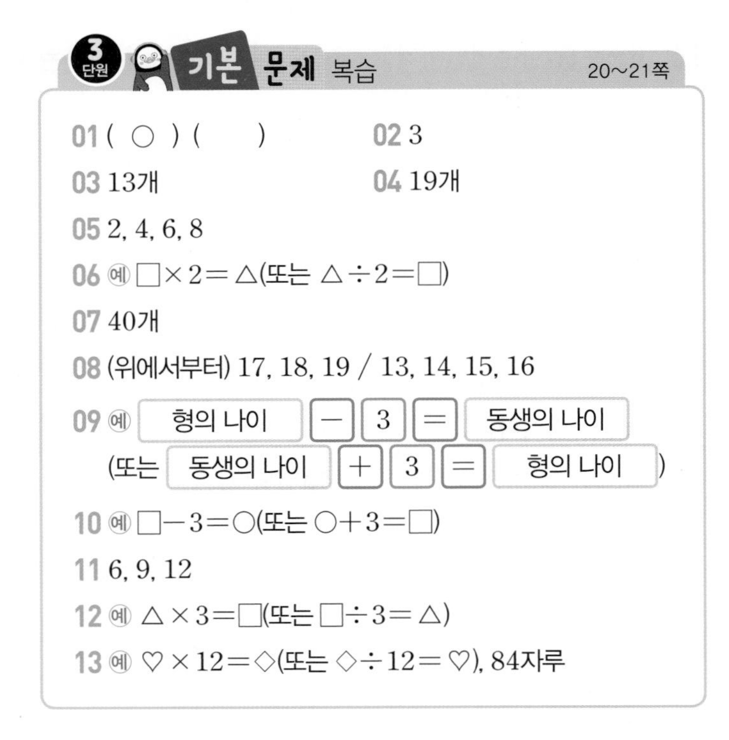
01 (○) ( )
02 3
03 13개
04 19개
05 2, 4, 6, 8
06 예 □×2=△(또는 △÷2=□)
07 40개
08 (위에서부터) 17, 18, 19 / 13, 14, 15, 16
09 예 형의 나이 − 3 = 동생의 나이
(또는 동생의 나이 + 3 = 형의 나이)
10 예 □−3=○(또는 ○+3=□)
11 6, 9, 12
12 예 △×3=□(또는 □÷3=△)
13 예 ♡×12=◇(또는 ◇÷12=♡), 84자루

02 육각형이 1개일 때 삼각형은 4개, 육각형이 2개일 때 삼각형은 5개, 육각형이 3개일 때 삼각형은 6개이므로 삼각형의 수는 육각형의 수보다 3만큼 더 큽니다.

03 삼각형의 수는 육각형의 수보다 3만큼 더 크므로 육각형이 10개일 때 삼각형은 10+3=13(개)가 필요합니다.

04 육각형의 수는 삼각형의 수보다 3만큼 더 작으므로 삼각형이 22개일 때 육각형은 22−3=19(개)가 필요합니다.

05 수 카드의 수가 1씩 커질 때마다 사각형 조각의 수는 2개씩 늘어납니다.

06 사각형 조각의 수는 수 카드의 수의 2배입니다.

07 수 카드의 수가 20일 때 사각형 조각은
20×2=40(개)가 필요합니다.

08 형과 동생의 나이는 1년이 지날 때마다 각각 1살씩 많아집니다.

09 형의 나이에서 3을 빼면 동생의 나이와 같습니다.
➡ (형의 나이)−3=(동생의 나이)
동생의 나이에 3을 더하면 형의 나이와 같습니다.
➡ (동생의 나이)+3=(형의 나이)

10 (형의 나이)−3=(동생의 나이)
➡ □−3=○
(동생의 나이)+3=(형의 나이)
➡ ○+3=□

11 세발자전거의 수가 1대씩 늘어날 때마다 바퀴의 수는 3개씩 늘어납니다.

12 바퀴의 수는 세발자전거의 수의 3배이므로
△×3=□ 또는 □÷3=△입니다.

13 연필의 수는 연필 상자의 수의 12배이므로
♡×12=◇ 또는 ◇÷12=♡입니다.
따라서 연필 7상자에는 연필이 모두 7×12=84(자루) 들어 있습니다.

3단원 응용 문제 복습 22~23쪽

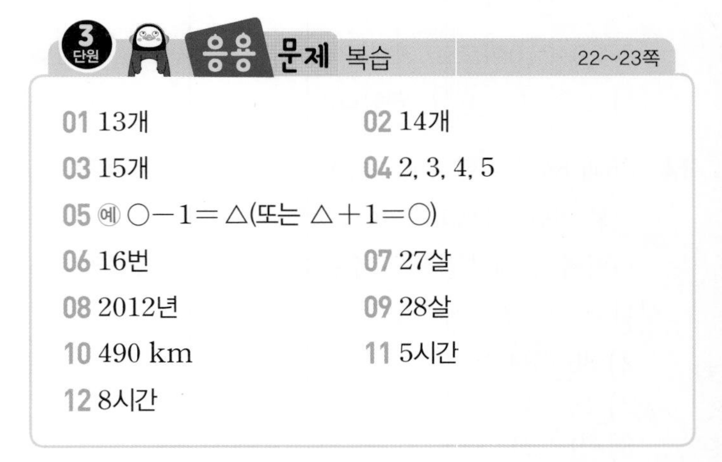
01 13개
02 14개
03 15개
04 2, 3, 4, 5
05 예 ○−1=△(또는 △+1=○)
06 16번
07 27살
08 2012년
09 28살
10 490 km
11 5시간
12 8시간

01 사각형의 수에 3을 더하면 원의 수와 같습니다.
따라서 사각형이 10개일 때 원은 10+3=13(개)가 필요합니다.

02 삼각형의 수에서 1을 빼면 사각형의 수와 같습니다.
따라서 삼각형이 15개일 때 사각형은 15−1=14(개)가 필요합니다.

03 삼각형의 수를 3으로 나누면 사각형의 수와 같습니다.
따라서 삼각형이 45개일 때 사각형은 45÷3=15(개)가 필요합니다.

04 나무 막대를 한 번 자르면 2도막이 됩니다.
나무 막대를 한 번 더 자를 때마다 잘린 도막은 1도막씩 늘어납니다.

05 풀칠한 횟수는 종이테이프의 수보다 1만큼 더 작습니다.
따라서 ○−1=△ 또는 △+1=○입니다.

06 풀칠한 횟수는 종이테이프의 수보다 1만큼 더 작으므로 종이테이프 17개를 이어 붙이려면 풀칠을
17−1=16(번) 해야 합니다.

07 지호의 나이는 연도보다 2013만큼 더 작습니다.
➡ (연도)−2013=(지호의 나이)
또는 (지호의 나이)+2013=(연도)
따라서 2040년에 지호의 나이는
2040−2013=27(살)입니다.

08 연도는 은채의 나이보다 2011만큼 더 큽니다.
➡ (은채의 나이)+2011=(연도)
또는 (연도)−2011=(은채의 나이)
따라서 은채가 1살이었을 때는 1+2011=2012(년)입니다.

09 1990년에 아버지가 12살이었으므로 아버지의 나이는 연도보다 1978만큼 더 작습니다.
➡ (연도)−1978=(아버지의 나이)
또는 (아버지의 나이)+1978=(연도)
독일에서 월드컵을 개최한 해는 2006년이므로 이때 아버지의 나이는 2006−1978=28(살)이었습니다.

10 기차가 이동한 거리는 이동 시간의 70배입니다.
➡ (이동 시간)×70=(이동 거리)
또는 (이동 거리)÷70=(이동 시간)
따라서 7시간을 이동했다면 7×70=490(km)를 갔습니다.

11 버스가 이동한 거리는 이동 시간의 75배입니다.
➡ (이동 시간)×75=(이동 거리)
또는 (이동 거리)÷75=(이동 시간)
따라서 375 km를 가려면 375÷75=5(시간)을 이동해야 합니다.

12 이동 시간이 한 시간 늘어날 때마다 이동 거리는 55 km씩 늘어나므로 자동차가 이동한 거리는 이동 시간의 55배입니다.
➡ (이동 시간)×55=(이동 거리)
또는 (이동 거리)÷55=(이동 시간)
따라서 440 km를 가려면 440÷55=8(시간)을 이동해야 합니다.

3단원 서술형 수행 평가 24~25쪽

01 풀이 참조
02 풀이 참조, 12개
03 풀이 참조, 예 ○×5=▽(또는 ▽÷5=○)
04 풀이 참조, 7개
05 풀이 참조, 6개
06 풀이 참조, 112장
07 풀이 참조, 예 ◎×5=△(또는 △÷5=◎)
08 풀이 참조, 45분
09 풀이 참조, 예 □×15=△(또는 △÷15=□)
10 풀이 참조, 18분

01 방법 1 예 사각형의 수에 4를 곱하면 삼각형의 수와 같습니다. … 50 %
방법 2 예 삼각형의 수를 4로 나누면 사각형의 수와 같습니다. … 50 %

02 예 (삼각형의 수)÷4=(사각형의 수) … 50 %
삼각형이 48개일 때 필요한 사각형은 48÷4=12(개)입니다. … 50 %

03 예 오각형의 변의 수는 5개이므로 오각형의 변의 수(▽)는 오각형의 수(○)의 5배입니다. … 50 %
따라서 두 양 사이의 대응 관계를 식으로 나타내면
○×5=▽ 또는 ▽÷5=○입니다. … 50 %

04 예 요구르트의 수는 우유의 수의 2배이므로 두 양 사이의 대응 관계를 식으로 나타내면
(우유의 수)×2=(요구르트의 수) 또는
(요구르트의 수)÷2=(우유의 수)입니다. … 50 %

따라서 요구르트를 14개 받기 위해서 사야 하는 우유는 $14 \div 2 = 7$(개)입니다. … 50 %

05 예 우유 한 개가 2800원이므로 8400원으로 살 수 있는 우유는 $8400 \div 2800 = 3$(개)입니다. … 50 %
요구르트의 수는 우유의 수의 2배이므로 우유를 3개 살 때 받을 수 있는 요구르트는 $3 \times 2 = 6$(개)입니다. … 50 %

06 예 필요한 색종이의 수는 모둠의 수의 16배이므로 두 양 사이의 대응 관계를 식으로 나타내면
(모둠의 수) $\times 16 =$ (색종이의 수) 또는
(색종이의 수) $\div 16 =$ (모둠의 수)입니다. … 50 %
따라서 7개의 모둠에게 필요한 색종이는
$7 \times 16 = 112$(장)입니다. … 50 %

07 예 통나무를 한 번 자르는 데 5분이 걸리므로 걸리는 시간(△)은 통나무를 자른 횟수(◎)의 5배입니다. … 50 %
따라서 두 양 사이의 대응 관계를 식으로 나타내면
◎ × 5 = △ 또는 △ ÷ 5 = ◎입니다. … 50 %

08 예 통나무를 1번 자르면 2도막이 되고, 2번 자르면 3도막, 3번 자르면 4도막이 되므로 자른 횟수는 통나무 도막의 수보다 1만큼 더 작습니다. … 30 %
통나무를 10도막으로 자르려면 $10 - 1 = 9$(번)을 잘라야 하므로 $9 \times 5 = 45$(분)이 걸립니다. … 70 %

09 예 2개의 수도꼭지를 동시에 틀었으므로 1분에 $6 + 9 = 15$(L)씩 물을 받습니다.
받은 물의 양(△)은 물을 받은 시간(□)의 15배입니다. … 50 %
따라서 두 양 사이의 대응 관계를 식으로 나타내면
□ × 15 = △ 또는 △ ÷ 15 = □입니다. … 50 %

10 예 **09**에서 △ ÷ 15 = □이므로 … 30 %
물 270 L를 받으려면 $270 \div 15 = 18$(분)이 걸립니다. … 70 %

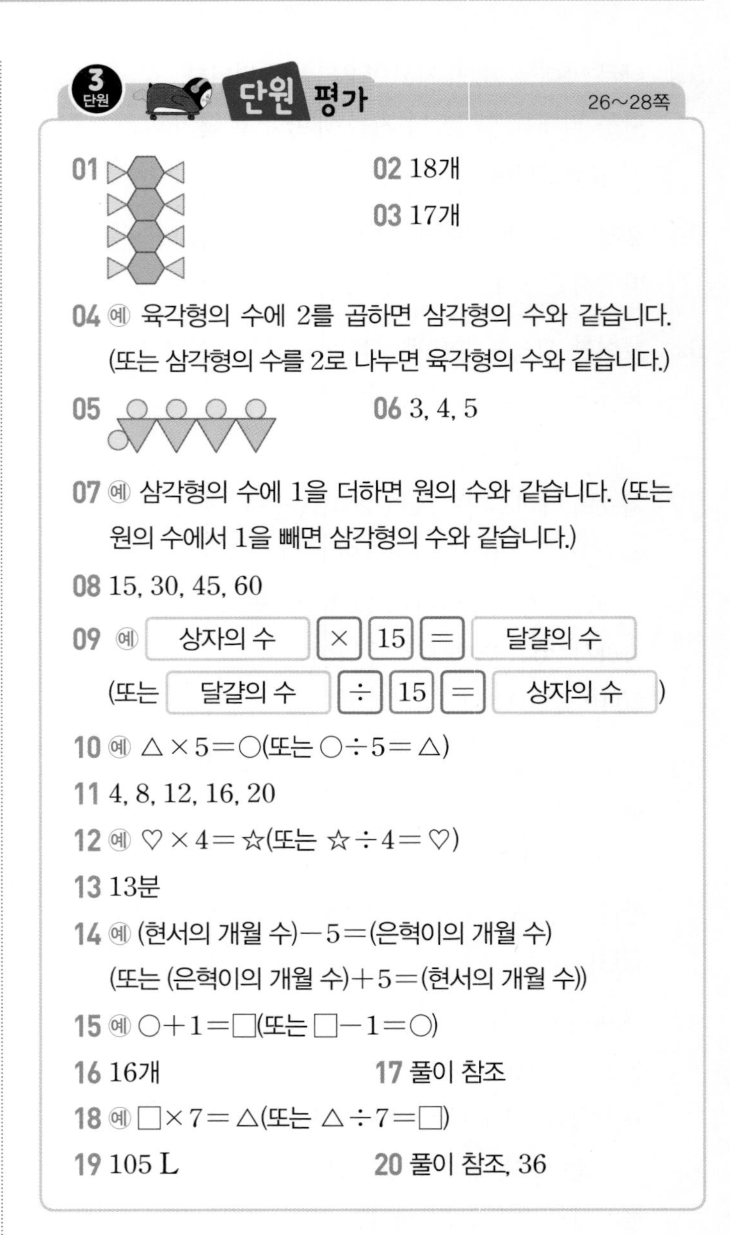
3단원 **단원 평가** 26~28쪽

01 (그림)
02 18개
03 17개
04 예 육각형의 수에 2를 곱하면 삼각형의 수와 같습니다. (또는 삼각형의 수를 2로 나누면 육각형의 수와 같습니다.)
05 (그림)
06 3, 4, 5
07 예 삼각형의 수에 1을 더하면 원의 수와 같습니다. (또는 원의 수에서 1을 빼면 삼각형의 수와 같습니다.)
08 15, 30, 45, 60
09 예 [상자의 수] [×] [15] [=] [달걀의 수]
(또는 [달걀의 수] [÷] [15] [=] [상자의 수])
10 예 △ × 5 = ○(또는 ○ ÷ 5 = △)
11 4, 8, 12, 16, 20
12 예 ♡ × 4 = ☆(또는 ☆ ÷ 4 = ♡)
13 13분
14 예 (현서의 개월 수) − 5 = (은혁이의 개월 수)
(또는 (은혁이의 개월 수) + 5 = (현서의 개월 수))
15 예 ○ + 1 = □(또는 □ − 1 = ○)
16 16개
17 풀이 참조
18 예 □ × 7 = △(또는 △ ÷ 7 = □)
19 105 L
20 풀이 참조, 36

02 삼각형의 수는 육각형의 수의 2배이므로 육각형이 9개일 때 삼각형은 $9 \times 2 = 18$(개)가 필요합니다.

03 삼각형의 수를 2로 나누면 육각형의 수이므로 삼각형이 34개일 때 육각형은 $34 \div 2 = 17$(개)가 필요합니다.

06 삼각형이 1개 늘어날 때마다 원은 1개씩 늘어납니다.

08 상자가 1상자 늘어날 때마다 달걀은 15개씩 늘어납니다.

09 한 상자에 달걀이 15개씩 들어 있으므로 상자의 수에 15를 곱하면 달걀의 수와 같습니다.

10 꽃의 수에 5를 곱하면 꽃잎의 수와 같습니다.
꽃잎의 수를 5로 나누면 꽃의 수와 같습니다.

➡ $\triangle \times 5 = \bigcirc$ 또는 $\bigcirc \div 5 = \triangle$

11 1분 동안 자전거를 탈 때 소모되는 열량이 4킬로칼로리이므로 자전거를 1분 더 탈 때마다 4킬로칼로리의 열량이 더 소모됩니다.

12 자전거를 탄 시간에 4를 곱하면 소모된 열량과 같습니다. 소모된 열량을 4로 나누면 자전거를 탄 시간과 같습니다. ➡ $\heartsuit \times 4 = \star$ 또는 $\star \div 4 = \heartsuit$

13 **12**에서 $\star \div 4 = \heartsuit$이므로 소모된 열량이 52킬로칼로리일 때 자전거를 탄 시간은 $52 \div 4 = 13$(분)입니다.

14 현서의 개월 수에서 5를 빼면 은혁이의 개월 수입니다.

15 팔걸이의 수는 의자의 수보다 1만큼 더 큽니다. 따라서 의자의 수에 1을 더하면 팔걸이의 수가 되고, 팔걸이의 수에서 1을 빼면 의자의 수가 됩니다.
➡ $\bigcirc + 1 = \square$ 또는 $\square - 1 = \bigcirc$

16 **15**에서 $\bigcirc + 1 = \square$이므로 의자 15개에 있는 팔걸이는 $15 + 1 = 16$(개)입니다.

17 상황 1 예 한 모둠에 3명씩 있을 때 모둠의 수(◯)는 사람의 수(△)를 3으로 나눈 수입니다. … 50 %
상황 2 예 세발자전거의 수(◯)는 세발자전거 바퀴의 수(△)를 3으로 나눈 수입니다. … 50 %

18 1분에 7 L의 물을 받으므로 받은 물의 양(△)은 물을 받은 시간(□)의 7배입니다.
➡ $\square \times 7 = \triangle$ 또는 $\triangle \div 7 = \square$

19 **18**에서 $\square \times 7 = \triangle$이므로
15분 동안 받은 물의 양은 $15 \times 7 = 105$(L)입니다.

20 예 대응 관계를 살펴보면
(은비가 말한 수)$+5=$(재민이가 답한 수)
또는 (재민이가 답한 수)$-5=$(은비가 말한 수)입니다.
… 50 %
따라서 재민이가 답한 수가 41이면 은비가 말한 수는 $41-5=36$입니다. … 50 %

4 단원 약분과 통분

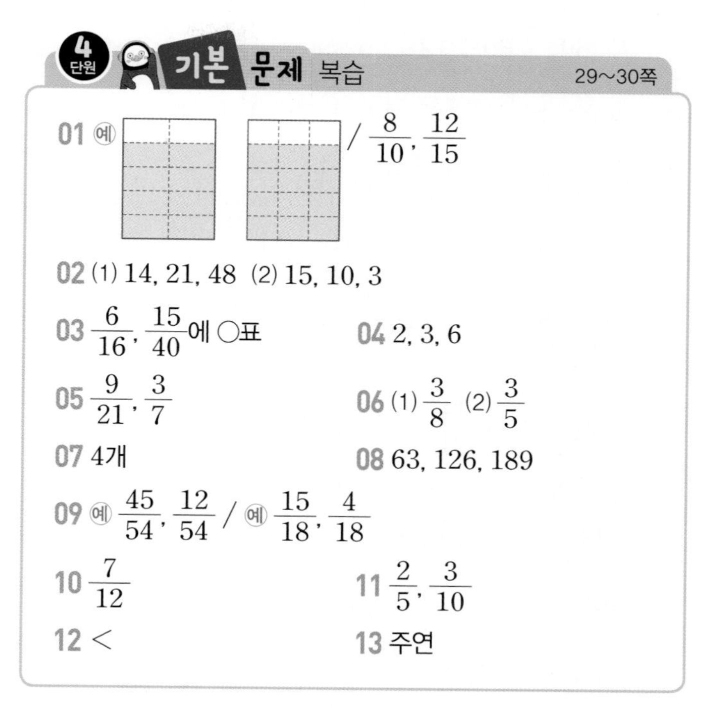
4 단원 기본 문제 복습 29~30쪽

01 예 / $\frac{8}{10}, \frac{12}{15}$

02 (1) 14, 21, 48 (2) 15, 10, 3

03 $\frac{6}{16}, \frac{15}{40}$에 ○표

04 2, 3, 6

05 $\frac{9}{21}, \frac{3}{7}$

06 (1) $\frac{3}{8}$ (2) $\frac{3}{5}$

07 4개

08 63, 126, 189

09 예 $\frac{45}{54}, \frac{12}{54}$ / 예 $\frac{15}{18}, \frac{4}{18}$

10 $\frac{7}{12}$

11 $\frac{2}{5}, \frac{3}{10}$

12 <

13 주연

01 크기가 같은 분수가 되도록 색칠하면 전체를 똑같이 10으로 나눈 것 중의 8이므로 $\frac{8}{10}$, 전체를 똑같이 15로 나눈 것 중의 12이므로 $\frac{12}{15}$입니다.

02 (1) $\frac{7}{12}=\frac{7\times2}{12\times2}=\frac{14}{24}$, $\frac{7}{12}=\frac{7\times3}{12\times3}=\frac{21}{36}$,
$\frac{7}{12}=\frac{7\times4}{12\times4}=\frac{28}{48}$
(2) $\frac{18}{30}=\frac{18\div2}{30\div2}=\frac{9}{15}$, $\frac{18}{30}=\frac{18\div3}{30\div3}=\frac{6}{10}$,
$\frac{18}{30}=\frac{18\div6}{30\div6}=\frac{3}{5}$

03 $\frac{3}{8}=\frac{3\times2}{8\times2}=\frac{6}{16}$, $\frac{3}{8}=\frac{3\times5}{8\times5}=\frac{15}{40}$

04 48과 42의 최대공약수가 6이므로 분모와 분자를 나눌 수 있는 수는 6의 약수 중에서 1을 제외한 2, 3, 6입니다.

05 63과 27의 최대공약수가 9이고 9의 약수는 1, 3, 9이므로 분모와 분자를 각각 3, 9로 나눌 수 있습니다.
$\frac{27}{63}=\frac{27\div3}{63\div3}=\frac{9}{21}$, $\frac{27}{63}=\frac{27\div9}{63\div9}=\frac{3}{7}$

06 (1) $\frac{9}{24}=\frac{9\div3}{24\div3}=\frac{3}{8}$

(2) $\frac{36}{60}=\frac{36\div12}{60\div12}=\frac{3}{5}$

07 기약분수는 분모와 분자의 공약수가 1뿐인 분수입니다. 분모가 12인 진분수 $\frac{1}{12}$, $\frac{2}{12}$, $\frac{3}{12}$, $\frac{4}{12}$, $\frac{5}{12}$, $\frac{6}{12}$, $\frac{7}{12}$, $\frac{8}{12}$, $\frac{9}{12}$, $\frac{10}{12}$, $\frac{11}{12}$ 중에서 기약분수는 $\frac{1}{12}$, $\frac{5}{12}$, $\frac{7}{12}$, $\frac{11}{12}$로 모두 4개입니다.

08 두 분수 $\frac{7}{9}$과 $\frac{11}{21}$을 통분할 때 공통분모가 될 수 있는 수는 두 분모 9와 21의 최소공배수 63의 배수인 63, 126, 189, ...입니다.

09 방법 1 두 분모의 곱을 공통분모로 하여 통분하면

$\left(\frac{5}{6}, \frac{2}{9}\right) \Rightarrow \left(\frac{5\times9}{6\times9}, \frac{2\times6}{9\times6}\right) \Rightarrow \left(\frac{45}{54}, \frac{12}{54}\right)$

방법 2 두 분모의 최소공배수를 공통분모로 하여 통분하면

$\left(\frac{5}{6}, \frac{2}{9}\right) \Rightarrow \left(\frac{5\times3}{6\times3}, \frac{2\times2}{9\times2}\right) \Rightarrow \left(\frac{15}{18}, \frac{4}{18}\right)$

10 $\left(\frac{7}{12}, \frac{8}{15}\right) \Rightarrow \left(\frac{7\times5}{12\times5}, \frac{8\times4}{15\times4}\right) \Rightarrow \left(\frac{35}{60}, \frac{32}{60}\right)$

$\Rightarrow \frac{7}{12}>\frac{8}{15}$

11 $\left(\frac{1}{3}, \frac{2}{5}\right) \Rightarrow \left(\frac{5}{15}, \frac{6}{15}\right) \Rightarrow \frac{1}{3}<\frac{2}{5}$

$\left(\frac{2}{5}, \frac{3}{10}\right) \Rightarrow \left(\frac{4}{10}, \frac{3}{10}\right) \Rightarrow \frac{2}{5}>\frac{3}{10}$

$\left(\frac{1}{3}, \frac{3}{10}\right) \Rightarrow \left(\frac{10}{30}, \frac{9}{30}\right) \Rightarrow \frac{1}{3}>\frac{3}{10}$

따라서 $\frac{2}{5}>\frac{1}{3}>\frac{3}{10}$입니다.

12 $\frac{3}{5}=\frac{3\times2}{5\times2}=\frac{6}{10}=0.6 \Rightarrow 0.6<0.7$

13 $\frac{4}{5}=\frac{8}{10}=0.8$이고 $0.8>0.7>0.55$이므로

$\frac{4}{5}>0.7>0.55$입니다.

따라서 학교에서 집까지의 거리가 가장 먼 사람은 주연입니다.

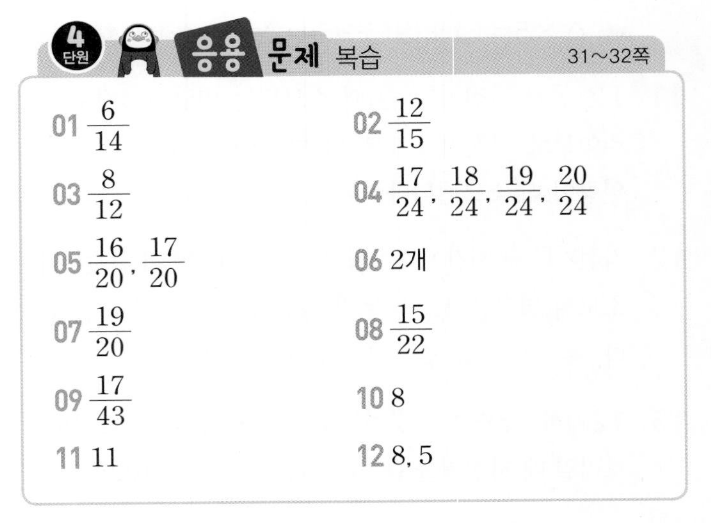

4 단원 응용 문제 복습 31~32쪽

01 $\frac{6}{14}$	02 $\frac{12}{15}$
03 $\frac{8}{12}$	04 $\frac{17}{24}$, $\frac{18}{24}$, $\frac{19}{24}$, $\frac{20}{24}$
05 $\frac{16}{20}$, $\frac{17}{20}$	06 2개
07 $\frac{19}{20}$	08 $\frac{15}{22}$
09 $\frac{17}{43}$	10 8
11 11	12 8, 5

01 $\frac{3}{7}=\frac{6}{14}=\frac{9}{21}=\frac{12}{28}=\cdots$ 중에서 분모가 분자보다 8만큼 더 큰 분수는 $\frac{6}{14}$입니다.

02 $\frac{4}{5}=\frac{8}{10}=\frac{12}{15}=\frac{16}{20}=\cdots$ 중에서 분모가 분자보다 3만큼 더 큰 분수는 $\frac{12}{15}$입니다.

03 2, 3, 4, 6, 12로 분모와 분자를 나눕니다.

$\frac{24}{36}=\frac{12}{18}=\frac{8}{12}=\frac{6}{9}=\frac{4}{6}=\frac{2}{3}$ 중에서 분모가 분자보다 4만큼 더 큰 분수는 $\frac{8}{12}$입니다.

04 분모가 24인 분수를 $\frac{\square}{24}$라 하면

$\frac{2}{3}<\frac{\square}{24}<\frac{7}{8} \Rightarrow \frac{16}{24}<\frac{\square}{24}<\frac{21}{24}$에서

$16<\square<21$이므로 $\square$ 안에 들어갈 수 있는 자연수는 17, 18, 19, 20입니다.

따라서 구하는 분수는 $\frac{17}{24}$, $\frac{18}{24}$, $\frac{19}{24}$, $\frac{20}{24}$입니다.

05 분모가 20인 분수를 $\frac{\square}{20}$라 하면

$\frac{3}{4}<\frac{\square}{20}<\frac{9}{10} \Rightarrow \frac{15}{20}<\frac{\square}{20}<\frac{18}{20}$에서

$15<\square<18$이므로 $\square$ 안에 들어갈 수 있는 자연수는 16, 17입니다.

따라서 구하는 분수는 $\frac{16}{20}$, $\frac{17}{20}$입니다.

06 분모가 36인 분수를 $\frac{\square}{36}$라 하면

$\frac{4}{9}<\frac{\square}{36}<\frac{7}{12}$ ➡ $\frac{16}{36}<\frac{\square}{36}<\frac{21}{36}$에서

$16<\square<21$이므로 □ 안에 들어갈 수 있는 자연수는 17, 18, 19, 20입니다.

따라서 구하는 분수는 $\frac{17}{36}$, $\frac{18}{36}$, $\frac{19}{36}$, $\frac{20}{36}$ 중에서 기약분수인 $\frac{17}{36}$, $\frac{19}{36}$로 모두 2개입니다.

07 4로 나누어 약분하기 전의 분수는 $\frac{3\times4}{5\times4}=\frac{12}{20}$입니다.

어떤 분수의 분자는 약분하기 전의 분수인 $\frac{12}{20}$의 분자에 7을 더한 수이므로 $12+7=19$입니다.

따라서 어떤 분수는 $\frac{19}{20}$입니다.

08 3으로 나누어 약분하기 전의 분수는 $\frac{5\times3}{9\times3}=\frac{15}{27}$입니다.

어떤 분수의 분모는 약분하기 전의 분수인 $\frac{15}{27}$의 분모에서 5를 뺀 수이므로 $27-5=22$입니다.

따라서 어떤 분수는 $\frac{15}{22}$입니다.

09 6으로 나누어 약분하기 전의 분수는 $\frac{3\times6}{7\times6}=\frac{18}{42}$입니다.

어떤 분수를 $\frac{▲}{■}$라 하면 $\frac{▲+1}{■-1}=\frac{18}{42}$이므로

$▲+1=18$, $▲=17$이고 $■-1=42$, $■=43$입니다.

따라서 어떤 분수는 $\frac{17}{43}$입니다.

10 $\frac{5}{12}<\frac{\square}{18}$에서 $\frac{15}{36}<\frac{\square\times2}{36}$이므로 $15<\square\times2$입니다.

따라서 □ 안에 들어갈 수 있는 자연수는 8, 9, 10, ...이므로 가장 작은 수는 8입니다.

11 $\frac{\square}{15}<\frac{7}{9}$에서 $\frac{\square\times3}{45}<\frac{35}{45}$이므로 $\square\times3<35$입니다.

따라서 □ 안에 들어갈 수 있는 자연수는 1부터 11까지의 수이므로 가장 큰 수는 11입니다.

12 $\frac{2}{5}<\frac{\square}{10}<\frac{7}{8}$에서 분모를 40으로 통분하면

$\frac{16}{40}<\frac{\square\times4}{40}<\frac{35}{40}$이므로 $16<\square\times4<35$입니다.

따라서 □ 안에 들어갈 수 있는 자연수는 5, 6, 7, 8이므로 가장 큰 수는 8이고, 가장 작은 수는 5입니다.

4단원 서술형 수행 평가 33~34쪽

01 풀이 참조	02 풀이 참조, 81
03 풀이 참조, 108	04 풀이 참조
05 풀이 참조, $\frac{45}{72}$	06 풀이 참조, 민수
07 풀이 참조, 4개	08 풀이 참조, $\frac{1}{3}$
09 풀이 참조, $\frac{23}{36}$, $\frac{25}{36}$	10 풀이 참조, 5개

01 방법 1 예 분모와 분자에 0이 아닌 같은 수를 곱하면 크기가 같은 분수가 됩니다.

➡ $\frac{5}{7}=\frac{5\times4}{7\times4}=\frac{20}{28}$ … 50 %

방법 2 예 분모와 분자를 0이 아닌 같은 수로 나누면 크기가 같은 분수가 됩니다.

➡ $\frac{20}{28}=\frac{20\div4}{28\div4}=\frac{5}{7}$ … 50 %

02 예 $\frac{4}{9}=\frac{4\times5}{9\times5}=\frac{20}{45}$ ➡ ㉠$=45$ … 40 %

$\frac{4}{9}=\frac{4\times9}{9\times9}=\frac{36}{81}$ ➡ ㉡$=36$ … 40 %

따라서 ㉠+㉡$=45+36=81$입니다. … 20 %

03 예 공통분모가 될 수 있는 수는 두 분모 4와 18의 최소공배수인 36의 배수이므로 36, 72, 108, ...입니다. … 60 %

이 중 가장 작은 세 자리 수는 108입니다. … 40 %

04 방법 1 예 분수를 소수로 나타내어 크기를 비교하면

$\frac{3}{5}=\frac{6}{10}=0.6$이고 $0.5<0.6$이므로 $0.5<\frac{3}{5}$입니다.

… 50 %

방법 2 예 소수를 분수로 나타내어 크기를 비교하면

$0.5=\frac{5}{10}$, $\frac{3}{5}=\frac{6}{10}$이고 $\frac{5}{10}<\frac{6}{10}$이므로

$0.5<\frac{3}{5}$입니다.… 50 %

05 예 $\frac{\square}{72}=\frac{\square\div9}{72\div9}=\frac{5}{8}$에서 $\square\div9=5$입니다.

… 50 %

$\square=5\times9=45$이므로 구하는 분수는 $\frac{45}{72}$입니다.

… 50 %

06 예 $\frac{3}{8}=\frac{3\times3}{8\times3}=\frac{9}{24}$, $\frac{5}{12}=\frac{5\times2}{12\times2}=\frac{10}{24}$

… 50 %

$\frac{9}{24}<\frac{10}{24}$ ➡ $\frac{3}{8}<\frac{5}{12}$이므로 수학문제집을 더 많이 푼 사람은 민수입니다. … 50 %

07 예 만들 수 있는 진분수는 $\frac{3}{4}$, $\frac{3}{8}$, $\frac{4}{8}$, $\frac{3}{9}$, $\frac{4}{9}$, $\frac{8}{9}$입니다. … 40 %

이 중 분모와 분자의 공약수가 1뿐인 분수는 $\frac{3}{4}$, $\frac{3}{8}$, $\frac{4}{9}$, $\frac{8}{9}$로 모두 4개입니다. … 60 %

08 예 (전체 학생 수)$=7+5+8+4+3=27$(명)

(노랑이나 파랑을 좋아하는 학생 수)$=5+4=9$(명)

… 40 %

노랑이나 파랑을 좋아하는 학생은 전체의 $\frac{9}{27}$입니다.

… 30 %

따라서 기약분수로 나타내면 $\frac{9}{27}=\frac{9\div9}{27\div9}=\frac{1}{3}$입니다. … 30 %

09 예 36을 공통분모로 하여 통분하면

$\frac{7}{12}=\frac{7\times3}{12\times3}=\frac{21}{36}$, $\frac{13}{18}=\frac{13\times2}{18\times2}=\frac{26}{36}$입니다.

구하는 분수를 $\frac{\square}{36}$라 하면 $\frac{21}{36}<\frac{\square}{36}<\frac{26}{36}$이고

□ 안에 들어갈 수 있는 수는 22, 23, 24, 25입니다.

… 50 %

$\frac{22}{36}$, $\frac{23}{36}$, $\frac{24}{36}$, $\frac{25}{36}$ 중에서 기약분수는 $\frac{23}{36}$, $\frac{25}{36}$입니다. … 50 %

10 예 $\frac{7}{16}<\frac{\square}{24}<\frac{2}{3}$에서 분모를 48로 통분하면

$\frac{21}{48}<\frac{\square\times2}{48}<\frac{32}{48}$이므로 $21<\square\times2<32$입니다.

… 50 %

따라서 □ 안에 들어갈 수 있는 자연수는 11, 12, 13, 14, 15로 모두 5개입니다. … 50 %

4단원 단원 평가 35~37쪽

01 (1) 3, $\frac{27}{33}$ (2) 7, $\frac{6}{9}$

02 $\frac{10}{12}$, $\frac{15}{18}$, $\frac{20}{24}$

03 $\frac{27}{36}$

04 $\frac{2}{3}$, $\frac{4}{6}$, $\frac{14}{21}$

05

06 ㉡

07 4, $\frac{4}{7}$

08 $\frac{2}{5}$

09 40, 80, 120

10 $\frac{21}{36}$, $\frac{10}{36}$

11 5, 12

12 $\frac{4}{9}$, $\frac{5}{12}$

13 풀이 참조, $\frac{15}{90}$, $\frac{81}{90}$

14 <

15 1, 3, 2

16 $\frac{9}{12}$

17 (1) 25, 0.25 (2) 6, $\frac{3}{5}$

18 28, 100 / >

19 풀이 참조, 주스

20 0.75

01 (1) $\frac{9}{11}=\frac{9\times3}{11\times3}=\frac{27}{33}$

(2) $\frac{42}{63}=\frac{42\div7}{63\div7}=\frac{6}{9}$

02 $\frac{5}{6}=\frac{5\times2}{6\times2}=\frac{10}{12}$, $\frac{5}{6}=\frac{5\times3}{6\times3}=\frac{15}{18}$, $\frac{5}{6}=\frac{5\times4}{6\times4}=\frac{20}{24}$

03 $\frac{3}{4}=\frac{3\times9}{4\times9}=\frac{27}{36}$

04 $\frac{28}{42}=\frac{28\div2}{42\div2}=\frac{14}{21}$, $\frac{28}{42}=\frac{28\div7}{42\div7}=\frac{4}{6}$,

$\frac{28}{42}=\frac{28\div14}{42\div14}=\frac{2}{3}$

05 $\frac{12}{28}=\frac{12\div2}{28\div2}=\frac{6}{14}$, $\frac{30}{40}=\frac{30\div5}{40\div5}=\frac{6}{8}$

06 66과 24의 최대공약수가 6이고 6의 약수가 1, 2, 3, 6이므로 분모와 분자를 2, 3, 6으로 나눌 수 있습니다.

$\frac{24}{66}=\frac{24\div2}{66\div2}=\frac{12}{33}$, $\frac{24}{66}=\frac{24\div3}{66\div3}=\frac{8}{22}$,

$\frac{24}{66}=\frac{24\div6}{66\div6}=\frac{4}{11}$

07 기약분수로 나타내려면 분모와 분자의 최대공약수로 나누어 약분해야 하므로 분모와 분자를 28과 16의 최대공약수인 4로 나눕니다. ➡ $\frac{16}{28}=\frac{16\div4}{28\div4}=\frac{4}{7}$

08 자두 맛 사탕은 전체 사탕의 $\frac{8}{20}$이므로

기약분수로 나타내면 $\frac{8}{20}=\frac{8\div4}{20\div4}=\frac{2}{5}$입니다.

09 8과 20의 최소공배수는 40입니다.
공통분모가 될 수 있는 수는 40의 배수이므로 가장 작은 수부터 차례로 3개 쓰면 40, $40\times2=80$, $40\times3=120$입니다.

10 12와 18의 최소공배수인 36을 공통분모로 하여 통분합니다.

$\left(\frac{7}{12}, \frac{5}{18}\right)$ ➡ $\left(\frac{7\times3}{12\times3}, \frac{5\times2}{18\times2}\right)$ ➡ $\left(\frac{21}{36}, \frac{10}{36}\right)$

11 $\frac{\square\times12}{7\times12}=\frac{60}{84}$, $\square\times12=60$, $\square=5$

$\frac{3\times7}{\square\times7}=\frac{21}{84}$, $\square\times7=84$, $\square=12$

12 통분한 분수를 다시 약분하여 기약분수로 나타냅니다.

$\frac{16}{36}=\frac{16\div4}{36\div4}=\frac{4}{9}$, $\frac{15}{36}=\frac{15\div3}{36\div3}=\frac{5}{12}$

13 예 공통분모가 될 수 있는 수는 두 분모 6과 10의 최소공배수 30의 배수인 30, 60, 90, 120, ...입니다. ··· 30 %

이 중 100에 가장 가까운 수는 90이므로 90을 공통분모로 하여 통분합니다. ··· 20 %

$\left(\frac{1}{6}, \frac{9}{10}\right)$ ➡ $\left(\frac{1\times15}{6\times15}, \frac{9\times9}{10\times9}\right)$ ➡ $\left(\frac{15}{90}, \frac{81}{90}\right)$ ··· 50 %

14 $\left(\frac{5}{12}, \frac{7}{16}\right)$ ➡ $\left(\frac{5\times4}{12\times4}, \frac{7\times3}{16\times3}\right)$ ➡ $\left(\frac{20}{48}, \frac{21}{48}\right)$

➡ $\frac{5}{12}<\frac{7}{16}$

15 $\left(\frac{3}{4}, \frac{11}{12}, \frac{15}{18}\right)$ ➡ $\left(\frac{3\times9}{4\times9}, \frac{11\times3}{12\times3}, \frac{15\times2}{18\times2}\right)$

➡ $\left(\frac{27}{36}, \frac{33}{36}, \frac{30}{36}\right)$이므로 $\frac{3}{4}<\frac{15}{18}<\frac{11}{12}$입니다.

16 분모가 12인 분수를 $\frac{\square}{12}$라 하면

$\frac{2}{3}<\frac{\square}{12}<\frac{5}{6}$ ➡ $\frac{8}{12}<\frac{\square}{12}<\frac{10}{12}$에서 $8<\square<10$이므로 □ 안에 들어갈 수 있는 자연수는 9입니다.

따라서 구하는 분수는 $\frac{9}{12}$입니다.

17 (1) 분모가 100인 분수는 소수 두 자리 수로 나타낼 수 있습니다.
(2) 소수 한 자리 수는 분모가 10인 분수로 나타낼 수 있습니다.

18 $\left(\frac{7}{25}, 0.25\right)$ ➡ $\left(\frac{7\times4}{25\times4}, \frac{25}{100}\right)$ ➡ $\left(\frac{28}{100}, \frac{25}{100}\right)$

➡ $\frac{7}{25}>0.25$

19 예 $\left(\frac{21}{30}, \frac{18}{20}\right)$ ➡ $\left(\frac{7}{10}, \frac{9}{10}\right)$ ➡ $\frac{21}{30}<\frac{18}{20}$ ··· 70 %

따라서 양이 더 많은 것은 주스입니다. ··· 30 %

20 주어진 수 카드로 만들 수 있는 진분수는 $\frac{1}{3}$, $\frac{1}{4}$, $\frac{3}{4}$, $\frac{1}{8}$, $\frac{3}{8}$, $\frac{4}{8}$이고, 이 중 가장 큰 수는 $\frac{3}{4}$입니다. 따라서 $\frac{3}{4}$을 소수로 나타내면 $\frac{3}{4}=\frac{75}{100}=0.75$입니다.

5단원 분수의 덧셈과 뺄셈

5단원 기본 문제 복습 38~39쪽

01 $\frac{19}{36}$

02 $\frac{37}{56}$ m

03 은주

04 $4\frac{7}{10}$

05 $5\frac{5}{12}$

06 $3\frac{1}{18}$

07 | | ○ |

08 $\frac{3}{4}-\frac{1}{6}=\frac{9}{12}-\frac{2}{12}=\frac{7}{12}$

09 $\frac{3}{10}$ 큰술

10 $4\frac{11}{24}$

11 $2\frac{13}{20}$

12 $>$

13 $\frac{38}{45}$ 시간

01 $\frac{5}{12}+\frac{1}{9}=\frac{15}{36}+\frac{4}{36}=\frac{19}{36}$

02 $\frac{2}{7}+\frac{3}{8}=\frac{16}{56}+\frac{21}{56}=\frac{37}{56}$(m)

03 • 승유: $\frac{1}{8}+\frac{11}{12}=\frac{3}{24}+\frac{22}{24}=\frac{25}{24}=1\frac{1}{24}$

• 은주: $\frac{3}{4}+\frac{5}{8}=\frac{6}{8}+\frac{5}{8}=\frac{11}{8}=1\frac{3}{8}$

• 지석: $\frac{17}{24}+\frac{1}{3}=\frac{17}{24}+\frac{8}{24}=\frac{25}{24}=1\frac{1}{24}$

04 $3\frac{2}{5}+1\frac{3}{10}=3\frac{4}{10}+1\frac{3}{10}=4\frac{7}{10}$

05 $3\frac{1}{4}+2\frac{1}{6}=3\frac{3}{12}+2\frac{2}{12}=5\frac{5}{12}$

06 $1\frac{5}{6}+1\frac{2}{9}=1\frac{15}{18}+1\frac{4}{18}=2\frac{19}{18}=3\frac{1}{18}$

07 (수호네 집에서 우체국을 거쳐 공원까지 가는 거리)

$=1\frac{5}{8}+1\frac{2}{5}=1\frac{25}{40}+1\frac{16}{40}=2\frac{41}{40}=3\frac{1}{40}$(km)

따라서 수호는 자전거를 타고 가야 합니다.

09 $\frac{1}{2}-\frac{1}{5}=\frac{5}{10}-\frac{2}{10}=\frac{3}{10}$(큰술)

10 $6\frac{5}{6}-2\frac{3}{8}=6\frac{20}{24}-2\frac{9}{24}=4\frac{11}{24}$

11 가장 큰 수는 $4\frac{9}{10}$, 가장 작은 수는 $2\frac{1}{4}$입니다.

➡ $4\frac{9}{10}-2\frac{1}{4}=4\frac{18}{20}-2\frac{5}{20}=2\frac{13}{20}$

12 $4\frac{1}{6}-1\frac{11}{14}=4\frac{7}{42}-1\frac{33}{42}$

$=3\frac{49}{42}-1\frac{33}{42}=2\frac{16}{42}=2\frac{8}{21}$

$3\frac{2}{3}-1\frac{3}{7}=3\frac{14}{21}-1\frac{9}{21}=2\frac{5}{21}$

13 (독서를 한 시간)−(피아노 연습을 한 시간)

$=2\frac{2}{5}-1\frac{5}{9}=2\frac{18}{45}-1\frac{25}{45}$

$=1\frac{63}{45}-1\frac{25}{45}=\frac{38}{45}$(시간)

5단원 응용 문제 복습 40~41쪽

01 $1\frac{3}{8}$

02 $\frac{15}{56}$

03 $2\frac{53}{72}$

04 $5\frac{5}{12}$

05 $\frac{13}{20}$

06 $3\frac{9}{20}$ L

07 $1\frac{9}{40}$

08 $2\frac{19}{20}$

09 $8\frac{1}{3}$

10 $\frac{20}{21}$

11 $\frac{16}{45}$

12 $1\frac{33}{56}$

01 $\square-\frac{5}{8}=\frac{3}{4}$

$\square=\frac{3}{4}+\frac{5}{8}=\frac{6}{8}+\frac{5}{8}=\frac{11}{8}=1\frac{3}{8}$

02 $\frac{9}{14}-\square=\frac{3}{8}$, $\square=\frac{9}{14}-\frac{3}{8}=\frac{36}{56}-\frac{21}{56}=\frac{15}{56}$

03 $\square+1\frac{17}{36}=4\frac{5}{24}$

$\square=4\frac{5}{24}-1\frac{17}{36}=4\frac{15}{72}-1\frac{34}{72}$

$=3\frac{87}{72}-1\frac{34}{72}=2\frac{53}{72}$

04 $2\frac{1}{2}+1\frac{1}{4}+1\frac{2}{3}=\left(2\frac{2}{4}+1\frac{1}{4}\right)+1\frac{2}{3}=3\frac{3}{4}+1\frac{2}{3}$

$=3\frac{9}{12}+1\frac{8}{12}=4\frac{17}{12}=5\frac{5}{12}$

05 $1\frac{3}{4}-\frac{4}{5}-\frac{3}{10}=\left(1\frac{15}{20}-\frac{16}{20}\right)-\frac{3}{10}$

$=\left(\frac{35}{20}-\frac{16}{20}\right)-\frac{3}{10}$

$=\frac{19}{20}-\frac{3}{10}=\frac{19}{20}-\frac{6}{20}=\frac{13}{20}$

06 (지금 물통에 들어 있는 물의 양)

=(처음에 들어 있던 물의 양)－(따라 쓴 물의 양)

＋(더 부은 물의 양)

$=3\frac{2}{5}-\frac{7}{10}+\frac{3}{4}=\left(3\frac{4}{10}-\frac{7}{10}\right)+\frac{3}{4}$

$=\left(2\frac{14}{10}-\frac{7}{10}\right)+\frac{3}{4}=2\frac{7}{10}+\frac{3}{4}$

$=2\frac{14}{20}+\frac{15}{20}=2\frac{29}{20}=3\frac{9}{20}$ (L)

07 어떤 수를 □라 하면 잘못 계산한 식은

$\square-\frac{3}{10}=\frac{5}{8}$이므로

$\square=\frac{5}{8}+\frac{3}{10}=\frac{25}{40}+\frac{12}{40}=\frac{37}{40}$입니다.

따라서 바르게 계산하면

$\frac{37}{40}+\frac{3}{10}=\frac{37}{40}+\frac{12}{40}=\frac{49}{40}=1\frac{9}{40}$입니다.

08 어떤 수를 □라 하면 잘못 계산한 식은

$\square+1\frac{2}{5}=5\frac{3}{4}$이므로

$\square=5\frac{3}{4}-1\frac{2}{5}=5\frac{15}{20}-1\frac{8}{20}=4\frac{7}{20}$입니다.

따라서 바르게 계산하면

$4\frac{7}{20}-1\frac{2}{5}=4\frac{7}{20}-1\frac{8}{20}=3\frac{27}{20}-1\frac{8}{20}=2\frac{19}{20}$

입니다.

09 어떤 수를 □라 하면 잘못 계산한 식은

$5\frac{5}{6}-\square=3\frac{1}{3}$이므로

$\square=5\frac{5}{6}-3\frac{1}{3}=5\frac{5}{6}-3\frac{2}{6}=2\frac{3}{6}=2\frac{1}{2}$입니다.

따라서 바르게 계산하면

$5\frac{5}{6}+2\frac{1}{2}=5\frac{5}{6}+2\frac{3}{6}=7\frac{8}{6}=8\frac{2}{6}=8\frac{1}{3}$입니다.

10 만들 수 있는 진분수는 $\frac{2}{3}$, $\frac{2}{7}$, $\frac{3}{7}$이고 $\frac{2}{3}>\frac{3}{7}>\frac{2}{7}$

이므로 가장 큰 진분수는 $\frac{2}{3}$이고, 가장 작은 진분수는

$\frac{2}{7}$입니다. 따라서 두 수의 합은

$\frac{2}{3}+\frac{2}{7}=\frac{14}{21}+\frac{6}{21}=\frac{20}{21}$입니다.

11 만들 수 있는 진분수는 $\frac{4}{5}$, $\frac{4}{9}$, $\frac{5}{9}$이고 $\frac{4}{5}>\frac{5}{9}>\frac{4}{9}$

이므로 가장 큰 진분수는 $\frac{4}{5}$이고, 가장 작은 진분수는

$\frac{4}{9}$입니다. 따라서 두 수의 차는

$\frac{4}{5}-\frac{4}{9}=\frac{36}{45}-\frac{20}{45}=\frac{16}{45}$입니다.

12 만들 수 있는 진분수는 $\frac{5}{7}$, $\frac{5}{8}$, $\frac{7}{8}$이고 $\frac{7}{8}>\frac{5}{7}>\frac{5}{8}$

이므로 가장 큰 진분수는 $\frac{7}{8}$이고, 두 번째로 큰 진분수

는 $\frac{5}{7}$입니다. 따라서 두 수의 합은

$\frac{7}{8}+\frac{5}{7}=\frac{49}{56}+\frac{40}{56}=\frac{89}{56}=1\frac{33}{56}$입니다.

5단원 서술형 수행 평가 42~43쪽

01 풀이 참조	02 풀이 참조, $\frac{11}{40}$ kg
03 풀이 참조, 6시간	04 풀이 참조, $5\frac{5}{24}$
05 풀이 참조, ㉠	06 풀이 참조, $4\frac{25}{36}$
07 풀이 참조, $\frac{4}{5}$ m	08 풀이 참조, $1\frac{26}{45}$ L
09 풀이 참조, $2\frac{5}{28}$	10 풀이 참조, $1\frac{29}{45}$ kg

01 이유 예 분모와 분자에 같은 수를 곱하여 통분해야 하는데 다른 수를 곱해서 계산이 잘못되었습니다.

… 50 %

바른 계산 $\frac{2}{3}+\frac{2}{9}=\frac{2\times3}{3\times3}+\frac{2}{9}=\frac{6}{9}+\frac{2}{9}=\frac{8}{9}$

··· 50 %

02 예 (남은 밀가루의 양)

=(전체 밀가루의 양)−(식빵을 만드는 데 사용한 밀가루의 양)

$=\frac{9}{10}-\frac{5}{8}$ ··· 40 %

$=\frac{36}{40}-\frac{25}{40}=\frac{11}{40}$(kg) ··· 60 %

03 예 한 시간 동안 두 사람이 함께 채우는 물의 양은 전체의 $\frac{1}{15}+\frac{1}{10}=\frac{2}{30}+\frac{3}{30}=\frac{5}{30}=\frac{1}{6}$입니다.

··· 50 %

$\frac{1}{6}$이 6개이면 1이므로 물통을 가득 채우는 데 걸리는 시간은 6시간입니다. ··· 50 %

04 예 $\square-2\frac{7}{12}=2\frac{5}{8}$에서 $\square=2\frac{5}{8}+2\frac{7}{12}$이므로

··· 40 %

$\square=2\frac{5}{8}+2\frac{7}{12}=2\frac{15}{24}+2\frac{14}{24}$

$=4\frac{29}{24}=5\frac{5}{24}$입니다. ··· 60 %

05 예 ㉠ $2\frac{5}{8}+\frac{1}{2}=2\frac{5}{8}+\frac{4}{8}=2\frac{9}{8}=3\frac{1}{8}$ ··· 40 %

㉡ $5\frac{2}{9}-2\frac{5}{6}=5\frac{4}{18}-2\frac{15}{18}$

$=4\frac{22}{18}-2\frac{15}{18}=2\frac{7}{18}$ ··· 40 %

따라서 계산 결과가 더 큰 것은 ㉠입니다. ··· 20 %

06 예 $3\frac{7}{9}◆2\frac{3}{4}=3\frac{7}{9}+2\frac{3}{4}-1\frac{5}{6}$ ··· 30 %

앞에서부터 차례로 계산하면

$3\frac{7}{9}+2\frac{3}{4}-1\frac{5}{6}=\left(3\frac{28}{36}+2\frac{27}{36}\right)-1\frac{5}{6}$

$=5\frac{55}{36}-1\frac{5}{6}=5\frac{55}{36}-1\frac{30}{36}=4\frac{25}{36}$입니다.

··· 70 %

07 예 색 테이프 2장의 길이의 합은

$\frac{2}{5}+\frac{1}{2}=\frac{4}{10}+\frac{5}{10}=\frac{9}{10}$(m)입니다. ··· 50 %

따라서 이어 붙인 색 테이프의 전체 길이는

$\frac{9}{10}-\frac{1}{10}=\frac{8}{10}=\frac{4}{5}$(m)입니다. ··· 50 %

참고 색 테이프의 전체 길이는 두 색 테이프의 길이의 합에서 겹쳐진 부분의 길이를 빼어 구합니다.

08 예 사용한 후의 식용유는

$1\frac{8}{9}-\frac{3}{5}=1\frac{40}{45}-\frac{27}{45}=1\frac{13}{45}$(L)입니다. ··· 30 %

다시 부은 후의 식용유는

$1\frac{13}{45}+1\frac{2}{15}=1\frac{13}{45}+1\frac{6}{45}=2\frac{19}{45}$(L)입니다.

··· 30 %

따라서 가득 채우기 위해 더 부어야 하는 식용유는

$4-2\frac{19}{45}=3\frac{45}{45}-2\frac{19}{45}=1\frac{26}{45}$(L)입니다.

··· 40 %

09 예 어떤 수를 □라 하면 $\square-\frac{5}{7}=\frac{3}{4}$,

$\square=\frac{3}{4}+\frac{5}{7}=\frac{21}{28}+\frac{20}{28}=\frac{41}{28}=1\frac{13}{28}$입니다.

··· 50 %

따라서 바르게 계산하면

$1\frac{13}{28}+\frac{5}{7}=1\frac{13}{28}+\frac{20}{28}=1\frac{33}{28}=2\frac{5}{28}$입니다.

··· 50 %

10 예 구슬의 반의 무게는

$7\frac{2}{15}-4\frac{7}{18}=7\frac{12}{90}-4\frac{35}{90}=6\frac{102}{90}-4\frac{35}{90}$

$=2\frac{67}{90}$(kg)입니다. ··· 50 %

따라서 빈 상자의 무게는

(구슬의 반이 든 상자의 무게)−(구슬의 반의 무게)

$=4\frac{7}{18}-2\frac{67}{90}=4\frac{35}{90}-2\frac{67}{90}$

$=3\frac{125}{90}-2\frac{67}{90}=1\frac{58}{90}=1\frac{29}{45}$(kg)

입니다. ··· 50 %

5 단원 평가 44~46쪽

01 (1) $\frac{19}{24}$ (2) $1\frac{16}{35}$
02 ㉡
03 $\frac{17}{35}$, $\frac{27}{35}$
04 $1\frac{11}{40}$
05 $1\frac{1}{10}$ m
06 $5\frac{25}{42}$ L
07 $1\frac{5}{9}+2\frac{2}{3}=\frac{14}{9}+\frac{8}{3}=\frac{14}{9}+\frac{24}{9}=\frac{38}{9}=4\frac{2}{9}$
08 ㉡
09 4, 5, 6, 7, 8
10 풀이 참조, $62\frac{11}{14}$ kg
11 $\frac{7}{12}-\frac{3}{8}=\frac{7\times2}{12\times2}-\frac{3\times3}{8\times3}=\frac{14}{24}-\frac{9}{24}=\frac{5}{24}$
12 $\frac{4}{21}$
13 $\frac{4}{9}$
14 36
15 $1\frac{7}{12}$시간
16 $3\frac{1}{18}$
17 풀이 참조, 공원, $\frac{1}{9}$ km
18 $<$
19 $5\frac{31}{40}$
20 $\frac{50}{63}$

01 (1) $\frac{3}{8}+\frac{5}{12}=\frac{9}{24}+\frac{10}{24}=\frac{19}{24}$

(2) $\frac{6}{7}+\frac{3}{5}=\frac{30}{35}+\frac{21}{35}=\frac{51}{35}=1\frac{16}{35}$

02 ㉠ $\frac{11}{24}+\frac{1}{3}=\frac{11}{24}+\frac{8}{24}=\frac{19}{24}$

㉡ $\frac{7}{12}+\frac{1}{4}=\frac{7}{12}+\frac{3}{12}=\frac{10}{12}=\frac{20}{24}$

㉢ $\frac{5}{6}-\frac{1}{8}=\frac{20}{24}-\frac{3}{24}=\frac{17}{24}$

03 $\frac{3}{35}+\frac{2}{5}=\frac{3}{35}+\frac{14}{35}=\frac{17}{35}$,

$\frac{17}{35}+\frac{2}{7}=\frac{17}{35}+\frac{10}{35}=\frac{27}{35}$

04 $\frac{5}{8}+\frac{13}{20}=\frac{25}{40}+\frac{26}{40}=\frac{51}{40}=1\frac{11}{40}$

05 $\frac{3}{5}+\frac{1}{2}=\frac{6}{10}+\frac{5}{10}=\frac{11}{10}=1\frac{1}{10}$(m)

06 (식용유의 양과 올리브유의 양의 합)

$=2\frac{3}{7}+3\frac{1}{6}=2\frac{18}{42}+3\frac{7}{42}=5\frac{25}{42}$(L)

07 받아올림이 있는 대분수의 덧셈을 대분수를 가분수로 고쳐서 계산하였습니다.

08 ㉠ $4\frac{2}{7}+2\frac{1}{2}=4\frac{4}{14}+2\frac{7}{14}=6\frac{11}{14}$

㉡ $3\frac{4}{9}+3\frac{5}{6}=3\frac{8}{18}+3\frac{15}{18}=6\frac{23}{18}=7\frac{5}{18}$

따라서 계산 결과가 7과 8 사이에 있는 것은 ㉡입니다.

09 $1\frac{1}{4}+2\frac{5}{8}=1\frac{2}{8}+2\frac{5}{8}=3\frac{7}{8}$

$5\frac{1}{2}+2\frac{3}{5}=5\frac{5}{10}+2\frac{6}{10}=7\frac{11}{10}=8\frac{1}{10}$

$3\frac{7}{8}<\square<8\frac{1}{10}$이므로 □ 안에 들어갈 수 있는 자연수는 4, 5, 6, 7, 8입니다.

10 예 (동영이의 몸무게)

$=30\frac{3}{4}+1\frac{2}{7}=30\frac{21}{28}+1\frac{8}{28}$

$=31\frac{29}{28}=32\frac{1}{28}$(kg) ··· 50 %

따라서 진하와 동영이의 몸무게의 합은

$30\frac{3}{4}+32\frac{1}{28}=30\frac{21}{28}+32\frac{1}{28}$

$=62\frac{22}{28}=62\frac{11}{14}$(kg)입니다.

··· 50 %

11 12와 8의 최소공배수인 24를 공통분모로 하여 통분한 후 계산합니다.

12 $\frac{6}{7}-\frac{2}{3}=\frac{18}{21}-\frac{14}{21}=\frac{4}{21}$

13 $\frac{5}{9}-㉠=\frac{1}{6}$,

$㉠=\frac{5}{9}-\frac{1}{6}=\frac{10}{18}-\frac{3}{18}=\frac{7}{18}$

$㉡-\frac{1}{12}=\frac{3}{4}$,

$㉡=\frac{3}{4}+\frac{1}{12}=\frac{9}{12}+\frac{1}{12}=\frac{10}{12}=\frac{5}{6}$

따라서 ㉠과 ㉡의 차는

$\frac{5}{6}-\frac{7}{18}=\frac{15}{18}-\frac{7}{18}=\frac{8}{18}=\frac{4}{9}$입니다.

14 공통분모가 될 수 있는 수는 6과 8의 최소공배수 24나 6과 8의 곱 48입니다.

15 $1\frac{5}{6}-\frac{1}{4}=1\frac{10}{12}-\frac{3}{12}=1\frac{7}{12}$(시간)

16 $5\frac{8}{9}-2\frac{5}{6}=5\frac{16}{18}-2\frac{15}{18}=3\frac{1}{18}$

17 예 $3\frac{2}{3}=3\frac{6}{9}$이므로 $3\frac{2}{3}<3\frac{7}{9}$입니다. … 40 %

따라서 공원이 진우네 집에서

$3\frac{7}{9}-3\frac{2}{3}=3\frac{7}{9}-3\frac{6}{9}=\frac{1}{9}$(km) 더 가깝습니다.

… 60 %

18 $7\frac{3}{10}-3\frac{5}{8}=7\frac{12}{40}-3\frac{25}{40}=6\frac{52}{40}-3\frac{25}{40}=3\frac{27}{40}$

$8\frac{3}{5}-4\frac{1}{4}=8\frac{12}{20}-4\frac{5}{20}=4\frac{7}{20}$

➡ $3\frac{27}{40}<4\frac{7}{20}$

19 만들 수 있는 가장 큰 대분수는 자연수 부분이 가장 큰 수인 $8\frac{2}{5}$입니다.

만들 수 있는 가장 작은 대분수는 자연수 부분이 가장 작은 수인 $2\frac{5}{8}$입니다.

➡ $8\frac{2}{5}-2\frac{5}{8}=8\frac{16}{40}-2\frac{25}{40}$

$=7\frac{56}{40}-2\frac{25}{40}=5\frac{31}{40}$

20 어떤 수를 □라 하면 잘못 계산한 식은

$\square+4\frac{5}{7}=10\frac{2}{9}$입니다.

$\square=10\frac{2}{9}-4\frac{5}{7}=10\frac{14}{63}-4\frac{45}{63}$

$=9\frac{77}{63}-4\frac{45}{63}=5\frac{32}{63}$

따라서 바르게 계산하면

$5\frac{32}{63}-4\frac{5}{7}=5\frac{32}{63}-4\frac{45}{63}$

$=4\frac{95}{63}-4\frac{45}{63}=\frac{50}{63}$입니다.

6 단원 다각형의 둘레와 넓이

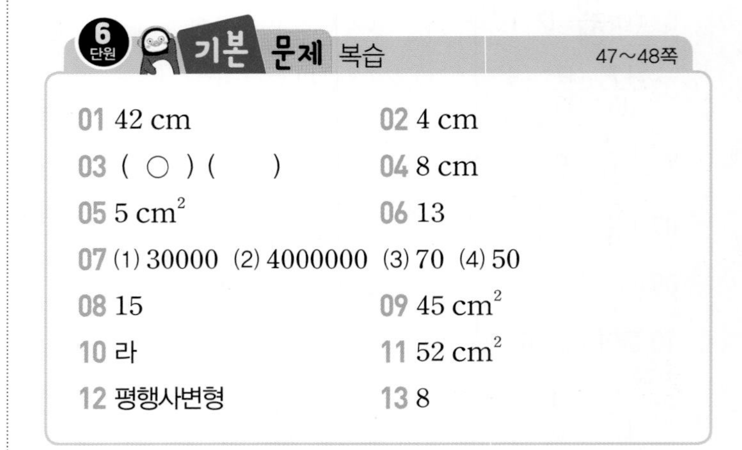

6 단원 기본 문제 복습 47~48쪽

01 42 cm	02 4 cm
03 (○) ( )	04 8 cm
05 5 cm^2	06 13
07 (1) 30000 (2) 4000000 (3) 70 (4) 50	
08 15	09 45 cm^2
10 라	11 52 cm^2
12 평행사변형	13 8

01 정육각형은 6개의 변의 길이가 모두 같습니다.
(정육각형의 둘레)$=7\times6=42$(cm)

02 정사각형은 네 변의 길이가 모두 같으므로 한 변의 길이는 $16\div4=4$(cm)입니다.

03 (마름모의 둘레)$=8\times4=32$(cm)
(평행사변형의 둘레)$=(9+6)\times2=30$(cm)

04 직사각형의 가로와 세로의 합이 $40\div2=20$(cm)이므로 세로는 $20-12=8$(cm)입니다.

05 가: 4 cm^2, 나: 6 cm^2, 다: 3 cm^2,
라: 8 cm^2, 마: 4 cm^2 ➡ $8-3=5$(cm^2)

06 세로를 □ cm라 하면 $7\times\square=91$,
$\square=91\div7=13$입니다.

07 1 m^2=10000 cm^2, 1 km^2=1000000 m^2

08 밑변의 길이를 9 cm라 할 때 높이는 10 cm이고, 밑변의 길이를 □ cm라 할 때 높이는 6 cm입니다.
$9\times10=\square\times6$, $\square\times6=90$, $\square=90\div6=15$

09 (삼각형의 넓이)$=18\times5\div2=45$(cm^2)

10 각 삼각형의 높이는 4 cm로 같고, 밑변의 길이는 가, 나, 다는 3 cm, 라는 2 cm입니다.
따라서 넓이가 나머지와 다른 삼각형은 라입니다.

11 (마름모의 넓이)$=13\times8\div2=52$(cm^2)

12 (평행사변형의 넓이)$=12\times5=60(cm^2)$
(사다리꼴의 넓이)$=(15+9)\times4\div2=48(cm^2)$
따라서 넓이가 더 넓은 것은 평행사변형입니다.

13 $(5+15)\times\square\div2=80$, $20\times\square\div2=80$,
$20\times\square=80\times2$, $20\times\square=160$,
$\square=160\div20=8$입니다.

6단원 응용 문제 복습 49~50쪽

01 6 cm	02 14 cm
03 9 cm	04 7
05 9	06 10 cm
07 60 cm	08 68 cm
09 64 cm	10 144 cm^2
11 148 cm^2	12 41 cm^2

01 (마름모의 둘레)$=9\times4=36(cm)$
정육각형의 둘레도 36 cm이므로 정육각형의 한 변의 길이는 $36\div6=6(cm)$입니다.

02 (정칠각형의 둘레)$=8\times7=56(cm)$
정사각형의 둘레도 56 cm이므로 정사각형의 한 변의 길이는 $56\div4=14(cm)$입니다.

03 (마름모의 둘레)$=12\times4=48(cm)$
평행사변형의 둘레도 48 cm입니다.
(15+㉠)$\times2=48$, 15+㉠$=48\div2$,
15+㉠$=24$, ㉠$=24-15=9(cm)$

04 (삼각형의 넓이)$=8\times7\div2=28(cm^2)$
직사각형의 넓이도 28 cm^2이므로
$4\times\square=28$, $\square=7$입니다.

05 (정사각형의 넓이)$=6\times6=36(cm^2)$
마름모의 넓이도 36 cm^2이므로
$\square\times8\div2=36$, $\square\times8=36\times2$, $\square\times8=72$,
$\square=9$입니다.

06 (직사각형의 넓이)$=10\times8=80(cm^2)$
사다리꼴의 넓이도 80 cm^2이므로 높이를 $\square$cm라 하면 $(6+10)\times\square\div2=80$, $16\times\square\div2=80$,
$16\times\square=80\times2$, $16\times\square=160$, $\square=10$입니다.

07 도형의 둘레는 가로가 18 cm, 세로가 12 cm인 직사각형의 둘레와 같습니다.
➡ (도형의 둘레)$=(18+12)\times2=60(cm)$

08 도형의 둘레는 가로가 21 cm, 세로가 13 cm인 직사각형의 둘레와 같습니다.
➡ (도형의 둘레)$=(21+13)\times2=68(cm)$

09 도형의 둘레는 가로가 15 cm, 세로가 12 cm인 직사각형의 둘레에 5 cm인 선분 2개의 길이를 더한 것과 같습니다.
➡ (도형의 둘레)$=(15+12)\times2+5\times2$
$=54+10=64(cm)$

10 (다각형의 넓이)=(삼각형의 넓이)+(사다리꼴의 넓이)
$=8\times6\div2+(11+13)\times10\div2$
$=24+120=144(cm^2)$

11 (다각형의 넓이)=(마름모의 넓이)+(삼각형의 넓이)
$=16\times11\div2+15\times8\div2$
$=88+60=148(cm^2)$

12 (색칠한 부분의 넓이)
=(사다리꼴의 넓이)−(삼각형의 넓이)
$=(6+10)\times7\div2-6\times5\div2$
$=56-15=41(cm^2)$

6단원 서술형 수행 평가 51~52쪽

01 풀이 참조, 49 cm	02 풀이 참조, 2 cm
03 풀이 참조, 정사각형	04 풀이 참조, 40 cm^2
05 풀이 참조, 56 cm^2	06 풀이 참조, 48 cm
07 풀이 참조, 153 m^2	08 풀이 참조, 66 cm^2
09 풀이 참조, 49 cm^2	10 풀이 참조, 276 cm^2

01 예 (정삼각형의 둘레)$=8\times3=24$(cm) … 40 %
(정오각형의 둘레)$=5\times5=25$(cm) … 40 %
따라서 두 정다각형의 둘레의 합은
$24+25=49$(cm)입니다. … 20 %

02 예 (마름모의 둘레)$=9\times4=36$(cm) … 40 %
(평행사변형의 둘레)$=(6+13)\times2=38$(cm) … 40 %
따라서 두 도형의 둘레의 차는 $38-36=2$(cm)입니다. … 20 %

03 예 (정사각형의 넓이)$=7\times7=49(\text{cm}^2)$ … 40 %
(사다리꼴의 넓이)$=(9+5)\times6\div2=42(\text{cm}^2)$ … 40 %
따라서 더 넓은 것은 정사각형입니다. … 20 %

04 예 삼각형의 나머지 한 변의 길이를 □cm라 하면
$12+7+□=35$, $19+□=35$, $□=35-19=16$입니다. … 50 %
따라서 삼각형의 넓이는 $16\times5\div2=40(\text{cm}^2)$입니다. … 50 %

05 예 색칠한 부분의 넓이는 직사각형의 넓이에서 마름모의 넓이를 뺍니다. … 30 %
(색칠한 부분의 넓이)$=16\times7-16\times7\div2$ … 30 %
$=112-56=56(\text{cm}^2)$ … 40 %

06 예 도형의 둘레는 가로가 15 cm이고 세로가 9 cm인 직사각형의 둘레와 같습니다. … 50 %
따라서 도형의 둘레는 $(15+9)\times2=48$(cm)입니다. … 50 %

07 예 직사각형의 세로를 □m라 하면
$(17+□)\times2=52$, $17+□=52\div2$, $17+□=26$, $□=26-17=9$입니다. … 50 %
따라서 직사각형의 넓이는 $17\times9=153(\text{m}^2)$입니다. … 50 %

08 예 다각형의 넓이는 사다리꼴의 넓이와 삼각형의 넓이의 합과 같습니다. … 30 %
(다각형의 넓이)$=(8+10)\times4\div2+10\times6\div2$ … 30 %
$=36+30=66(\text{cm}^2)$ … 40 %

09 예 평행사변형 ㄱㄴㄷㅁ의 높이를 □cm라 하면
$9\times□=63$이므로 $□=7$입니다. … 50 %
따라서 평행사변형 ㅂㄷㄹㅁ의 밑변의 길이는 7 cm, 높이는 7 cm이므로 넓이는 $7\times7=49(\text{cm}^2)$입니다. … 50 %

10 예 삼각형 ㄱㅁㄹ의 넓이는 $15\times20\div2=150(\text{cm}^2)$입니다. … 30 %
삼각형 ㄱㅁㄹ에서 밑변을 선분 ㄱㄹ이라 하면 삼각형 ㄱㅁㄹ의 높이와 사다리꼴 ㄱㄴㄷㄹ의 높이는 같습니다.
선분 ㄱㄹ을 밑변으로 하였을 때의 높이를 □cm라 하면 $25\times□\div2=150$이므로
$25\times□=150\times2$, $25\times□=300$,
$□=300\div25=12$입니다. … 40 %
따라서 사다리꼴 ㄱㄴㄷㄹ의 넓이는
$(25+21)\times12\div2=276(\text{cm}^2)$입니다. … 30 %

6단원 단원 평가

53~55쪽

01 2 cm	02 51 cm
03 16 m	04 19 cm
05 풀이 참조, 7 cm	06 28그루
07 16 cm^2	08 ㉠
09 (1) 200000 (2) 605000000	
10 700 cm	11 120 km^2
12 8	13 70 cm^2
14 5	15 2 cm^2
16 38 cm^2	17 16 cm
18 120 cm^2	19 풀이 참조, 7 cm
20 270 cm^2	

01 (정칠각형의 한 변의 길이)$=14\div7=2$(cm)

02 (정사각형의 한 변의 길이)$=68\div4=17$(cm)

(정삼각형의 둘레)$=17\times3=51$(cm)

03 (평행사변형의 둘레)$=(5+3)\times2=16$(m)

04 직사각형의 가로를 □ cm라 하면
$(□+14)\times2=66$, $□+14=66\div2$,
$□+14=33$, $□=33-14=19$입니다.

05 예 (직사각형 가의 둘레)$=(9+5)\times2=28$(cm)
… 50 %
정사각형 나의 둘레도 28 cm이므로 한 변의 길이는
$28\div4=7$(cm)입니다. … 50 %

06 마름모의 둘레는 $140\times4=560$(m)이므로 심을 수 있는 나무는 $560\div20=28$(그루)입니다.

07 1 cm^2가 16개이므로 도형의 넓이는 16 cm^2입니다.

08 ㉠ (정사각형의 한 변의 길이)$=52\div4=13$(cm)
(정사각형의 넓이)$=13\times13=169$(cm^2)
㉡ 직사각형의 세로를 □ cm라 하면
$(16+□)\times2=52$, $16+□=52\div2$,
$16+□=26$, $□=26-16=10$
(직사각형의 넓이)$=16\times10=160$(cm^2)

09 (1) 1 m^2=10000 cm^2
(2) 1 km^2=1000000 m^2

10 100 cm=1 m, 1800 cm=18 m
직사각형의 넓이가 126 m^2이므로 $18\times$㉠$=126$,
㉠$=126\div18=7$(m)입니다.
1 m=100 cm이므로 7 m=700 cm입니다.

11 1000 m=1 km, 8000 m=8 km
(평행사변형의 넓이)=(밑변의 길이)×(높이)
$=15\times8=120$(km^2)

12 (평행사변형의 넓이)=(밑변의 길이)×(높이)이므로
$□\times9=72$, $□=72\div9=8$입니다.

13 (삼각형의 넓이)$=7\times20\div2=70$(cm^2)

14 (직사각형의 넓이)$=10\times3=30$(cm^2)
직사각형의 넓이와 삼각형의 넓이가 같으므로
$12\times□\div2=30$, $12\times□=30\times2$, $12\times□=60$,
$□=60\div12=5$입니다.

15 (왼쪽 마름모의 넓이)$=11\times6\div2=33$(cm^2)
(오른쪽 마름모의 넓이)$=7\times10\div2=35$(cm^2)
➡ $35-33=2$(cm^2)

16 마름모 ㅁㅂㅅㅇ의 넓이는 직사각형 ㄱㄴㄷㄹ의 넓이의 반과 같습니다.
(마름모 ㅁㅂㅅㅇ의 넓이)$=76\div2=38$(cm^2)

17 네 변의 길이가 모두 같은 사각형이므로 마름모입니다.
마름모의 다른 대각선의 길이를 □ cm라 하면
$25\times□\div2=200$, $25\times□=200\times2$,
$25\times□=400$, $□=400\div25=16$

18 (색칠한 부분의 넓이)
=(평행사변형의 넓이)−(사다리꼴의 넓이)
$=20\times12-(9+11)\times12\div2$
$=240-120=120$(cm^2)

19 예 사다리꼴의 아랫변의 길이를 □ cm라 하면
$(9+□)\times16\div2=128$입니다. … 40 %
$(9+□)\times16=128\times2$, $(9+□)\times16=256$,
$9+□=256\div16$, $9+□=16$,
$□=16-9=7$입니다. … 60 %

20 (삼각형 ㄴㄷㄹ의 넓이)$=24\times5\div2=60$(cm^2)
삼각형 ㄴㄷㄹ에서 밑변의 길이가 8 cm일 때의 높이인 선분 ㄹㅁ의 길이를 □ cm라 하면
$8\times□\div2=60$, $8\times□=60\times2$, $8\times□=120$,
$□=120\div8=15$입니다.
사다리꼴 ㄱㄴㄷㄹ에서 윗변의 길이는 28 cm,
아랫변의 길이는 8 cm, 높이는 15 cm이므로
(사다리꼴 ㄱㄴㄷㄹ의 넓이)
$=(28+8)\times15\div2=270$(cm^2)입니다.

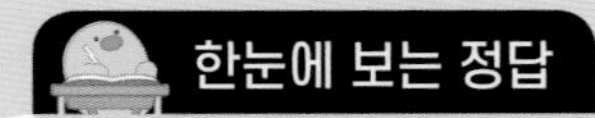

Book 1 본책

1 단원 자연수의 혼합 계산

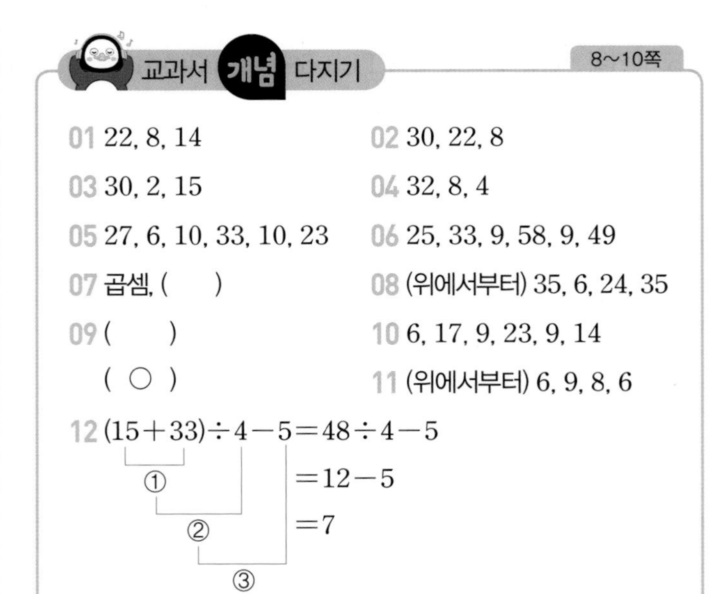

01 22, 8, 14

02 30, 22, 8

03 30, 2, 15

04 32, 8, 4

05 27, 6, 10, 33, 10, 23

06 25, 33, 9, 58, 9, 49

07 곱셈, (　　)

08 (위에서부터) 35, 6, 24, 35

09 (　　)
(　○　)

10 6, 17, 9, 23, 9, 14

11 (위에서부터) 6, 9, 8, 6

12 $(15+33)\div4-5=48\div4-5$
$=12-5$
$=7$
①, ②, ③

11~14쪽

01 (1) $31-6+9$ (2) $31-(6+9)$

02 (1) $35-19+7=16+7$
$=23$
①, ②

(2) $54-(23+16)=54-39$
$=15$
①, ②

03 (1) 49 (2) 21

04 54

05 식 $36-18+5=23$ 답 23명

06 (1) $48\div(6\times2)=48\div12$
$=4$
①, ②

(2) $36\div3\times5=12\times5$
$=60$
①, ②

07 32, 16

08 $96\div4\times12=24\times12$
$=288$

09 ㉡

10 식 $6\times16\div8=12$ 답 12개

11
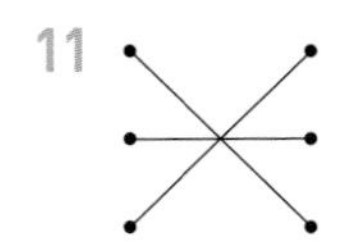

12 >

13 ㉡

14 식 $3000-(600+750\times3)=150$
답 150원

15 (1) $84\div(18-12)+11$ (2) $28-35\div7+19$

16 46

17 ㉣

18 ㉠, ㉢, ㉡

19 식 $1000-(3600\div12+230)=470$
답 470원

20 25, 9

교과서 속 응용 문제

21 ④

22 ⑤

23 42에 ○표, 6에 ○표, 모둠에 ○표

24 2400, 3, 10000 / 2800원

25 예 민희네 반은 한 모둠에 4명씩 6모둠입니다. 선생님께서 반 학생들에게 색종이 48장을 똑같이 나누어 주셨다면 한 사람이 받은 색종이는 몇 장입니까? / 예 2장

15~16쪽

01 ㉡, ㉣, ㉠, ㉢

02 20, 16, 20, 16, 3, 36, 3, 33

03 (위에서부터) 21, 42, 29, 13, 21

04 53, 32, 42, 14, 53, 32, 3, 21, 3, 24

05 ㉣, ㉡, ㉢, ㉠

06 (　　)
(　○　)

07 5, 12, 6, 7, 60, 6, 7, 10, 7, 3

08 3, 16, 91, 7, 48, 91, 7, 48, 13, 61

17~20쪽

26 ㉡　　**27** 8, 8, 27, 34

28 $26+84\div6-3\times4=26+14-3\times4$
① ② $=26+14-12$
③ $=40-12$
④ $=28$

29 $26+84\div(6-3)\times4=26+84\div3\times4$
① $=26+28\times4$
② $=26+112$
③ $=138$
④

30 4, 2, 1, 3, 5 / 56　　**31** ③

32 $52-12\div4+7\times2$
$=52-3+7\times2$
$=52-3+14$
$=49+14$
$=63$

이유 예 덧셈, 뺄셈, 곱셈, 나눗셈이 섞여 있는 식에서는 곱셈과 나눗셈을 먼저 계산해야 하는데 앞에서부터 차례대로 계산했습니다.

33 민재, 정원　　**34** ③
35 희진　　**36** ㉡
37 7　　**38** 23
39 >　　**40**
41 ㉡
42 102
43 ÷　　**44** 15도

45 식 $10000-(2200+600\times2+5400\div2)=3900$
답 3900원

교과서 속 응용 문제

46 80　　**47** 22
48 식 $350\div7-17\times2=16$ 답 16쪽
49 식 $450\div2-(35+40)\times2=75$ 답 75권

21~25쪽

대표 응용 1 33, 44−11, $25+(44-11)\div3=36$
1-1 $55-8\times3\div(11-5)+9=60$
1-2 $9\times(6+5)-63\div21\times4=87$

대표 응용 2 5, 4, 5, 40, 4, 5, 10, 5, 5, 5
2-1 식 $12\times4\div6+3=11$ 답 11개
2-2 식 $420\times3+480\div3\times5-300=1760$
답 1760 g

대표 응용 3 6, 25, 6, 25, 66, 66, 6, 11, 11, 6, 25, 125
3-1 8　　**3-2** 81

대표 응용 4 24, 144, 151, 30, 4, 11, 13, 24, 13, 312, $120\div(5\times6)+7=11$
4-1 $96\div(4+8)-3=5$
4-2 $6\times(25-14)+12\div3=70$

대표 응용 5 4, 6, 8, 8, 4, 8, 4, 2, 6, 8, 6, 2, 4
5-1 9, 8, 4, 1
5-2 7, 5, 6, 4 (또는 7, 6, 5, 4) / 73

26~28쪽

01 $17-(9+3)$　　**02** 39
03 4　　**04** ㉡
05 170명　　**06** >
07 ②　　**08** 18장
09 $38+4\times9=38+36$
$=74$　　**10** 136
11
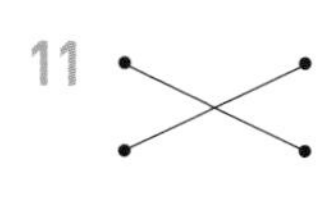
12 ㉡
13 6, 3, 2, 28
14 8
15 ㉡, ㉣, ㉠, ㉢　　**16** (　　)
(　○　)

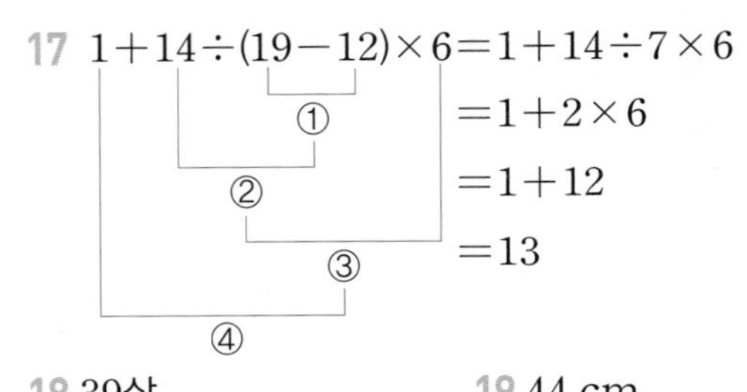

17 $1+14\div(19-12)\times6=1+14\div7\times6$
$=1+2\times6$
$=1+12$
$=13$

18 39살 19 44 cm
20 10장

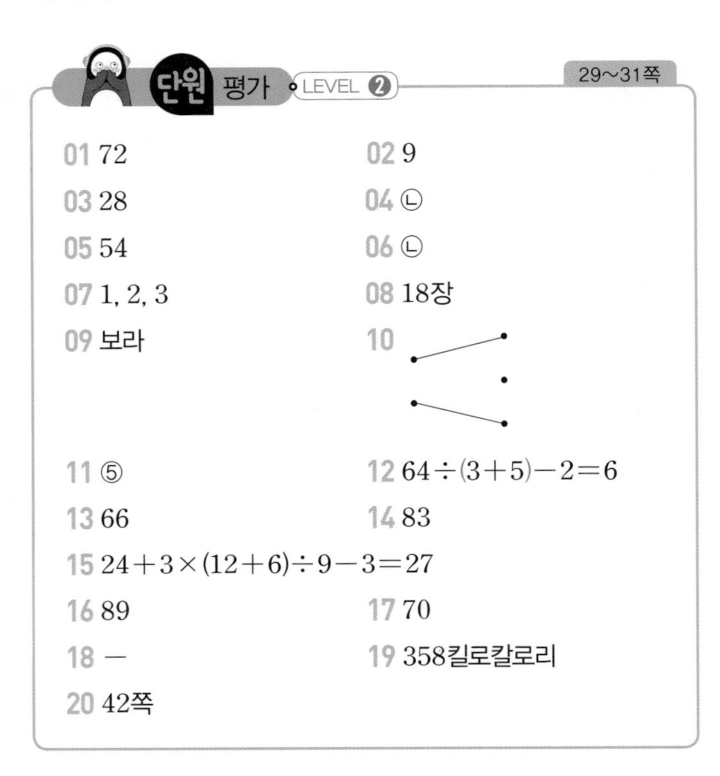

단원 평가 LEVEL ❷ 29~31쪽

01 72 02 9
03 28 04 ㉡
05 54 06 ㉡
07 1, 2, 3 08 18장
09 보라 10

11 ⑤ 12 $64\div(3+5)-2=6$
13 66 14 83
15 $24+3\times(12+6)\div9-3=27$
16 89 17 70
18 − 19 358킬로칼로리
20 42쪽

2단원 약수와 배수

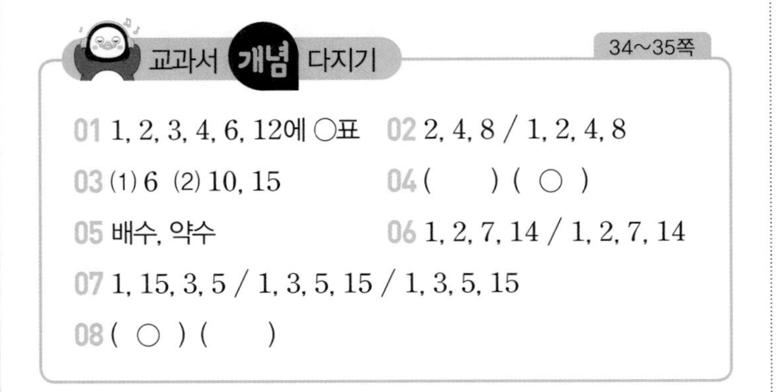

교과서 개념 다지기 34~35쪽

01 1, 2, 3, 4, 6, 12에 ○표 02 2, 4, 8 / 1, 2, 4, 8
03 (1) 6 (2) 10, 15 04 ( ) (○)
05 배수, 약수 06 1, 2, 7, 14 / 1, 2, 7, 14
07 1, 15, 3, 5 / 1, 3, 5, 15 / 1, 3, 5, 15
08 (○) ( )

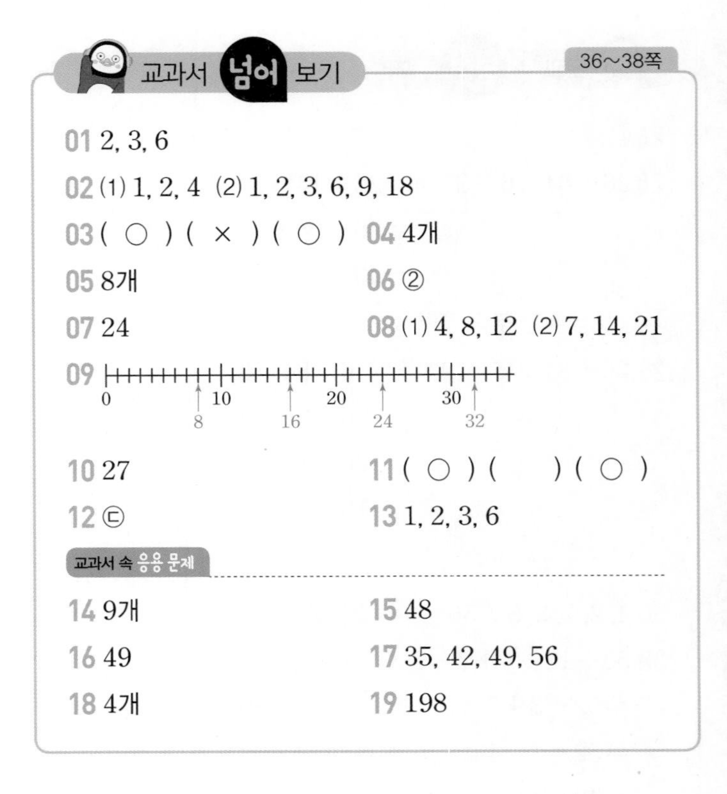

교과서 넘어 보기 36~38쪽

01 2, 3, 6
02 (1) 1, 2, 4 (2) 1, 2, 3, 6, 9, 18
03 (○) (×) (○) 04 4개
05 8개 06 ②
07 24 08 (1) 4, 8, 12 (2) 7, 14, 21
09

10 27 11 (○) ( ) (○)
12 ㉢ 13 1, 2, 3, 6

교과서 속 응용 문제

14 9개 15 48
16 49 17 35, 42, 49, 56
18 4개 19 198

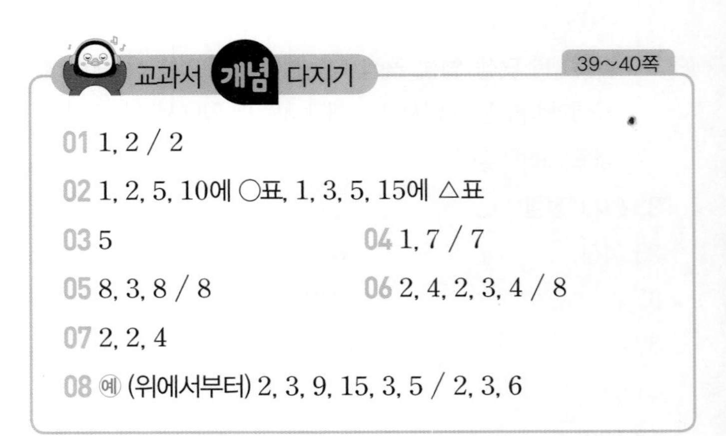

교과서 개념 다지기 39~40쪽

01 1, 2 / 2
02 1, 2, 5, 10에 ○표, 1, 3, 5, 15에 △표
03 5 04 1, 7 / 7
05 8, 3, 8 / 8 06 2, 4, 2, 3, 4 / 8
07 2, 2, 4
08 예 (위에서부터) 2, 3, 9, 15, 3, 5 / 2, 3, 6

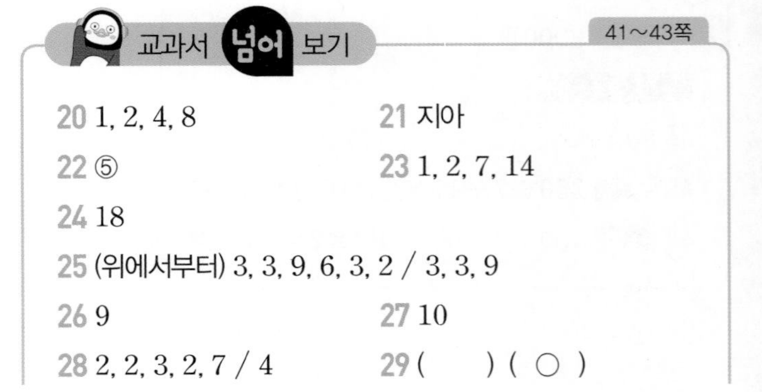

교과서 넘어 보기 41~43쪽

20 1, 2, 4, 8 21 지아
22 ⑤ 23 1, 2, 7, 14
24 18
25 (위에서부터) 3, 3, 9, 6, 3, 2 / 3, 3, 9
26 9 27 10
28 2, 2, 3, 2, 7 / 4 29 ( ) (○)

30

31 ㉡

32 4

교과서 속 응용 문제

33 1, 2, 3, 4, 6, 8, 12, 24

34 1, 3, 11, 33

35 24

36 4명

37 15상자

38 3개, 5개

교과서 개념 다지기

44~45쪽

01 12, 24, 36 / 12

02 6, 12, 18, 24, 30, 36, 42, 48 / 8, 16, 24, 32, 40, 48, 56, 64

03 24, 48에 ○표, 24, 48에 ○표 / 24

04 40, 80, 120 / 40

05 4, 4, 5 / 40

06 2, 2, 2, 2, 5 / 40

07 7, 5, 210

08 (위에서부터) 2, 2, 14, 30, 7, 15 / 2, 2, 7, 15, 420

교과서 넘어 보기

46~48쪽

39 3, 6, 9, 12에 ○표, 4, 8, 12에 △표 / 12

40 10, 20

41 ④

42 48, 96

43 20, 40, 60 / 20

44 (1) 30, 60, 90 (2) 30 (3) 30, 60, 90 (4) 같습니다.

45 36

46 2, 7 / 2, 7, 84

47 60

48 (1) 120 (2) 96

49 7

50 <

51 ㉢, ㉡, ㉠

교과서 속 응용 문제

52 16, 32, 48

53 81

54 40, 80

55 10시 8분

56 15주 후

57 4월 25일

응용력 높이기

49~53쪽

대표 응용 1 3, 5, 5, 5, 5, ②

1-1 ⑤

1-2 ④

대표 응용 2 1, 40, 41

2-1 51

2-2 242명

대표 응용 3 최대공약수, 14, 14

3-1 6 cm

3-2 15장

대표 응용 4 최소공배수, 24, 24

4-1 84 cm

4-2 12장

대표 응용 5 3, 3, 5, 5, 60

5-1 63

5-2 15

단원 평가 LEVEL ❶

54~56쪽

01 1, 3, 5, 15 / 1, 3, 5, 15

02 1, 2, 3, 4, 6, 12

03 ④

04 6, 12, 18, 24

05 7개

06 ⑤

07 2, 5, 5 / 1, 2, 5, 10, 25, 50 / 1, 2, 5, 10, 25, 50

08 14와 7, 6과 36

09 1, 2, 4

10 ⑤

11 12, 36

12 (1) 10 (2) 8

13 8 / 1, 2, 4, 8

14 8개

15 3개

16 (1) ㉡ (2) 60

17 (1) 60 (2) 120

18 96 / 96, 192, 288

19 13장

20 오전 8시 24분

단원 평가 LEVEL ❷

57~59쪽

01 ④

02 1

03 ②

04 30

05 5

06 48

07 21, 28

08

09 1, 2, 3, 6, 7, 14, 21, 42

10 10, 60

11 ㉡

12 1, 3, 9

13 ㉢ 14 ④
15 126 16 145
17 12, 30 18 210
19 38개 20 3번

3단원 규칙과 대응

교과서 개념 다지기 62~63쪽

01 ( ) (○) 02 10
03 20 04 40
05 60 06 2
07 5, 6 08 7개
09 7개 10 3

교과서 넘어 보기 64~65쪽

01 (그림) 02 5개
03 110개
04 예 사각형의 수를 2배 하면 원의 수와 같습니다. (또는 원의 수를 2로 나누면 사각형의 수와 같습니다.)
05 3, 4, 5 06 9개
07 예 1만큼 더 큽니다. 08 14, 21, 28, 35
09 예 종이꽃의 수에 7을 곱하면 필요한 색종이의 수와 같습니다. (또는 필요한 색종이의 수를 7로 나누면 종이꽃의 수와 같습니다.)
10 예 ☆ 조각의 수는 ⊠ 조각의 수보다 2만큼 더 큽니다.

교과서 속 응용 문제

11 4, 8, 12, 16 / 예 돼지 다리의 수는 돼지의 수의 4배입니다. (또는 돼지 다리의 수를 4로 나누면 돼지의 수와 같습니다.)
12 9, 18, 27, 36 / 예 의자의 수는 탁자의 수의 9배입니다. (또는 의자의 수를 9로 나누면 탁자의 수와 같습니다.)
13 9, 10, 11, 12 / 예 동생의 나이는 성현이의 나이보다 3살 적습니다. (또는 성현이의 나이는 동생의 나이보다 3살 많습니다.)

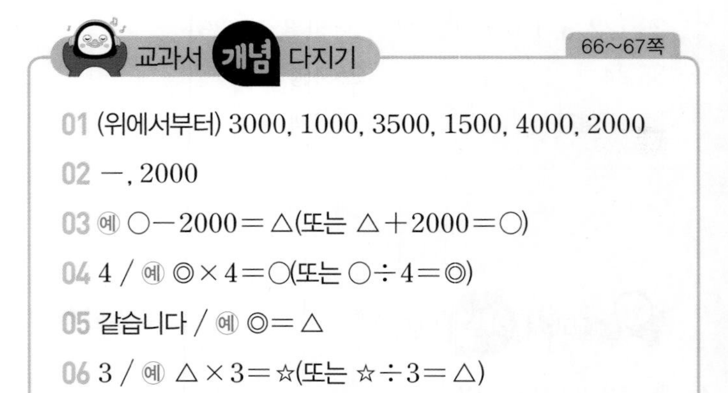

교과서 개념 다지기 66~67쪽

01 (위에서부터) 3000, 1000, 3500, 1500, 4000, 2000
02 −, 2000
03 예 ○−2000=△(또는 △+2000=○)
04 4 / 예 ◎×4=○(또는 ○÷4=◎)
05 같습니다 / 예 ◎=△
06 3 / 예 △×3=☆(또는 ☆÷3=△)

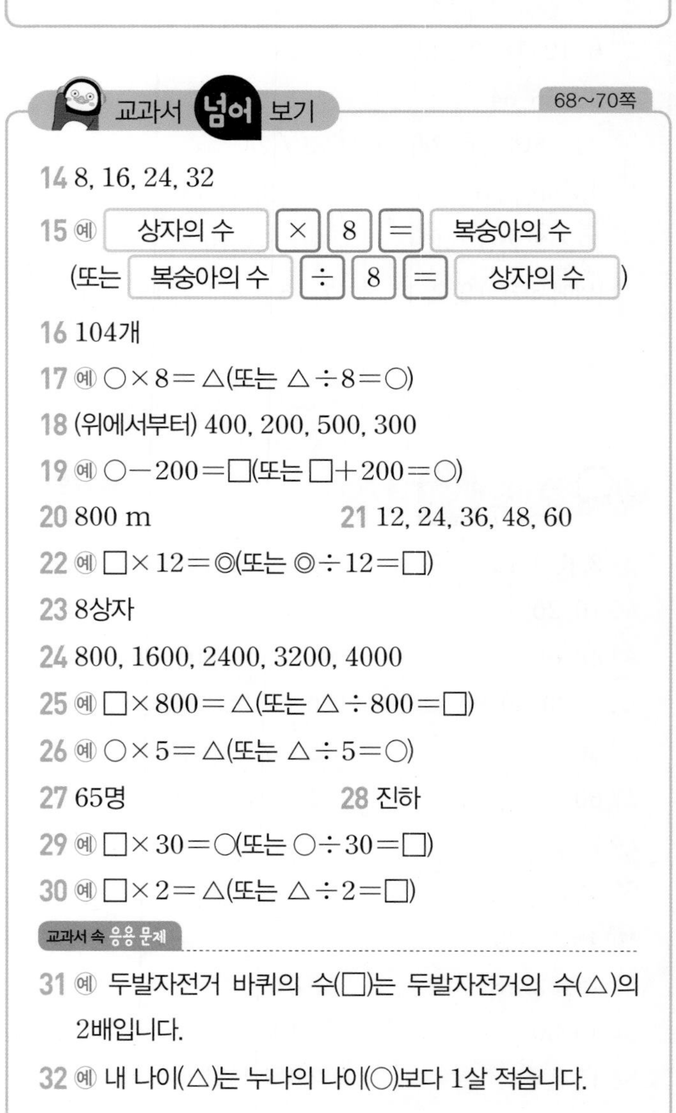

교과서 넘어 보기 68~70쪽

14 8, 16, 24, 32
15 예 상자의 수 × 8 = 복숭아의 수
(또는 복숭아의 수 ÷ 8 = 상자의 수)
16 104개
17 예 ○×8=△(또는 △÷8=○)
18 (위에서부터) 400, 200, 500, 300
19 예 ○−200=□(또는 □+200=○)
20 800 m 21 12, 24, 36, 48, 60
22 예 □×12=◎(또는 ◎÷12=□)
23 8상자
24 800, 1600, 2400, 3200, 4000
25 예 □×800=△(또는 △÷800=□)
26 예 ○×5=△(또는 △÷5=○)
27 65명 28 진하
29 예 □×30=○(또는 ○÷30=□)
30 예 □×2=△(또는 △÷2=□)

교과서 속 응용 문제

31 예 두발자전거 바퀴의 수(□)는 두발자전거의 수(△)의 2배입니다.
32 예 내 나이(△)는 누나의 나이(○)보다 1살 적습니다.

응용력 높이기

71~75쪽

대표 응용 1 2, 8, 4,

1-1 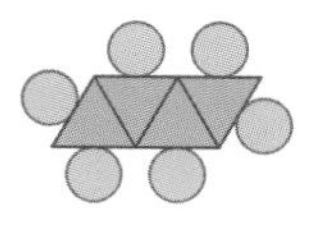

1-2 12개, 18개

대표 응용 2 12, 16, ○, △, △, ○

2-1 5, 7, 9, 11

2-2 17개

대표 응용 3 2, 3, 4, 1, ○, △, 1, △, ○

3-1 (왼쪽에서부터) 3, 3, 5, 5

3-2 예 □+1=◎(또는 ◎−1=□)

대표 응용 4 700, 700, 700, 700, 6300

4-1 예 ○×250=□(또는 □÷250=○),
1 km 250 m

4-2 예 ◎×3=△(또는 △÷3=◎), 27 cm

대표 응용 5 1, 1, 1, 1

5-1 예 □+8=○(또는 ○−8=□)

5-2 예 △÷3=☆(또는 ☆×3=△)

단원 평가 LEVEL 1

76~78쪽

01

02 4

03 20개

04 12개

05 4, 5, 6

06 22개

07 예 흰색 사각형의 수에 2를 더하면 빨간색 사각형의 수와 같습니다. (또는 빨간색 사각형의 수에서 2를 빼면 흰색 사각형의 수와 같습니다.)

08 (위에서부터) 2019, 27

09 예 서우의 나이 + 2008 = 연도
(또는 연도 − 2008 = 서우의 나이)

10 예 ○+2008=△(또는 △−2008=○)

11 6, 12, 18, 24

12 예 ○×6=△(또는 △÷6=○)

13 78개

14 예 △+1=○(또는 ○−1=△)

15 2600, 3900

16 5200원

17 예 ○×1300=△(또는 △÷1300=○)

18 9600원

19 예 △×900=☆(또는 ☆÷900=△), 6봉지

20 정원, 예 대응 관계를 ▽÷4=○라고 나타낼 수도 있어. ▽는 색종이의 수를, ○는 사람의 수를 나타내지.

단원 평가 LEVEL 2

79~81쪽

01

02 16개

03 17개

04 예 육각형의 수에 2를 곱하면 삼각형의 수입니다.
(또는 삼각형의 수를 2로 나누면 육각형의 수입니다.)

05 2, 3, 4, 5

06 1

07 9개

08 (위에서부터) 13, 17, 2025, 18, 2026, 19

09 예 ○+4=△(또는 △−4=○)

10 예 ○+2011=☆(또는 ☆−2011=○)

11 23살

12 ⓒ

13 예 △×3=☆(또는 ☆÷3=△)

14 16개

15 9

16 10도막

17 180 L

18 예 △÷6=☆(또는 ☆×6=△)

19 예 □×4=△(또는 △÷4=□)

20 16층

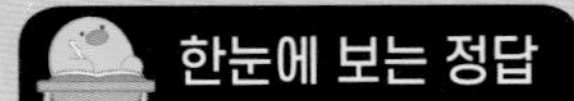

4 단원 약분과 통분

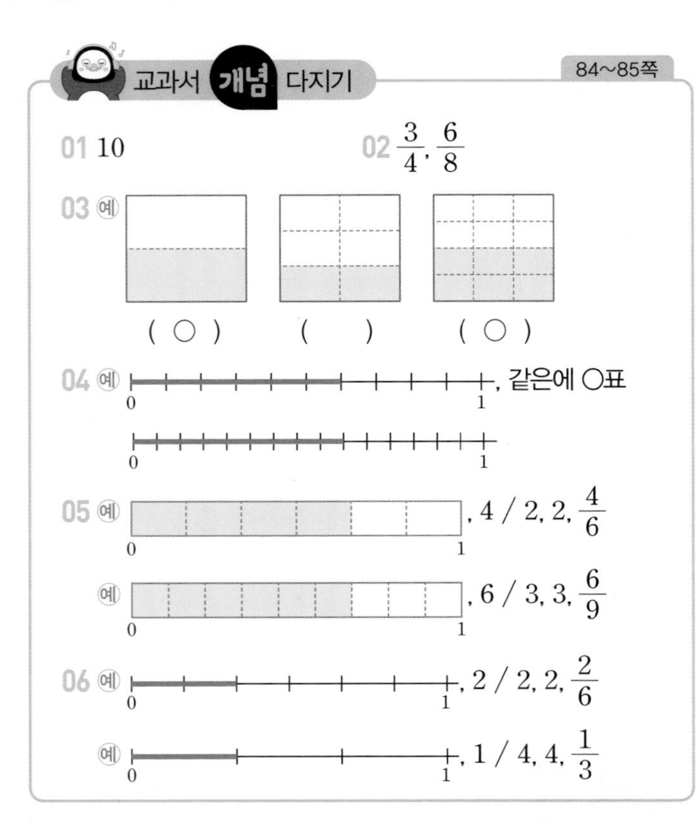

교과서 개념 다지기 (84~85쪽)

01 10

02 $\frac{3}{4}$, $\frac{6}{8}$

03 예 (○) (   ) (○)

04 예 같은에 ○표

05 예 4 / 2, 2, $\frac{4}{6}$

예 6 / 3, 3, $\frac{6}{9}$

06 예 2 / 2, 2, $\frac{2}{6}$

예 1 / 4, 4, $\frac{1}{3}$

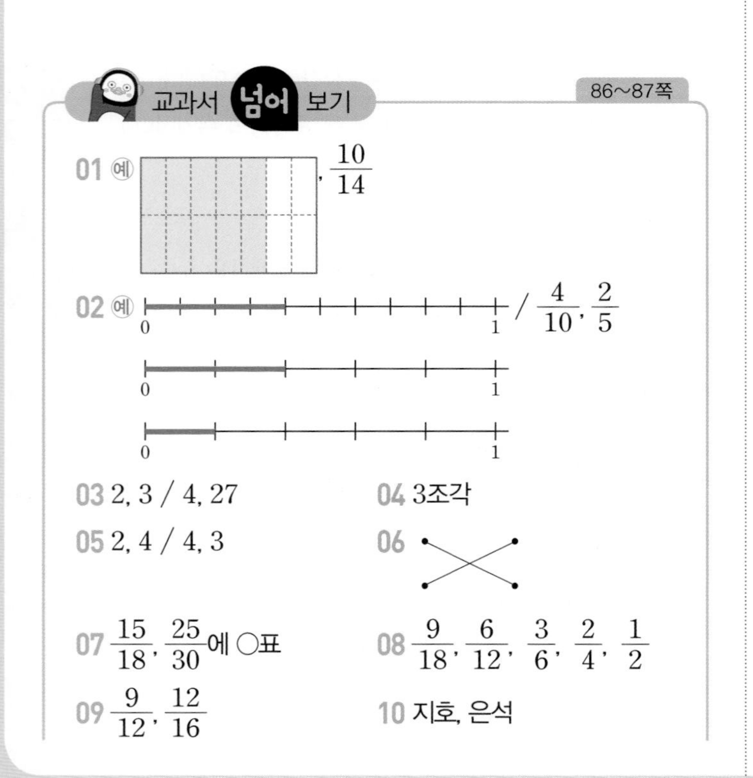

교과서 넘어 보기 (86~87쪽)

01 예 $\frac{10}{14}$

02 예 / $\frac{4}{10}$, $\frac{2}{5}$

03 2, 3 / 4, 27

04 3조각

05 2, 4 / 4, 3

06

07 $\frac{15}{18}$, $\frac{25}{30}$에 ○표

08 $\frac{9}{18}$, $\frac{6}{12}$, $\frac{3}{6}$, $\frac{2}{4}$, $\frac{1}{2}$

09 $\frac{9}{12}$, $\frac{12}{16}$

10 지호, 은석

교과서 속 응용 문제

11 $\frac{12}{30}$

12 $\frac{20}{45}$

교과서 개념 다지기 (88~91쪽)

01 (1) 1, 2, 3, 6 (2) 2, $\frac{6}{9}$ / 3, $\frac{4}{6}$ / 6, $\frac{2}{3}$

02 12, 8, 3

03 (○) (   ) (○)

04 4, 6, 8 / 12

05 4, 3 / 4, 4, 4, 3, 3, 3

06 6, 6, 9, 9 / 12, 45

07 2, 2, 3, 3 / 4, 15

08 21, 25, $<$

09 33, 32, $>$

10 (1) 5, $\frac{6}{15}$, $<$ / 4, $\frac{3}{10}$, $>$ / 10, $\frac{9}{30}$, $>$

(2) $\frac{2}{5}$, $\frac{1}{3}$, $\frac{3}{10}$

11 (1) 9, 7 / $>$ (2) 9, 7 / 0.9, 0.7 / $>$

12 (1) 6, 0.6 / 0.6, $<$, $<$ (2) 6, 7 / 6, $<$, 7, $<$

교과서 넘어 보기 (92~96쪽)

13 2, 4, 8 / 2, $\frac{12}{16}$ / 4, 4, $\frac{6}{8}$ / 8, 8, $\frac{3}{4}$

14 2, 3, 6

15 $\frac{8}{16}$, $\frac{4}{8}$

16

$\frac{5}{12}$	$\frac{3}{9}$	$\frac{14}{15}$	$\frac{11}{22}$

17 (1) $\frac{5}{13}$ (2) $\frac{9}{11}$

18 1, 5

19 나래

20 12, 5

21 $\frac{27}{36}$, $\frac{28}{36}$

22 $\frac{35}{60}$, $\frac{27}{60}$

23 ㉡

24 24, 4, 54

25 36, 72

26 $\frac{51}{90}$ L, $\frac{65}{90}$ L

27 (1) $>$ (2) $<$

28 지혜

29 (위에서부터) $\frac{11}{12}$, $\frac{11}{12}$, $\frac{9}{10}$

30 $\frac{2}{9}$

31 서점

32 미진

33 (위에서부터) $\frac{3}{10}$, $\frac{8}{10}$, 0.2, 0.5, 0.7

34 55, 0.55 / 52, 0.52 / >

35 0.3, 0.4 / ㉡

36 민주

37 (　　) (○) (　　)

38 $3\frac{4}{5}$, 3.36, $1\frac{3}{4}$, 1.7

39 0.8

교과서 속 응용 문제

40 5, 12

41 $\frac{1}{4}$, $\frac{2}{7}$

42 $\frac{13}{30}$, $\frac{14}{30}$, $\frac{15}{30}$

43 2개

응용력 높이기

97~101쪽

대표 응용 1 16, 28, 28, 21

1-1 26

1-2 12

대표 응용 2 8, 15, 15, 8, $\frac{2}{5}$, $\frac{3}{4}$, $\frac{6}{7}$

2-1 $\frac{2}{3}$, $\frac{5}{8}$, $\frac{3}{5}$

2-2 $\frac{21}{23}$, $\frac{7}{9}$, $\frac{3}{4}$

대표 응용 3 >, <, >, <, $\frac{3}{10}$, $\frac{9}{20}$

3-1 $\frac{5}{9}$, $\frac{17}{32}$

3-2 $\frac{7}{12}$

대표 응용 4 4, 4, 1, 2, 3

4-1 1, 2, 3, 4

4-2 4, 5, 6, 7

대표 응용 5 $\frac{20}{32}$, $\frac{20}{32}$, 32, 33, $\frac{20}{33}$

5-1 $\frac{37}{84}$

5-2 $\frac{18}{37}$

102~104쪽

01 $\frac{4}{10}$, $\frac{6}{15}$에 ○표

02 (1) 42 (2) 2

03 $\frac{14}{24}$, $\frac{21}{36}$, $\frac{28}{48}$

04 24, 24, $\frac{2}{3}$ / 12, 12, $\frac{4}{6}$

05

06 $\frac{21}{56}$

07 3개

08 $\frac{9}{12}$, $\frac{17}{34}$에 ○표

09 4개

10 ㉠

11 9, 12, 48

12 $\frac{3}{4}$, $\frac{5}{6}$

13 $\frac{1}{45}$

14 민지

15 9개

16 $\frac{5}{6}$, $\frac{6}{7}$, $\frac{13}{14}$

17 (○) (　　)

18 1.5, $1\frac{2}{5}$, 0.9, $\frac{17}{20}$

19 72, 96

20 $\frac{3}{4}$, $\frac{5}{8}$

105~107쪽

01 15, 10, 6

02 $\frac{6}{8}$, $\frac{9}{12}$

03 $\frac{2}{6}$

04 16

05 4조각

06 $\frac{20}{28}$, $\frac{10}{14}$, $\frac{5}{7}$

07 $\frac{4}{9}$

08 $\frac{2}{5}$

09 $\frac{20}{35}$

10 ㉡ / $\frac{30}{48}$, $\frac{28}{48}$

11

12 28, 56, 84

13 81

14 $\frac{36}{48}$, $\frac{8}{48}$

15 $\frac{13}{16}$

16 $\frac{7}{15}$, $\frac{5}{12}$, $\frac{3}{10}$

17 <

18 4개

19 $\frac{17}{20}$

20 $\frac{19}{42}$

5 단원 분수의 덧셈과 뺄셈

110~113쪽

01 3 / 예 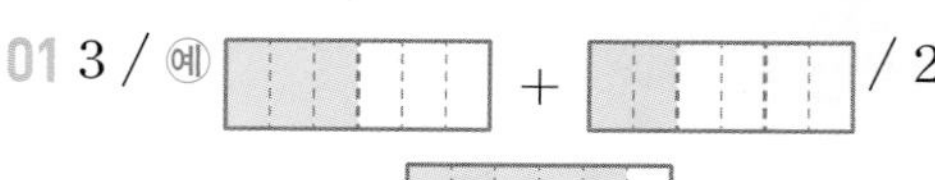 / 2 / 3, 2, 5

02 5, 3, 3, 10, 3, 13

03 8, 6, 8, 30, 38, 19

04 4, 3, 4, 15, 19

05 3 / 예 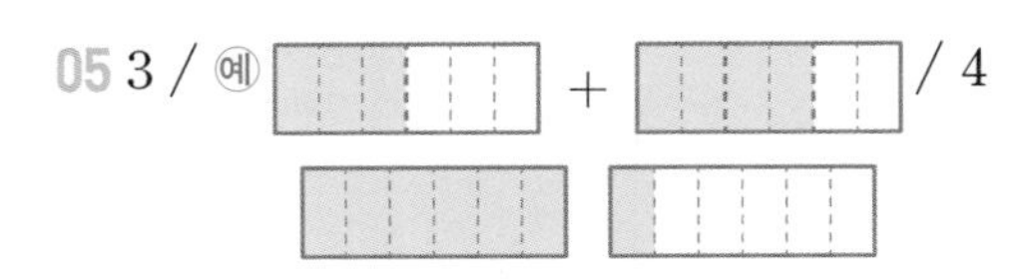 / 4

/ 3, 4, 7, 1, 1

06 9, 9, 7, 7, 45, 28, 73, $1\frac{10}{63}$

07 $\frac{4}{9}+\frac{5}{6}=\frac{4\times6}{9\times6}+\frac{5\times9}{6\times9}=\frac{24}{54}+\frac{45}{54}$
$=\frac{69}{54}=1\frac{15}{54}=1\frac{5}{18}$

08 $\frac{7}{12}+\frac{5}{8}=\frac{7\times2}{12\times2}+\frac{5\times3}{8\times3}=\frac{14}{24}+\frac{15}{24}$
$=\frac{29}{24}=1\frac{5}{24}$

09 예 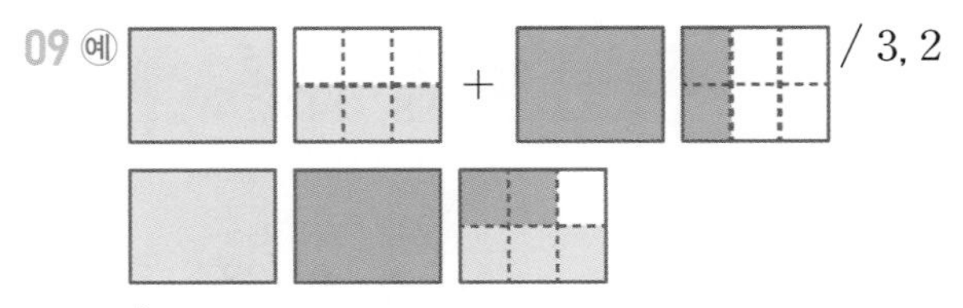 / 3, 2

/ 3, 2, 2, 5, 2, 5

10 6, 14, 5, 20

11 9, 2, 9, 2, 3, 11, 3, 11

12 11, 7, 33, 14, 47, 3, 11

13 예 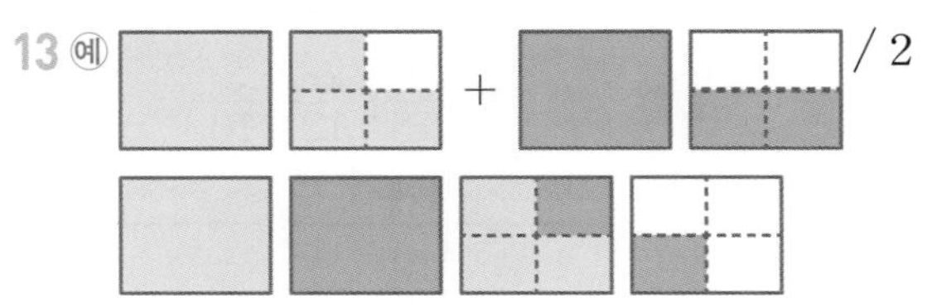 / 2

/ 2, 5, 1, 1, 3, 1

14 15, 20, 15, 20, 35, 1, 11, 5, 11

15 19, 5, 38, 25, 63, 6, 3

05 $\frac{4\times1}{9\times4}$에 ○표 /
$\frac{4}{9}+\frac{1}{4}=\frac{4\times4}{9\times4}+\frac{1\times9}{4\times9}=\frac{16}{36}+\frac{9}{36}=\frac{25}{36}$

06 $\frac{14}{15}$컵

07 방법 1 예 $\frac{1}{4}+\frac{5}{6}=\frac{1\times6}{4\times6}+\frac{5\times4}{6\times4}=\frac{6}{24}+\frac{20}{24}$
$=\frac{26}{24}=1\frac{2}{24}=1\frac{1}{12}$

방법 2 예 $\frac{1}{4}+\frac{5}{6}=\frac{1\times3}{4\times3}+\frac{5\times2}{6\times2}=\frac{3}{12}+\frac{10}{12}$
$=\frac{13}{12}=1\frac{1}{12}$

08 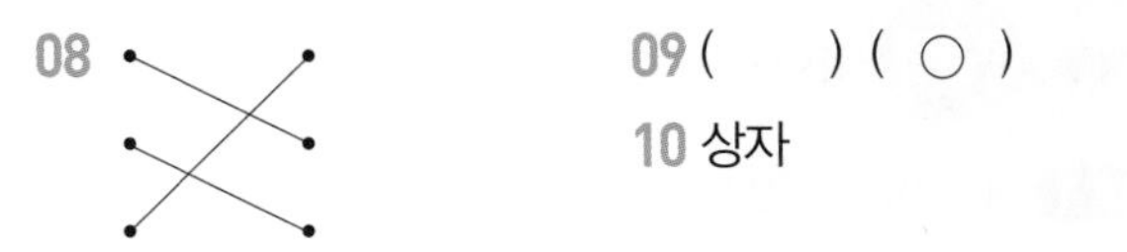

09 ( ) (○)

10 상자

11 예 자연수는 자연수끼리, 분수는 분수끼리 계산했습니다.
/ 예 대분수를 가분수로 고쳐서 계산했습니다.

12 $1\frac{29}{36}$

13 $5\frac{7}{8}$

14 ㉠

15 $4\frac{65}{84}$

16 $3\frac{2}{9}$ kg

17 $12\frac{7}{24}$

18 $10\frac{1}{12}$

19 $12\frac{2}{15}$

교과서 속 응용 문제

20 $1\frac{3}{14}$

21 $3\frac{5}{24}$

22 $5\frac{1}{3}$

23 $1\frac{19}{40}$

24 $3\frac{11}{24}$

25 $2\frac{3}{10}$ kg

교과서 넘어 보기

114~117쪽

01 $\frac{5}{8}+\frac{1}{6}=\frac{5\times3}{8\times3}+\frac{1\times4}{6\times4}=\frac{15}{24}+\frac{4}{24}=\frac{19}{24}$

02 (1) $\frac{11}{15}$ (2) $\frac{37}{72}$

03 $\frac{5}{6}$, $\frac{13}{15}$, $\frac{23}{30}$

04 $\frac{23}{24}$

교과서 개념 다지기

118~120쪽

01 7 / 예 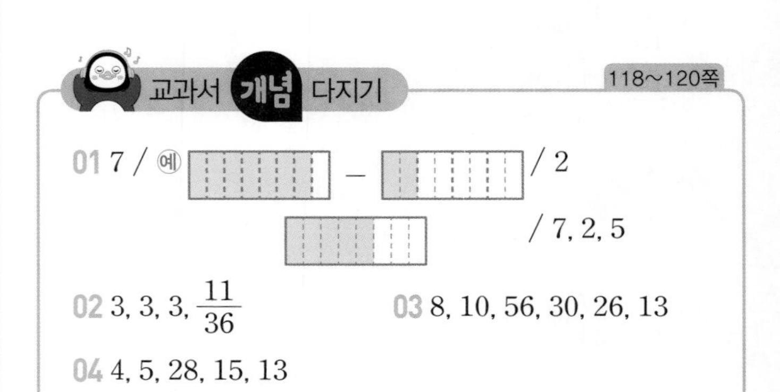 / 2

/ 7, 2, 5

02 3, 3, 3, $\frac{11}{36}$

03 8, 10, 56, 30, 26, 13

04 4, 5, 28, 15, 13

05 ㉠
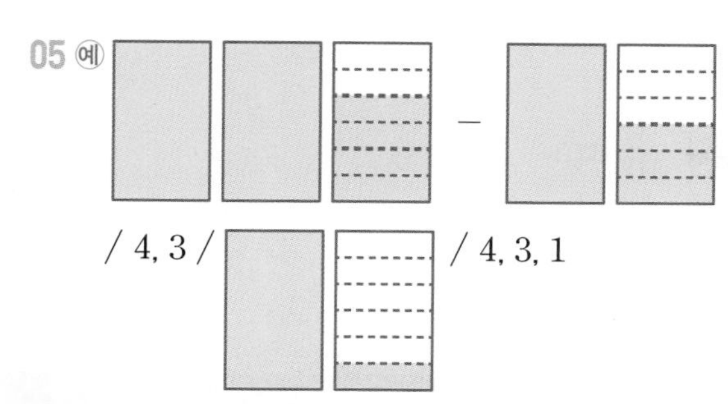
/ 4, 3 / / 4, 3, 1

06 14, 9, 3, 5

07 $5\frac{2}{3}-2\frac{2}{9}=5\frac{6}{9}-2\frac{2}{9}=(5-2)+\left(\frac{6}{9}-\frac{2}{9}\right)$
$=3+\frac{4}{9}=3\frac{4}{9}$

08 $4\frac{3}{4}-1\frac{2}{5}=\frac{19}{4}-\frac{7}{5}=\frac{95}{20}-\frac{28}{20}=\frac{67}{20}=3\frac{7}{20}$

09 ㉠
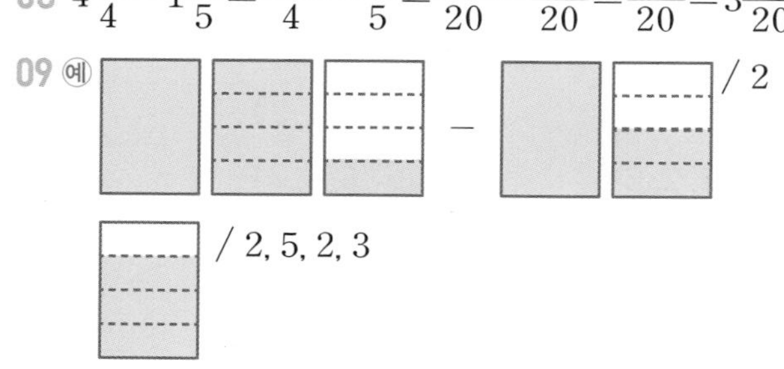
/ 2 / 2, 5, 2, 3

10 9, 20, 33, 20, 1, 13　　11 30, 4, 90, 28, 62, 2, 20

방법 2 ㉠ $5\frac{7}{8}-2\frac{1}{6}=\frac{47}{8}-\frac{13}{6}=\frac{141}{24}-\frac{52}{24}$
$=\frac{89}{24}=3\frac{17}{24}$

35 $\frac{1}{6}$, $2\frac{1}{45}$　　36 $1\frac{9}{20}$

37 $2\frac{3}{28}$　　38 $2\frac{3}{20}$ km

39 (1) $2\frac{11}{20}$ (2) $1\frac{17}{36}$

40 $3\frac{2}{5}-1\frac{3}{4}=\frac{17}{5}-\frac{7}{4}=\frac{68}{20}-\frac{35}{20}=\frac{33}{20}=1\frac{13}{20}$

41 $3\frac{13}{24}$　　42 ㉠

43 $2\frac{13}{24}$ cm　　44 감자, $1\frac{9}{14}$ kg

45 $1\frac{47}{54}$

교과서 속 응용 문제

46 $\frac{5}{36}$　　47 $1\frac{1}{2}$ cm

48 $1\frac{7}{40}$　　49 $2\frac{13}{24}$ km

50 $9\frac{1}{10}$ L

교과서 넘어 보기　121~124쪽

26 $\frac{5}{12}$

27 ㉠ 두 분모의 곱을 공통분모로 하여 통분한 후 계산했습니다. / ㉠ 두 분모의 최소공배수를 공통분모로 하여 통분한 후 계산했습니다.

28 4, 3, $\frac{1}{6}$　　29 (1) $\frac{7}{24}$ (2) $\frac{1}{15}$

30 $\frac{7}{36}$　　31 $\frac{11}{20}$ kg

32 지후　　33 (선 잇기)

34 방법 1 ㉠ $5\frac{7}{8}-2\frac{1}{6}=5\frac{21}{24}-2\frac{4}{24}$
$=(5-2)+\left(\frac{21}{24}-\frac{4}{24}\right)$
$=3+\frac{17}{24}=3\frac{17}{24}$

응용력 높이기　125~129쪽

대표 응용 1 $\frac{5}{6}$, $\frac{5}{6}$, $\frac{23}{24}$, $\frac{23}{24}$, $1\frac{19}{24}$

1-1 $1\frac{6}{7}$　　1-2 $3\frac{11}{35}$

대표 응용 2 $18\frac{1}{2}$, 17

2-1 $7\frac{3}{20}$ m　　2-2 $6\frac{7}{15}$ m

대표 응용 3 $8\frac{3}{5}$, $3\frac{5}{8}$, $8\frac{3}{5}$, $3\frac{5}{8}$, $4\frac{39}{40}$

3-1 $4\frac{50}{63}$　　3-2 $6\frac{7}{24}$

대표 응용 4 9, 2, $\frac{7}{12}$, $\frac{7}{12}$, 7, 4

4-1 1, 2, 3, 4　　4-2 4

대표 응용 5 1, 5, 1, 5, 50, 1, 50

5-1 4시간 35분　　5-2 1시간 40분

단원 평가 LEVEL ❶ 130~132쪽

01 4, 9, 13

02 ㉠

03 $\frac{7}{10}+\frac{3}{4}=\frac{14}{20}+\frac{15}{20}=\frac{29}{20}=1\frac{9}{20}$

04 $1\frac{7}{24}$ m

05 ②

06 $3\frac{20}{21}$

07 $4\frac{3}{10}$

08 $4\frac{1}{5}$ km

09 $\frac{9}{20}$

10 $\frac{1}{20}$

11 $\frac{8}{35}$

12 $4\frac{37}{60}$, $2\frac{1}{12}$

13 $1\frac{7}{36}$ L

14 $7\frac{2}{9}-4\frac{13}{27}=7\frac{6}{27}-4\frac{13}{27}=6\frac{33}{27}-4\frac{13}{27}=2\frac{20}{27}$

15 27

16 $\frac{19}{21}$

17 $3\frac{4}{9}$, $\frac{32}{45}$

18 $6\frac{17}{21}$ m

19 $\frac{5}{8}$ m

20 $11\frac{14}{15}$

단원 평가 LEVEL ❷ 133~135쪽

01 $\frac{1}{10}+\frac{3}{4}=\frac{1\times2}{10\times2}+\frac{3\times5}{4\times5}=\frac{2}{20}+\frac{15}{20}=\frac{17}{20}$

02 $\frac{5}{8}$

03 1, 2, 3

04 (위에서부터) $1\frac{11}{36}$, $1\frac{1}{4}$

05 <

06 $2\frac{19}{24}$

07 ㉠

08 $7\frac{3}{20}$ m

09 $\frac{11}{20}$, $\frac{17}{40}$

10 $\frac{11}{56}$

11 $4\frac{1}{24}$

12 $1\frac{1}{2}$ L

13 ㉡, ㉢

14

	○

15 $1\frac{21}{40}$

16 지희, $\frac{13}{30}$ L

17 $\frac{55}{56}$

18 $\frac{41}{60}$

19 $\frac{3}{40}$

20 ㉮ 길, $\frac{3}{10}$ km

6단원 다각형의 둘레와 넓이

교과서 개념 다지기 138~141쪽

01 (1) 5, 5, 5, 5, 25, 25 (2) 5, 25

02 9, 9, 9, 3, 27

03 (1) 8 (2) 16

04 8, 6, 48

05 8, 4, 24

06 5, 7, 2, 24

07 6, 4, 24

08 4, 6, 8

09 5, 2, 5, 2, 10

10 9, 6, 54

11 8, 8, 64

12 100, 100 / 10000

13 (1) 60000 (2) 50

14 1000, 1000 / 1000000

15 (1) 9000000 (2) 70

교과서 넘어 보기 142~145쪽

01 12 cm

02 30 m

03 8, 10

04 8 cm

05 28 cm

06 마름모

07 18

08 예

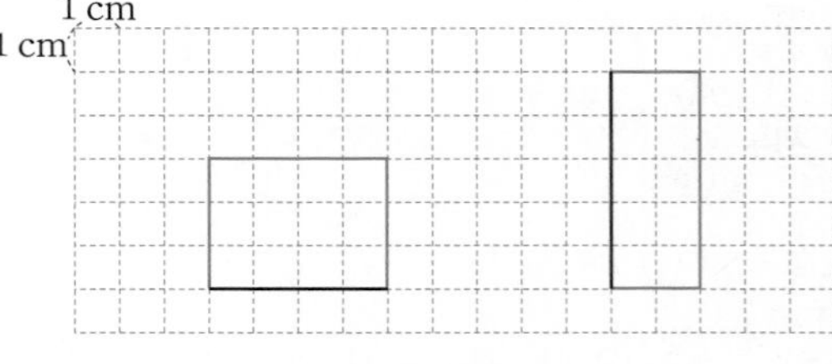

09 9 제곱센티미터

10 나, 다, 마

11 12 cm^2

12

13 63 cm^2

14 8 cm^2

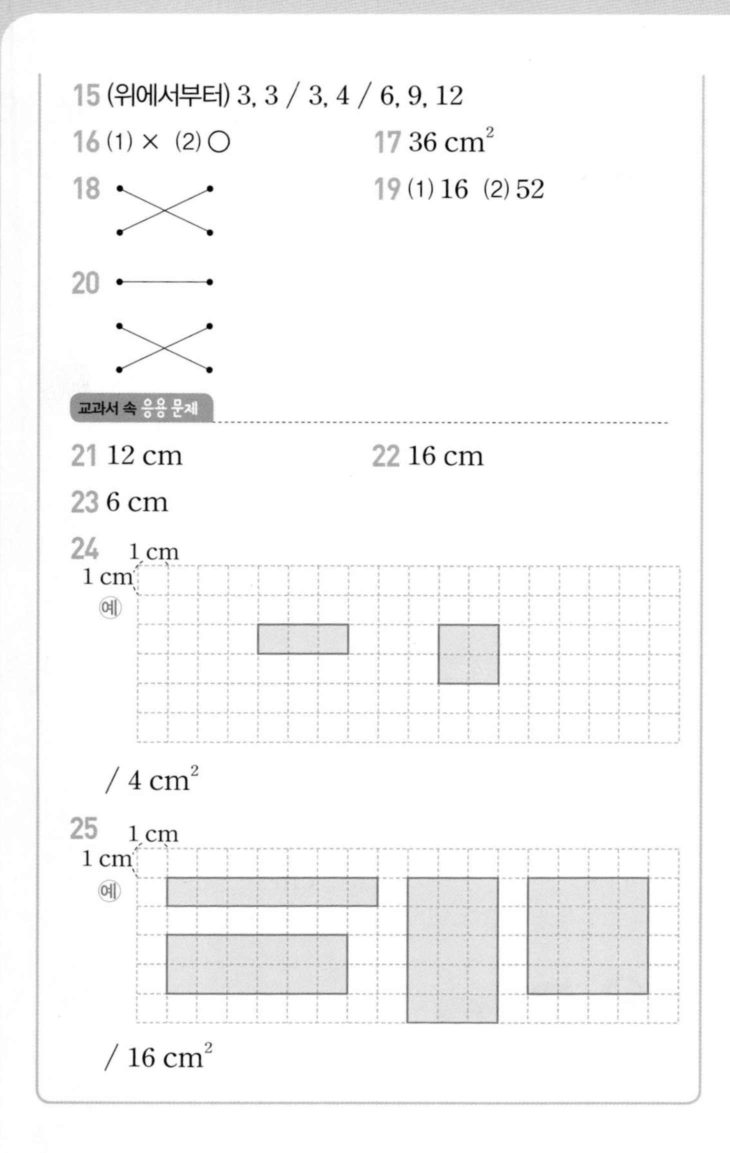

15 (위에서부터) 3, 3 / 3, 4 / 6, 9, 12

16 (1) × (2) ○

17 36 cm^2

18

19 (1) 16 (2) 52

20

교과서 속 응용 문제

21 12 cm

22 16 cm

23 6 cm

24 1 cm 1 cm 예

/ 4 cm^2

25 1 cm 1 cm 예

/ 16 cm^2

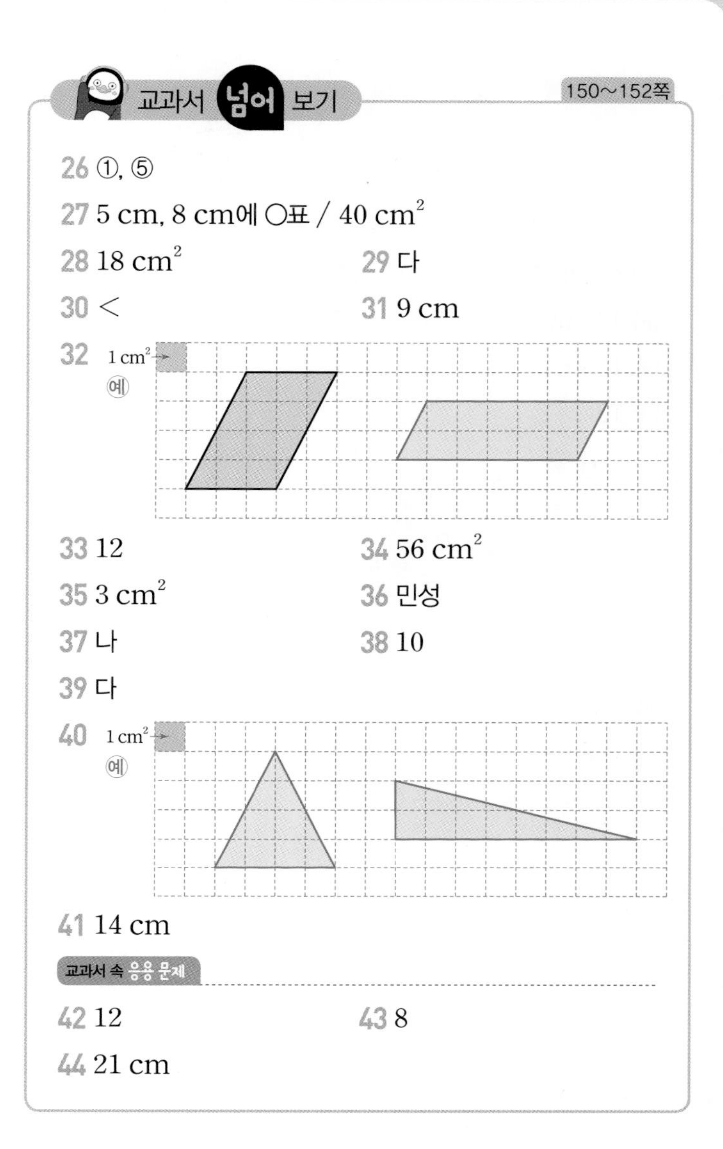

교과서 넘어 보기 150~152쪽

26 ①, ⑤

27 5 cm, 8 cm에 ○표 / 40 cm^2

28 18 cm^2

29 다

30 <

31 9 cm

32 1 cm^2 예

33 12

34 56 cm^2

35 3 cm^2

36 민성

37 나

38 10

39 다

40 1 cm^2 예

41 14 cm

교과서 속 응용 문제

42 12

43 8

44 21 cm

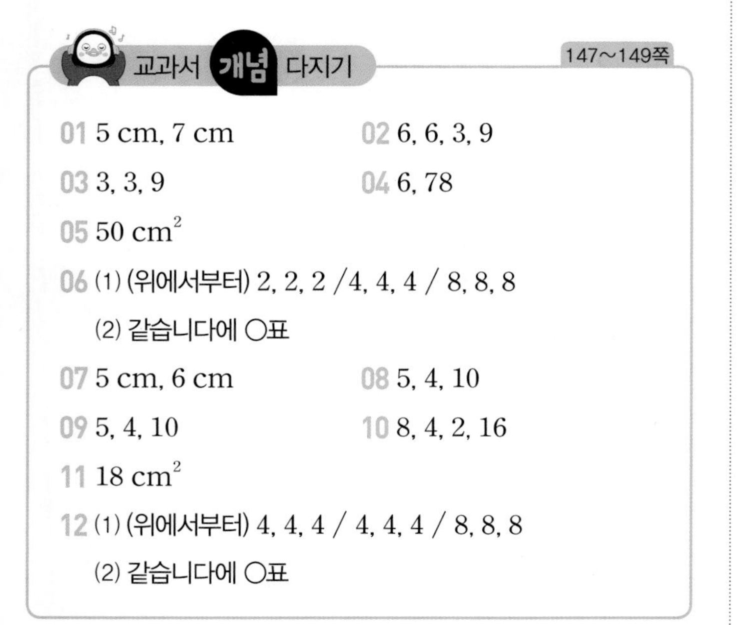

교과서 개념 다지기 147~149쪽

01 5 cm, 7 cm

02 6, 6, 3, 9

03 3, 3, 9

04 6, 78

05 50 cm^2

06 (1) (위에서부터) 2, 2, 2 /4, 4, 4 / 8, 8, 8

(2) 같습니다에 ○표

07 5 cm, 6 cm

08 5, 4, 10

09 5, 4, 10

10 8, 4, 2, 16

11 18 cm^2

12 (1) (위에서부터) 4, 4, 4 / 4, 4, 4 / 8, 8, 8

(2) 같습니다에 ○표

교과서 개념 다지기 153~154쪽

01 (1) 4, 16 (2) 2, 4, 2, 8

02 8, 5, 20

03 5, 8, 2, 20

04 3, 7, 5, 2, 25

05 7, 13, 6, 60

06 4, 7, 8, 2, 44

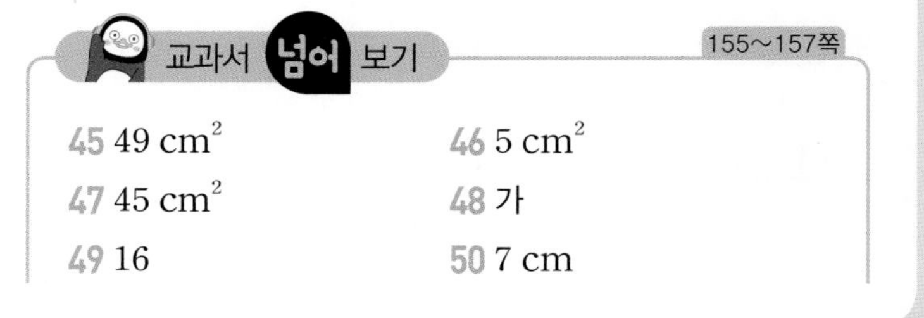

교과서 넘어 보기 155~157쪽

45 49 cm^2

46 5 cm^2

47 45 cm^2

48 가

49 16

50 7 cm

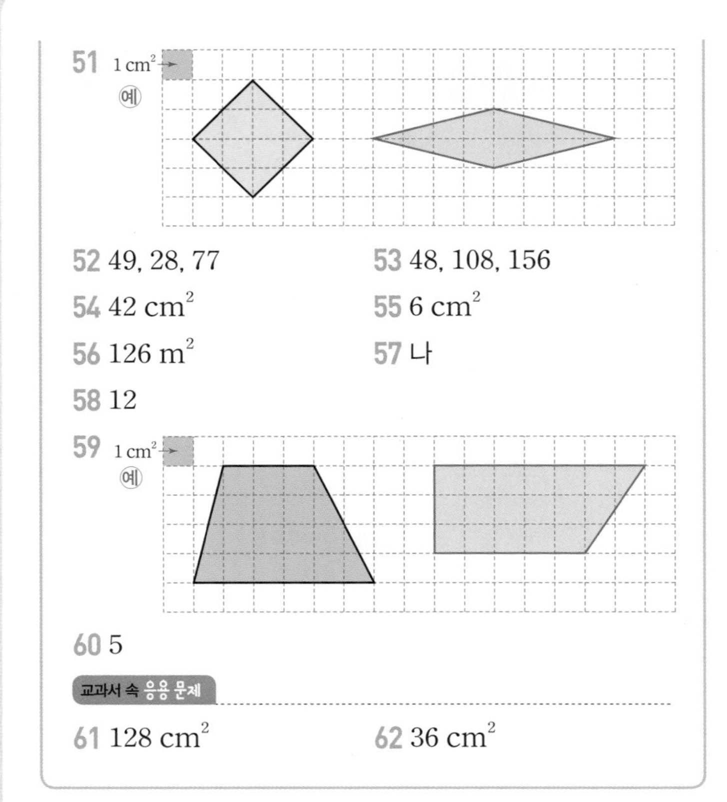

51 1 cm^2 예

52 49, 28, 77
53 48, 108, 156
54 42 cm^2
55 6 cm^2
56 126 m^2
57 나
58 12
59 1 cm^2 예
60 5

교과서 속 응용 문제

61 128 cm^2
62 36 cm^2

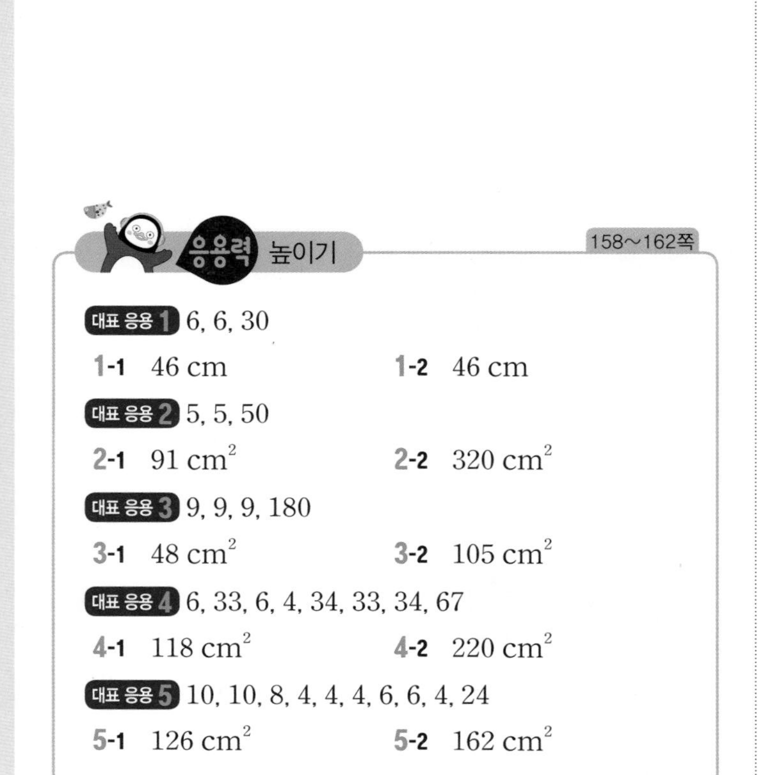

응용력 높이기

158~162쪽

대표 응용 1 6, 6, 30

1-1 46 cm
1-2 46 cm

대표 응용 2 5, 5, 50

2-1 91 cm^2
2-2 320 cm^2

대표 응용 3 9, 9, 9, 180

3-1 48 cm^2
3-2 105 cm^2

대표 응용 4 6, 33, 6, 4, 34, 33, 34, 67

4-1 118 cm^2
4-2 220 cm^2

대표 응용 5 10, 10, 8, 4, 4, 4, 6, 6, 4, 24

5-1 126 cm^2
5-2 162 cm^2

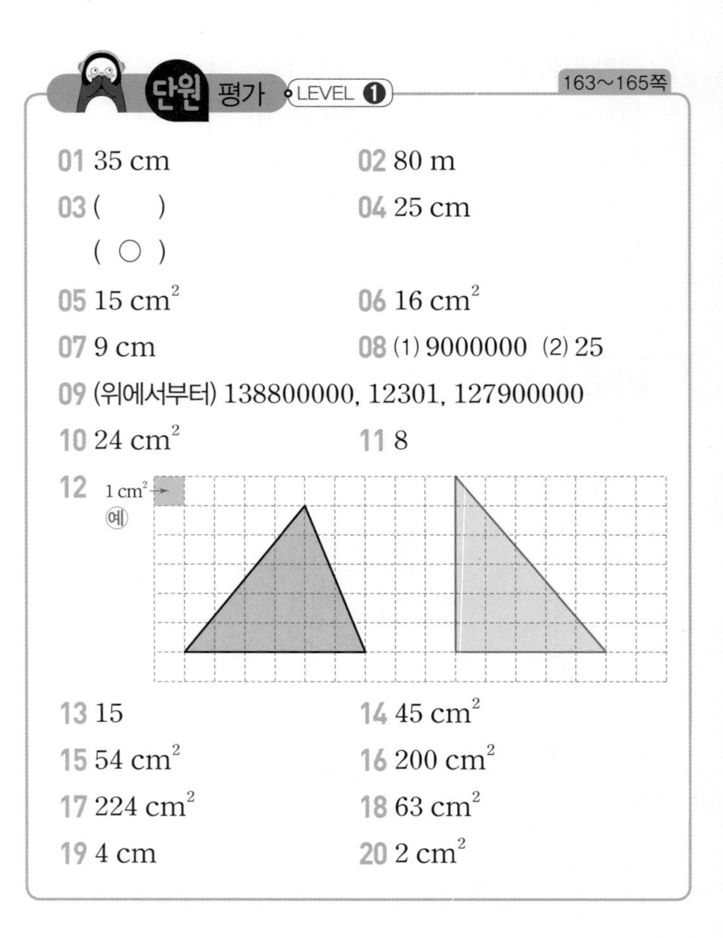

단원 평가 LEVEL ❶

163~165쪽

01 35 cm
02 80 m
03 (   )
(○)
04 25 cm
05 15 cm^2
06 16 cm^2
07 9 cm
08 (1) 9000000 (2) 25
09 (위에서부터) 138800000, 12301, 127900000
10 24 cm^2
11 8
12 1 cm^2 예
13 15
14 45 cm^2
15 54 cm^2
16 200 cm^2
17 224 cm^2
18 63 cm^2
19 4 cm
20 2 cm^2

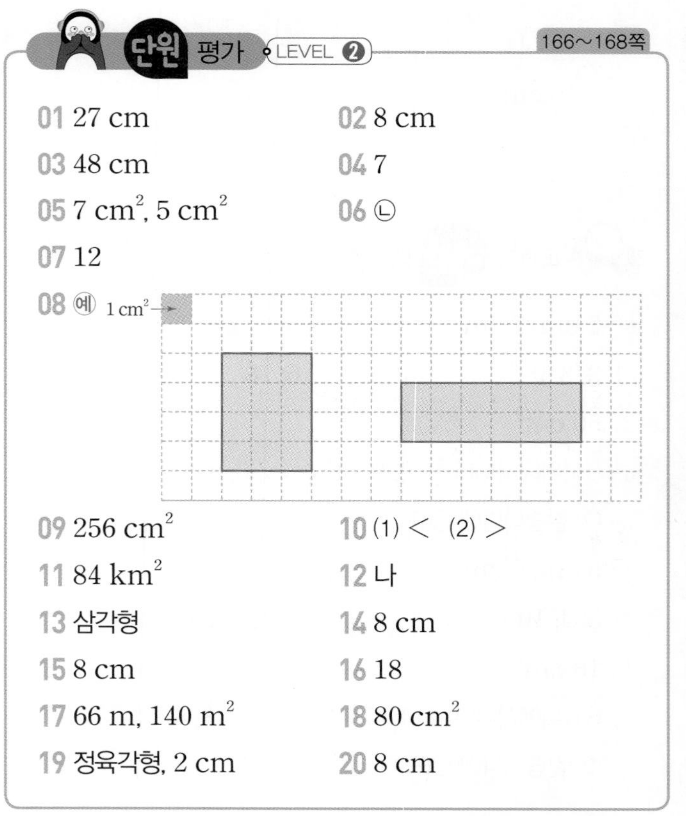

단원 평가 LEVEL ❷

166~168쪽

01 27 cm
02 8 cm
03 48 cm
04 7
05 7 cm^2, 5 cm^2
06 ㉡
07 12
08 예 1 cm^2
09 256 cm^2
10 (1) $<$ (2) $>$
11 84 km^2
12 나
13 삼각형
14 8 cm
15 8 cm
16 18
17 66 m, 140 m^2
18 80 cm^2
19 정육각형, 2 cm
20 8 cm

Book 2 복습책

1 단원 자연수의 혼합 계산

1단원 기본 문제 복습 2~3쪽

01 30, 7, 23

02 $63-(36-17)=63-19$
① ② $=44$

03 (1) 45 (2) 9

04 식 $5000-(700+1800)=2500$ 답 2500원

05 (선 잇기: 엇갈려 연결)

06 >

07 22

08 2, 8 / 170개

09 ㉢, ㉠, ㉡

10 ③

11 36

12 >

13 식 $100-(8+6)\times4=44$ 답 44개

1단원 응용 문제 복습 4~5쪽

01 4개

02 21, 22

03 26

04 33 cm

05 28 cm

06 27 cm

07 $55-6\times(7-2)=25$

08 $115\div(23-18)+4\times6=47$

09 $81-6\times(15-9)\div3=69$

10 식 $72-(9\times4+3\times4)=24$ 답 24 cm

11 식 $5000-400\times6+1200=3800$
답 3800원

12 식 $(10-3)\times80+10\times60=1160$
답 1160번

1단원 서술형 수행 평가 6~7쪽

01 33개

02 4400원

03 390 g

04 20개

05 3장

06 80원

07 8200원

08 30번

09 27 km

10 700원

1단원 단원 평가 8~10쪽

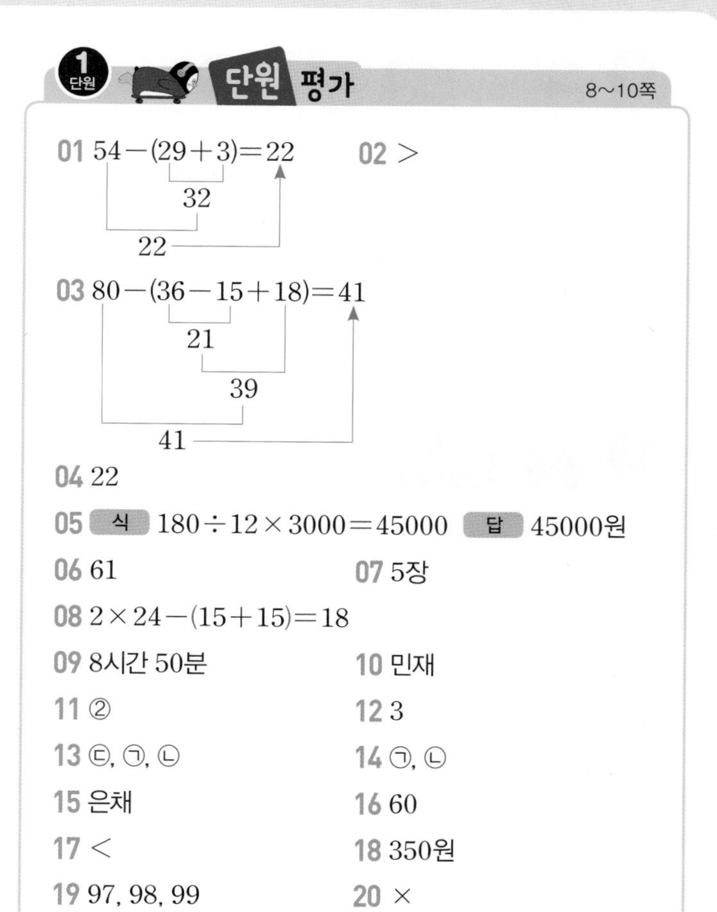

01 $54-(29+3)=22$
32
22

02 >

03 $80-(36-15+18)=41$
21
39
41

04 22

05 식 $180\div12\times3000=45000$ 답 45000원

06 61

07 5장

08 $2\times24-(15+15)=18$

09 8시간 50분

10 민재

11 ②

12 3

13 ㉢, ㉠, ㉡

14 ㉠, ㉡

15 은채

16 60

17 <

18 350원

19 97, 98, 99

20 ×

2 단원 약수와 배수

2단원 기본 문제 복습 11~12쪽

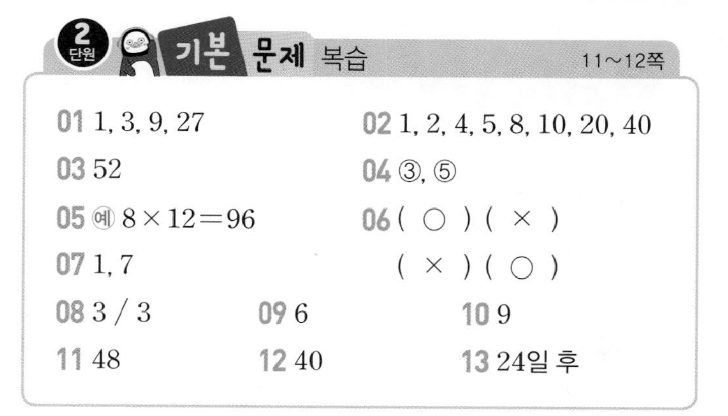

01 1, 3, 9, 27

02 1, 2, 4, 5, 8, 10, 20, 40

03 52

04 ③, ⑤

05 예 $8\times12=96$

06 (○) (×)
(×) (○)

07 1, 7

08 3 / 3

09 6

10 9

11 48

12 40

13 24일 후

2단원 응용 문제 복습 13~14쪽

01 195

02 42, 56

03 2개

04 ②

05 ④

06 ⑤

07 3개

08 ④

09 2개

10 3개

11 25, 50, 75

12 96

2 단원 서술형 수행 평가 15~16쪽

01 18　02 18　03 36
04 96　05 6명　06 35장
07 오전 11시　08 30, 60, 90　09 4번
10 30000원

2 단원 단원 평가 17~19쪽

01 12　02 ㉡, ㉠, ㉢
03 12, 16, 20, 24, 28　04 54
05 ③　06 4, 7　07 1, 3, 7, 21
08 6　09 2×3=6
10 12 / 1, 2, 3, 4, 6, 12　11 3, 4, 5 / 9
12 5개　13 ㉡, ㉠, ㉢　14 12
15 8개　16 30　17 140
18 45　19 315　20 4월 25일

3 단원 규칙과 대응

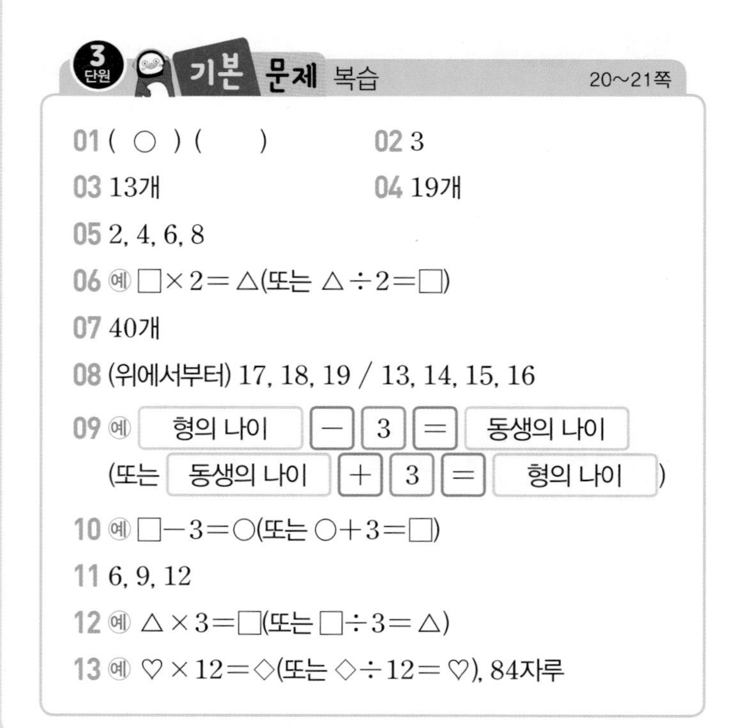

3 단원 기본 문제 복습 20~21쪽

01 (○) (　)　02 3
03 13개　04 19개
05 2, 4, 6, 8
06 예 □×2=△(또는 △÷2=□)
07 40개
08 (위에서부터) 17, 18, 19 / 13, 14, 15, 16
09 예 형의 나이 − 3 = 동생의 나이
(또는 동생의 나이 + 3 = 형의 나이)
10 예 □−3=○(또는 ○+3=□)
11 6, 9, 12
12 예 △×3=□(또는 □÷3=△)
13 예 ♡×12=◇(또는 ◇÷12=♡), 84자루

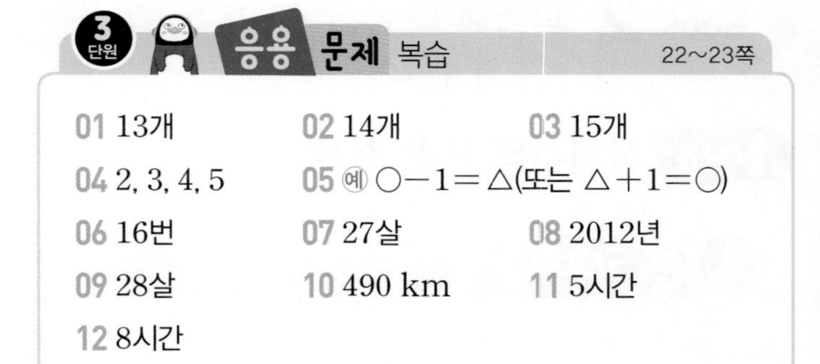

3 단원 응용 문제 복습 22~23쪽

01 13개　02 14개　03 15개
04 2, 3, 4, 5　05 예 ○−1=△(또는 △+1=○)
06 16번　07 27살　08 2012년
09 28살　10 490 km　11 5시간
12 8시간

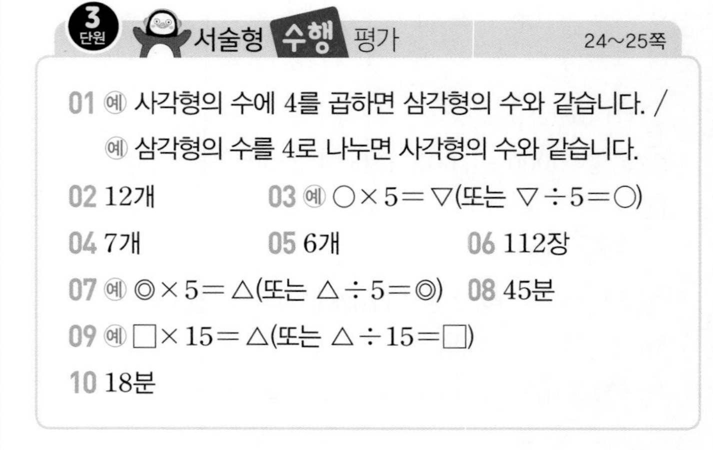

3 단원 서술형 수행 평가 24~25쪽

01 예 사각형의 수에 4를 곱하면 삼각형의 수와 같습니다. /
예 삼각형의 수를 4로 나누면 사각형의 수와 같습니다.
02 12개　03 예 ○×5=▽(또는 ▽÷5=○)
04 7개　05 6개　06 112장
07 예 ◎×5=△(또는 △÷5=◎)　08 45분
09 예 □×15=△(또는 △÷15=□)
10 18분

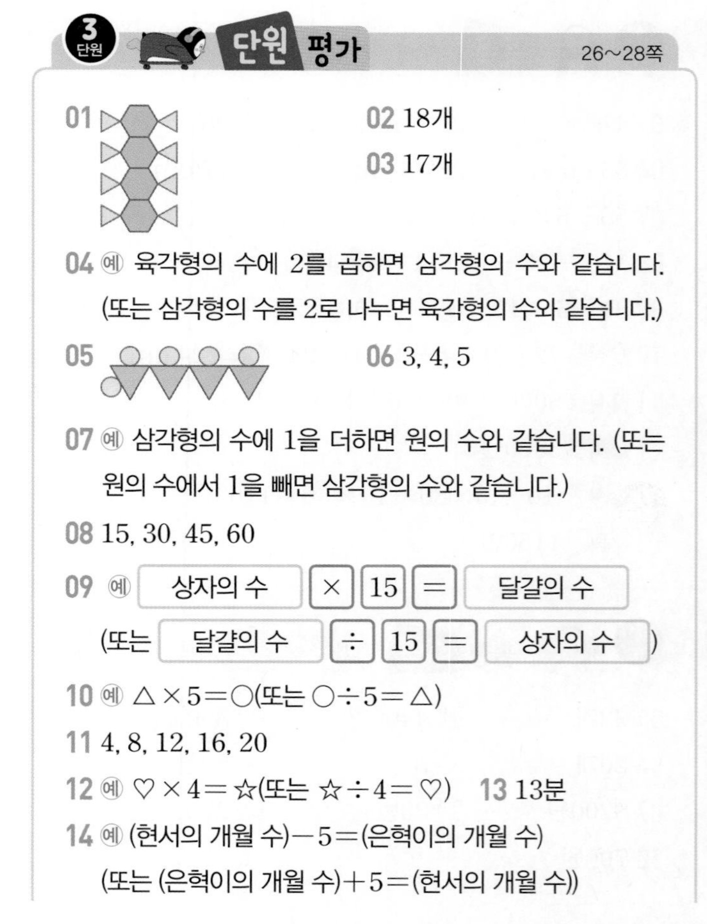

3 단원 단원 평가 26~28쪽

01 (그림)　02 18개
03 17개
04 예 육각형의 수에 2를 곱하면 삼각형의 수와 같습니다.
(또는 삼각형의 수를 2로 나누면 육각형의 수와 같습니다.)
05 (그림)　06 3, 4, 5
07 예 삼각형의 수에 1을 더하면 원의 수와 같습니다. (또는 원의 수에서 1을 빼면 삼각형의 수와 같습니다.)
08 15, 30, 45, 60
09 예 상자의 수 × 15 = 달걀의 수
(또는 달걀의 수 ÷ 15 = 상자의 수)
10 예 △×5=○(또는 ○÷5=△)
11 4, 8, 12, 16, 20
12 예 ♡×4=☆(또는 ☆÷4=♡)　13 13분
14 예 (현서의 개월 수)−5=(은혁이의 개월 수)
(또는 (은혁이의 개월 수)+5=(현서의 개월 수))

15 예 ○+1=□(또는 □−1=○)　16 16개

17 예 한 모둠에 3명씩 있을 때 모둠의 수(○)는 사람의 수(△)를 3으로 나눈 수입니다. / 예 세발자전거의 수(○)는 세발자전거 바퀴의 수(△)를 3으로 나눈 수입니다.

18 예 □×7=△(또는 △÷7=□)　19 105 L

20 36

4 단원 약분과 통분

4 단원 기본 문제 복습　29~30쪽

01 예 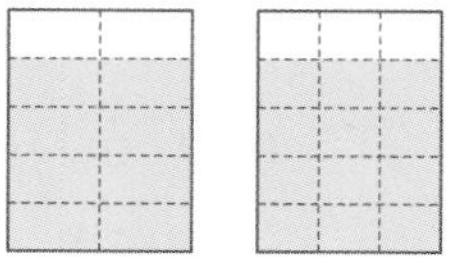 / $\frac{8}{10}$, $\frac{12}{15}$

02 (1) 14, 21, 48 (2) 15, 10, 3

03 $\frac{6}{16}$, $\frac{15}{40}$에 ○표　04 2, 3, 6

05 $\frac{9}{21}$, $\frac{3}{7}$　06 (1) $\frac{3}{8}$ (2) $\frac{3}{5}$

07 4개　08 63, 126, 189

09 예 $\frac{45}{54}$, $\frac{12}{54}$ / 예 $\frac{15}{18}$, $\frac{4}{18}$

10 $\frac{7}{12}$　11 $\frac{2}{5}$, $\frac{3}{10}$

12 <　13 주연

4 단원 응용 문제 복습　31~32쪽

01 $\frac{6}{14}$　02 $\frac{12}{15}$　03 $\frac{8}{12}$

04 $\frac{17}{24}$, $\frac{18}{24}$, $\frac{19}{24}$, $\frac{20}{24}$　05 $\frac{16}{20}$, $\frac{17}{20}$

06 2개　07 $\frac{19}{20}$　08 $\frac{15}{22}$

09 $\frac{17}{43}$　10 8　11 11

12 8, 5

4 단원 서술형 수행 평가　33~34쪽

01 예 $\frac{5}{7}=\frac{5\times4}{7\times4}=\frac{20}{28}$ / 예 $\frac{20}{28}=\frac{20\div4}{28\div4}=\frac{5}{7}$

02 81　03 108

04 예 $\frac{3}{5}=\frac{6}{10}=0.6$이고 $0.5<0.6$이므로 $0.5<\frac{3}{5}$입니다. / 예 $0.5=\frac{5}{10}$, $\frac{3}{5}=\frac{6}{10}$이고 $\frac{5}{10}<\frac{6}{10}$이므로 $0.5<\frac{3}{5}$입니다.

05 $\frac{45}{72}$　06 민수　07 4개

08 $\frac{1}{3}$　09 $\frac{23}{36}$, $\frac{25}{36}$　10 5개

4 단원 평가　35~37쪽

01 (1) 3, $\frac{27}{33}$ (2) 7, $\frac{6}{9}$　02 $\frac{10}{12}$, $\frac{15}{18}$, $\frac{20}{24}$

03 $\frac{27}{36}$　04 $\frac{2}{3}$, $\frac{4}{6}$, $\frac{14}{21}$

05 　06 ㉡　07 4, $\frac{4}{7}$

08 $\frac{2}{5}$　09 40, 80, 120　10 $\frac{21}{36}$, $\frac{10}{36}$

11 5, 12　12 $\frac{4}{9}$, $\frac{5}{12}$　13 $\frac{15}{90}$, $\frac{81}{90}$

14 <　15 1, 3, 2　16 $\frac{9}{12}$

17 (1) 25, 0.25 (2) 6, $\frac{3}{5}$　18 28, 100 / >

19 주스　20 0.75

5 단원 분수의 덧셈과 뺄셈

5 단원 기본 문제 복습　38~39쪽

01 $\frac{19}{36}$　02 $\frac{37}{56}$ m　03 은주

04 $4\frac{7}{10}$　05 $5\frac{5}{12}$　06 $3\frac{1}{18}$

07 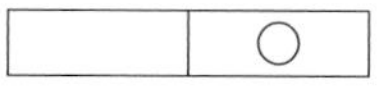　08 $\frac{3}{4}-\frac{1}{6}=\frac{9}{12}-\frac{2}{12}=\frac{7}{12}$

09 $\frac{3}{10}$큰술 10 $4\frac{11}{24}$ 11 $2\frac{13}{20}$
12 $>$ 13 $\frac{38}{45}$시간

5단원 응용 문제 복습 40~41쪽

01 $1\frac{3}{8}$ 02 $\frac{15}{56}$ 03 $2\frac{53}{72}$
04 $5\frac{5}{12}$ 05 $\frac{13}{20}$ 06 $3\frac{9}{20}$ L
07 $1\frac{9}{40}$ 08 $2\frac{19}{20}$ 09 $8\frac{1}{3}$
10 $\frac{20}{21}$ 11 $\frac{16}{45}$ 12 $1\frac{33}{56}$

5단원 서술형 수행 평가 42~43쪽

01 ㉑ 분모와 분자에 다른 수를 곱해서 계산이 잘못되었습니다. / $\frac{2}{3}+\frac{2}{9}=\frac{2\times3}{3\times3}+\frac{2}{9}=\frac{6}{9}+\frac{2}{9}=\frac{8}{9}$
02 $\frac{11}{40}$ kg 03 6시간 04 $5\frac{5}{24}$
05 ㉠ 06 $4\frac{25}{36}$ 07 $\frac{4}{5}$ m
08 $1\frac{26}{45}$ L 09 $2\frac{5}{28}$ 10 $1\frac{29}{45}$ kg

5단원 단원 평가 44~46쪽

01 (1) $\frac{19}{24}$ (2) $1\frac{16}{35}$ 02 ㉡
03 $\frac{17}{35}$, $\frac{27}{35}$ 04 $1\frac{11}{40}$
05 $1\frac{1}{10}$ m 06 $5\frac{25}{42}$ L
07 $1\frac{5}{9}+2\frac{2}{3}=\frac{14}{9}+\frac{8}{3}=\frac{14}{9}+\frac{24}{9}=\frac{38}{9}=4\frac{2}{9}$
08 ㉡ 09 4, 5, 6, 7, 8 10 $62\frac{11}{14}$ kg
11 $\frac{7}{12}-\frac{3}{8}=\frac{7\times2}{12\times2}-\frac{3\times3}{8\times3}=\frac{14}{24}-\frac{9}{24}=\frac{5}{24}$
12 $\frac{4}{21}$ 13 $\frac{4}{9}$ 14 36
15 $1\frac{7}{12}$시간 16 $3\frac{1}{18}$ 17 공원, $\frac{1}{9}$ km
18 $<$ 19 $5\frac{31}{40}$ 20 $\frac{50}{63}$

6단원 다각형의 둘레와 넓이

6단원 기본 문제 복습 47~48쪽

01 42 cm 02 4 cm
03 (○) (   ) 04 8 cm
05 5 cm^2 06 13
07 (1) 30000 (2) 4000000 (3) 70 (4) 50
08 15 09 45 cm^2
10 라 11 52 cm^2
12 평행사변형 13 8

6단원 응용 문제 복습 49~50쪽

01 6 cm 02 14 cm 03 9 cm
04 7 05 9 06 10 cm
07 60 cm 08 68 cm 09 64 cm
10 144 cm^2 11 148 cm^2 12 41 cm^2

6단원 서술형 수행 평가 51~52쪽

01 49 cm 02 2 cm 03 정사각형
04 40 cm^2 05 56 cm^2 06 48 cm
07 153 m^2 08 66 cm^2 09 49 cm^2
10 276 cm^2

6단원 단원 평가 53~55쪽

01 2 cm 02 51 cm 03 16 m
04 19 cm 05 7 cm 06 28그루
07 16 cm^2 08 ㉠
09 (1) 200000 (2) 605000000 10 700 cm
11 120 km^2 12 8 13 70 cm^2
14 5 15 2 cm^2 16 38 cm^2
17 16 cm 18 120 cm^2 19 7 cm
20 270 cm^2

EBS

만점왕
수학 플러스
5-1